全国电力行业"十四五"规划教材

高等教育电气与自动化类专业系列

现代检测技术

编著 苏 杰 王旭光 张立峰 白 康 曾 新

主审 方立德

中国电力出版社

CHINA ELECTRIC POWER PRESS

内 容 提 要

本书主要介绍一些新的检测技术的相关理论和具体应用，具体包括红外辐射检测技术、微波检测技术、超声波检测技术、声发射检测技术、光纤检测技术、层析成像可视化检测技术、软测量技术和量子传感技术。每一章均各成体系，内容完整，方便学习。

本书可作为高等学校自动化、测控技术与仪器等相关专业高年级本科生、研究生教材，也可满足相关学科研究生和工程技术人员的学习需要。

图书在版编目（CIP）数据

现代检测技术/苏杰等编著．—北京：中国电力出版社，2023.11（2024.11 重印）
ISBN 978-7-5198-7763-7

Ⅰ．①现…　Ⅱ．①苏…　Ⅲ．①自动检测-教材　Ⅳ．①TP274

中国国家版本馆 CIP 数据核字（2023）第 070452 号

出版发行：中国电力出版社
地　　址：北京市东城区北京站西街 19 号（邮政编码 100005）
网　　址：http://www.cepp.sgcc.com.cn
责任编辑：乔　莉
责任校对：黄　蓓　常燕昆
装帧设计：王英磊
责任印制：吴迪

印　　刷：固安县铭成印刷有限公司
版　　次：2023 年 11 月第一版
印　　次：2024 年 11 月北京第二次印刷
开　　本：787 毫米×1092 毫米　16 开本
印　　张：19
字　　数：448 千字
定　　价：59.00 元

前言

　　检测是利用各种物理、化学效应，选择合适的方法与装置，将生产、科研、生活等方面的有关信息通过检查与测量的方式赋予定性或定量结果的过程。从日常生活、生产活动到科学实验，信息社会的一切活动领域都离不开检测。检测技术在很大程度上决定了生产、科学技术的发展水平，而科学技术的发展又为检测技术提供了新的理论基础和制造工艺，同时对检测技术提出了更高的要求。

　　纵观仪器仪表的发展可知，检测技术已从第一代的以物理学基本原理（如力学、热力学或电磁学等）为基础的传统检测技术，发展成以新的检测理论为基础，融合以微处理器为核心的信号处理能力，并配有智能化处理软件的现代检测技术。

　　随着现代化步伐的加快，对检测技术的需求与日俱增，新的检测方法不断出现，大规模集成电路技术、微型计算机技术、机电一体化技术、微机械和新材料技术不断进步，大大促进了检测技术的发展，拓宽了其应用领域。目前，现代检测技术发展的总趋势大体有以下几个方面。

　　（1）检测方法的推进。光电、超声波、微波、射线技术促进了非接触检测技术的发展；光纤、光放大器和滤波器等光元件的发展使信号的传输和处理不再局限于电信号，而可以采用光的检测方法。人们对检测系统的要求不再满足于单一参数的测量，而是希望对系统中的多个参数进行融合测量，因此出现了信息融合技术。由于技术或经济的原因，许多工业生产过程中存在大量尚难以检测或暂时无法通过传感器直接进行检测的变量，对这些变量的检测需求推进了软测量技术的发展。

　　（2）测量范围不断拓展，检测精度和可靠性不断提高。随着科学技术的发展，对检测仪器和检测系统的性能要求，尤其是精度、测量范围、可靠性指标的要求愈来愈高，研制在复杂和恶劣测量环境下能满足用户所需精度要求且能长期稳定工作的各种高可靠性检测仪器和检测系统是检测技术的一个长期发展方向。

　　（3）检测仪器与计算机技术集成。现代检测系统是以计算机为信息处理核心，加上各种检测装置和辅助应用设备、并/串通信接口及相应的智能化软件，组成用于检测、计量、探测和用于闭环控制的检测环节等用途的专门设备。数字信号处理技术的发展和高速数字信号处理器的广泛应用，极大地增强了仪器的信号处理能力。数字滤波、FFT、相关计算等数字处理方法可以通过数字信号处理器用软件来完成，大大地提高了仪器的性能，从而推动了数字信号处理技术在仪器仪表领域里的广泛应用。大规模集成电路的发展提高了整个检测系统的集成度。各种现场可编程器件和在线编程技术的发展，仪器仪表的参数甚至结构在设计时不必确定，可以在使用现场实时置入和动态修改。随着计算机技术的发展，检测仪器与计算机技术的集成还有很大的空间。

　　本书主要介绍各种新的检测方法的测量原理、测量系统的组成、关键技术和应用，具体涉及如何利用红外辐射、微波、超声波、声发射实现非接触测量，如何将电容层析成像可视化检测技术和软测量技术应用于生产过程中，并对先进的量子传感技术的原理及应用做了介绍，力求做到理论与实际应用的紧密结合。

本书编写过程中力图展现以下特点：

（1）检测技术的系统性。书中介绍了不同检测技术对不同参数的检测原理及检测仪表的实现方法，同时也很重视突出其规律性和共性，使读者对检测技术有完整、系统的认识。

（2）内容的新颖性。因测控技术与仪器、自动化等专业在制定专业培养方案时会开设传感器原理、检测仪表等相关课程，所以本书不再对传统的检测技术加以介绍，只介绍最新的检测技术。

（3）理论与技术的应用性。学习检测技术理论知识的目的不仅是研发，还要使其生产中得到应用。为此，本书在介绍每一种检测方法理论的基础上，对该方法的实际应用技术作了详细说明。

（4）知识体系的完整性。不同的检测方法各设为一章，自成体系。每章对所讲述的内容从基本原理、技术特点和应用等方面分别加以阐述，力求完整准确，具有较好的可读性。

本书由华北电力大学苏杰、王旭光、张立峰、白康、曾新编著，庄璇、姜礼洁同学参与了书稿的整理、图表绘制等工作。全书由苏杰统稿并定稿。河北大学方立德教授审阅了全书并提出了很多宝贵意见和建议，在此表示诚挚的谢意。

在本书编写过程中，编者参考了大量文献资料，使本书的内容更加丰富，在此谨向有关作者表示衷心的感谢。

限于编者水平，书中难免有不妥、疏漏之处，恳请读者批评指正。

编者
2023. 8. 15

目录

第1章　红外辐射检测技术

红外技术是一项既古老又年轻的技术。自从 1800 年发现了红外辐射，有关红外辐射、红外元器件及其应用的研究逐步发展，但比较缓慢，直到 1940 年前后才真正出现现代的红外技术。红外辐射检测就是以红外辐射的基本原理为基础，运用红外辐射测量分析方法和技术对设备、材料及其他物体进行测量和检验。目前，红外测温仪、红外分光计、红外热像仪、红外气体分析仪等仪器在工业生产、质量检测、交通运输、科学研究、安全报警、医疗保健、农作物评估、病虫害防治等领域的应用越来越广泛。

1.1　概　　述

1.1.1　红外辐射的发现

1665 年，牛顿使用分光棱镜把太阳光（白光）分解为红、橙、黄、绿、青、蓝、紫等各种单色光，发现了太阳光（白光）是由不同颜色的光复合而成。1800 年，英国物理学家威廉·赫胥尔发现了红外线，赫胥尔在研究各种颜色的光的热量时，让太阳光通过棱镜分解为彩色光带，并用温度计去测量光带中不同颜色所含的热量。为了和环境温度比较，在彩色光带附近放几支温度计来测量周围环境的温度。试验中他偶然发现一个奇怪的现象：放在光带红光外的一支温度计，比室内其他温度计的指示数值高。经过反复试验确认，热量最多的高温区总是位于光带最边缘处红光的外面，于是他宣布太阳发出的辐射中除可见光线外，还有一种人眼看不见的"热线"。由于这种看不见的"热线"位于红色光外侧，因而叫作红外线。红外线的发现是人类自然认知的一次飞跃，为研究、利用和发展红外技术开辟了一条全新的广阔道路。

红外技术在军事上的应用是在人们发现各种物质都能发射红外辐射以后才开始的。19 世纪末，科学家们对红外辐射的性质认识得更加透彻，斯特藩-玻尔兹曼定律和维恩位移定律也相继问世。红外技术在军事上的应用也由简单的红外探测定向发展成了各式红外热成像仪器，应用范围从航天扩展到陆海空三军。目前，军事红外技术已逐步向民用转化，红外测温、红外测湿、红外测距、红外遥控等在民用领域里发挥着日益重要的作用。

1.1.2　红外辐射的产生及特点

红外辐射也称红外线，是一种电磁辐射，波长范围为 0.76~1000μm，相对应的频率范

围为 $4×10^{14}～3×10^{11}$ Hz。电磁波谱如图 1-1 所示，从图中可知红外辐射是位于可见光（红色光）和微波之间的一种不可见光。一般将红外辐射分为四个区域，即近红外区、中红外区、远红外区和极远红外区，这里所说的远近是指红外辐射在电磁波谱中与可见光的距离。红外辐射的特点是不可见，波长比可见光长，大气衰减比可见光小，传播距离远，有明显的热效应。

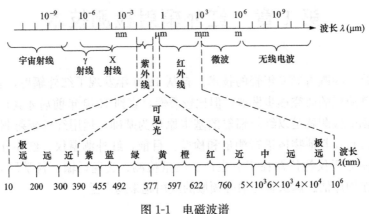

图 1-1 电磁波谱

红外辐射是自然界中最普遍、最基本的热辐射之一，可以说红外辐射存在于自然界的任何一个角落。事实上，由于分子热运动是物体存在的基本属性，所以一切温度高于绝对零度的有生命和无生命的物体时时刻刻都在不停地辐射红外线。太阳是红外线的巨大辐射源，整个星空都是红外辐射源，而地球表面，不论是高山大海，还是森林湖泊、冰川雪地都在不断地辐射红外线。军事装备，如坦克、军舰、飞机、导弹等，由于有高温部位，往往是强外辐射源。人们生活的环境中，如居住的房间里照明灯、火炉，甚至一杯热茶，都释放出大量红外线，人体自身就是一个红外辐射源。总之，红外辐射充满整个空间。

同我们熟悉的可见光和无线电波完全一样，红外辐射也具有反射、折射、散射、干涉、吸收等性质。红外辐射的最大特点是具有光热效应，能辐射热量，是光谱中最大的光热效应区。物体的温度越高，辐射出来的红外线越多，红外辐射的能量就越强，据此可以利用红外辐射来测量物体温度。

红外线在介质中传播时，由于介质的吸收和散射作用而衰减。各种气体和液体对于不同波长红外辐射的吸收是具有选择性的，即不同的气体和液体只能吸收某一波长或几个波长范围的辐射能，这是利用红外线进行成分分析的依据之一。

红外辐射在大气中传播时，由于大气中的气体分子、水蒸气及固体微粒、尘埃等物质的吸收和散射作用，使辐射在传输过程中逐渐衰减。空间的大气、烟云对红外辐射的吸收程度与红外辐射的波长有关，特别对波长范围为 $2.1～2.5\mu m$、$3～5\mu m$ 和 $8～14\mu m$ 的三个波段吸收相对很弱，红外线穿透能力较强，透过率高，统称它们为"大气窗口"。这三个波段对红外探测技术特别重要，红外探测器一般工作在这三个波段（大气窗口）内。

1.1.3 红外辐射检测技术的特点

1. 红外检测技术的优点

(1) 非接触性。红外检测不需要接触被检目标,可以对温度高达数千摄氏度的物体进行检测,也可以对温度很低的物体进行检测,被测物体可静可动。所以,红外检测技术可以方便地应用于生产现场设备、材料和产品的检验和测量中。因红外检测时不需要与被测对象直接接触,操作安全,故非常适合对带电设备、传动设备及高空设备的检测。

(2) 灵敏度高。现代红外探测器的探测灵敏度很高,红外检测的温度分辨率和空间分辨率都可以达到相当高的水平。例如,它能在数毫米大小的目标上检测出其温度场的分布。红外显微检测甚至还可以检测小到 0.025mm 左右的物体表面,这在线路板的诊断上十分有用。

(3) 检测效率高。红外探测系统的响应时间都以微秒或毫秒计,扫描一个物体只需数秒或数分钟即可完成,检测速度很高。

2. 红外检测技术的不足之处

(1) 温度确定存在困难。红外检测技术可以检测到设备或结构热状态的微小差异及变化,但很难精确确定被测对象上某一点确切的温度。物体红外辐射除与温度有关外,还受到其他很多因素的影响,特别是受到物体表面状况的影响,温度测量结果的标定问题需要解决。

(2) 物体内部状况难以确定。红外检测直接测量的是被测物体表面的红外辐射,主要反映的也是表面的状况,对内部状况不能直接测量,需要经过一定的分析判断过程。

1.2 红外辐射检测系统

1.2.1 红外辐射检测系统组成

红外辐射检测系统一般由红外辐射源、光学系统、红外探测器、数据处理部分,以及显示、控制、存储和传输等子系统组成,红外辐射检测系统组成如图 1-2 所示。由红外辐射源发出的红外辐射,经大气传输衰减后投射到光学系统上;光学系统接收红外辐射源的红外辐射,并将其汇聚在红外探测器上;红外探测器将入射的红外信号转换成电信号;转换后的电信号经数据处理部分(信号处理器)后,获得与被测对象相关的温度、浓度、距离等参量信息,这些参量信息可以不同的信号形式进行输出,从而满足显示、存储、传输和控制等各种用途。

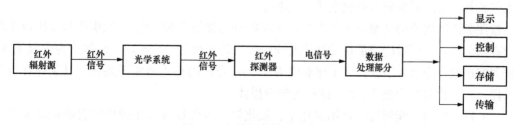

图 1-2 红外辐射检测系统组成

红外辐射检测系统按照入射辐射的来源进行划分，可分为主动式红外辐射检测系统和被动式红外辐射检测系统。

（1）主动式红外辐射检测系统。主动式红外辐射检测系统是指红外辐射由系统自身所带的红外光源产生，入射辐射被被测物体反射或穿过被测物体而进入系统，从而完成检测任务的一种仪器。例如，红外激光雷达通过向目标发射红外激光光束，将接收到的目标反射信号（激光回波）与发射信号进行比较后，就可获得目标距离、方位、高度、速度、姿态、形状等有关参数。红外气体分析仪、红外水分仪等均属于主动式红外辐射检测系统。

（2）被动式红外辐射检测系统。被动式红外辐射检测系统是通过接收被测对象自身产生的红外辐射，利用不同被测对象红外辐射特性的差异，实现对参数的测量。红外测温仪属于典型的被动式红外辐射检测系统。

1.2.2　红外辐射源

当物体温度高于绝对零度时，就有红外线向周围空间辐射出来，有红外辐射的物体就可以视为红外辐射源。红外辐射源可以分为自然辐射源和人工辐射源。

1. 自然辐射源

宇宙中的太阳、地球上的火山、地热、云层、湖泊、飞机发动机、导弹尾喷管、工厂、船舶、码头、港口等都是自然辐射源。太阳是人类研究最多、最早的辐射源。在红外辐射测量中，如果不研究太阳本身的辐射，则太阳辐射就属于背景干扰。太阳近一半的能量在红外波段，40%在可见光波段，10%在紫外和X射线波段。应注意的是，太阳在地球表面的照度约为 $0.09W/cm^2$，而许多红外系统设计用于探测 $10^{-10}W/m^2$ 或更低照度的目标，所以，对太阳"偶尔一瞥"可能造成严重过载，甚至使系统遭受永久性损伤。

2. 人工辐射源

人工辐射源有多种，如黑体辐射源、能斯特灯、硅碳棒、钨带灯、合金丝做发光体、红外发光二极管、红外激光器等。

（1）黑体辐射源。绝对黑体要求其发射率为1，且与波长无关，实际上它只是一个理想的物理模型，但用人工方法可以制作尽可能接近绝对黑体的辐射源。黑体辐射源俗称黑体，实质上只是黑体模拟器，已广泛用于红外设备的辐射定标，黑体辐射源性能的优劣主要取决于空腔内有效发射率、辐射能通量及黑体腔的工作温度。

黑体辐射源通常用作辐射标准，其被用于标定各种红外辐射源的辐射强度、标定各类红外探测器的响应率、测定红外光学系统的透射比、研究各种物质表面的热辐射特性、研究大气或其他物质对辐射的吸收或透射性能等。

按照黑体辐射源的类型及工作温度，其可以分为如下几种：①工作温度1273K以上的称为高温黑体，其辐射能通量在近红外波段；②工作温度为373～1273K的称为中温黑体，其辐射能通量在中红外波段；③工作温度为223～373K的称为近室温黑体，其工作在远红外波段；④工作温度为低于223K的称为低温黑体。

（2）能斯特灯。能斯特灯是用氧化锆、氧化钇、氧化钍或氧化铍的混合物烧结成的一种很脆的空心圆柱体或圆棒，两端以铂丝作为电源的引出线，其典型尺寸为长30mm、直径 1～3mm。能斯特灯常作为红外分光光度计中的红外辐射源,具有寿命长、工作温度高、黑体特性好和不需要水冷等优点;主要缺点是机械强度低,稍受压就会损坏。它采用恒流电源供电,工作电流为 0.3～0.6A,工作温度为 1700～1800K。

(3)硅碳棒。硅碳棒是用碳化硅做成的圆棒,作为辐射测量的辐射源时,不能含有杂质。典型尺寸为长 5～10cm,直径为 5mm;工作电源为 50V,工作电流为 3～5A。硅碳棒也是分光计中常用的光源之一。由于直接工作于大气中,表面升华较大,需要给装有硅碳棒的护罩通冷水以冷却电极。其优点是制作工艺简单、价格较低。

(4)钨带灯。常用于作为 3μm 以下的近红外辐射源使用。与日常照明用的钨丝灯一样,钨带灯也是通过加热钨带而发光的。钨带的典型尺寸为宽约 2mm、厚约 0.02mm、长约 20mm。钨带灯采用真空泡时可工作于 1100℃,充惰性气体可工作于 2700℃。工作电压一般为 10～20V,工作电流约 20A。由于玻璃罩的存在(不透过大于 4μm 辐射),一般工作波长范围为 0.8～3μm(近红外)。

(5)合金丝做发光体。合金丝做发光体是以镍铬丝、硅酸镍铬丝、铁铬铝或铬铝钴合金丝等为光源材料,在一螺旋形胎具上绕制,绕成后先用热水清洗放入脱脂液中脱脂,在退火后用镊子整形,螺旋距约为 0.5mm,用铂金丝做引线进行封装。一般镍铬丝用得最广泛,因为它的热稳定性好、抗氧化性能较强,也容易获得,价格较便宜。将镍铬丝加热到 730℃时,其发射光谱的波长主要集中在 3～10μm 发射,常用于红外线气体分析仪中。

(6)红外发光二极管。红外发光二极管是光电子技术领域中重要的发光器件之一。这类辐射源是在半导体 P-N 结通以正向电流时,注入载流子,并利用注入载流子复合而发光的器件,属于非热辐射辐射源。其可工作于可见光波段,也可工作于红外波段。例如砷化镓(GaAs)的禁带宽度为 1.43eV,则电子和空穴复合时发光的峰值为 900～940nm 的近红外波段。红外发光二极管的特点是时间响应短(小于 1μs)、体积小、价格便宜。其工作电压为 1.2～2V,电流为 20～100mA,驱动方式有交流、直流和脉冲三种。

(7)红外激光器。属于受激辐射,各辐射中心的发射具有相同的频率、方向和偏振状态,以及严格的相位关系。红外激光器辐射强度高、单色性好、方向性强,已成为红外技术中的重要辐射源,并在红外通信、主动式红外雷达、测距、目标显示等红外系统中得到了广泛应用。常用的红外激光器有钕玻璃激光器、钇铝石榴石激光器、二氧化碳激光器等。

1.2.3　红外探测器

1. 分类和基本工作原理

红外探测器是把红外辐射能转换为电能或其他便于测量的物理量的器件,威廉·赫胥尔发现红外辐射所使用的水银温度计可以说是最早使用的热辐射探测器。真正有实用意义的红外探测器,需要满足两个条件:一是灵敏度高,对微弱的红外辐射也能检测到;二是物理量的变化与受到的辐射成某种比例,以便定量测量红外辐射。现代红外探测器大都以电信号的形式输出,也可以说红外探测器的作用是把接收到的红外辐射能转换成电信号输出,是实现光电转换功能的灵敏器件。红外探测器的性能好坏直接影响系统性能的优劣,选择合适的、性能优良的红外探测器,对红外辐射检测系统相当重要。

红外探测器按工作温度可分为低温探测器、中温探测器和室温探测器；按响应波长范围可分为近红外、中红外和远红外探测器；按结构和用途可分为单元探测器、多元列阵探测器和焦平面等成像探测器；按其所依据的物理效应可分为热探测器和光子探测器。

（1）红外热探测器。红外热探测器是利用探测元件吸收红外辐射后产生温升，由于温度变化而引起探测元件材料物理性能发生变化，测量这些物理性能的变化就可以测量出其吸收的能量或功率。一般而言，热探测器的光谱响应宽而均匀、灵敏度较低、响应时间较短（毫秒级），能在室温下工作，适用于红外辐射变化缓慢场合。常用的红外热探测器有以下几种。

1）测辐射热电偶和热电堆。测辐射热电偶是利用热电效应制成的红外热探测器。其工作原理与一般热电偶基本相同，不同的是它对红外辐射敏感，是由热电功率差别较大的两种材料构成的，如铋/银、铜/康铜及铋/铋-锡合金等。当红外辐射照射到热电偶热端上，该点温度升高，而冷端温度保持不变，这时在热电偶回路中将产生热电动势，而热电动势的大小反映了热端吸收红外辐射的强弱。

在实际应用中，往往将几个热电偶串联起来组成热电堆来检测红外辐射的强弱。最常见的测辐射热电堆红外探测器主要有两种类型，一种是薄膜型热电堆探测器，另一种是微机械热电堆探测器。利用真空镀膜方法，将热电偶材料（如铋和锑）沉积到陶瓷、蓝宝石、金属（如铝、氧化铍）或塑料等基体上，并采用腐蚀、剥离技术将热电偶材料分离，制作成薄膜型热电堆探测器。20世纪80年代之前，这种薄膜型热电堆探测器占主导地位。采用上述工艺制作的探测器，体积较大、灵敏度较低，但由于其结构坚固、性能稳定，仍被广泛用于需要高可靠性、高稳定性的领域，如空间测量、气象测量和工业高温测量等。

微电子机械系统（micro-electro-mechanical system，MEMS）简称微机械系统，随着该技术的蓬勃发展，半导体材料作为热电堆探测器基体的技术日趋成熟，微机械热电堆红外探测器也得到了快速发展，性能不断提高。机械热电堆红外探测器的优点在于体积小、质量轻，可在室温下工作；具有高的灵敏度和非常宽的频谱响应；成本低廉，且适合批量生产。

2）测辐射热计。利用某些材料吸收红外辐射后电阻发生变化而制成的红外探测器称为测辐射热计。依据所选用的材料不同，有金属测辐射热计、半导体测辐射热计、微机械室温测辐射热计、超导测辐射热计和复合测辐射热计等。

a）金属测辐射热计。金属测辐射热计的电阻温度系数为正值，用于制作金属测辐射热计的典型材料有镍、铋、铂、钛和锑等，这些材料具有较好的稳定性，可满足测辐射热计的基本要求。金属测辐射热计的体积可做得较小，使其具有足够小的热容，从而获得适当的灵敏度。金属测辐射热计一般工作在室温下，其机械韧性很差，应用场合受到限制。

b）半导体测辐射热计。半导体测辐射热计的电阻温度系数为负值，可分为室温测辐射热计和低温半导体测辐射热计。室温测辐射热计即热敏电阻测辐射热计，其采用的热敏材料通常是由锰、钴和镍等氧化物混合烧结而成的。低温半导体测辐射热计，是将热敏半导体元件制冷到一定低温的测辐射热计。由于将半导体元件进行了低温制冷，半导体材料的电阻温度系数将大幅增加，元件的电阻变化比室温下大得多，测辐射热计的灵敏度有很大的提高。低温半导体测辐射热计是低辐照度下最成熟的热探测器，可应用于许多领域。

c) 微机械室温测辐射热计。采用具有低热导率的材料及 MEMS 技术，可以减小热量损失以获得最佳的热绝缘和最低的热容，从而使测辐射热计获得较高的探测性能。将体微加工技术及表面微加工技术用于测辐射热计中，可以制成微机械室温测辐射热计，简称微测辐射热计。其常使用的热敏材料主要有氧化钒（VOx）、非晶硅（a-Si）、非晶与多晶锗硅（a-Si/SiGe）。

d) 超导测辐射热计。将超导样品的环境温度保持在略低于临界温度，吸收入射辐射而产生的微小温升将引起样品电阻显著变化，这种变化可以用来产生相当大的输出信号，由此可制成超导测辐射热计。超导测辐射热计的灵敏度非常高，光谱响应非常宽。

e) 复合测辐射热计。复合测辐射热计主要由吸收体（辐射吸收材料）、决定其作用面积的衬底和温度传感器三部分组成。一般情况下，采用黑化铋和镍铬合金薄膜作为吸收体，采用 MEMS 方式将温度传感器（锗元件）固定在衬底上，并保持良好的热接触。薄膜和衬底共同起着有效吸收体的作用，从而使得非常小的温度传感器具有较大的有效面积。衬底可以是金刚石衬底或硅衬底。

3) 热释电型探测器。热释电型探测器是一种利用某些晶体材料自发极化强度随温度变化所产生的热释电效应制成的新型热探测器。晶体受辐射照射时，由于温度的改变使自发极化强度发生变化，结果在垂直于自发极化方向的晶体两个外表面之间出现感应电荷，利用感应电荷的变化可测量光辐射的能量。

热释电探测器中常用的热释电材料有硫酸三甘肽（TGS）、铌酸锶钡（SBN）、钽酸锂（LT）、钛酸锶钡（BST）、聚偏氟乙烯（PVDF）等。一般将热释电材料制成薄片，作为红外探测器的敏感元件。当探测器接收红外辐射时，热释电材料被加热，温度上升，表面的电荷将发生变化。这些变化通过电极引出，即输出电压信号。热释电材料作为探测器时有一个特殊的问题：当热释电材料被稳定不变的红外辐射照射时，其稳定升高到一定数值后，也将稳定不变，此时热释电材料表面的电荷也不再变化，且相应的输出电压信号为零，即无信号输出。所以，必须将入射的红外辐射进行调制，使其产生周期性变化，以保证探测器的输出稳定。

因为热释电探测器不像其他热探测器需要有个热平衡过程，所以其响应速度比其他热探测器快得多。其结构坚固，且无须偏置，因而消除了电流噪声的影响。由于没有电流噪声，可权衡响应速度和灵敏度，因此热释电探测器在扫描探测、脉冲式辐射测量中得到了广泛应用。

（2）红外光子探测器。红外光子探测器是利用入射红外辐射光子流与探测器材料中的电子之间直接相互作用，引起各种电学现象（统称为光子效应）而使材料的电学性质发生变化。通过测量电学性质的变化，可以确定红外辐射的强弱。利用光子效应所制成的红外探测器统称光子探测器，可依据产生的不同电学现象做成不同的红外光子探测器。红外光子探测器的主要特点是灵敏度高，响应速度快，峰值灵敏度较高。但其光谱响应窄，一般需要在低温下工作。

按照光子探测器的工作原理，一般可分为外光电探测器和内光电探测器两种。外光电探测器主要是基于外光电效应制成的光电探测器，典型的是光电倍增管。内光电探测器基于的是光电导效应、光生伏特效应等，典型的有光电导探测器、光生伏特探测器、光磁电探测器。

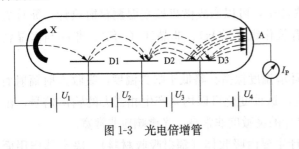

图 1-3 光电倍增管

1）光电倍增管。光电倍增管由光阴极 X、倍增极 D1～D3（也称打拿极）、阳极 A（也称收集极）及真空管壳组成。光电倍增管如图 1-3 所示，图中 U_1～U_4 是极间电压，分级电压为百伏量级，总电压为千伏量级，从阴极到阳极可使各极间形成逐级递增的加速电场。阴极在光照下发射光电子，光电子被极间电场加速聚焦，从而以足够高的速度轰击倍增极；倍增极在高速电子轰击下产生二次电子发射，使电子数目增加若干倍；如此逐级倍增使电子数目大量增加，最后被阳极收集。当光信号变化时，阴极发射的光电子数目相应变化，由于各倍增极的倍增因子基本上是常数，所以阳极电流亦随光信号的变化而变化。光电倍增管的性能主要由光阴极、倍增极和极间电压决定。光谱 S-1 的银氧铯（Ag-O-Cs）光阴极属于近红外光电阴极。在窄禁带半导体上镀一层 GaAs 再镀一层铯的复合阴极，可以探测波长较长的红外辐射。

光电倍增管的主要优点是灵敏度高、稳定性好、响应速度快和噪声小；主要缺点是结构复杂，工作电压高和体积大。光电倍增管是电流放大元件，具有很高的电流增益，因而最适合在弱光信号场合下使用，在激光测距、雷达、通信等接收系统中已广泛使用。

2）光电导探测器（PC 器件）。通常情况下，半导体中的载流子（自由电子和空穴）浓度很小，因此电阻率很大。当红外或其他辐射照射半导体时，其内部的电子接收了能量，处于激发状态，形成了自由电子及空穴载流子，使半导体材料的电导率明显增大，这种现象称光电导效应。利用光电导效应工作的探测器件称为光电导探测器。

这种探测器结构很简单，在一块半导体材料上焊上两个电极即可构成光电导探测器。光照时其表面层内产生载流子，并在外电场作用下形成光电流。

光电导探测器可分为单晶型和多晶薄膜型两类。多晶薄膜型光电导探测器的种类较少，主要有响应于 $1～3\mu m$ 波段的硫化铅（PbS）、响应于 $3～5\mu m$ 波段的硒化铅（PbSe）和碲化铅（PbTe）（PbTe 探测器有单晶型和多晶薄膜型两种）。单晶型光电导探测器可再分为本征型和掺杂型两种。本征型光电导探测器早期以锑化铟（InSb）为主，只能探测 $7\mu m$ 以下的红外辐射，后来发展了响应波长随材料组分变化的碲镉汞（$Hg_{1-x}Cd_xTe$）和碲锡铅（$Pb_{1-x}Sn_xTe$）三元化合物探测器。掺杂型光电导探测器是由锗、硅和锗硅合金掺入不同杂质而制成的多种掺杂探测器，如锗掺金（Ge:Au）、锗掺汞（Ge:Hg）、锗掺锌（Ge:Zn）、锗掺铜（Ge:Cu）、锗掺镉（Ge:Cd）、硅掺镓（Si:Ga）、硅掺铝（Si:Al）、硅掺锑（Si:Sb）和锗硅掺锌（Ge-Si:Zn）等。

使用光电导探测器时应注意，需要对其制冷和加上一定偏压，否则会使其响应率降低，噪声大，响应波段窄，以至损坏。

3) 光生伏特探测器（PU 器件）。当红外辐射照射在某些半导体材料构成的 P-N 结上时，在 P-N 结附近产生了与辐射能量相应的激发电子-空穴对，在 P-N 结内电场的作用下，P 区的自由电子移向 N 区，N 区的空穴移向 P 区。如果 P-N 结是开路的，则在 P-N 结两端产生一个附加电动势，称为光生电动势。利用此效应制成的探测器称为光生伏特探测器。常用的光生伏特探测器有锑化铟（InSb）、碲镉汞（HgCdTe，也称 MCT）、铟镓砷（In-GaAs）和碲锡铅（PbSnTe）等。光生伏特探测器工作时，通常对 P-N 结加反偏压工作，常称为光电二极管。光电二极管最适合激光探测应用，其具有量子效率高、噪声小、响应快、线性工作范围大、耗电少、体积小、寿命长、使用方便等特点，如用铟镓砷（InGaAs）材料制作的短波红外探测器具有较高的灵敏度和比探测率。InAs、InAsSb 和 InSb 光电二极管能够探测到的辐射波长分别约为 3.5、5.0μm 和 5.5μm。

4) 光磁电探测器（PEM 器件）。当红外辐射照射在某些半导体材料表面上时，在材料的表面产生电子和空穴对，并向内部扩散，在扩散中受到强磁场作用，电子与空穴各偏向一边，因而产生了开路电压，这种现象称为光磁电效应。利用光磁电效应制成的红外探测器，称为光磁电探测器。

光磁电探测器响应波段在 7μm 左右，时间常数小，响应速度快，不用加偏压，内阻极低，噪声小，性能稳定。但其灵敏度低，低噪声放大器制作困难，因而影响了使用。

2. 红外探测器的主要性能指标和选择

（1）红外探测器的主要性能参数。

1) 电压响应率。当（经过调制的）红外辐射照射到探测器的敏感元件上时，探测器的输出电压与输入红外辐射功率之比为探测器的电压响应率，记作 R_λ，表达式为

$$R_\lambda = \frac{U_S}{P} \tag{1-1}$$

式中：U_S 为红外探测器的输出电压，取有效值；P 为投射到红外敏感元件上的光功率，取有效值。

2) 响应波长范围。响应波长范围（或称光谱响应）是表示探测器的电压响应率与入射的红外辐射波长之间的关系。光谱响应曲线如图 1-4 所示，热电探测器的电压响应率与波长无关，它的响应曲线是平行于横坐标（波长）的直线，如曲线 1 所示；而光子探测器的电压响应率是波长的函数，如曲线 2 所示。一般将电压响应率最大值所对应的波长称为峰值波长（λ_p），而把电压响应率下降到电压响应最大值的一半所对应的波长称为截止波长（λ_c）。

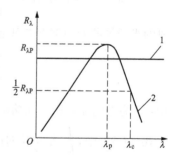

图 1-4　光谱响应曲线

3) 噪声等效功率。如果投射到红外探测器敏感元件上的辐射功率所产生的输出电压正好等于探测器本身的噪声电压，则这个辐射功率就称为噪声等效功率，通常用符号 NEP 表示，计算如下

$$NEP = \frac{P}{U_S / U_N} = \frac{U_N}{R_\lambda} \tag{1-2}$$

式中：U_N 为红外探测器的综合噪声电压，探测器的噪声电压不是固定不变的值，因此 U_N 取均方根值。

噪声等效功率描述光敏元件对微弱信号的探测能力，它是信噪比为1的红外探测器探测到的最小辐射功率。其值越小，探测器所能探测到的辐射功率越小，探测器灵敏度越高。

4）探测率和比探测率。探测率表征光敏元件的探测能力，用符号D表示，因为只用NEP无法比较两个不同来源的光探测器的优劣，因此引入此参数。探测率是噪声等效功率的倒数，即

$$D = \frac{1}{\text{NEP}} = \frac{R_\lambda}{U_\text{N}} \tag{1-3}$$

红外探测器的探测率越高，表明探测器所能探测到的最小辐射功率越小，探测器就越灵敏，但仅根据D不能比较不同探测器的优劣。若两只器件材料相同、内部结构相同，光敏面积和测量带宽不同，则D也不同。为方便对不同来源的探测器进行比较，需把D归一化。比探测率D^*又称归一化探测率，也叫探测灵敏度，比探测率D^*计算如下

$$D^* = \frac{1}{\text{NEP}}\sqrt{A_0 \Delta f} = D\sqrt{A_0 \Delta f} = \frac{R_\lambda}{U_\text{N}}\sqrt{A_0 \Delta f} \tag{1-4}$$

式中：A_0为元件的光敏面积；Δf为测量电路的频带宽度。

由式（1-4）可以看出，D^*实质上是探测器的光敏元件面积为单位面积、放大器的带宽为1Hz时，单位功率的辐射所获得的信噪比。一般情况下，D^*越高，探测器的灵敏度越高，性能就越好。

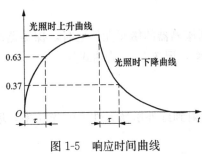

图1-5　响应时间曲线

5）响应时间。响应时间τ表征探测器对入射光响应的快慢，即光照射或者撤离光探测器后，电压上升63%或者下降37%的时间，也称弛豫时间或时间常数，响应时间曲线如图1-5所示。例如，硫化铅（PbS）的响应时间是$50 \sim 500\mu s$，光伏锑化铟（InSb）的响应时间是$1\mu s$。

6）量子效率。对于光电探测器，吸收光子产生光电子，光电子形成光电流。因此，光电流I与每秒入射的光子数即光功率P成正比，即

$$I = \alpha P = \frac{\eta e}{h\nu} P \tag{1-5}$$

式中：I为光电流；P为光功率；α是光电转换因子；e为电子电荷；η为量子效率。

式（1-5）中，$\frac{P}{h\nu}$是单位时间入射到探测器表面的光子数，I/e是单位时间内被光子激励的光电子数，则量子效率η定义为

$$\eta = \frac{Ih\nu}{eP} \tag{1-6}$$

对于理想探测器，$\eta = 1$，即一个光子产生一个光电子，但实际探测中$\eta < 1$。显然量子效率越高越好。

（2）红外探测器的选择。红外探测器是红外辐射测量系统的心脏。原则上，要选择合适的探测器，必须考虑以下几个主要方面。

1）工作波段。估计所要测量的工作波段。许多红外探测器对不同波长的辐射有不同响应，所以选择探测器时必须注意分清探测器的参数是在什么光谱范围的入射辐射条件下测量的。据此，选择适合这一波段工作的器件及其窗口所用的光学材料。

2）入射辐射通量。估计入射辐射通量的量级，核算所选探测器的噪声等效功率 NEP 及比探测率 D^* 能否满足测量要求。如采用锁相等新技术，有可能探测更低的辐射功率。

3）时间常数。探测器的时间常数应远小于目标变化的最短时间间隔。当采用调制时，探测器的时间常数则应远短于调制信号的周期。这样，才能保证探测器有足够的时间来响应辐射信号，使其输出电压上升到与辐射功率相对应的稳定值，并下降到无信号辐射时的原始值。

4）最佳面积。根据像落在探测器上的大小，选择探测器敏感元的最佳面积。红外探测器的光电信号转换功能是依靠探测器光敏面（响应平面）完成的，光电导探测器的光敏面多呈方形，尺寸变化范围为 $0.1\mathrm{mm}\times0.1\mathrm{mm}\sim1\mathrm{cm}\times1\mathrm{cm}$，此外还有呈方形、长条形或圆形的探测器，其尺寸不等。信号与噪声也和光敏面有关，探测器的噪声正比于其面积的平方根。为了降低这项噪声，使系统可探测的最小辐射通量下降，希望探测器的面积越小越好。但若探测器的面积太小，会导致像的尺寸大于敏感元的面积，从而损失一部分入射通量，减小探测器的输出信号。此外，敏感元太小，也将给对准光路带来一定麻烦。所以，敏感元的面积既不宜过大，也不宜太小。

5）调制频率和电路频率范围。选择探测器或比较其性能时，应注意是在什么调制频率下测量的，以及测量电路的通频带如何。当通频带很宽时，还应注意其基频值。

6）工作温度。对于许多红外探测器（尤其是半导体光子探测器），其输出信号和噪声，以及器件电阻，都取决于其工作温度。因此选择探测器应注意探测器对工作温度的要求。

此外，选择探测器还应考虑制冷要求、窗口位置、线性范围，以及安装测量的方便程度和价格等。

3. 红外探测器中的噪声

根据前面的介绍可知，红外探测器的响应率越大，即灵敏度越高，所能探测到的红外辐射功率就越小。但是，一个红外探测器所能探测到的最小红外辐射功率还会受到噪声的限制，当辐射弱到所引起探测器的输出信号小于噪声时，就无法辨别出输出信号。研究噪声的目的是尽可能使噪声降低到最低程度，以使探测系统达到最佳工作性能。

虽然红外探测器所用材料不同，但它们具有半导体器件中常见的电噪声。按产生机理不同，噪声可分为热噪声、散粒噪声、产生-复合噪声、$1/f$ 噪声和温度噪声。

（1）热噪声。任何一个处于绝对零度以上温度的导体中，载流子都在做无规则运动，这种无规则的热运动叠加在载流子的有规则的运动上时，就会引起电流偏离平均值的起伏。电流的起伏必将在电阻两端引起电压的起伏，这种无规则的起伏称为热噪声。热噪声广泛存在于电阻性元件中，热噪声公式最先由约翰逊（Johnson）和奈奎斯特（Nyquist）推导出，所以热噪声也常被称为约翰逊噪声或奈奎斯特噪声。

一个阻值为 R_d 的电阻器，处于温度 T 时，在测量带宽 Δf 内所具有的热噪声电压 u_J 为

$$u_\mathrm{J}=(\overline{u_\mathrm{J}^2})^{1/2}=(4kTR_\mathrm{d}\Delta f)^{1/2} \tag{1-7}$$

式中：k 为玻尔兹曼常数（$1.3807\times10^{-23}\mathrm{J/K}$）；$\overline{u_\mathrm{J}^2}$ 为均方噪声电压。

将式（1-7）除以电阻 R_d 就得到热噪声电流 i_J，热噪声电流 i_J 为

$$i_J = \left(\frac{4kT\Delta f}{R_d}\right)^{1/2} \tag{1-8}$$

热噪声电压和热噪声电流的乘积即是热噪声功率 P_J，表示为

$$P_J = 4kT\Delta f \tag{1-9}$$

由式（1-7）和式（1-8）可以看出，一个电阻器的热噪声电压、热噪声电流与电阻 R_d、电阻器的温度 T 和测量放大器的带宽 Δf 有关。而由式（1-9）可以看出，热噪声功率与电阻无关。所以，对于某一电阻器，只能通过降低温度和减小带宽这两种方式来降低热噪声。

由于热噪声与频率无关，故这类噪声称为白噪声。热噪声是几种工作时不需加偏压的探测器（如光磁电探测器、高频工作的光生伏特探测器、测辐射热电偶探测器）的主要噪声。

（2）散粒噪声。探测器在任一短时间内发射出来的电子数不会总是等于平均数，而是围绕这一平均数有所涨落。电流是由带电荷微粒组成的，探测器在光辐射作用或热激发下产生的光电子或光生载流子的随机性，会造成电微粒的涨落，从而引起电流的起伏，由此产生的噪声称为散粒噪声。这种噪声存在于光电发射器件、光伏器件及薄膜光电导器件中。散粒噪声直接起源于电子的粒子性，因而与电子电荷直接有关。散粒噪声与频率无关，故也属于白噪声。

（3）产生-复合噪声。半导体中载流子的产生、复合的随机性，会引起平均载流子浓度的起伏，从而导致电导率的起伏。当器件加偏压时，又必引起电流和电压的起伏，此过程中产生的噪声称为产生-复合噪声（generation-recombination noise，g-r），也称 g-r 噪声。产生-复合噪声存在一个同载流子寿命的倒数有关的特征频率，当频率低于特征频率时，产生-复合噪声具有与频率无关的恒定值；当频率高于特征频率时，随着频率的增加，噪声迅速降低；在中间频率范围内，它是半导体中的主要噪声。晶格振动和入射光子的随机性可引起载流子产生及复合的无规则性，所以在光子探测器中，这种噪声与光子噪声有密切关系。在所有半导体光子探测器中，一般都会出现这种噪声，尤其是对许多光电导探测器来说，产生-复合噪声往往是给出其极限工作性能的限制噪声。

（4）1/f 噪声。许多半导体探测器（如光电导探测器）工作时是需加偏压的，因而有一定的偏流流过。流过探测器的电流不是纯粹的直流，而是在直流上加一些微小的电流起伏，这些微小的起伏电流随时都在变化，从而形成了噪声。实验发现，这种噪声的大小与探测器尺寸、流过的电流、工作频率和带宽等因素有关。尽管在不同情况下电流噪声的起因仍有不同的解释，但都有相近的规律，即电流噪声的均方噪声电流近似与频率倒数成正比，所以通常把电流噪声称为 1/f 噪声。

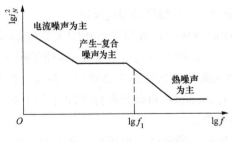

图 1-6　半导体噪声频谱

半导体噪声频谱如图 1-6 所示，从曲线可以看出有三个明显区间。在高频部分，以热噪声为主；在低频部分，对于大多数半导体而言，以电流噪声为主，具有 1/f 的频率依赖关系；在中间频率部分，产生-复合噪声起主要作

用。当频率低于其特征频率时，与频率无关；当频率高于其特征频率时，随着频率的增加噪声下降，逐渐过渡到热噪声。

（5）温度噪声。由于探测器温度的无规则起伏或热量从探测器向周围传递速率的起伏所引起的噪声称为温度噪声。原则上所有探测器都可能有工作温度起伏，因而均存在温度噪声，但只有对热探测器，噪声才可能成为性能的限制性噪声。这是因为热探测器是利用探测器的温度变化转变为电信号来探测辐射的。所以，探测器自身的温度起伏（因而产生的温度噪声）必然限制了所能测的最小入射辐射功率。

1.2.4　红外光学系统

红外光学系统的作用主要体现在两个方面：一是与辐射源配套使用时，使辐射能集中于一定的视场角内，形成一定的光束；二是与辐射探测器配套使用时，光学系统将辐射能集中到探测器的灵敏面，从而大大提高其辐射照度。

1. 红外光学系统分类

（1）透射式红外光学系统。透射式红外光学系统也称折射式红外光学系统，它由几个透镜或组合透镜组成，在用于红外探测器的光学系统中时，利用透镜聚光器将物镜整个视场内的辐射束全部收集到探测器的灵敏面上。

1）单透镜。单透镜是由单个球面透镜构成的，单透镜如图 1-7 所示。其结构简单，加工方便，但是边缘畸变比较严重（普通放大镜的边缘的影像）。

2）组合透镜。组合透镜是由若干个单透镜组成的，组合透镜如图 1-8 所示。其能很好地消除像差，可以获得较好的成像质量，边缘畸变小，但总透过率低，成的影像比较暗。

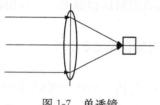

图 1-7　单透镜

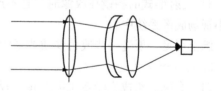

图 1-8　组合透镜

（2）反射式红外光学系统。

1）牛顿式反射镜。牛顿式反射镜示意图如图 1-9 所示，其主镜是抛物面，次镜是平面。其优点是简单易加工，但挡光比较大。

2）卡塞格伦式反射镜。卡塞格伦式反射镜示意图如图 1-10 所示，其主镜是抛物面，次镜是双曲面。其比牛顿式挡光小，难加工。

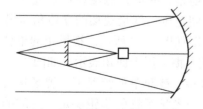

图 1-9　牛顿式反射镜示意图

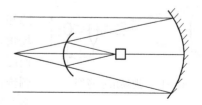

图 1-10　卡塞格伦式反射镜示意图

3）格里高利式反射镜。格里高利式反射镜的主镜是抛物面，次镜是椭球面，加工难度适中。实际工作中应用较广泛的是球面镜和抛物面镜，因为容易求焦距。

（3）复合式红外光学系统。复合式红外光学系统是由透镜和反射镜构成的，复合式红外光学系统如图 1-11 所示。其典型的有包沃斯-施密特系统和包沃斯-马克苏托夫系统。包沃斯-马克苏托夫系统如图 1-12 所示。

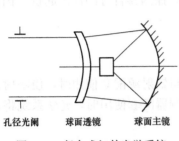

图 1-11　复合式红外光学系统

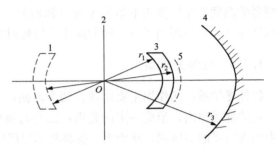

图 1-12　包沃斯-马克苏托夫系统
1—校正透镜（前）；2—孔径光阑；
3—校正透镜（后）；4—球面反射镜；5—焦面

（4）透射式和反射式红外光学系统的优缺点。

1）反射式光学系统材料便宜，使用一般的光学玻璃或金属材料都可以，而透射式的物镜必须采用昂贵的红外光学材料，要求其具有高红外透射性能和良好的温度特性等。

2）一般反射形式的物镜中心有遮拦，会影响它的红外能力接收，且将导致红外光学系统高频区红外传递函数下降，但透射式物镜没有此问题。

3）反射形式的物镜在成像时尽管不产生色差，但很难消除远轴像差，一般用在小于 $3°$ 的小视场成像系统中。

综上可见，要进一步改善像质或增大视场，需要采用复合式光学系统。

2. 红外光学系统的参数

（1）光阑。组成光学系统的透镜、反射镜都有一定的孔径，必然会限制可用来成像光束的截面或范围，有些光学系统中还特别附加一定形状的开孔的屏，统称其为光阑，在光学系统中起拦光的作用。实际光学系统中可能有许多光阑，按其作用可分为孔径光阑和视场光阑两类。

（2）入射光瞳。入射光瞳是孔径光阑在物方的共轭。入射光瞳是根据光学系统对成像光束能量的要求或者对物体细节的分辨能力的要求来确定的。

（3）相对孔径。相对孔径定义为入射光瞳的直径 D_0 与焦距 f 之比。

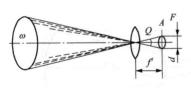

图 1-13　视场角示意图

（4）视场与视场角。视场是探测器通过光学系统能感知目标存在的空间范围。度量视场的立体角 ω 称为视场角，视场角示意图如图 1-13 所示。视场角的单位为球面度（sr），但目前习惯上用平面角表示，如图 1-13 中的圆锥视场的锥顶角 Q。最简单的情况下，视场角可由探测器敏感面的大小和光学系统的焦距决定。一般的红外系统，视场角很小。

1.2.5　红外辐射在大气中的传输

红外辐射在被探测器接收之前，必然要经过大气，辐射能被大气中的某些气体有选择地吸收，大气中的悬浮粒子能使光线散射，最终使红外辐射发生衰减。另外，大气路径本身的红外辐射与目标辐射相叠加，将减弱目标与背景的对比度。

红外辐射通过实际大气的传输过程是非常复杂的。它依赖于引起吸收的分子类型及其浓度，大气中悬浮粒子的尺寸、特性和密度，以及沿传输路径上各点的温度和压强等气象条件，同时还与距离、波长有关。

辐射穿过大气未被吸收衰减的能量与总辐射能量之比称为大气透射率。大气透射可看作符合指数规律，未被吸收衰减的能量 P 与总辐射能量 P_0 之间的关系表示如下

$$P = P_0 e^{-\beta x} \tag{1-10}$$

式中：β 为衰减系数，一般是波长 λ 和距离 x 的函数。

由式（1-10）可知，零距离下 $P = P_0$。由此可得大气透射率 τ 为

$$\tau = \frac{P}{P_0} = e^{-\beta x} \tag{1-11}$$

式（1-10）可以描述单色辐射下的吸收，也可以描述某吸收波段的吸收（若吸收与波长无关）。设有一束波长为 λ、功率为 P_0 的单色辐射束，在大气中传播距离为 R 时，其辐射功率 P_λ 变为

$$P_\lambda(R) = P_{0\lambda} e^{-\beta(\lambda)R} = P_{0\lambda} e^{-[\alpha(\lambda)+\gamma(\lambda)]R} \tag{1-12}$$

式中：$\beta(\lambda)$ 为大气对波长 λ 辐射的衰减系数，$\beta(\lambda)=\alpha(\lambda)+\gamma(\lambda)$；$\alpha(\lambda)$ 为大气对波长 λ 辐射的吸收系数；$\gamma(\lambda)$ 为大气对波长 λ 辐射的散射系数。

距离 R 的大气透射率 τ 为

$$\tau(\lambda,R) = \frac{P_\lambda(R)}{P_{0\lambda}} = e^{-\beta(\lambda)R} = e^{-[\alpha(\lambda)+\gamma(\lambda)]R} \tag{1-13}$$

严格来讲，准确计算大气透射率必须考虑大气中每种吸收分子和散射粒子的贡献。吸收系数应正比于单位路程上遇到的分子数（分子浓度）。同理，散射系数也应正比于散射元浓度。虽然为简化计算已提出了一些理论模型，但欲准确计算大气透射率仍十分烦琐。工程实践中除利用已有大气透射率计算结果外，可根据实际工作中遇到的大气环境，运用相应的大气模型，图解计算。目前，工程实践广泛利用现有的大气传输计算软件，常用的大气传输计算软件有低频谱分辨率传输（LOWTRAN）、中频谱分辨率传输（MODTRAN）、高频谱分辨率传输（HITRAN）等。

1.3　红外温度检测

红外测温是通过测量物体所发射的红外波段的辐射能量来确定物体表面温度的，属于非接触测温，具有测温范围宽、响应速度快、灵敏度高、使用安全等优点，在产品质量控制和检测、设备在线故障诊断和安全保护，以及节约能源等方面发挥着重要作用。

1.3.1 红外测温的理论基础

1. 辐射与物质的相互作用

一束辐射投射到物体表面后,会产生三种去向,即被物体吸收、反射和穿透物体。在任意温度条件下,能全部吸收入射在其表面上的任意波长的辐射的物体,定义为绝对黑体,简称黑体,也称全辐射体。在自然界中没有绝对黑体。吸收能力最大的是煤烟和黑色天鹅绒,它们对太阳光来说吸收能力为0.998。于是,定义某波段上的黑体,即在任意温度条件下,在该波段上的辐射可以被全部吸收。在任意温度条件下,对入射在其表面上的任意波长的辐射能全部反射的物体,称为绝对白体,简称白体。任意温度条件下,对入射在其表面上任意波长的辐射能全部透过的物体,称为绝对透明体,简称透明体。

为了衡量物体辐射的水平,定义了光谱辐射能力。用光谱辐射出射度 $M(\lambda, T)$ 描述光谱辐射能力,即在一定温度 T 下,物体在单位时间、单位面积、波长 λ 的单位波长间隔内所辐射出的辐射能。对于不同物体、不同表面状态,$M(\lambda, T)$ 的值不同。一切可能波长的辐射能总和称为辐射出射度,用 $M(T)$ 表示。$M(T)$ 与 $M(\lambda, T)$ 的关系如下

$$M(T) = \int_0^\infty M(\lambda, T) \mathrm{d}\lambda \tag{1-14}$$

由于自然界中所有的实际物体都是非黑体,在研究非黑体辐射规律时,通常会用到一个与材料性质有关的系数——发射率,来描述非黑体的热辐射。定义发射率为实际物体的辐射量与同温度、同波长的黑体辐射量之比,用 $\varepsilon(\lambda, T)$ 表示,即

$$\varepsilon(\lambda, T) = \frac{M_{\text{实}}(\lambda, T)}{M_{\text{黑}}(\lambda, T)} \tag{1-15}$$

发射率 $\varepsilon(\lambda, T)$ 与材料种类、表面粗糙度有关,随 λ、T 变化。发射率的物理含义表明实际辐射源接近黑体的程度,也叫光谱发射率,其取值范围是 $0 < \varepsilon(\lambda, T) < 1$。

影响发射率的因素有很多,常见的有材料本身结构、辐射波长、原材料预处理工艺、温度、材料的表面状态、材料的体因素等。通常,以光谱发射率 $\varepsilon(\lambda, T)$ 与波长 λ 的不同关系把非黑体分成灰体和选择辐射体两大类。

(1) 灰体。物体的光谱发射率 $\varepsilon(\lambda, T)$ 与波长 λ 无关,只与温度有关且发射率小于1的辐射体都叫灰体,即 $\varepsilon(\lambda, T) = \varepsilon(T)$。对于一定温度而言,灰体辐射的光谱分布规律与黑体辐射的光谱分布规律完全一样,但每一波长处灰体辐射都小于黑体辐射。工程中常将喷气飞机的尾喷管、气动加热表面、人、大地及空间背景看成灰体。

(2) 选择辐射体。物体的光谱发射率 $\varepsilon(\lambda, T)$ 与温度和波长 λ 都有关的物体叫选择辐射体。选择辐射体在不同温度下对不同波长的辐射呈现选择性辐射,对入射的辐射能也呈现选择性吸收。

2. 红外辐射测温的基本定律

(1) 基尔霍夫定律。一切物体向周围发射热辐射能的同时也吸收周围物体所发射的辐射能。基尔霍夫定律是指几个处于同一温度场中的物体,其发射本领正比于其吸收本领。好的吸收体也是好的发射体,好的发射体绝不是好的反射体,好的反射体必定不是好的发射体和吸收体。

（2）普朗克定律与维恩公式。黑体的光谱辐射出射度 $M_{0\lambda}$ 与波长 λ 和温度 T 的关系可由普朗克定律表示如下

$$M_{0\lambda} = C_1 \lambda^{-5} (e^{\frac{C_2}{\lambda T}} - 1)^{-1} \tag{1-16}$$

式中：C_1 为普朗克第一辐射常数，取 $3.74 \times 10^{-16} \mathrm{W \cdot m^2}$；$C_2$ 为普朗克第二辐射常数，取 $1.44 \times 10^{-2} \mathrm{m \cdot K}$。

当波长 λ 一定时，$M_{0\lambda}$ 与温度 T 之间有一一对应的关系。

温度低于 3000K、波长在较短的可见光范围内时，可用维恩公式代替式（1-16）。维恩公式为

$$M_{0\lambda} = C_1 \lambda^{-5} \, e^{\frac{C_2}{\lambda T}} \tag{1-17}$$

（3）斯特藩-玻尔兹曼定律。黑体的辐射出射度 M_0（波长为 $0 \sim \infty$）与温度 T 有如下关系

$$M_0 = \int_0^\infty M_{0\lambda} \mathrm{d}\lambda = \sigma T^4 \tag{1-18}$$

式中：σ 为斯特藩-玻尔兹曼常数，取 $5.67 \times 10^{-8} \mathrm{W/(m^2 \cdot K^4)}$。

式（1-18）说明，黑体的辐射出射度与它自身绝对温度 T 的四次方成正比。

需要说明的是，由于实际物体为非黑体，对实际物体，式（1-16）和式（1-18）可变成

$$M_\lambda = \varepsilon_\lambda C_1 \lambda^{-5} (e^{\frac{C_2}{\lambda T}} - 1)^{-1} \tag{1-19}$$

$$M = \varepsilon \sigma T^4 \tag{1-20}$$

式中：ε_λ 为光谱发射率；ε 为发射率。

3. 红外测温的特点

（1）可远距离和非接触测温。因为测温时不与被测目标接触，因此不影响被测目标的温度分布，测温准确度高。它特别适合于带电体、高压及高温物体的温度测量。

（2）反应速度快。它不需要与物体达到热平衡的过程，只要接收到目标的红外辐射即可测量出目标的温度。这样可对高速运动目标测温，目标表面温度稍有变化，仪表就能立即反映出来。

（3）灵敏度高。因为物体的辐射能量与温度的四次方成正比，物体温度的微小变化，就会引起辐射能量较大的变化，目标微小的温度差异也就能分辨出来。

（4）测温范围广。可测量零下几十摄氏度到零上几千摄氏度的温度范围，几乎可以使用在所有温度测量场合。

1.3.2　红外测温仪

红外测温仪是一种非成像的红外温度检测与诊断的仪器，它可以测量设备表面上某点周围小面积的平均温度。从广义上讲，凡是以辐射定律为依据，利用物体发射的红外辐射能量为信息载体测量温度的仪器、仪表，都统称为红外测温仪。考虑到人们的习惯做法，一般把这种不能成像的称作红外测温仪，也称为红外点温仪。红外测温仪的种类丰富多样，用途五花八门，但基本的原理结构是相同的。

1. 红外测温仪的基本原理

红外测温仪是利用被测目标发出的红外辐射能量与自身温度成一定函数关系的原理制成的仪器。如前所述，自然界中一切温度高于绝对零度的物体都在不停地向周围空间发出红外辐射能量，所发出红外辐射能量的大小及其按波长的分布都与物体表面的温度有着十分密切的关系。

红外测温基于热辐射定律，通过测量物体发射的红外辐射能量得到物体的温度。如由斯特藩-玻尔兹曼定律可知，物体的温度越高，辐射功率就越大。只要知道物体的温度和其发射率，就可算出发射的辐射功率；反之，如果测出物体所发射的辐射功率，就可利用斯特藩-玻尔兹曼定律确定其温度。

红外测温一般有亮度测温、全辐射测温、比色测温 3 种方法。

(1) 亮度测温。它是通过测量目标在某一波段的辐射亮度来获得目标的温度，其理论基础是普朗克定律。按这种方法工作的测温仪表称为亮度测温仪，它所测出的温度是目标的亮度温度。

亮度温度的定义：若实际物体在波长为 λ、温度为 T 时的辐射出射度与黑体在波长为 λ、温度为 T_s 时的辐射出射度相等，则把 T_s 称为该实际物体在波长为 λ 时的亮度温度。根据亮度温度的定义，利用维恩公式可推导出实际物体温度 T 与其亮度温度 T_s 的关系，其关系如下

$$\varepsilon_\lambda C_1 \lambda^{-5} e^{-\frac{C_2}{\lambda T}} = C_1 \lambda^{-5} e^{-\frac{C_2}{\lambda T_s}} \tag{1-21}$$

根据式 (1-21) 可得

$$T = \frac{C_2 T_s}{\lambda T_s \ln \varepsilon_\lambda + C_2} \tag{1-22}$$

这种测温仪通常使用限定入射辐射波长的滤光片来选择接收特定波长范围内的目标辐射。但是，为了在测量较低温度时能够获得足够的辐射能量，往往选用较宽的辐射波段。亮度测温仪的特点是结构简单、使用方便、灵敏度较高，而且能够抑制某些干扰，因此在高温或低温范围内都有较好的使用效果。

值得一提的是，测量时选定的波长越短，由发射率引起的误差就越小，所以单色测温仪一般工作在短波区，特别是高温单色测温仪工作波段大都选择小于 $3\mu m$，有的甚至选在 $0.4 \sim 0.5\mu m$ 的可见光波段。短波单色测温仪的温度覆盖范围窄，易受外界干扰；长波单色测温仪虽然测量误差大，但有较宽的温度覆盖范围，对杂散辐射不敏感。此外，根据维恩公式可知，随着温度的升高，辐射功率最大的波长向短波方向移动，因此，测量低温目标宜选用长波波长，而测量高温目标宜选用短波波长。

(2) 全辐射测温。它是通过测量物体发出的全辐射能量（$\lambda = 0 \sim \infty$）来测量物体的温度。按这种方法工作的测温仪表称为全辐射测温仪，它所测出的是目标的辐射温度，在数学上完全遵从斯特藩-玻尔兹曼定律的四次方关系。但目前尚无在整个光谱波段对辐射均匀响应的探测器，也没有能透过全光谱波段的窗口或透镜的红外光学材料，因此，实际的全辐射测温仪只是在较宽范围接收总辐射能的大部分辐射能量。

对实际物体，由式 (1-20) 可知，物体表面的辐射功率不仅决定于温度 T，还依赖于其表面的发射率 ε。由于不同物体的发射率差异很大，所以不能通过单一地通过测量辐射功

率来决定物体的温度。全辐射测温仪通常利用黑体标定，利用全辐射测温仪测得的温度为实际物体的辐射温度。

辐射温度的定义：若温度为 T 的被测物体的辐射出射度等于温度为 T_p 的黑体的辐射出射度时，温度 T_p 称为被测物体的辐射温度，辐射温度 T_p 表示如下

$$\varepsilon\sigma T^4 = \sigma T_p^4 \tag{1-23}$$

物体的实际温度 T 与物体的辐射温度 T_p 有以下关系

$$T = T_p\sqrt[4]{\frac{1}{\varepsilon}} \tag{1-24}$$

显然，发射率越小，辐射温度与真实温度相差越大。全辐射测温仪主要用于目标辐射量的测量、目标热分布状况的监测、对已知发射率的目标热力学温度进行监测等。

（3）比色测温。比色测温就是利用两组（或多组）带宽很窄的不同单色滤光片，搜集两个（或多个）相近波段内的辐射能量，转换成电信号后在电路上进行比较，由此比值确定目标温度。按这种方法工作的测温仪表称为比色测温仪，它所测出的是目标的比色温度。

比色温度的定义：若温度为 T 的实际物体在两个不同的波长下的辐射能比值与温度为 T_c 的全辐射体在同样两波长的辐射能比值相等，则把 T_c 称为实际物体的比色温度。

根据比色温度的定义，再应用维恩公式，可以推导出物体实际温度 T 和比色温度 T_c 的关系为

$$\frac{1}{T} - \frac{1}{T_c} = \frac{\ln(\varepsilon_{\lambda1}/\varepsilon_{\lambda2})}{C_2(1/\lambda_1 - 1/\lambda_2)} \tag{1-25}$$

式中：$\varepsilon_{\lambda1}$、$\varepsilon_{\lambda2}$ 分别为实际物体在辐射波长为 λ_1 和 λ_2 时的光谱发射率。

由式（1-25）可知，如两波长 λ_1 和 λ_2 对应的发射率 $\varepsilon_{\lambda1}$ 和 $\varepsilon_{\lambda2}$ 相等，则实际温度等于比色温度。由此可见，提高比色测温精度的关键是选择合适的波长，使两个波长处的发射率相近。比色测温仪中取得两个波段辐能量的方法有双通道法和单通道法两种。

1）双通道法。这种方法是通过两个光电探测器、两个或两个以上滤光片分别对两个波段的辐射能量进行光电转换。该方法虽然简单，但若两个探测器的性能稍有变化，就会严重影响测温仪的稳定性。

2）单通道法。由探头和显示两部分组成。探头部分包括光学系统、探测器、调制盘、干涉滤光片、同步信号装置、前置放大器和同步信号放大器等。两块干涉滤光片镶嵌在调制盘上，由电动机直接带动调制盘进行辐射调制，使两个波长的辐射能交替作用在探测器上。

比色测温仪的测量结果取决于两波段辐射功率之比，只要辐射能量的部分损失（如光学系统上有灰尘、视场局部被遮挡、测试空间有烟雾或灰尘、测距变化等）对这两个波段的辐射功率的影响近乎相同，这些因素对测量结果就无显著影响。同样，元件的性能或电路放大倍数的变化对测量结果也无显著影响。

由于光纤技术的发展，利用光纤的传光特性，在红外测温仪中加入了光纤，制成红外光纤比色测温仪、红外光纤单色测温仪，这类测温仪特别适用于恶劣环境中难以接近的及测量通道弯曲、狭小、受阻的目标温度的测量。

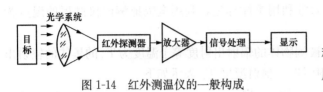

图 1-14　红外测温仪的一般构成

2. 红外测温仪的基本结构

红外测温仪有便携式和固定式两种。红外测温仪的一般构成如图 1-14 所示，红外测温仪一般由光学系统、红外探测器、信号放大与处理系统和显示输出系统等部分组成，另外还有其他附属设备，如供电电源、目标瞄准器和整机机械结构等。

（1）光学系统。红外测温仪的光学系统就是红外辐射的接收系统，它是红外探测器的窗口。光学系统的主要功能是收集被测目标发射的红外辐射能量，进而把它们汇聚到红外探测器的光敏面上。从一般意义上讲，要尽可能多地接收目标的红外辐射量，为此要求光学系统有较大的相对光学孔径，即光学系统的通光孔径与光学系统的焦距之比较大。

光学系统另一个重要功能是决定红外测温仪的视场大小。红外测温仪的视场与它的另一个重要性能参数——距离系数直接相关，距离系数 L/d 与视场角成反比。因此光学系统的性能也决定了红外测温仪的距离系数。

不少红外测温仪还要求光学系统限定接收目标辐射的光谱范围，这就是滤光片所起的作用。

（2）红外探测器。红外探测器是红外测温仪的核心部分，其功能是将被测目标的红外辐射能量转变为电信号。红外探测器的选择，对决定红外测温仪的性能起关键的作用。如探测器采用热电堆时，其工作波长为 $2 \sim 25 \mu m$，测温范围大于 $-50 ℃$，响应时间约为 $0.1 s$，稳定性比较高；若采用热释电红外探测器作接收器件，其灵敏度高，如果在电路设计上充分发挥这种器件的特性，则对光学系统的通光孔径及系统噪声的抑制要求可相对降低。

（3）信号放大与处理系统。对于不同类型、不同测温范围、不同用途的红外测温仪，信号处理系统也不同。但信号处理系统要完成的主要功能是相同的，其作用包括放大、抑制噪声、线性化处理、发射率修正、环境温度补偿、A/D 和 D/A 转换及根据要求输出信号等。有的红外测温仪的功能较多，如测定温度最大值、最小值、平均值，峰值保持、峰值选取、输出打印等。

（4）显示输出系统。红外测温仪的显示系统用于显示被测目标温度的检测结果。显示器件采用了发光二极管、数码管和液晶等数字显示，不少红外测温仪还配备了记录装置或输出打印设备。

红外测温仪工作时，首先把物体发射的红外辐射能量收集起来转换成电信号。然后，对电信号进行放大、处理，并利用物体温度与其辐射功率大小（目前都表现为信号电压高低）的一一对应关系，显示出物体温度的测量结果。

3. 影响红外测温仪测温准确度的因素

（1）环境因素。环境因素对红外测温仪测温准确度的影响主要体现在环境温度、大气吸收和环境散射等方面。若被测目标的温度为 T_1，环境温度为 T_0，该目标单位面积表面发射的辐射能为 $\varepsilon\sigma T_1^4$，吸收的辐射能为 $\alpha\sigma T_0^4$，其中 ε、α 分别为物体的发射率与吸收率，则被测目标发出的净辐射能为 $\varepsilon\sigma T_1^4 - \alpha\sigma T_0^4$，说明环境温度的变化将会引起测量结果的变化。

当红外波长的频率接近大气分子振动的固有频率时,会引起气体分子振动,这种振动会吸收红外辐射能量,引起其沿传播方向衰减。在红外辐射的传输过程中,由于大气的吸收作用,能量会有一定的衰减。若空气中还存在较多的水蒸气、灰尘等,对红外测温仪的影响更大。当红外辐射在大气中传播时,大气分子会引起辐射散射。散射可以看作是光子与大气分子发生弹性碰撞,改变了辐射方向,使得本应进入测量系统的能量并没有被吸收,从而造成测量误差。大气中云、雾、水滴等悬浮粒子大小与红外波长差不多,对红外辐射具有强烈的散射作用。

因此在实际应用红外测温仪时,应尽量在清晰度较高的环境中进行测温,才能将环境因素对测量结果的影响降到最低。

(2)发射率。发射率表征一个物体的能量辐射特征,它与物体的材料形状、表面粗糙度、凹凸度、氧化程度、颜色、厚度等有关。由热辐射定律易知,红外测温仪从物体上接收到的辐射能量与该物体的辐射率成正比,因此要得到准确的测量结果,应将红外测温仪的发射率调至与被测物体的发射率一致,否则将会引入测温结果的偏差。如被测目标的实际发射率为ε_1,红外测温仪的发射率被设为ε_2,被测目标的温度为T_1,红外测温仪测得示值为T_2,环境温度为T_0,在不考虑其他因素的情况下,根据热辐射定律和红外测温仪的测温原理,可得被测目标的实际温度应为

$$T_1 = \sqrt[4]{\frac{\varepsilon_2}{\varepsilon_1}(T_2^4 - T_0^4) + T_0^4} \tag{1-26}$$

式(1-26)反映了发射率和环境温度对红外测温仪测温结果的综合影响。在进行红外测温时,应将测温仪发射率调至与被测物体发射率一致,如不能确定被测物体发射率,可采用将已知发射率的物体覆盖被测物体表面进行测温的方法。需要注意的是,选取的覆盖物应尽量减少对被测物体表面温度的影响,根据不同使用要求,可选用但不限于绝缘胶带缠绕、喷漆等方式。同时,应放置足够长时间,以使覆盖物表面温度与被测物体表面的温度一致,此时即可使用红外测温仪测量被测物体的表面温度。

(3)距离。红外测温仪的一个重要参数是距离系数K,其被定义为由测温仪探头到目标之间的距离L与被测目标直径d之比,它取决于红外测温仪的光学系统。红外测温仪的距离系数与视场如图1-15所示。

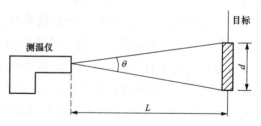

图1-15　红外测温仪的距离系数与视场

当测量目标较小而测温仪受限不能近距离进行测温时,例如变压器套管头、穿墙套管头等,应尽量采用距离系数大的红外测温仪,保证被测目标大于测试视场,这样测温仪的测量结果不会受到被测目标外的背景温度的影响,可得到较为准确的数据。当被测目标与测试视场相近时,测量结果就会受到背景温度的影响;若被测目标小于测试视场,背景辐射能量会进入测试视场,影响测试结果。一般建议测试视场不小于被测目标直径的1.25倍,测试准确度要求较高时,建议在1.5倍以上。

距离对红外测温仪测量准确度的影响是多种因素下的综合作用,难以通过单一的理论与计算进行分析。

4. 红外测温仪的选用

(1) 确定测温范围。测温范围是红外测温仪能够测量的温度下限和上限的区间，它是测温仪重要的性能指标。每种型号的测温仪都有自己特定的测温范围。一般来说，测温范围窄，监控温度的输出信号分辨率高，仪表易得到较高的准确度。测温范围过宽，会降低测温准确度。在允许的情况下最好不要选择过宽的测温范围，这样会增加成本和误差。

(2) 确定目标尺寸。一般使用测温仪在进行测温时，被测目标面积应充满测温仪的视场，且其面积以超过视场50%为宜。如果目标尺寸小于视场，背景辐射就会进入测温仪的视场，使光学系统汇聚的红外辐射能量发生偏差，造成误差。对于比色测温仪，其温度是由两个独立的波长带内辐射能量的比值来确定的。当被测目标很小，不充满视场，则测量通路上存在烟雾、尘埃、阻挡，对辐射能量有衰减时，都不会对测量结果产生重大影响。因此，对于细小而又处于运动或振动之中的目标，比色测温仪是最佳选择。如果存在测量通道弯曲、狭小、受阻等情况，测温仪和目标之间不可能直接瞄准，则比色光纤测温仪是最佳选择。

(3) 确定距离系数（光学分辨率）。不同的测温仪的距离系数不同，其范围为2:1~300:1。距离系数越大，允许被测目标越小。如果测温仪远离目标，而目标又小，就应选择高距离系数的测温仪。

(4) 确定工作波长范围。工作波长是红外测温仪根据测温范围所选择的红外辐射波段。选择正确的工作波段区域至关重要，同时被测物体必须在工作波长区域有较高的辐射率、较低的透射率和反射率。

目标材料的发射率和表面特性决定了测温仪的光谱响应或波长。在高温区，测量金属材料的最佳波长是近红外，可选用0.8~1.0μm。其他温区可选用1.6、2.2μm和3.9μm。另外，测低温区选用8~14μm为宜。

(5) 确定响应时间。响应时间是指被测目标突然进入并充满视场后到温度显示值稳定后的时间，它与光电探测器、信号处理电路及显示系统的时间常数有关。确定响应时间，主要考虑目标的运动速度和目标的温度变化速度。对于温度变化快的静止目标，如果变化速度是每秒5℃，要识别的温差为1℃，那么每变化1℃的时间是0.2s。测温仪的响应时间应为0.2s的一半，即0.1s。对于存在热惯性的静止目标，或现有控制设备的速度受到限制，测温仪的响应时间可以放宽要求。

(6) 信号处理功能。考虑到离散过程（如零件生产）和连续过程不同，要求红外测温仪具有多种信号处理功能（如峰值保持、谷值保持、平均值）供选用。

(7) 环境条件考虑。当环境温度高，且存在灰尘、烟雾和蒸气的条件下，比色测温仪是最佳选择。在存在噪声、电磁场、振动和难以接近的环境等恶劣条件下时，宜选光纤比色测温仪。当测温仪工作环境中存在易燃气体时，可选用本征安全型红外测温仪。

测温仪所处的环境条件对测量结果有很大影响，会影响测温准确度，甚至引起损坏。为了避免被测物周围高温辐射源反射与透射的影响，可采用遮挡其背面高温热源的方法，如加石棉挡板等。为避免现场环境温度过高对高温计造成损害，可在现场高温计加隔温装置或冷却装置。某双色光纤式红外测温仪外形如图 1-16 所示。

红外测温在电力系统中的应用已日趋广泛。手持式红外测温仪主要用来测量高压隔离开关触头的温度、高压线夹的温度、设备引流接点的温度等。

图 1-16 某双色光纤式
红外测温仪外形

1.3.3 红外热像仪

1. 红外热像仪介绍

20 世纪 70 年代，第一台非制冷热像仪问世，热像仪工艺技术不断发展创新，其探测能力不断提升，可广泛应用于夜间目标观察、工业监控、故障诊断、非接触物体温度分布测量、医学诊断、军事等领域。

红外热像仪是接收物体发出的热辐射，并将其转换为可见热像图的装置。这种热像图与物体表面的热分布场相对应，实质上是被测目标物体各部分红外辐射的热像分布图。由于信号非常弱，与可见光图像相比，缺少层次和立体感，因此，实际操作过程中为更有效地判断被测目标的红外热分布场，常采用一些辅助措施来增加仪器的实用功能，如图像亮度、对比度控制、伪色彩描绘等技术。

2. 红外热像仪分类

（1）按用途不同，红外热像仪可分为军用热像仪和民用热像仪。

1）军用热像仪只要求对目标清晰成像，不需要定量监测温度，它的性能要求重点是高的取像速度和高的空间分辨率。

2）民用热像仪不仅要求对被测物体表面的热场分布进行清晰成像，而且还要求给出精确的温度测量。

（2）根据成像方式，红外热像仪可分为光机扫描型和非扫描型（又称凝视型）。

1）光机扫描型红外热像仪是把被测物体表面温度分布借助红外辐射信号的形式，经接收光学系统和光机扫描机构成像在红外探测器上，再由探测器将其转换为电信号，经放大处理后，显示出被检测物体表面温度分布的热图像。

2）非扫描型（又称凝视型）红外热像仪去掉了光机扫描系统，使用了红外焦平面阵列探测器，把探测器阵列放在物镜的聚焦面上，在曝光期间使整个阵列不间断地凝视视场景物。与光机扫描型红外热像仪相比，其结构更加简单，实现了小型化、集成化，像质和有效作用距离等性能得到很大提升，并且具有复杂的图像处理功能。

（3）根据探测器的工作温度，红外热像仪可分为制冷型和非制冷型。

1）制冷型红外热像仪利用光子效应，具有灵敏度高、响应快的优点，但芯片需要制冷，设备体积大且价格昂贵。

2）非制冷型红外热像仪利用热敏元件的热效应来反映温度变化，探测能力逊于制冷型热像仪，但设备轻巧，价格相较于制冷型更为低廉。随着技术发展，目前非制冷型红外热像仪噪声等效温差（NETD）已能达到 30mK，具有足够的检测能力，且因其足够轻巧，大大提高了红外检测设备的便携性。

3. 红外热像仪的工作原理及组成

红外测温仪主要用于测量物体一个相对小的面积上的平均温度，因此每次测量的区域有限。当需要大面积测量时，必须在被测区域内选择多点、多次测量才能完成，相当麻烦。红外热像仪通过接收物体发出的红外辐射，再由红外探测器将物体辐射的功率信号转换成电信号，经电子信息处理系统处理，得到与物体表面热分布相应的热像图。这种热像图与物体表面的温度分布场相对应，主要是由温度差和发射率差产生的，实质上是被测目标各部分的红外辐射分布图。通俗地讲，红外热像仪就是将物体发出的不可见红外能量转变为可见的热像图。热像图上面的不同颜色代表被测物体的不同温度。

红外热像仪一般包括四个基本组成部分，即光学成像系统（包括扫描系统）、红外探测器及制冷器、信息处理系统和显示系统。光学成像系统的作用是将物体发射的红外辐射汇聚到红外探测器上，扫描器（扫描型红外热像仪）既要实现光学系统大视场与探测器小视场匹配，又要按照显示制式进行扫描；红外探测器将红外辐射变成电信号；信息处理系统对电信号进行放大和处理；显示系统电信号用可见的图像形式显示出来。红外热像仪的基本组成如图 1-17 所示。

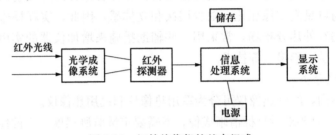

图 1-17　红外热像仪的基本组成

4. 红外热像仪的主要技术参数

（1）工作波段。工作波段是指红外热像仪中所选择的红外探测器的响应波长区域，一般是 $3\sim5\mu m$ 或 $8\sim14\mu m$。

（2）探测器类型。探测器类型是指所使用的红外器件是采用单元还是多元，其中红外器件有采用硫化铅（PbS）、锑化铟（InSb）、锑镉汞（HgCdTe）等。

（3）探测器的制冷方式。探测器的制冷方式最初多采用液态氮进行制冷，使用极为不便；后发展到热电制冷方式，但制冷温度不太低；进一步发展到内循环制冷方式，使用已大为方便；最新型是焦平面热像仪采用的微型制冷装置及使用非制冷探测器。

（4）像素（像元数）。像素是指在由一个数字序列表示的图像中的一个最小单位。像素可以反映红外探测器的分辨率。市场主流分辨率为 160×120（19.2 万像素），此外还有 384×288（110 万像素）和 640×480（300 万像素）等。分辨率越高，成像效果越清晰。

（5）视场角。视场角（FOV）表示在光学系统中能够向平面视场光阑内成像的空间范围，即物体在热像仪中成像的空间最大张角，一般是矩形视场，表示为水平（α）×垂直（β），单位为度。视场取决于热像仪光学系统的焦距。

（6）空间分辨率。空间分辨率是指图像中可辨认的物体空间几何长度的最小极限，通常用热像仪的瞬时视场（IFOV，单位为毫弧度，mrad）来表示。IFOV 表示热像仪的最小角分辨单元，决定着红外热成像仪画面的清晰度，是热像仪所能测量的最小尺寸。它与光学像质、光学会聚系统焦距和红外传感器的线性尺寸相关。IFOV 越小，最小可分辨单元越小，图像空间分辨率越高。

（7）最小检测目标尺寸。最小检测目标尺寸 D 为空间分辨率（用瞬时视场 IFOV 反映）和最小聚焦距离 L 的乘积，即 $D=\text{IFOV}\times L$。空间分辨率越小，最小聚焦距离越小，则可检测到越小的目标。

（8）热灵敏度。一般采用 30℃时的噪声等效温差（NETD@30℃）来表示，其定义为用热像仪观察标准试验图案时，图案上的目标与背景之间能使基准化电路输出端产生峰值信号与均方根噪声之比为 1 时的温差。

（9）最小聚焦距离。最小聚焦距离由红外热像仪所配的镜头所决定。长焦镜头会提高远距离的辨识率，但会大大缩小视野。相反，短焦镜头会大大开阔视野范围，但会降低辨识率。

（10）帧频。热像仪每秒钟产生完整图像的画面数称为帧频，单位为 Hz。帧频的高低直接说明了红外热像仪的反应速度。高帧频的热像仪适合抓拍高速物体的温度移动，以及温度高速变化的物体。一般来说红外热像仪的帧频应该达到 30Hz，最好能达到 50Hz，否则在很多工作场合下，红外热像仪无法胜任工作。

（11）测温范围。测温范围是指红外热像仪在满足准确度的条件下测量温度的区间。每种型号的热像仪都有自己特定的测温范围。

（12）测温准确度。测温准确度反映了测温的准确程度。一般红外热像仪的测温准确度为±2℃或读数的±2%。

（13）温度分辨率。温度分辨率是指红外热像仪使观察者能从背景中准确地分辨出目标辐射最小温度差异的能力。温度分辨率越高，则对温度变化的感知越明显。衡量红外热像仪综合性能好坏的指标是它的温度分辨率和空间分辨率，可以用噪声等效温差、最小可分辨温差和最小可探测温差三个性能指标来具体描述。

1）噪声等效温差（NETD）。定义：当热像仪观测尺寸为 $W\times W$（W 应该为热像仪瞬时视场的倍数）、温度为 T_s 的黑体目标及温度为 T_b 的均匀背景构成的靶标（见图 1-18）时，在其输出的峰值信号与均方根噪声之比等于 1 的情况下，所需要的目标与背景温度之差。NETD 是衡量热像仪温度灵敏度的一个客观指标。

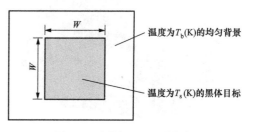

图 1-18　测量 NETD 的靶标

2）最小可分辨温差（MRTD）。定义：当被检验热像仪对准标准的四杆周期调试图形（长宽比为 7∶1 的 4 条条纹）时，在观察者刚好能分辨出四杆图案的情况下，目标与背景之间最低的等效黑体温差，MRTD 测试系统及其标准测试图形如图 1-19 所示。MRTD 是既反映热像仪温度灵敏度，又反映热像仪空间分辨率特性的系统综合性能参数，因此广泛用于综合评价热像仪性能。

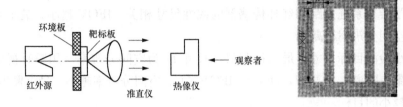

图 1-19　MRTD 测试系统及其标准测试图形

3）最小可探测温差（MDTD）。对一个被置于均匀大背景中某一未知位置、处于某一温度下的目标，当观测者刚好能分辨出目标，目标与背景温度之差称为热像仪的最小可探测温差。对于给定的目标尺寸（方形或圆形目标），MDTD 是指观察者能检出此目标时，目标与其背景之间的最小温度差。

MDTD 与 MRTD 不同之处主要在于目标图形的差异。常把 MRTD 表示为空间频率的函数，而把 MDTD 表示为目标尺寸的函数。

5. 红外热像仪校准

红外热像仪在将测得的辐射能量转化为温度之前要经过修正，利用黑体可以建立辐射能量和温度之间的关系，此关系是非线性关系。通过对处于不同温度的黑体进行测量，并将测量值与黑体精确的温度拟合，可以得到校准曲线。在不同的精度及测量条件下得到不同的校准曲线，并将校准数据储存在存储器里。当进行温度测量时，通过查找相应的校准曲线表，就可得到温度值。校准除了与仪器的响应有关外，在实际测量中还要对环境因素等进行修正，校准的具体要求参见 JJF 1187《热像仪校准规范》。

某红外热像仪的外形如图 1-20 所示，利用红外热像仪可得到检测物热像图，某电容器发热的热像图如图 1-21 所示。红外测温是实现红外无损检测及诊断技术的基础，相关内容参见 1.7。

图 1-20　某红外热像仪的外形

图 1-21　某电容器发热的热像图

6. 红外热像仪选型原则

（1）探测器类型。考虑到低温制冷系统和复杂的扫描装置常常是红外系统的故障源，红外热像仪宜选用非制冷型焦平面探测器，其具有可靠性高、维护简单、工作寿命长的特点。

（2）测温范围。应根据被测物体的温度范围确定测温范围，以选择合适温度段的红外热像仪。市场上的红外热像仪大多分成几个温度挡，如−20～150℃、0～650℃、200～

1200℃。选择测温范围时，并不是温度挡跨度越大越好，温度挡跨度小测温相对更准确。另外，一般红外热像仪需要测量 500℃以上的物体时，需要配备相应的高温镜头。

（3）红外像素。红外像素越高越好，因为分布在测温区域的红外像素点越多测得的温度越准确，图像也越清晰，所能拍摄目标的最小尺寸也越小。

（4）温度分辨率。温度分辨率越小，红外热像仪对温度的变化感知越明显，所拍的红外图片的色彩还原能力越强，能更好地观察到所拍物体的热分布情况，选择时尽量选择此参数值小的产品。

（5）测温准确度。测温准确度是必须考虑的一个重要因素，因为它决定着测温的误差，应尽量把它降到最低。

（6）帧频。使用红外热像仪测温时，仪器移动的速度会影响测温结果。如果仪器帧频较小，而使用时镜头移动速度太快会出现温度漂移现象。

（7）空间分辨率。空间分辨率越小测温越准确，它决定了在某些特定场合仪器能否满足现场情况。如果被测的最小目标不能完全覆盖红外热像仪的像素，测试目标就会受到其环境辐射的影响，测试温度是被测目标及其周围温度的平均温度，数值不够准确。

（8）仪器质量。一台笨重的红外热像仪必然会给工作带来不便，非制冷型焦平面热像仪质量可做到小于 2kg。

1.4　红外气体分析

红外气体分析是基于物质的吸收特性来进行的。许多化合物的分子在红外波段都有吸收带，而且因物质的分子不同，吸收带所在的波长和吸收的强弱也不相同。根据吸收带分布的情况与吸收的强弱，可以识别物质分子的类型，从而得出物质的组成及百分比。按目的与要求的不同，红外分析仪可设计成多种不同的形式，如红外气体分析仪、红外分光光度计、红外光谱仪等。这里主要介绍红外气体分析仪。

红外气体分析仪是利用气体对红外线选择性吸收原理制成的一种仪表。它可用于非对称双原子和多原子分子气体（如 SO_2、NO_x、H_2、CO_2、CO、CH_4 等）含量的分析测量，适用于化工、电厂、水泥、冶金等不同领域的气体分析。如电力行业中常使用的连续排放监测系统（CEMS）中需要使用红外气体分析仪测量 SO_2、NO_x 的浓度。

1.4.1　红外气体分析的原理

1. 测量原理

根据红外理论，许多化合物分子在红外波段都具有一定的吸收带，吸收带的强弱及所在的波长范围由分子本身的结构决定。只有当物质分子本身固有的特定的振动和转动频率与红外光谱中某一波段的频率一致时，分子才能吸收这一波段的红外辐射能量，将吸收到的红外辐射能转变为分子振动动能和转动动能，使分子从较低的能级跃迁到较高的能级。实际上，每一种化合物的分子并不是对红外光谱内所有波长的辐射或任意一种波长的辐射都具有吸收能力，而是有选择性地吸收某一个或某一组特定波段内的辐射。部分常见气体的红外吸收光谱如图 1-22 所示。

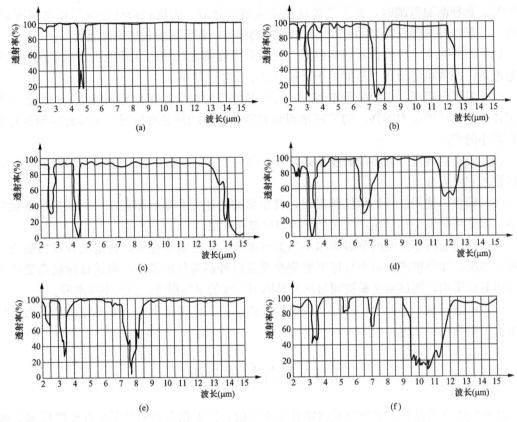

图 1-22　部分常见气体的红外吸收光谱

(a) CO；(b) C_2H_2；(c) CO_2；(d) C_2H_6；(e) CH_4；(f) C_2H_4

图 1-22 中的横坐标为红外波长，纵坐标为透过的红外气体的百分数，即透射率。各种介质对于不同波长的红外辐射的吸收是有选择性的。特征吸收波长就是被介质吸收的波长，具体来说是指图 1-22 中吸收峰处的波长（中心吸收波长）。从图 1-22 可以看出，CO 气体的特征吸收波长为 2.37μm 和 4.65μm，CO_2 的特征吸收波长为 2.78、4.28μm 和 14.3μm，CH_4 的特征吸收波长为 2.3、3.3μm 和 7.65μm。另外还可以看出，在特征吸收波长附近，有一段吸收较强的波长范围，这段波长范围称为特征吸收带，气体分子的特征吸收带主要分布在 1～25μm 波长范围内的红外区。

特征吸收带对某一种分子是确定的、标准的，如同"物质指纹"。通过对特征吸收带及其吸收光谱的分析，可以鉴定识别分子的类型，这是红外光谱分析的基本依据。根据上述原理制成的红外光谱分析仪器为红外分光光度计，是对混合物进行定性分析、鉴定其中所含物质组分的理想仪器。

在工业、医学方面，有时需要测定混合气体中某种已知组分的百分含量。在这种情况下，只需选择真正代表混合气体中待测组分的一个特征吸收带，测量这个吸收带所在的一个窄波段的红外辐射的吸收情况，就可以得到待测组分的含量。

2. 朗伯-比尔定律

红外辐射通过被测气体时，气体对红外辐射的吸收遵循朗伯-比尔（Lambert-Beer）吸

收定律，表示如下

$$I(\nu) = I_0(\nu) e^{-k(\nu)bc} \tag{1-27}$$

式中：$I(\nu)$ 为透射光的强度；$I_0(\nu)$ 为入射光的强度；b 为辐射通过气体层的厚度；c 为被测气体的浓度；$k(\nu)$ 为吸收系数。

根据式（1-27）可以得出

$$c = \frac{1}{k(\nu)b} \ln \frac{I_0(\nu)}{I(\nu)} \tag{1-28}$$

根据式（1-28）可知，只要测量出经过待测气体吸收后的光强变化，就可以得到气体的浓度 c，朗伯-比尔定律确定的 I-c 关系曲线如图 1-23 所示。以朗伯-比尔定律为基础发展起来的光谱仪器，称为红外气体分析仪。

物质对红外光的吸收程度可以用吸光度 A 来表示

$$A(\nu) = \ln \frac{I_0(\nu)}{I(\nu)} \tag{1-29}$$

根据式（1-28）和（1-29）可以得出

$$A(\nu) = k(\nu)bc \tag{1-30}$$

由式（1-30）可得

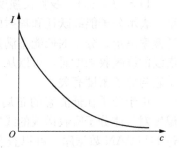

图 1-23　朗伯-比尔定律确定
的 I-c 关系曲线

$$c = \frac{1}{k(\nu)b} A(\nu) \tag{1-31}$$

式（1-31）说明，单色光通过待测气体后，吸光度 A 与 c 呈正比关系。当 $k(\nu)bc < 0.05$ 时，式（1-27）可写成

$$I(\nu) = I_0(\nu)[1 - k(\nu)bc] \tag{1-32}$$

这时有

$$c = \frac{I_0(\nu) - I(\nu)}{I_0(\nu)k(\nu)b} = \frac{1}{k(\nu)b} \cdot \frac{\Delta I}{I_0(\nu)} \tag{1-33}$$

式中：$\Delta I = I_0(\nu) - I(\nu)$，为气体对红外光强的吸收量；$k(\nu)$ 为吸收系数。

吸收系数 $k(\nu)$ 的物理意义是吸收物质在单位浓度及单位厚度时的吸光度。在给定的单色光和温度下，吸收系数是物质的特征常数，表明物质对某一特定波长的吸收能力。气体对光的吸收系数 $k(\nu)$ 可表示为

$$k(\nu) = \frac{S(T,\nu_0)g(\nu-\nu_0)p}{kT} \tag{1-34}$$

式中：$S(T，\nu_0)$ 表示气体分子在温度为 T 时在光频为 ν_0 处的线吸收强度；ν_0 为气体分子某一条吸收谱线的吸收峰中心处对应的光频；p 为目标气体所处混合气体的总压强；k 为玻尔兹曼常数；$g(\nu-\nu_0)$ 为气体吸收谱线的归一化线型函数，其满足以下关系

$$\int_{-\infty}^{+\infty} g(\nu-\nu_0)\mathrm{d}\nu = 1 \tag{1-35}$$

以上是测量单一气体浓度时的朗伯-比尔定律。由于红外吸收对气体具有选择性，可以根据气体对红外辐射吸收波段的不同，利用朗伯-比尔定律对多种气体组分进行定量分析检测。

值得一提的是，应用朗伯-比尔定律也有一定的局限性。首先，式（1-27）是只对严格的准确单一频率的红外光适用。因此在实际应用中往往加上滤光片，使红外光线的频率尽

量限制在一个窄的范围内。但是落于探测器上的辐射不完全是单色的，从而引起一定的偏差。其次，除了待测物质要吸收红外能量外，组成红外传感器的光学元件等也要吸收或者反射能量，引起测量的误差。因此利用朗伯-比尔定律定量检测物质浓度对传感器的要求比较高，尤其是微量物质的检测要求更高。

下面对朗伯-比尔定律中的两个重要参数加以说明。

(1) 吸收系数 $k(\nu)$。由式（1-34）可知，确定吸收系数 $k(\nu)$ 需要确定 $S(T, \nu_0)$ 和 $g(\nu - \nu_0)$。

1) $S(T, \nu_0)$。线吸收强度 $S(T, \nu_0)$ 是一个表示气体某一条吸收谱线吸收强弱的物理量，表示分子能级跃迁和辐射的综合效果，由气体分子在低能态的布局数及在该能级的跃迁概率决定。分子的低能态满足玻尔兹曼分布，一般当需要确切地知道气体分子某条吸收谱线的线吸收强度时，可以从 HITRAN 数据库中查找，其单位为 $cm^{-1}/(mol \cdot cm^{-2})$，表示它与分子密度有关。

由于分子在低能态的布局数影响线吸收强度的大小，因此线吸收强度是温度的函数。温度对气体分子吸收谱线的线吸收强度影响最大，可以认为线吸收强度只与温度有关。通过 HITRAN 数据库，可以查找在温度 T_0 下的数据 $S(T_0)$，计算出温度 T 下的线吸收强度。

2) $g(\nu - \nu_0)$。在对分子吸收光谱的理想化描述中，气体分子的每一条吸收谱线都对应一个确定的光频/波长，其光谱可以用一条没有宽度的几何线来描述。但实际上，气体分子吸收谱线的频率并非单色的，对任何一条谱线进行测量总存在一定的谱线宽度，且每一条谱线宽度也不一样，即形成了每一条分析吸收谱线的特有形状。用来描述分子吸收谱线形状的函数称为线型函数，其在整个频谱区域上的积分为单位 1。

根据吸收谱线展宽形成的主要原因，光谱展宽可以分为自然展宽、多普勒展宽和碰撞展宽。往往采用线型函数来量化分析这三种展宽。通常采用洛伦兹线型函数来描述自然展宽和碰撞展宽，采用高斯线型函数来描述多普勒展宽。洛伦兹线型函数与气体压强和分子的碰撞截面积有关，而高斯线型函数仅受环境温度的影响。当气压低时，碰撞展宽不占优势，分子之间的碰撞较少，但多普勒展宽机制作用明显，此时实际的分子吸收谱线一般采用高斯线型函数来描述。当气压较高时，碰撞展宽机制作用明显，分子之间的碰撞加剧，此时实际的分子吸收谱线一般采用洛伦兹线型函数描述。当压强处于两者之间时，同时存在多普勒展宽和碰撞展宽，此时实际的分子吸收谱线一般采用伏克特线型函数来描述，伏克特线型函数是高斯线型函数和洛伦兹线型函数的卷积。

(2) 吸收气室长度。吸收气室长度的确定也是一个重要的问题，因为它直接关系到朗伯-比尔定律中辐射通过气体层的厚度 b 的计算。一般来讲，传感器气室长度是根据仪器检测量程来优化确定的。

辐射通过气体层的厚度 b 表示光在气体中穿过的实际长度。当红外光从气室一侧穿过到达另一侧探测器时，光程与气室长度相同。若气室中设计有反光镜时，红外光在气室中有反射，此时的光程计算应当乘上相应的倍数。

仪器的气体浓度检测范围是和设计的检测仪量程相关的量，需要根据不同的检测量程，设计并选择最优的、适合仪器检测量程的吸收气室长度。

1.4.2 基于红外光谱的气体检测方法

根据光能变换过程的差别，可以将红外光谱气体检测技术分为直接检测和间接检测两种。

1. 直接检测

直接检测指红外光被气体吸收后，剩余的光能被探测器响应并经一系列变换、处理，最终求得气体参数的过程。直接检测技术主要包括非分散红外光谱技术、波长/频率调制光谱技术、腔吸收光谱技术等。

（1）非分散红外光谱技术。非分散红外（non-dispersive infrared，NDIR）光谱技术中采用宽带光源，通过选择不同中心波长和带宽的滤光元件得到与气体吸收特性匹配的近似单色光，然后直接被探测器探测。NDIR 光谱技术原理如图 1-24 所示，探测器通常集成了滤光元件，包括作用通道和参考通道，作用通道输出的信号分别与参考信号进行一定的运算，以消除光源、探测器不稳定及外界干扰等因素带来的影响。基于 NDIR 光谱技术的混合气体检测系统结构简单、系统稳定度高，但其检测限（最小检测吸收系数）相对较高，一般为 $10^{-6} \sim 10^{-3} \mathrm{cm}^{-1} \cdot \mathrm{Hz}^{-1/2}$ 量级，主要用于矿井安全监测、工农业生产等不要求较高灵敏度的场合。

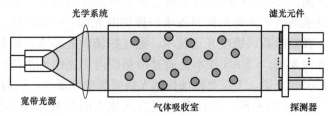

图 1-24　NDIR 光谱技术原理

（2）波长/频率调制光谱技术。波长/频率调制光谱技术以其高灵敏度、高选择性等特点在红外混合气体检测领域得到了应用。波长/频率调制光谱技术实验装置如图 1-25 所示。在波长/频率调制光谱技术中，采用交变的正弦信号对激光器的波长进行调制，来充当抖动的吸收特征，并结合周期性斜坡信号，使被调制的光线与气体吸收线相互作用，从而产生与调制信号频率一致的探测信号。波长/频率光谱技术是根据调制信号频率的高低划分的。

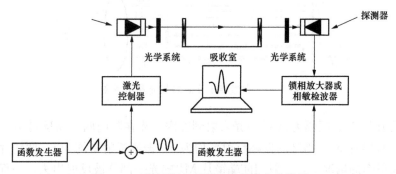

图 1-25　波长/频率调制光谱技术实验装置

波长调制光谱技术的调制频率范围为 $1 \sim 100 \mathrm{kHz}$，远小于激光器数兆赫兹到数百兆赫兹的谱线半宽。其固有灵敏度受激光器幅度 $1/f$ 噪声影响，通常采用锁相放大器结合谐波检测理论来降低噪声进而提高信噪比。波长调制光谱技术一般能够实现对气体体积分数为 10^{-6} 量级的探测。

相比而言，频率调制光谱技术的调制频率在广播频率范围，一般为数百兆赫兹，此调制频率能够显著降低 $1/f$ 噪声。但随着频率的增加，测量对光路微小变化更加敏感，所以该技术没有波长调制光谱技术稳定。通常要求具有低响应时间的探测器及能够产生高频调制信号的信号发生装置，由于当前商用锁相放大器的最大操作频率约为 100kHz，一般不采用其对探测器的输出信号进行提取，而采用高频相敏检波等方法进行分析，频率调制光谱技术的检测灵敏度可达 $10^{-8} \sim 10^{-7}$ cm^{-1}·Hz$^{-1/2}$ 量级。

波长/频率调制光谱技术可以实现同时对多种气体的检测，而且还可以对温度、流速等多种参量进行监测。随着计算机和 MEMS 等技术的不断发展，基于波长/频率调制光谱技术的检测系统将会向着便携式、低功耗的"板级"系统方向发展。

（3）腔吸收光谱技术。腔吸收光谱技术通常可以分为腔衰荡吸收光谱（cavity ring-down spectroscopy，CRDS）技术和腔增强吸收光谱（cavity enhanced absorption spectroscopy，CEAS）技术两种，这两种技术均利用光学谐振腔的谐振特性与激光的增益特性来实现高灵敏度的光谱检测。其中，CRDS 技术通过测量谐振腔内激光的衰减速率来反演分子浓度，因此需要高灵敏的声光或电光调制器来快速切断光源；CEAS 技术是基于 CRDS 技术思想发展起来的一种新的高灵敏度光谱技术，通过扫描激光频率，使其与谐振腔某一腔模频率共振而激发腔内光场。CEAS 技术是通过检测腔内建立的光强的时间积分或最大光强来获得被测物质的吸收光谱，不需要增加控制光路通断的元器件，同时对数字采集速度、光电探测器灵敏度等要求均不高，因此其实现方式比 CRDS 技术更加简单方便。同时，CEAS 技术可实现超长光程光路，具有极高的测量灵敏度，相对于传统测量方法具有一定优势和广泛的应用领域。CEAS 技术从光源上可以分为相干光 CEAS 技术和非相干光 CEAS 技术。下面简要介绍相干光 CEAS 技术。

典型相干光腔增强光路示意图如图 1-26 所示，积分腔可以看作是高精细度的 F-P 腔，由两块高反射率透镜组成，反射镜的曲率半径 R 与腔长 l 满足光学谐振腔的稳定条件 $0 < (1-l/R)^2 < 1$，光线轴上或离轴入射到腔内。

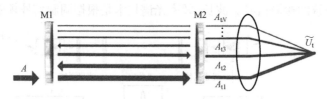

图 1-26　典型相干光腔增强光路示意图

将一束光强为 I_0、振幅为 A 的激光入射到腔内，光在腔内两个高反射率镜片 M1、M2 间来回反射。设镜片 M1、M2 的振幅反射率均为 r，振幅透射率均为 t，两镜片之间的距离为 d。在高反射率的情况下，入射到前端镜片 M1 的光一部分被反射出去，一部分耦合进腔内。耦合进腔内的光到达后端镜片 M2 时，大部分光被反射回腔内，同时会有一部分光 A_{t1} 透射出去。当光被 M1 镜片反射后再次到达 M2 时，依然会有一部分光 A_{t2} 透射出去。在反射率足够高的情况下，这个过程会一直往返下去，因此在 M2 镜片的后端，会得到一个强度逐渐减小的无穷系列透射光。

根据多光束干涉原理，在考虑吸收的情况下，基于朗伯-比尔定律，这时总的透射光强为

$$I_t(\nu) = \frac{A^2 t^4 e^{[-k(\nu)d]}}{\{1 - r^2 e^{[-k(\nu)d]} e^{i\delta}\}\{1 - r^2 e^{[-k(\nu)d]} e^{-i\delta}\}} \tag{1-36}$$

式中：$k(\nu)$ 为吸收系数；ν 为频率；δ 为两次透射光的相位差。

在腔共振情况下，可以得到

$$\frac{\Delta I_t(\nu)}{I_t(\nu)} = \frac{2F}{\pi} k(\nu)d \tag{1-37}$$

式中：F 为谐振腔精细度，$F = \pi\sqrt{R'}/(1-R')$，R' 为强度反射率，$R' = r^2$。

式（1-37）比传统的朗伯-比尔定律多了一个系数 $2F/\pi$，可认为在腔共振情况下吸收路径增加了 $2F/\pi$，则有效吸收光程为

$$L_{\text{eff}} = 2Fd/\pi \tag{1-38}$$

在破坏谐振条件的情况下，积分腔不再具有选择频率的作用，此时透射光强的积分值可以表示为

$$I_t(\nu) = I_0 \frac{(1-R')^2 e^{[-k(\nu)d]}}{1 - R'^2 e^{[-2k(\nu)d]}} \tag{1-39}$$

当腔的镜片反射率比较高，吸收较弱时，即 $R' \to 1$，$e^{[-k(\nu)d]} \to 1$，吸收系数可近似表示为

$$k(\nu) \approx \frac{1}{d}\left(\frac{I_0}{I_t} - 1\right)(1-R') \tag{1-40}$$

式（1-40）比朗伯-比尔定律多了一个系数，将此系数归结到光程上，在镜片反射率足够高的情况下可以得到积分腔的有效光程 L_{eff} 为

$$L_{\text{eff}} = d/(1-R') \tag{1-41}$$

由此可见，只要镜片反射率足够高，不管是轴上入射还是离轴入射，即使腔长较短，也可以获得较长的光程，提高探测极限。因此，CEAS 技术不仅可以实现较高的探测极限，而且体积较小，易于实现小型化。

腔增强光谱技术经过不断发展和改进，逐渐形成了离轴积分腔输出光谱（OA-ICOS）技术、宽带腔增强吸收光谱（BB-CEAS）技术、光反馈腔增强吸收光谱（OF-CEAS）技术、噪声免疫腔增强光外差光谱（NICE-OHMS）等，这些技术的目的是提高光源与谐振腔的耦合效率，降低光源噪声，其检测灵敏度量级为 $10^{-12} \sim 10^{-8}\,\text{cm}^{-1} \cdot \text{Hz}^{-1/2}$。

腔增强吸收光谱技术（CEAS）具有实验装置相对简单、灵敏度高、环境适应性强等特点，是高灵敏吸收光谱技术的重要组成部分。随着半导体材料和封装工艺的发展，腔增强吸收光谱技术在光路结构、光源选择和与其他光谱技术的联合应用方面有了极大的改进和拓展，在环境监测、医疗诊断、国防建设、工业生产等领域应用前景广阔。

2. 间接检测

与上述直接检测方法相比，光声光谱技术是一种间接检测技术，就宏观而言，该技术没有直接反映光能的变化，而是经历了光能→热能→声能的转换过程，光声光谱技术原理示意图如图 1-27 所示。

为了增强声信号，不同的声学谐振

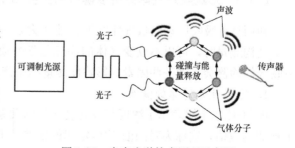

图 1-27 光声光谱技术原理示意图

系统已经被开发并应用于气体检测中。Kosterev 等对声信号的增强原理进行了详细的推导，见式 (1-42)。

$$S = \xi \frac{k(\lambda)cLP(\lambda)Q}{fV} = \xi \frac{k(\lambda)cP(\lambda)Q}{fA} \tag{1-42}$$

式中：S 为检测系统的输出信号；$k(\lambda)$ 为与波长相关的气体吸收系数；c 为气体浓度；L 为光程长度；$P(\lambda)$ 为入射光功率；Q 为谐振系统的品质因数；f 为调制频率；V 为谐振系统的体积；A 为谐振系统的横截面积；ξ 为系统参数。

由式 (1-42) 可以看出，输出信号正比于气体吸收系数和入射光功率，因而提高光源的光功率可以提高信噪比，从而提高检测灵敏度；输出信号正比于待测气体浓度；光程对输出信号几乎没有影响，这样谐振系统的体积就可以很小。虽然光声光谱技术具有以上优势，但对背景噪声的敏感性还是明显不足。通常可以通过提高光源调制频率来降低背景噪声的影响，但输出信号与调制频率的反比特性又制约了频率的增加，所以应合理地选择调制频率。目前，光声光谱技术的检测灵敏度量级为 $10^{-10} \sim 10^{-5}\,\mathrm{cm}^{-1} \cdot \mathrm{Hz}^{-1/2}$，并将继续以其较宽的动态检测范围、较易实现微型化和较高的检测灵敏度等优势，在生产检测、环境监测、医学诊断等领域发挥重要的作用。

上面分析了红外混合气体检测中常用的检测方法，接下来对这几种检测方法进行了简要对比，混合气体检测系统中主要光谱技术对比见表 1-1。

表 1-1   **混合气体检测系统中主要光谱技术对比**

光谱技术	光源	探测器	检测限 ($\mathrm{cm}^{-1} \cdot \mathrm{Hz}^{-1/2}$)	主要应用
NDIR 光谱技术	热辐射红外光源、红外 LED	热释电探测器、热电堆探测器	$10^{-6} \sim 10^{-3}$	环境污染检测、工业安全监测等
波长/频率调制光谱技术	分布反射激光器 (DFBDL)、垂直腔面发射激光 (VCSEL)、外腔二极管激光器 (ECDL)	PbS 探测器、HgCdTe 探测器	$10^{-8} \sim 10^{-7}$	过程控制、生物医学研究等
腔增强吸收光谱技术	红外 LED、量子级联激光器 (QCL)	PbSe 探测器、InSb 探测器	$10^{-12} \sim 10^{-8}$	反恐防恐、医疗诊断等
光声光谱技术	红外 LED、DFBDL、QCL	麦克风、音叉式石英晶振、微音器	$10^{-10} \sim 10^{-5}$	生产检测、环境监测等

1.4.3 影响红外气体分析准确度的主要因素

利用红外吸收原理测量气体浓度，被认为是一种较为优越的气体传感技术，用敞开式气室结构测量时，可以不改变气体的物理化学性质，容易实现自动连续监测。但是，红外吸收气体检测会受到一些因素的影响使测量结果产生误差。

1. 朗伯-比尔定律的偏差

朗伯-比尔定律表示了浓度与吸光度之间的关系，但在浓度较大时，测得的吸光度偏离了预期的数值，这称为对朗伯-比尔定律的偏差。下面介绍造成这种偏差的主要原因。

（1）光谱带的影响。在推导朗伯-比尔定律时，曾假定吸收测量中用的是单色辐射。但在实际中，滤光片从光源的连续辐射分离出来的是带宽为 $\Delta\lambda$ 的很小的波长范围。在大多数场合，尤其是在吸收谱带的极大处测量吸光度时，带宽的影响可以忽略。但是如果测量范围是在吸收谱带陡峭的斜坡处进行的，则在带宽范围内吸光系数可能变化很大，就会观察到对朗伯-比尔定律的偏差。

（2）杂散光的影响。在理想情况下，滤光片仅在所选中心波长附近的谱带范围内透过辐射，但是超出这个谱带的辐射（杂散光）也会通过种种方式改变所测的吸光度，从而使测量结果产生偏差。

2. 红外电子线路的噪声

在红外系统中，基本噪声主要来源于诸如天体、大气等背景的红外辐射，红外探测器的本底噪声及电子线路的固有噪声。另外，放大器中的噪声对整个红外探测系统的探测能力是有影响的。为了充分发挥一个探测器的探测能力，必须要求放大器的噪声电平低于探测器的噪声电平。

3. 背景辐射的光子噪声

由于探测器是在环境中工作的，所以探测器在接收到目标辐射的同时，也会收到环境发出的辐射。要探测的目标受背景包围，照射到探测器上的辐射是由目标辐射和背景辐射组成。如果背景辐射没有起伏，那就可以从背景和目标的总和中除去由背景辐射产生的信号。然而由于光子辐射的无规则性，背景辐射强度在平均值上下起伏，这样就必须把目标辐射和背景辐射的起伏进行比较。

背景辐射起伏所引起的噪声称为背景辐射的光子噪声。背景辐射的光子噪声与其面积、绝对温度和带宽有关，为了减小其影响，可以采用如下措施：

（1）加滤光片。如果探测器的响应范围大于目标发出辐射的光谱范围，探测器就要接收一些来自背景的噪声。加滤光片以后，就有可能将探测器的响应光谱范围减小到目标辐射的光谱范围，从而改善了探测器的工作性能。

（2）减小视场。为了减少从背景来的总的光子噪声，探测器所看到的背景要尽可能小。

（3）减小带宽。所有的噪声都与带宽有关，可以用减小放大器通频带宽的方法来减小噪声。

一般情况下，背景起伏的光子噪声比探测器中的噪声要小得多，可以忽略背景辐射对光子噪声的影响。但对于某些低温下工作的本身噪声极低的探测器，这种噪声的影响就显得突出了。

4. 干扰气体组分的吸收干扰

一般来说，采用滤光片的非色散式红外气体分析仪选择性较好。但是，当测量时有被测气体吸收带或部分重叠吸收带的共存气体时，就会带来测量误差。这时，只要选择合适的吸收带，即可消除干扰组分的吸收干扰。例如，测量井下甲烷气体的浓度时，井下大气中水蒸气和二氧化碳是主要的干扰气体，这时可以以波长 $3.39\mu m$ 作为测量光路，波长 $3.9\mu m$ 作为参比光路，计算两路输出信号的比值，从而消除干扰气体组分的影响。

5. 镜面尘染及光学器件磨损的影响

红外气体分析仪长期工作在环境空气中，存在镜面尘染及光学器件磨损的问题，会影响气室的透光能力。为了避免此测量误差，可以采取以下措施：

（1）对于敞开式气室结构，必须在气室外加防尘罩，不让大微粒粉尘进入，保证一定时间范围内气室的透光能力。若采用泵抽气的方法，就必须经常清洗、更换预处理装置。

（2）设计合理的外形结构。例如，将气室放在仪表底部，采用百叶窗形结构，减小灰尘堆积。同时，整个仪器的密封性要好。

（3）采用自动补偿的方式。可以增加参比光路，气室透射率变化对两条光路的影响是一样的，将测量光路的信号除以参比光路的信号，就可以消除气室透射率变化的影响。

1.4.4 红外气体分析仪的基本结构

红外气体分析仪组成如图 1-28 所示，红外气体分析仪一般由红外气体传感器（包括红外辐射光源、气室、红外检测器）和微机系统组成。红外气体分析仪典型结构如图 1-29 所示，其中，红外辐射光源包括辐射源、反射镜和切光装置（频率调制）；气室包括测量气室、参比气室、滤波气室（或干涉滤光片）；红外检测器有薄膜电容式检测器、微流量检测器、光电导检测器、热电检测器等几种类型。

图 1-28　红外气体分析仪组成

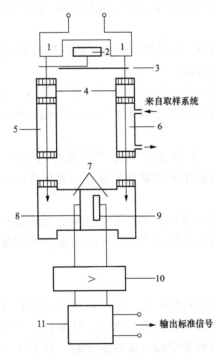

图 1-29　红外气体分析仪典型结构
1—红外辐射光源；2—同步电机；3—切光片；
4—滤波气室；5—参比气室；6—测量气室；
7—红外检测器；8—薄膜；9—定片；
10—电气单元；11—微机系统

1. 红外辐射光源

红外辐射光源的作用是产生稳定的红外光束，下面介绍对红外辐射光源的要求。

（1）辐射的光谱成分要稳定。因为各种气体对红外线吸收具有选择性，如果发射的光谱成分不稳定，对同一浓度的气体，吸收的能量就会有差异，必将造成测量误差。另外，激发辐射的条件要恒定，主要是加热电流必须稳定。

（2）辐射能量应大部分集中在待分析组分特征吸收波段范围内，以便增加待测组分能够吸收的能量，提高测量灵敏度。适当地选择光源灯丝的材料和工作温度可以达到较好的效果。

（3）通过各气室的红外线，应平行于气室的中心轴，否则气室内红外线经过多次反射，容易造成测量误差。

红外辐射光源有镍铬丝光源、陶瓷光源、半导体光源等，目前大多采用镍铬丝光源。按安装光源数量有单光源和双光源之分。单光源是用一个光源通过两个反射镜得到两束红外线，进入参比气室和测量气室，保证了两个光源变化一致；双光源则是参比气室和测量气室各用一个光源。与单光源相比，双光源因热丝发光不相同而产生误差，但单光源安装调整比较困难。

为了增强通过气室的光强，可用一反射镜，反射镜要求表面不易氧化，效率高。除单光源采用平面反射镜外，双光源用抛物面反射镜最好，容易得到平行光，但加工困难。反射镜一般用黄铜镀金、铜或钢镀铬或铝合金抛光制成。

切光装置包括切光片和同步电动机。切光装置的作用是把光源射入气室的光调制成频率固定的间断的光束，使后面检测器的输出信号也变成交流，便于放大。调制频率增高，灵敏度会降低，这是因为频率增高时，在一个周期内测量气室接收到的辐射能减少，信号降低，同时也会使气体的热量和压力传递跟不上辐射能变化。但提高调制频率有利于快速响应，对放大器的制作及稳定性也是有利的。实践证明，对于工业用的红外气体传感器，切光频率范围多为 $2\sim12.5Hz$，常用 $6.25Hz$，属于超低频范围。切光片在几何形状上应严格对称，这样调制的光波信号也是对称的方波。

2. 气室、窗口材料和滤波元件

（1）气室。气室的结构一般是圆筒形，两端都用晶片密封。要求气室的内壁光洁、不吸收红外线、不吸附气体、化学性能特别稳定，因此气室材料常选用黄铜镀金、玻璃镀金或铝合金。气室内壁的表面粗糙度对仪器的灵敏度影响很大，为了减少反射，还要求气室的轴线与红外线平行。气室的内径一般取 $20\sim30mm$，太大会使测量滞后增大，太小则会削弱光强，降低仪表的灵敏度。气室的长短与被测组分浓度有关，一般气室的长度小于 $300mm$。

参比气室和测量气室的结构基本相同。此外，还有测量气室和参比气室各占一半的单筒隔半形结构。参比气室内封入不吸收红外辐射的惰性气体，测量气室则连续通入被测气体。

（2）窗口材料。气室窗口材料的选择是红外气体传感器中的一个重要问题。要求其透过的光的波长局限在待测气体特征吸收波段较窄的范围，这样晶片不仅是密封元件，又是滤波元件。另外，它的机械强度应能保证密封、不怕潮湿、对接触的介质化学稳定性好、能经受温度变化的影响。气室材料中用得较多的是氟化锂、氟化钙、蓝宝石等。

（3）滤波元件。滤波元件的作用是吸收或滤去可被干扰气体吸收的红外线，去除干扰气体对测量的影响。滤波元件通常有两种，一种是充有干扰气体的滤波气室，吸收其相对应的红外能量以抵消（或减少）被测气体中干扰组分的影响。滤波气室通带较宽，因此检测器接收到的光能也大，即灵敏度高，成本也低，其缺点是体积大、选择性较差。另一种是滤光片，它只能让待测组分所对应的特征吸收波长的红外线透过，而不让其他波长的红外线透过或使其大大衰减，从而将各种干扰组分的特征吸收波长的红外线过滤掉，使干扰组分对测量无影响。

滤光片基于各种光学现象（吸收、干涉、选择性反射、偏振等）工作。理想的滤光片是干涉滤光片，它属于固体滤光片，是根据光线通过薄膜时发生干涉现象而制成的。最常见的干涉滤光片是根据法布里-珀罗标准具的原理制作的。利用干涉滤光片可以得到较窄的通带，其透过波长可以通过镀层材料的折射率、厚度和层次加以调整。只要镀层不破坏，工作就是可靠的。又因为结构简单，采用干涉滤光片取代滤波气室可使仪器结构简单化，长度缩小。一般在多组分干扰的分析器中采用干涉滤光片，微量分析器也多采用干涉滤光

片。其缺点是国内产品的透过率只有 70%～80%，由于通带窄，透过率不高，所以到达检测器的光能比采用滤波气室时的光能小，灵敏度较低。

3. 红外检测器

红外检测器是红外气体分析仪中的敏感元件，它测量气室被待测组分吸收后的剩余光能，并转换为某种形式的信号供测量用。所以，红外检测器是一种变换器，将红外光转变为电能或其他形式的能量。

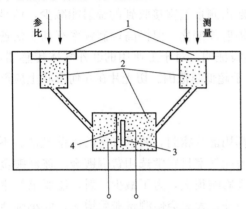

图 1-30　薄膜电容式红外检测器结构
1—窗口玻璃；2—吸收室；3—固定电极（定片）；
4—可动电极（动片）

薄膜电容式红外检测器结构如图 1-30 所示。检测器的两个吸收室分别充有待测气体和惰性气体。两个吸收室间用薄金属膜片隔开。因此，当测量室发生吸收作用时，到达吸收室试样光束比另一吸收室的参比光束弱，从而检测吸收室气压小于参比吸收室中的气压。而金属膜片和一个固定电极构成了一个电容的两个极板。此电容器的电容变化与吸收室内吸收红外线的程度有关，故测量出此电容量的变化，即可确定样品中待测气体的浓度。

微流量检测器实际上是一种微型热式质量流量计，其具有体积小、灵敏度极高、误差不超过±1%、价格较便宜的优点。采用微流量检测器替代薄膜电容式检测器，可使红外分析器光学系统的体积缩小，可靠性、耐震性等性能提高，因而在红外线分析仪、氧分析仪等仪器中得到了较广泛应用。

微流量检测器的传感元件是两个微型热丝电阻。微型热丝电阻有两种，一种是栅状镍丝电阻，简称镍格栅，它是把很细的镍丝编织成栅栏状制成的，这种镍格栅垂直装配于气流通道中，微气流从格栅中间穿过；另一种是铂丝电阻，在云母片上用超微技术光刻上很细的铂丝制成，这种铂丝电阻平行装配于气流通道中，微气流从其表面掠过。这两个微型热丝电阻和另外两个辅助电阻组成惠斯通电桥。微型热丝电阻通电加热至一定温度，当有气体流过时，带走部分热量使微型热丝电阻冷却，电阻变化，通过电桥转变成电压信号。

随着干涉滤光片的制造技术飞速发展，半导体光电检测器应用越来越多。这种检测器结构简单、制造容易、体积小、成本较低、寿命长、响应速度快，可采用更高的调制频率，使放大器的制作更容易。由于与窄带干涉滤光片配合使用，使仪表具有很高的可靠性和选择性。作为光电导检测器的材料有硫化铅（PbS）、硒化铅（PbSe）、锑化铟（InSb）等。

4. 微机系统

微机系统的任务是将红外探测器的输出信号进行放大变成统一的直流电流信号，并对信号进行分析处理，将分析结果显示出来，同时根据需要输出浓度极值和故障状态报警信号。信号处理包括干扰误差的抑制、温漂抑制、线性误差修正，零点、满度和中点校准、量程转换、量纲转换、通道转换，自检和定时自动校准等。

1.5　红外水分仪

物质中的含水量是很多产品生产过程中需要监视和控制的参数之一。例如，烟草制丝加工过程中的烟草、储存中的粮食、食品加工制作过程中的食品材料，其水分含量直接影响着产品的质量。而水分检测方法中，因近红外检测法具有非接触、可连续检测、测量速度快等特点，在很多领域得到了广泛应用。

红外水分仪是基于水对近红外有特征吸收光谱，被吸收的能量与物质含水量有关的原理工作的。

水在近红外区的吸收光谱如图 1-31 所示。水分子中 O-H 的振动的一级倍频约为 $1.43\mu m$，二级倍频约为 $0.96\mu m$，两个合频分布在 $1.94\mu m$ 和 $1.22\mu m$ 左右。

由图 1-31 可知，在近红外波段上有多个水吸收谱峰，不同的水吸收谱峰的应用范围不同。水的红外吸收光谱中，在 $1.22\mu m$ 波长处的吸收率小，一般适用于含水量大于 50% 的测量；在 $2.95\mu m$ 波长处的吸收率过大，一般适用于小范围高精度的测量；$1.43\mu m$ 波长处常用在测量含水量大于 20% 的物料；$1.94\mu m$ 波长处的吸收率较为适当，适用含水量为 $0\%\sim20\%$ 的测量。

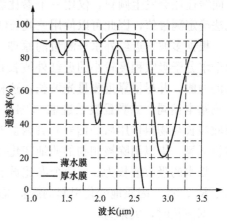

图 1-31　水在近红外区的吸收光谱

红外线水分仪的测量方案有两种，即透射式和漫反射式。透射式测量示意图如图 1-32 所示，透射式测量是用近红外光源发出的近红外光透射到一定厚度的被测物上，然后测量出透射光的光强得到被测物中的含水量，一般适用于均匀的液体和透明的固体等形式的物质。漫反射式测量示意图如图 1-33 所示，漫反射式测量是测量近红外光照射到被测物体上后反射出来的光强，适用于测量颗粒物、糊状和乳状等形式的物质。

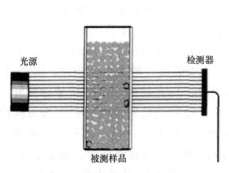

图 1-32　透射式测量示意图

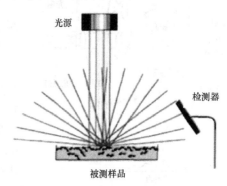

图 1-33　漫反射式测量示意图

一般物料的表面形状不平滑，因此其表面反射率也不固定。同时，由于生产过程中测量距离经常变化，因而到达探测器的辐射能量也经常变化。若只利用吸收波长进行测定，这些变化就会形成干扰，引起水分测量的误差。

为了消除外部干扰的影响，一般采用比率法进行测量，即除了使用水的某一吸收波长外，还使用该波长附近不易被水吸收的波长作为参比波长，测量被测物料中水的特征吸收波长和相邻的不易被水吸收的参比波长两者辐射能量反射率的比率，得出物料的含水量。在用比率法测量含水量时，外界干扰对这两种波长的影响基本相同，所以求出的这一比率可消除外界干扰的影响。人们把采用上述两个红外波长测量水分的方法称为双波长红外水分仪。实验表明，当被测物的表面状态、颜色和组分等（统称为质地）不同时，其光谱特性曲线往往会发生倾斜，仅用一个参比波长的双波长水分仪误差有可能会变得很大，甚至无法确定测量值，因此可以使用三波长红外水分仪。

根据多波长近红外水分测量的原理，选择的测量光波长应容易被水分子吸收，而选取两个水分子吸收程度较小的近红外波长作为参比波长，这两个参比波长应该位于测量光波长的两侧，并尽量靠近测量光波长，这样可以保证各种干扰因素对三个波段红外光造成的影响基本相同。如测量波长选取 $1.94\mu m$ 时，参比波长可以选取 $1.75\mu m$ 和 $2.2\mu m$，把水吸收波长与物料作用后的信号和其两侧难于被水吸收的两个参比波长与物料作用后的信号进行运算，借以消除被测物的质地变化而引起的测量误差。

设水的吸收波长为 λ_0，两个参比波长分别为 λ_1 和 λ_2，λ_0、λ_1 和 λ_2 的反射能量分别为 S_0、R_1、R_2，因质地变化引起的倾斜误差为 r，则有

双波长时，关系为

$$\frac{S_0}{R_1} \rightarrow \frac{S_0}{R_1+r} \tag{1-43}$$

三波长时，关系为

$$\frac{S_0}{R_1+R_2} \rightarrow \frac{S_0}{(R_1+r)+(R_2-r)} = \frac{S_0}{R_1+R_2} \tag{1-44}$$

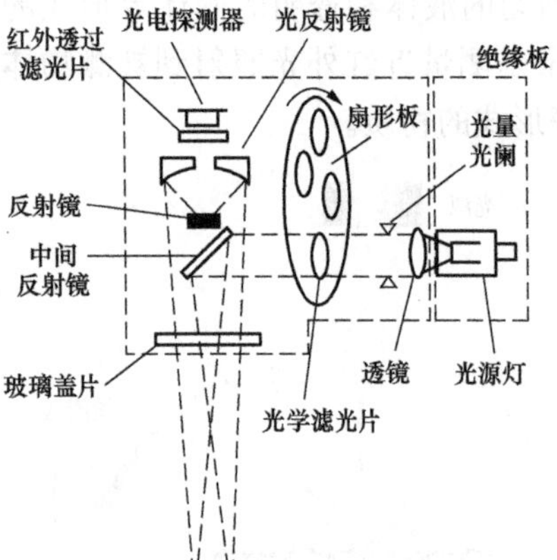

图 1-34　三波长红外水分仪光学系统示意图

由式（1-43）可见，双波长时，因质地影响将产生误差；由式（1-44）可见，采用三波长红外水分仪进行测量，不受质地的影响。

按上述原理制成的三波长红外水分仪由光电检测系统、信号处理系统和电源供电系统3部分组成。三波长红外水分仪光学系统示意图如图1-34所示。

光源发出的光经透镜汇聚，透过切光片上的滤光片。切光片上安装着4种光学滤光片，以透过 λ_0、λ_1、λ_2 和可见光。切光片由同步电机带动旋转。透过切光片的光，经平面反射镜反射后，其方向改变90°，直接射到被测物上。λ_0 的一部分光强被被测物中的水分吸收，剩余部分被漫反射，而 λ_1、λ_2 则全部被漫反射。一部分漫反射光由凹面镜汇集起来，通过红外滤光片后到达探测器上并转变成电信号。经信号处理后，最后输出被测物的水分含量。

1.6 红 外 测 距

红外测距技术是伴随着激光测距技术的产生而逐渐发展起来的一种精密测量技术。由于红外光具有不可见性、穿越其他物质时折射率小等优点，因此红外测距不仅在飞机、坦克、火炮对实际目标的距离测量中有应用，而且以红外测距为主的测距传感器在智能交通、机器人避障、汽车主动安全防护、相机辅助对焦等方面都有应用。

1.6.1 脉冲法红外测距

红外测距仪发送一个红外短脉冲信号，此脉冲信号经过目标点反射后返回，由红外测距仪重新接收。通过测量同一脉冲信号由发射到接收的时间间隔 t，即可求得待测距离 L，即

$$L = ct/2 \tag{1-45}$$

式中：c 为光速；t 为红外光发射到接收的时间。

脉冲法红外测距原理示意图如图 1-35 所示。驱动电路产生红外脉冲信号，该脉冲信号有小部分经两个分光镜送到探测器，作为参考信号和计时起点，发出的脉冲信号中绝大部分能量都射往待测目标，经待测目标反射后被光电探测器接收，此信号为回波信号。参考信号和回波信号由探测器转化为电脉冲信号，并进行后续的放大与整形。参考信号出现时触发器翻转，这时计数器开始记录高频时钟脉冲信号的个数，回波信号出现时触发器的输出回到原来的状态，计数器停止工作。通过计数器记录的值便可求得待测目标的距离，其计算如下

$$L = cN/2f_0 \tag{1-46}$$

式中：N 为计数个数；f_0 为计数脉冲的频率。

脉冲法红外测距方式的分辨力一般较低，主要用在大量程的测距应用中。

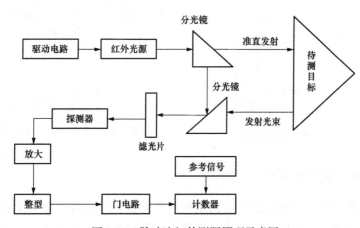

图 1-35 脉冲法红外测距原理示意图

1.6.2 三角法红外测距

三角法红外测距是将红外线发射部分、被测物体的反射部分和光电接收部分构成一个三角形的光路系统。三角法红外测距原理示意图如图 1-36 所示。

红外发射器通过一定角度发出的红外光束经过被测物体的表面后，反射回来的部分红外光被光电接收系统［位置敏感探测器（PSD）或电荷耦合器件（CCD）光敏元件］检测到后会得到一个偏移距离量 X。只要发射角 φ、中心距离 L、透镜的焦距 f、偏移距离 X 已知，即可通过三角几何关系计算出传感器到被测物体的距离 d。

由于三角法红外测距的传感器是通过三角几何原理测得待测距离，测距效果易受入射角度、待测物体表面不规则等因素影响。同时由于光电接收系统分辨率的限制使得三角测距传感器的测程较短。

1.6.3 干涉法红外测距

干涉法红外测距是利用光的干涉原理进行距离测量的，干涉法红外测距原理示意图如图 1-37 所示。红外光源发出的光经过分光镜后一部分反射（B1），另一部分透射（B2），两部分光束分别由固定的反射镜 A1 和可以移动的反射镜 A2 反射，在分光镜处产生干涉现象，形成明暗相间的条纹，并通过光电元件将其转换为电信号，利用光电计数器计数，从而实现对距离的测量。

干涉法红外测距使用的波长很短，测距分辨率为光波长的一半，测距精度高，可用于微位移的测量。干涉法红外测距测出的是相对距离，主要应用于地壳变化测量、地震测量、地下爆炸探查中。

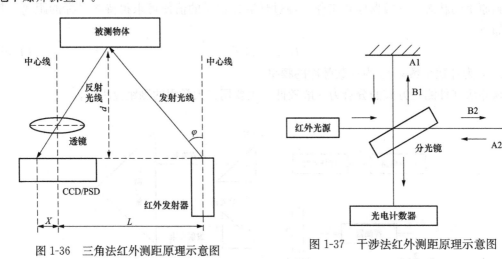

图 1-36　三角法红外测距原理示意图　　　图 1-37　干涉法红外测距原理示意图

1.6.4 相位差式红外测距

相位差式红外测距主要通过测量经调制的红外光波信号在待测距离上往返一次产生的相位延迟量，结合调制光波的波长大小，根据相位延迟量与距离的关系，利用相位延迟量求出相应的距离。相位差式红外测距传感器的硬件电路如图 1-38 所示，其主要由系统控制模块、锁相环频率合成模块、红外光发射和接收模块、以跨阻运算放大器为核心的放大网络、混频滤波与滤波选频网络和测相模块组成。

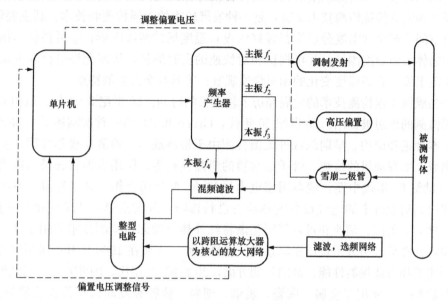

图 1-38 相位差式红外测距传感器的硬件电路

1. 频率信号的产生

通过单片机结合锁相环频率合成器 CDCEL925 产生两路主振信号和两路本振信号，主振信号 f_1 主要用于激光调制所需的正弦信号，主振信号 f_2 用于与本振信号 f_4 混频产生测距参考信号。

2. 光信号调制与解调

将主振信号 f_1 加载到发射驱动电路进行功率放大，驱动红外激光管，使红外激光管产生以正弦形式变化的调制光波，完成对信号的调制。调制光波经过待测物体后，反射回的调制光波信号由光电二极管（APD）接收转换为相同频率的电流变化，完成对信号的解调。

3. 混频

本振信号 f_4 与主振信号 f_2 混频产生低频参考测距信号，主振信号 f_1 通过加载在高压偏置信号下在雪崩二极管中实现内混频，产生低频测距信号。

4. 相差检测

混频后产生的两路差频信号经过相应的滤波选频网络，经过整形电路后变成两路方波信号输入单片机中，通过单片机中定时器计算出两路方波信号之间的时间差，间接得出发射信号和接收信号之间的相位差，经单片机进行数据处理后，计算得出发射点到待测目标的距离。

1.7 红外热成像无损检测技术

红外热成像无损检测是基于红外辐射原理，利用红外热像仪检测工件或设备，得到与物体表面的热分布场相对应的热像图，通过对热像图温度、幅值、相位等信息的提取和分析等，实现工件表面及内部缺陷的检测或分析内部结构的无损检测方法。该技术相对于超声、射线、涡流等传统检测技术而言，是一种发展较晚的无损检测新技术。其主要特点有：①可绘出空间分辨率和温度分辨率都较好的设备温度场的两维图形；②可提供非接触、非干扰式的物体表面温度测量；③可提供相对快速的实时测量，从而允许进行温度瞬时状态研究和大范围设备表面温度变化的相对快速观察；④具有全天候的特点。

红外热成像无损检测技术的发展经历了较漫长的时间。20世纪30年代，最初的主动法红外无损检测的思想被提出。20世纪60年代，Green和Alzofon首次阐述了主动红外无损检测的基本理论和应用。早期的红外无损检测由于检测成本、检测精度等原因，主要应用于军事领域，如发动机的检测、管子或容器的泄漏检查等。民用方面首先是从电力部门开始的。20世纪60年代中期，瑞典国家电力局和AGA公司合作，对红外前视系统加以改进，并使用其对运行中的电气设备的热状态进行诊断，开发出第一代工业用红外热像仪。美国、加拿大、英国、瑞典和丹麦等国逐渐将红外热成像无损检测技术应用于高压输电线路的航检，并在后来引入了自动跟踪系统。建筑方面，瑞典在1966年开始采用红外热成像技术检测建筑物节能保温性能。缺陷检测方面，20世纪60年代，国外开始采用红外技术对缺陷进行检测，主要用于金属、陶瓷、玻璃、塑料、橡胶和发动机喷管胶接质量的检测。20世纪70年代以后，许多研究者开始将红外无损检测和热传导理论联系起来，开展了非均质体的热传导研究，研究了不同激励条件下的一维、二维热传导模型及其解析解和数值解。这些工作为红外热成像检测提供了理论基础。

20世纪80年代后期，随着具有高采集速率、高像元、高灵敏度的红外热像仪的出现和计算机技术、数字信号处理技术的发展，各国专家不断提出新的检测方法和信号处理技术，以提高红外检测的能力。瑞典AGA公司开发了一种全新的加热方式——调制加热法（modulated thermograph，MT）。在此基础上产生了锁相红外技术（lock-in thermograph，LT）。1996年，Maldague等提出了一种新的信号处理技术——脉冲相位法（pulse phase infrared thermography，PPT）。随后，各种新方法和新的信号处理技术不断涌现。

近年来，红外热成像检测技术在国内外都得到了较快的发展，并出现了大量的检测标准。在国内，该技术已经应用于航空、航天、风电等领域的产品检测和石化、电力、建筑等的在役检测与监测。

1.7.1 红外无损检测的原理及方法

红外无损检测就是在不破坏物体原有结构的情况下，借助检测物体的红外辐射（或表面温度场）变化来判断物体内部有无缺陷的一种方法。向一块试样表面注入一定的热流，则其中一部分热流必然向试样内部扩散，其扩散速率取决于试样的热物理性质，并可通过试样表面的温度分布显示出来。

对于无缺陷均匀试样而言，当热流均匀稳定地注入其表面后，热流能够均匀地向试样内部扩散和从表面反射，因而试样表面温度场也是均匀分布的。对于内部含有隔热性缺陷的非均匀试样而言，当均匀注入的热流向试样内部扩散时，因在缺陷处受阻，形成热量堆积，反映到试样表面的温度场，在相应部位将出现温度较高的局部"热区"。对于内部含有良好导热性（相对于试样本底材料而言）缺陷的非均匀试样而言，将使注入热流更快地向体内扩散或传递，相应地在试样表面温度场中形成比周围温度稍低的"冷区"。

　　由此可见，不论试样内部存在哪种缺陷，当热流从表面注入时，都会在含有缺陷的试样表面位置与无缺陷表面位置之间产生温差，并且这个温差不仅取决于试样本底材料的热物理性质，而且决定于缺陷的热物理性质、几何尺寸及其距表面的深度。由于有与无缺陷部位的表面间局部温差的存在，表面的红外辐射强度必然出现差异。通过红外热像仪成像设备直观观察物体表面温度分布来确定缺陷存在与否及缺陷特性的技术称为红外热成像无损检测技术。红外热像仪的工艺技术不断发展创新，探测能力不断提升，也大大推动了红外无损检测技术的发展。红外热成像无损检测技术按照检测方式的不同，可分为主动式和被动式两种。

　　1. 被动式

　　被动式红外热成像无损检测技术是利用被检测零件自身已有的高温（如零件在生产过程中已具备较高温度），当在较低环境温度下自然冷却时，零件内部热量向外界传递，若其内部存在局部缺陷，在传递过程中造成有缺陷和无缺陷均匀部位表面出现温度不同的温度场。也可把被测零件放入较高温度环境中恒温保持一定时间后，再迅速置于另一个较低的恒温环境自然冷却，在零件自然冷却放热过程中，也会因缺陷热物性参数不同而导致传热受阻或加快，于是，零件表面红外辐射（或温度分布）出现不均匀现象。若用红外扫描方式检测时，就会在记录曲线上出现温度分布的凹陷或凸起尖峰；若使用红外热像仪进行成像检测时，就会在记录的热图像上出现反映内部存在缺陷的暗斑（冷区）或亮斑（热区）。由于这种检测方法不是在检测过程中主动向被测零件注入热流，故称为被动式。被动式检测装置示意图如图 1-39 所示。

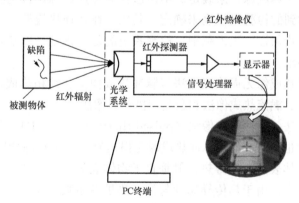

图 1-39　被动式检测装置示意图

　　2. 主动式

　　主动式红外热成像无损检测技术是人为地向被测零件以不同方式注入热流，然后通过检测其表面温度场来鉴别零件内部有无缺陷的试验方法，主动式检测装置示意图如图 1-40 所示。对于主动式红外成像无损检测而言，选择合适的热流源和热注入方式是十分重要的。

　　按照激励源物理特性的不同，主动式红外热成像无损检测的激励方式可以分为光学激励、热激励、振动激励、电磁激励等几大类。光学激励方式常见的有闪光灯激励、卤素灯长脉冲激励、卤素灯调制激励、激光脉冲激励等；热激励方式常见的有热吹风加热、电热毯加热等；振动激励方式常见的是超声激励方式，包括接触式和非接触式；电磁激励主要采用感应线圈对被检测物进行电磁感应激励。按照激励源的信号特征，还可以分为 δ 函数式脉冲激励（如闪光灯激励）、长脉冲激励和调制激励。

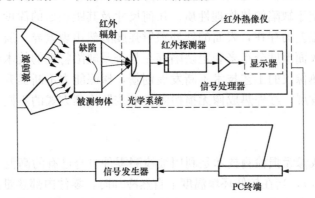

图 1-40　主动式检测装置示意图

根据激励源与探测器相对于物体的位置关系，主动式红外热成像无损检测可分为透射式和反射式两种。激励源和探测器分别放置在物体两侧称为透射式，放置在同一侧称为反射式。透射式多用于检测较薄、热扩散率大的物体，而反射式多用于检测较厚的物体及检测物体表面和近表面缺陷。

红外热成像无损检测中到底选用主动式还是被动式，应根据具体检验对象和检验零件条件（如是否需要注入热流源）来确定。不论选择哪种热流源，首先必须根据被检测零件材料的性质和可能达到的检验灵敏度来确定。其次，在选择热流源时，还应该考虑到对零件表面加热的速度、均匀性、注入范围、检测系统的复杂程度，以及是否便于应用红外探测系统进行检测等要求。

应用较多的红外热成像无损检测方法有脉冲热成像法、锁相热成像法、脉冲相位热成像法、超声热成像法、涡流热成像法和激光扫描热成像法。

（1）脉冲热成像法。脉冲热成像法（pulsed thermography，PT）是最早研发并使用的技术手段，目前应用也最为广泛。脉冲热成像无损检测系统示意图如图 1-41 所示，使用外部脉冲激励源激励物体表面，使得热辐射垂直于物体表面向内传播，并利用红外热像仪观察物体表面温度场分布。由于热传导速度与材料热扩散系数相关，而不同材料热扩散系数不同，若物体中存在缺陷，则缺陷位置处物体表面温度场与无缺陷区域存在差异，通过此差异可获知缺陷的大小等信息。但由于物体内部热辐射能量传递时以指数方式衰减，受限于红外热像仪的检测能力，可以检测的缺陷深度有限。而且脉冲热成像法对于物体表面所受辐射的均匀性要求较高，需要激励源的热辐射均匀和所检测物体表面平整、均匀。当被测物体具有可见光半透明性或者当被测物体表面反光而辐射吸收率较低时，检测结果会受到较大的影响。

（2）锁相热成像法。锁相热成像法（lock-in thermography，LT）利用锁相技术调制具有单一频率的激励源激励物体，从而使得被测物体内产生调制热波。长时间激励并使用热

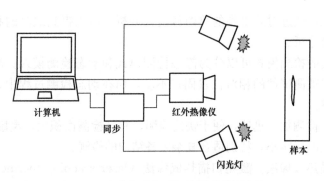

图 1-41　脉冲热成像无损检测系统示意图

像仪持续记录物体表面温度分布，可以得到物体表面幅值图像与相位图像，通过物体内热波的相位和幅值信息可以分析缺陷情况。由于相位图所包含信息比幅值图更多，通过相位图像中"盲频"信息可获取缺陷深度信息。由于相位只与信号的时间延迟有关，所得相位图与材料表面特性无关，从而绕过了脉冲热成像法难以检测表面不平整物体的难题。但锁相热成像法检测需要用单一频率热源长时间加热，检测所需时间比脉冲热成像法长很多；且对于不同深度的缺陷需要调节不同的激励频率，在未知深度的情况下，需要不断调节信号频率多次检测，操作繁琐且耗时较长，只是对于固定深度缺陷的检测较为方便。

（3）脉冲相位热成像法。脉冲相位热成像法（pulsed phase thermography，PPT）的实验方式结合了脉冲热成像法与锁相热成像法，同时具有两种方式的优势。红外热像仪采集脉冲激励后物体表面降温过程的时间序列图像，通过傅里叶变换等分析手段将时域图像转化为频域，从频域分析各频率信号的相位变化曲线，以此得到缺陷信息。脉冲相位热成像法将锁相热成像法的单一频率分析拓展为多频率频谱分析，弥补了锁相热成像法在缺陷深度未知的情况下需多次改变频率重复检测的不足。同时也无须考虑脉冲热成像对于加热均匀性的要求。

（4）超声热成像法。超声热成像法（ultrasound thermography，UT）是利用超声波激励物体，使试件内部缺陷区域吸收耦合的超声能量产生热能，使用热像仪采集物体表面温度场分布与变化图像，以此对缺陷进行分析。超声热成像无损检测系统示意图如图1-42 所示。与传统超声检测技术不同，超声热成像法利用了热效应，主要用于检测裂纹和脱黏形式的缺陷，其对于表面和近表面的闭合裂纹缺陷较为敏感。但其与传统超声检测技术具有相同的技术难点，即超声枪与检测物体间的耦合仍是一大难题。

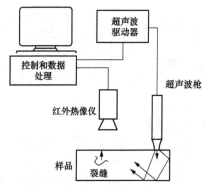

图 1-42　超声热成像无损检测
系统示意图

（5）涡流热成像法。涡流热成像法（eddy current thermography，ECT）是一种基于电磁感应原理和红外热成像技术的电磁无损检测方法。当载有交变电流的激励线圈靠近被测导体试件时，由于线圈的磁场作用，会在试件中产生感应涡流。若试件表面或者亚表面存在缺陷时，热量会在缺陷附近聚集，表现为试件表面的温度发生变化。红外热像仪可以捕捉到试件表面的温度变化，通过对采集到的热图像进行分析，可以得到缺陷的相关信息，进而对缺陷进行定性定量分析。

涡流热成像法的检测模式可以分为静态检测模式和动态检测模式。静态检测时感应线圈和红外热像仪与被测试件的相对位置固定不动，而在动态检测过程中，感应线圈与被测试件有相对的位移。

涡流热成像法检测加热迅速，便于快速检测，并且检测面积大、灵敏度高、使用方便，受被检测对象形状的影响小，特别适合复杂装备结构的检测。

（6）激光扫描热成像法。激光扫描热成像法（laser scanning thermography，LST）主要采用激光扫描技术，激光扫描技术根据激光束形状分为点状和线状两种。不同于脉冲热成像法中的热辐射热波近似一维传导，点状激光激励时热波为三维传导模式，线状激光激励时热波沿除去平行于线径方向的二维方向传播。激光激励后相较于脉冲热成像法激励物体表面热波多出了平行物体表面的横向传播特性。当物体表面或浅表面存在裂纹缺陷时，在裂纹界面处会因阻碍热传导使得该处温度升高。

利用激光扫描技术可在单次扫描过程中多次检测物体面内不同区域，缩短检测时间。而激光线扫描相较于激光点扫描具有速度更快的优点，且同时没有降低检测所得图像质量，十分适用于工业在线检测。激光线扫描技术也存在不足之处，例如激光功率不足、线径反向光束强度不均匀，以及扫描时光束焦斑发生变化等。

（1）～（5）介绍的检测技术的激励方式多为面激励方式，热辐射在物体表面均匀分布，此时热波横向传播特性可忽略不计而只考虑热波纵向方向的传播，可近似为一维热传导模式。在一维热传导模式下，物体热成像结果简单，可以避免误判，但对热波纵向传播影响很小的裂纹缺陷或平行于传播方向的缺陷则较难检测。

1.7.2　红外无损检测系统的组成

下面以激光扫描红外无损检测系统为例加以介绍。

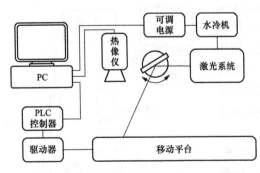

图 1-43　激光扫描红外无损检测系统结构

激光扫描红外无损检测系统结构如图 1-43 所示，主要包含激光扫描激励模块的硬件部分与包含驱动控制及图像采集处理的软件部分两大模块。

硬件部分主要包括激光系统、电源设备、冷水系统、热像仪、上位机、移动平台等设备。

激光系统产生线激光作为光源，线光源为以四路半导体激光器巴条出光光斑耦合而成。系统所采用激光器为波长 808nm 的半导体激光器巴条，单个激光器上共 19 个出光点，每个出光点间间距为 500μm，总计出光宽度为 10mm。冷水机水循环系统通过与激光器底部热枕块接触为激光降温。系统所采用的电源设备为宽范围可编程直流电源，电源设备接受可编程仪器标准命令（SCPI），可通过上位机程序控制。四路激光器与电源设备两两之间均为串联连接。

系统所采用的热像仪为 Flir 公司生产的非制冷热像仪，分辨率为 640×480，采集频率为 50Hz，噪声等效温差（NETD）为 30mK，工作方式为行扫描方式。

以 PLC 作为控制器给驱动器发送脉冲驱动信号，同时控制器与上位机通信从而实现移动平台移动被检测物体的自动控制功能。

软件设计方面，利用上位机中的控制软件可实现激光电源控制、移动平台控制、热像仪控制，完成全部检测流程；利用图像采集和处理软件可实现图像合成处理、激光束最小二乘法多项式拟合及插值计算和差分处理等。

1.7.3　红外热成像无损检测技术的应用

红外热成像无损检测技术有着广泛的工业应用领域，适用于大的温度范围、各种材料类型及各种试验模式。如对复合材料特性的评价、热量交换设备热交换效率的分析、评价新建建筑物的加热、通风和制冷系统是否满足设计规范的要求、电力传输系统中测量电路接头部位的高温区的检测、路面和桥面表面铺设材料与基体的分层缺陷的探测、汽车发动机及整流罩运行过程、黏接材料和构件黏接界面的质量、焊接过程焊件的冷却率、材料应力的非接触测量等。

1. 构件缺陷的无损检测

缺陷检测方面，20 世纪 60 年代国外开始采用红外技术对缺陷进行检测，主要用于金属、陶瓷、玻璃、塑料、橡胶和发动机喷管胶接质量的检测。

对于构件缺陷的红外成像检测主要采用主动法，目前主要集中应用于复合材料领域的检测，对裂纹、脱黏、冲击损伤等缺陷的检出率较高。

焊接缺陷检测表面电流情况如图 1-44 所示，图中为两块焊接的金属板，其中图 1-44（a）焊接区无缺陷，图 1-44（b）焊接区有一气孔。若将一交流电压加在焊接区的两端，在焊口上会有交流电流通过。由于电流的集肤效应，靠近表面的电流密度将比下层大，且焊口也将产生一定的热量，热量的大小正比于材料的电阻率和电流密度的平方。在没有缺陷的焊接区内，电流分布是均匀的，各处产生的热量大致相等，焊接区的表面温度分布是均匀的。而存在缺陷的焊接区，由于缺陷（气孔）的电阻很大，使这一区域损耗增加，温度升高。应用红外热像仪即可清楚地测量出热点，由此可断定热点下面存在着焊接缺陷。

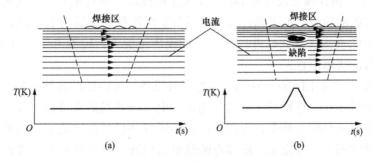

图 1-44　焊接缺陷检测表面电流情况

（a）无焊接缺陷；（b）有焊接缺陷

采用交流电加热的好处是可通过改变电源频率来控制电流的透入深度。低频电流透入较深，对发现内部深处缺陷有利；高频电流集肤效应强，表面温度特性比较明显。但表面电流密度增加后，材料可能达到饱和状态，它可变更电流沿深度方向分布，使近表面产生的电流密度趋向均匀，给探测造成不利。

2. 电气设备故障诊断

红外检测与诊断技术已成为电力行业维护检测的重要工具，全世界数以千计的电力企业使用红外技术对电气设备进行红外检测与故障诊断，以避免发生故障和电气火灾，提高运营的可靠性。其具体应用有：①对电厂和变电站电气设备的带电检测，以及对隔离开关、断路器、触头等接触不良的检测；②对加热和保温设备的衬里材料损伤情况和保温效果进行监测；③对高压绝缘子绝缘值下降的测量；④对热力系统的保温、漏汽、阻塞等故障的测量；⑤对发电机、汽轮机温度场的测量；⑥缺油故障等。

（1）故障诊断的原理。

1）发热形式。电气设备在正常工作的时候，由于电流电压的作用，将产生发热，形成这些发热的原因多种多样，主要有以下几种发热形式：

a）电阻损耗。按照焦耳定律，电流通过导体存在的电阻将产生热能。

b）介质损耗。电气绝缘介质，由于交变电场的作用，使介质极化方向不断改变而消耗电能并引起发热。

c）铁损。当在励磁回路上施加工作电压时，由于铁芯的磁滞、涡流而产生的电能损耗并形成发热。

以上三种发热形式，在正常运行的设备中也同样存在，这时设备表现为正常的热分布。若设备出现异常，这些发热机理将加剧或表现异常。

一般将由于电压效应引起发热的设备称为电压致热型设备；由于电流效应引起发热的设备称为电流致热型设备；既有电压效应，又有电流效应，或者电磁综合效应引起发热的设备称为综合致热型设备。

2）故障类型。电气设备的运行伴随着发热升温，其故障发展和形成过程，绝大多数都与发热升温紧密相连。电气设备的故障可以有多种多样，从故障的红外诊断角度来考虑，故障可以分为外部故障和内部故障两大类型。

a）外部故障。指裸露在设备外部各部位发生的故障，如长期暴露大气环境中工作的裸露电气接头、裸露的导线、工作部件故障、设备表面污秽及金属封装的设备箱体涡流过热等。这类故障因能直接暴露在红外监测仪器的视场范围内，检测方便，对仪器要求不高，很容易获得直观的故障信息。

b）内部故障。指封闭在固体绝缘、油绝缘及设备壳体内部的各种故障。内部热故障的特点是因故障点封闭在绝缘材料或金属外壳内，由于红外线的穿透能力较弱，红外辐射基本不能穿透绝缘材料和设备外壳，所以无法直接用红外热成像装置检测内部热故障。但是内部热故障发热时间长而且稳定，故障点的热量可以通过热传导和对流置换，与故障点周围的导体或绝缘材料发生热量传递，引起这些部位的温度升高。根据各种电气设备的内部结构和运行工况，依据传热学理论，并结合模拟试验、大量现场检测实例的统计分析和解体验证，可以从电气设备外部显现的温度分布热像图，分析判断与其相关的内部故障，从而对设备内部故障的性质、部位及严重程度作出判断。虽然内部故障占的数量和比例比较小，但其危害却远远大于外部故障。

（2）故障诊断方法。

1）表面温度判断法。主要适用于电流致热型设备和综合致热型设备。根据测得设备表面温度，对照 DL/T 664—2016《带电设备红外诊断应用规范》中的高压开关设备和控制设备各种部件、材料和绝缘介质的温度和温升极限的有关规定，结合检测时环境气候条件和设备的实际电流（负荷）、正常运行中可能出现的最大电流（负荷）及设备的额定电流（负荷）等进行分析判断。

2）相对温差判断法。主要适用于电流致热型设备，特别是对于检测时电流（负荷）较小，且按照表面温度判断法未能确定设备缺陷类型的电流致热型设备，在不与 DL/T 664—2016《带电设备红外诊断应用规范》中高压开关设备和控制设备各种部件、材料和绝缘介质的温度和温升极限的有关规定相冲突的前提下，采用相对温差判断法，可提高对设备缺陷类型判断的准确性，降低当运行电流（负荷）较小时设备缺陷的漏判率。

3）图像特征判断法。主要适用于电压致热型设备。根据同类设备的正常状态和异常状态的热像图，判断设备是否正常。注意应尽量排除各种干扰因素对图像的影响，必要时结合电气试验或化学分析的结果，进行综合判断。

4）同类比较判断法。根据同组三相设备、同相设备之间及同类设备之间对应部位的温差进行比较分析。对于电压致热型设备，可以结合图像特征判断法进行判断；对于电流致热型设备，先按照表面温度判断法进行判断，如未能确定设备的缺陷类型时，再按照相对温差判断法进行判断。档案（或历史）热像图也多用作同类比较判断。

5）综合分析判断法。主要适用于综合致热型设备。对于油浸式套管、电流互感器等综合致热型设备，当缺陷由两种或两种以上因素引起时，应根据运行电流、发热部位和性质，结合表面温度判断法、相对温差判断法、图像特征判断法、同类比较判断法，进行综合分析判断。对于因磁场和漏磁引起的过热，可依据电流致热型设备的判据进行判断。

6）实时分析判断法。是指在一段时间内使用红外热像仪连续检测（或监测）一被测设备，观察、记录设备温度随负荷、时间等因素的变化，并进行实时分析判断，多用于非常态大负荷试验或运行、带缺陷运行设备的跟踪和分析判断。

电流致热型设备、电压致热型设备、旋转电机类设备缺陷的诊断判据可参考 DL/T 664—2016《带电设备红外诊断应用规范》中的电流致热型设备缺陷诊断判据、电压致热型设备缺陷诊断判据、旋转电机类设备缺陷诊断方法与判据。

（3）电气设备故障红外热像诊断技术。在对电气设备进行故障诊断时，首先采集设备的红外图像，并采用一系列算法完成图像的预处理、分割、特征提取与识别、温度场识别，最后完成设备的热故障诊断。

1）红外图像的预处理。红外热像仪在使用过程中由于受到太阳光、风力、粉尘散射等环境因素的影响，而且仪器本身放大器、探测器等器件会产生噪声，造成了红外图像对比度低、噪声多、细节少、边缘模糊等问题，导致图像质量不高，难以直接应用于故障诊断。对红外图像进行预处理的目的是减少图像中的噪声、增强图像中的对比度，提高故障诊断的准确率。红外图像预处理过程包括红外图像去噪和红外图像增强两方面。

a）红外图像去噪。红外图像去噪指通过滤波去除数字图像中的噪声的过程。通过对红外图像进行噪声分析可知，图像中主要噪声是高斯噪声和椒盐噪声。经典的去噪方法有空间域滤波方法、频域滤波方法和最优线性滤波方法。空间域滤波方法是以对图像的像素直接处理为基础；频域滤波方法是以对图像的傅里叶变换进行处理为基础；最优线性滤波方法是指在某种准则下最佳的滤波器设计方法。常用的去噪方法有均值滤波、加权均值滤波器、中值滤波、高斯滤波、维纳滤波等。

b）红外图像增强。在获取图像的过程中，由于多种因素的影响，导致图像质量有所退化。图像增强的目的在于采用一系列技术改善图像的视觉效果，提高图像的清晰度；设法有选择地突出便于人或机器分析某些感兴趣的信息，抑制一些无用的信息，以提高图像的使用价值。常用的图像增强方法有灰度变换、直方图均衡化、自适应直方图均衡化等。

2）红外图像分割。图像分割是将图像中需要研究的目标对象和背景部分进行区分并提取。因对目标区域的分割质量直接影响故障分析和诊断的准确性，所以要使提取到的目标能够最大程度地显示出真实状态。按分割途径，红外图像分割方法可分为基于边缘提取的分割法、区域分割、区域增长、分裂-合并分割。

3）红外图像的特征提取和识别分类。

a）红外图像的特征提取。可作为特征信息的指标有颜色、纹理、形状、温度、湿度等参数。例如，变电设备的形状在正常运行和热故障状态下均不会发生改变，可选用形状作为特征提取的参数。通常来说，形状特征有两种表示方法，一种是轮廓特征的表示方法，一种是区域特征的表示方法。区域形状的特征提取有区域内部形状特征提取、区域外部形状特征提取、利用图形层次型数据结构提取形状特征。提取形状特征有两种方式，一种是通过描述算子提取图像的边缘信息，另一种是通过几何不变矩提取图像的区域信息。

b）红外图像的识别分类。红外图像的识别分类是以从图像中提取到的特征信息作为判别依据，根据提取的特征信息确定图像属于哪一类设备的过程，识别分类方法常通过机器学习算法来完成，例如支持向量机、Logistic 回归、神经网络等。

4）红外图像的温度识别。红外图像的温度信息是通过图中像素点的颜色反映的。为了确定图像中各部分的温度，需要找出像素点与温度的对应关系，并通过函数关系表达出来。一种方法是通过建立红外图像界面上的比色条像素与温度的函数关系确定红外图像的温度场。

5）电气设备故障诊断。对电气设备进行故障诊断时，以 DL/T 664—2016《带电设备红外诊断应用规范》作为诊断的依据和规范，该标准中给出了带电设备红外诊断的术语和定义、现场检测要求、现场操作方法、仪器管理和检验、红外检测周期、判断方法、诊断判据和缺陷类型的确定及处理方法。该标准适用于采用红外热像仪对具有电流、电压致热效应或其他致热效应引起表面温度分布特点的各种电气设备，以及以 SF_6 气体为绝缘介质的电气设备泄漏进行的检测。

（4）缺陷的分级。根据过热（或温度异常）缺陷对电气设备运行的影响程度，一般可将缺陷分为三个等级。

1）一般缺陷。当设备存在过热，比较温度分布有差异，但不会引发设备故障，此时可以仅作记录，可利用停电（或周期）检修机会，有计划地安排试验检修，消除缺陷。

2）严重缺陷。当设备存在过热，或出现热像特征异常，程度较严重，应早做计划，安排处理。

3）紧急缺陷。当电流（磁）致热型设备热点温度（或温升）超过 DL/T 664—2016《带电设备红外诊断应用规范》中高压开关设备和控制设备各种部件、材料和绝缘介质的温度和温升极限规定的允许限值温度（或温升）时，应立即安排设备消缺处理，或设备带负荷限值运行；对电压致热型设备和容易判断内部缺陷性质的设备（如缺油的充油套管、温度异常的高压电缆终端等），其缺陷明显严重时，应立即消缺或退出运行。

（5）基于相对温差法的电气设备故障红外诊断。温差是不同被测设备表面或同一被测设备不同部位表面温度之差。

相对温差 δ_t 是同一类型电气设备在相同工作条件下，或对称三相电路中不同相的两个对应测温点之间的温升［温升＝发热点温度－环境温度（即电器不工作时的温度）］差值（其中一个设备或一相电路为正常状态）与较热点温升之比的百分数。其数学表达式为

$$\delta_t = \frac{\tau_1 - \tau_2}{\tau_1} \times 100\% = \frac{T_1 - T_2}{T_1 - T_0} \times 100\% \tag{1-47}$$

式中：τ_1 为设备发热点的温升；τ_2 为设备正常工作时相对应点的温升；T_1 为设备发热点温度；T_2 为设备正常工作时对应的温度；T_0 为设备不工作时的温度，可取为环境温度。

DL/T 664—2016《带电设备红外诊断应用规范》中给出了电流致热型设备缺陷诊断判据（表 1-2）、电压致热型设备缺陷诊断判据（表 1-3）、旋转电机类设备缺陷诊断方法与判据，进行智能检测和智能诊断应用时可参考。

另外，在某个温度区域内，电流致热型设备的温升 τ 与所传导的电流的有效值 I 的 k 次方成比例，k 可通过试验测出，则发热相温升 τ_1 为

$$\tau_1 = B_1 R_1 I_1^k \tag{1-48}$$

这样对同一三相电路中的两个对应测点来说，温升可以写出类似式（1-48）的公式，即正常相温升 τ_2 为

$$\tau_2 = B_2 R_2 I_2^k \tag{1-49}$$

式中：τ_1、τ_2 为发热相、正常相的温升；B_1、B_2 为两测点与散热条件有关的系数；R_1、R_2 为两测点的交流电阻值；I_1、I_2 为两测点的电流有效值。

将式（1-48）和式（1-49）代入式（1-47），并注意到同类电气设备在同样的工作环境下 $B_1 \approx B_2$，$I_1 \approx I_2$，式（1-47）简化可得

$$\delta_t = \frac{\tau_1 - \tau_2}{\tau_1} \times 100\% \approx \frac{R_1 - R_2}{R_1} \times 100\% = \delta_R \tag{1-50}$$

由式（1-50）可看出，测出了发热点的相对温差，就等于测出了其接触电阻的大概值，这一重要发现为解决小负荷电流设备故障的判断问题开辟了一条捷径。大量实验证明，相对温差与接触电阻的相对偏差有较好的相关性，且同类电气设备对应点的相对温差排除了如负荷电流、风速、大气温度、相对湿度、测量距离、发射率选择等因素对测量结果的影响。

 现代检测技术

表 1-2   **电流致热型设备缺陷诊断判据**

设备类别和部位		热像特征	故障特征	缺陷性质			处理建议	备注
				紧急缺陷	严重缺陷	一般缺陷		
电气设备与金属部件的连接	接头和线夹	以线夹和接头为中心的热像，热点明显	接触不良	热点温度>110℃或δ≥95%且热点温度>80℃	80℃≤热点温度≤110℃或δ≥80%但热点温度未达紧急缺陷温度	δ≥35%但热点温度未达严重缺陷温度		δ：相对温差
金属部件与金属部件的连接	接头和线夹	以线夹和接头为中心的热像，热点明显	接触不良	热点温度>130℃或δ≥95%且热点温度>90℃	90℃≤热点温度≤130℃或δ≥80%但热点温度未达紧急缺陷温度	δ≥35%但热点温度未达严重缺陷温度		
金属导线		以导线为中心的热像，热点明显	松股、断股、老化或截面积不够	热点温度>110℃或δ≥95%且热点温度>80℃	80℃≤热点温度≤110℃或δ≥80%但热点温度未达紧急缺陷温度	δ≥35%但热点温度未达严重缺陷温度		
输电导线的连接器（耐张线夹、接续管、修补管、并沟线夹、跳线线夹、T形线夹、设备线夹等）		以线夹和接头为中心的热像，热点明显	接触不良	热点温度>130℃或δ≥95%且热点温度>90℃	90℃≤热点温度≤130℃或δ≥80%但热点温度未达紧急缺陷温度	δ≥35%但热点温度未达严重缺陷温度		
隔离开关	转头	以转头为中心的热像	转头接触不良或断股	热点温度>130℃或δ≥95%且热点温度>90℃	90℃≤热点温度≤130℃或δ≥80%但热点温度未达紧急缺陷温度	δ≥35%但热点温度未达严重缺陷温度		

54

设备类别和部位		热像特征	故障特征	缺陷性质			处理建议	备注
				紧急缺陷	严重缺陷	一般缺陷		
隔离开关	刀口	以刀口压接弹簧为中心的热像	弹簧压接不良	热点温度＞130℃或δ≥95%且热点温度＞90℃	90℃≤热点温度≤130℃或δ≥80%但热点温度未达紧急缺陷温度	δ≥35%但热点温度未达严重缺陷温度	测量接触电阻	
断路器	动静触头	以顶帽和下法兰为中心的热像,顶帽温度大于下法兰温度	压指压接不良	热点温度＞80℃或δ≥95%且热点温度＞55℃	55℃≤热点温度≤80℃或δ≥80%但热点温度未达紧急缺陷温度	δ≥35%但热点温度未达严重缺陷温度	测量接触电阻	内外部的温差约为50~70K
	中间触头	以下法兰和顶帽为中心的热像,下法兰温度大于顶帽温度	压指压接不良	热点温度＞80℃或δ≥95%且热点温度＞55℃	55℃≤热点温度≤80℃或δ≥80%但热点温度未达紧急缺陷温度	δ≥35%但热点温度未达严重缺陷温度	测量接触电阻	内外部的温差为40~60K
电流互感器	内联结	以串并联出线头或大螺杆出线夹为最高温度的热像或以顶部铁帽发热为特征	螺杆接触不良	热点温度＞80℃或δ≥95%且热点温度＞55℃	55℃≤热点温度≤80℃或δ≥80%但热点温度未达紧急缺陷温度	δ≥35%但热点温度未达严重缺陷温度	测量一次回路电阻	内外部的温差为30~45K
套管	柱头	以套管顶部柱头为最热的热像	柱头内部并线压接不良	热点温度＞80℃或δ≥95%且热点温度＞55℃	55℃≤热点温度≤80℃或δ≥80%但热点温度未达紧急缺陷温度	δ≥35%但热点温度未达严重缺陷温度		

设备类别和部位		热像特征	故障特征	缺陷性质			处理建议	备注
				紧急缺陷	严重缺陷	一般缺陷		
电容器	熔丝	以熔丝中部靠电容侧为最热的热像	熔丝容量不够	热点温度＞80℃或δ≥95%且热点温度＞55℃	55℃≤热点温度≤80℃或δ≥80%但热点温度未达紧急缺陷温度	δ≥35%但热点温度未达严重缺陷温度	检查熔丝	环氧管的遮挡
电容器	熔丝座	以熔丝座为最热的热像	熔丝与熔丝座之间接触不良	热点温度＞80℃或δ≥95%且热点温度＞55℃	55℃≤热点温度≤80℃或δ≥80%但热点温度未达紧急缺陷温度	δ≥35%但热点温度未达严重缺陷温度	检查熔丝座	
直流换流阀	电抗器	以铁心表面过热为特性	铁心损耗异常	热点温度＞70℃（设计允许限值）	温差＞10K，60℃≤热点温度≤70℃	温差＞5K，热点温度未达严重缺陷温度		
变压器	箱体	以箱体局部表面过热为特征	漏磁环（涡）流现象	热点温度＞105℃	85℃≤热点温度≤105℃	δ≥35%但热点温度未达到严重缺陷温度	检查油色谱和轻瓦斯动作情况	
干式变压器、接地变压器、串联电抗器、并联电抗器	铁心	以铁心局部表面过热为特征	铁心局部短路	H级绝缘热点温度＞155℃；F级绝缘热点温度＞180℃	F级绝缘130℃≤热点温度≤155℃；H级绝缘140℃≤热点温度≤180℃	δ≥35%但热点温度未达到严重缺陷温度		
干式变压器、接地变压器、串联电抗器、并联电抗器	绕组	以绕组表面有局部过热或出线端子处过热为特征	绕组匝间短路或接头接触不良	H级绝缘热点温度＞155℃；F级绝缘热点温度＞180℃；相间温差＞20℃	F级绝缘130℃≤热点温度≤155℃；H级绝缘140℃≤热点温度≤180℃；相间温差＞10℃	δ≥35%但热点温度未达到严重缺陷温度		

表 1-3　　　　　　　　　　电压致热型设备缺陷诊断判据

设备类别		热像特征	故障特征	温差(K)	处理建议	备注
电流互感器	10kV 浇注式	以本体为中心整体发热	铁心短路或局部放电增大	4	进行伏安特性或局部放电试验	
	油浸式	以瓷套整体温升增大且瓷套上部温度偏高	介质损耗偏大	2～3	进行介质损耗、油色谱、油中含水量检测	含气体绝缘 TA
电压互感器（含电容式电压互感器的互感器部分）	10kV 浇注式	以本体为中心整体发热	铁心短路或局部放电增大	4	进行特性或局部放电试验	
	油浸式	以整体温升偏高，且中上部温度高	介质损耗偏大、匝间短路或铁心损耗增大	2～3	进行介质损耗、空载、油色谱及油中含水量测量	铁心故障特征相似，温升更明显
耦合电容器	油浸式	以整体温升偏高或局部过热，且发热符合自上而下逐步递减的规律	介质损耗偏大，电容量变化、老化或局部放电	2～3	进行介质损耗测量	
移相电容器		热像一般以本体上部为中心的热像图，正常热像最高温度一般在宽面垂直平分线的 2/3 高度左右，其表面温升略高，整体发热或局部发热	介质损耗偏大，电容量变化、老化或局部放电	2～3	进行介质损耗测量	采用相对温差判别，即 $\delta > 20\%$ 或有不均匀热像
高压套管		热像特征呈现套管整体发热热像	介质损耗偏大	2～3	进行介质损耗测量	穿墙套管或电缆头套管温差更小
		热像为对应部位呈现局部发热区故障	局部放电故障油路或气路的堵塞	2～3		
充油套管	绝缘子柱	热像特征是以油面处为最高温度的热像，油面有一明显的水平分界线	缺油			
氧化锌避雷器		正常为整体轻微发热，分布均匀，较热点一般靠近上部，多节组合从上到下各节温度递减，引起整体（或单节）发热或局部发热为异常	阀片受潮或老化	0.5～1	进行直流和交流试验	合成套比瓷套温差更小

续表

设备类别		热像特征	故障特征	温差(K)	处理建议	备注
绝缘子	瓷绝缘子	正常绝缘子串的温度分布同电压分布规律，即呈现不对称的马鞍形，相邻绝缘子温差很小，以铁帽为发热中心的热像图，其比正常绝缘子温度高	低值绝缘子发热（绝缘电阻为10～300MΩ）	1	进行精确检测或其他电气方法零、低阻值的检测确认，视缺陷绝缘子片数作相应的缺陷处理	5～10MΩ时可出现检测盲区，热像同正常绝缘子
		发热温度比正常绝缘子要低，热像特征与绝缘子相比，呈暗色调	零值绝缘子发热（<10MΩ）	1		
		其热像特征是以瓷盘（或玻璃盘）为发热区的热像	表面污秽引起绝缘子泄漏电流增大	0.5		
	合成绝缘子	在绝缘良好和绝缘劣化的结合处出现局部过热，随着时间的延长，过热部位会移动	伞裙破损或芯棒受潮	0.5～1		
		球头部位过热	球头部位松脱、进水			
电缆终端		橡塑绝缘电缆半导电断口过热	内部可能有局部放电	5～10		10、35kV热缩终端
		以整个电缆头为中心的热像	电缆头受潮、劣化或气隙	0.5～1		
		以护层接地连接为中心的发热	接地不良	5～10		采用相对温差判别，即δ>20%或有不均匀热像
		伞裙局部区域过热	内部可能有局部放电	0.5～1		
		根部有整体性过热	内部介质受潮或性能异常	0.5～1		

习　题

1. 红外辐射波长的范围是多少？红外辐射检测技术有哪些特点？
2. 大气窗口包含哪几个波段？它对红外线的传播有什么影响？
3. 红外探测器分哪几种？分别说明其工作原理。

4. 红外探测器的主要性能参数有哪几个？分别予以介绍。

5. 分别说明探测器的光谱响应、峰值波长的含义。说明光子探测器和热探测器的光谱响应曲线不同的原因。

6. 红外探测器的选择主要考虑哪几个方面？

7. 画出红外检测系统的一般组成框图，并说明各部分的作用。

8. 有哪些因素会使得红外系统产生噪声？列举主要的噪声类型。

9. 什么是白噪声？什么是 $1/f$ 噪声？

10. 红外光学系统有哪些主要参数？

11. 红外辐射在大气中传播时使其产生衰减的主要因素有哪些？写出大气透射率的计算关系式。

12. 有关红外辐射测温的基本定律有哪几条？分别给予简要论述。

13. 说明红外测温仪的结构组成与工作原理，以及影响其准确测量的因素及减小误差的方法。

14. 红外热像仪主要由哪几部分组成？简述其各部分的作用，并举例说明红外热像仪的应用场合。

15. 红外气体分析仪的工作原理是什么？CO 的特征吸收波长为多少？如何确定朗伯-比尔定律中的吸收系数？

16. 基于红外光谱的气体检测方法有哪些？分析影响红外气体分析仪准确度的主要因素。

17. 在红外气体分析仪中，为什么要对光源进行调制？简述薄膜电容式红外检测器的结构及工作原理。

18. 说明红外水分仪的工作原理，并分析采用三波长红外水分仪的好处是什么？

19. 简述红外热成像无损检测的原理及具体实现方法，说明其是如何应用于电气设备故障诊断中的。

20. 探测器的 $D^* = 10^{11} \mathrm{cm \cdot Hz^{1/2} \cdot W^{-1}}$，探测器的光敏面直径为 0.5cm，用 $\Delta f = 5 \times 10^3 \mathrm{Hz}$ 的光电仪器，其探测的最小辐射功率是多少？

21. 某一光电探测器，其噪声等效功率 NEP $= 5 \times 10^{-10} \mathrm{W}$，光敏器件直径为 0.5cm，测量带宽 $\Delta f = 1 \mathrm{MHz}$，试计算此光探测器的探测率 D 和比探测率 D^*。

22. 求温度 $T = 500\mathrm{K}$ 的黑体，波长 λ 为 $0 \sim 5\mu m$ 和 $0 \sim 10\mu m$ 的辐射辐出度。

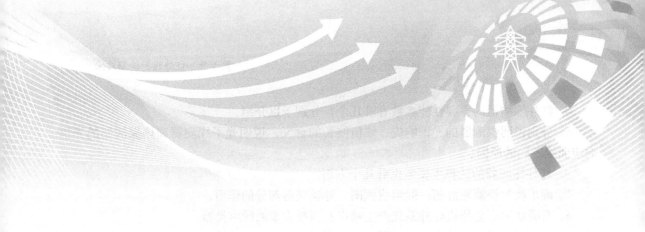

第 2 章　微波检测技术

微波检测技术是以微波物理学、电子学和微波技术为基础的一门微波应用技术。在微波检测中，微波与被检材料相互作用时，介质的电磁特性和对微波场的影响，决定了微波的分布状况和微波幅值、相位、频率等基本参数的变化。通过测量微波基本参数的变化，即可对某些量进行测量或判断被测材料内部是否存在缺陷。微波检测作为质量和安全控制新技术，在非金属、复合材料、金属表面探测、土木工程、高速公路、地下矿藏透视及考古发掘等领域发挥着越来越重要的作用，并且微波检测及诊断技术也正日益渗透航空、航天、船舶、兵器、核工业、冶金、石化、机械、电力等产业部门和医学卫生、气象预报及国民经济最需要的各个领域。

2.1　概　　述

2.1.1　微波及其基本特点

1. 微波

微波与无线电波、红外线和可见光都是电磁波，但其频率不同，微波比普通的无线电波波长更短，频率更高，因而得名"微波"。通常将波长为 0.001～1m、频率为 300MHz～300GHz 的电磁波称为微波。电磁波谱如图 2-1 所示，由图 2-1 可见，微波在低频段与超短波相邻，在高频段则与远红外波段相邻。微波虽然在电磁波谱中仅是很小的一个波段，但也占有重要地位。

在实际应用中，为了方便起见，通常把微波波段划分为以下 4 个波段：

(1) 分米波。波长 1～10dm，频率 0.3～3GHz，称为超高频 (ultra high frequency, UHF)。

(2) 厘米波。波长 1～10cm，频率 3～30GHz，称为特高频 (super high frequency, SHF)。

(3) 毫米波。波长 1～10mm，频率 30～300GHz，称为极高频 (extremely high frequency, EHF)。

(4) 亚毫米波。波长 0.1～1mm，频率 300～3000GHz，称为超极高频 (super extremely high frequency, SEHF)。

为了在实际微波工程应用中表示方便，又将常用的微波波段用拉丁字母表示，常用微波波段的划分见表 2-1。在微波检测中，为了达到应用的灵敏度，常用 X 波段和 K 波段，个别的（如对陶瓷的微波检测）扩展到 W 波段。

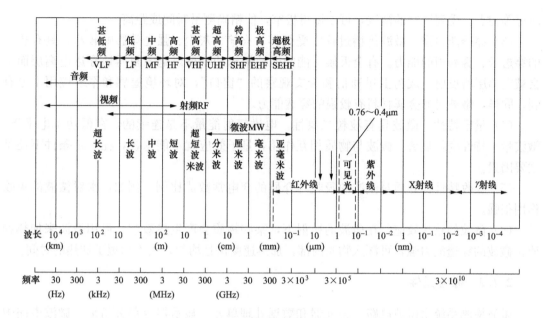

图 2-1 电磁波谱

表 2-1 常用微波波段的划分

波段符号	频率（GHz）	波段符号	频率（GHz）
UHF	0.3～1.12	Ka	26.5～40.0
L	1.12～1.7	Q	33.0～50.0
LS	1.7～2.6	U	40.0～60.0
S	2.6～3.95	M	50.0～75.0
C	3.95～5.85	E	60.0～90.0
XC	5.85～8.2	F	90.0～140.0
X	8.2～12.4	G	140.0～220.0
Ku	12.4～18.0	R	220.0～325.0
K	18.0～26.5		

2. 基本特点

（1）似光性。微波的波长很短，元件尺寸小，具有类似光的特性，具体表现如下：

1）反射性。微波照射在物体上有强烈的反射（基于此特性，人们发明了雷达系统）。

2）直线传播。如光一样在空间直线传播。

3）集束性。如同光可聚集光束。

4）辐射性。微波通过天线装置形成定向辐射（可实现微波通信或探测）。

（2）频率高。微波振荡频率为每秒钟 3 亿次以上，比低频无线电波频率高几个数量级。它既是频率很高的波段，也是频率极宽的波段，具有通信容量高、抗干扰能力强及传递距离远等特点。受到调制的微波，可以做得极窄，能精确测量时间或距离。

（3）穿透能力强。微波传播过程中受烟雾、火焰、灰尘、强光等影响较小，具有较强的穿透云、雾和雨的能力。有全天候性能的微波辐射功率可以毫无阻碍地穿透电离层而不会被电离层所反射，成为卫星通信和天文观察的"窗口"，对环境遥感和军事应用十分有利。同样，微波对非金属材料有较强的穿透能力。

（4）量子特性。微波具有波粒二象性。电磁辐射能量不是连续的，在低功率电平下，微波量子特性变得显著。微波与物质相互作用，量子效应就不能忽视，在一定条件下还是主要因素。

（5）吸收特性。介质对微波的吸收与介质的介电常数成比例。例如，水对微波的吸收作用很强。

（6）微波的致热效应。在微波的照射下，某些物质会产生热效应，可用微波来加热物质。微波的穿透能力强，可深入物质内部，加热速度快且均匀，大大缩短了加热的时间。

2.1.2 微波元件

微波检测系统由微波电路、检波器和数据处理单元、显示器等部分组成，微波电路中有各种各样的微波元件，常用微波电路元件的主要用途和要求见表2-2，下面主要介绍微波信号源和微波天线。

表2-2　　　　　　　　　　常用微波电路元件的主要用途和要求

名称	形式	主要用途	要求
微波信号源	电子管信号源、晶体管信号源和固态信号源	产生微波能量	功率输出大、调谐性能好、寿命长、噪声低
传输线	同轴线、带状线、微带线、矩形波导、圆波导、介质波导、介质镜像线等	输送微波能量	传输功率大、损耗小、频带宽
微波天线	按使用方法可分为发射天线、接收天线和收发共用天线等	向自由空间发射或从自由空间接收微波能量	效率高、功率大、方向性好、频带宽
连接元件	平、抗流接头，弯扭头	连接两段类型相同传输线	电接触可靠，泄漏小，易拆装
转换元件	波导同轴或微带转换	连接两段类型相同传输线	波型转换纯度要高
匹配负载	大、小功率匹配负载	接于终端，吸收微波功率等	驻波系数、频带、功率匹配
短路活塞	波导、同轴型抗流活塞	建立驻波，用作调谐装置	全反射防泄，移动容易，磨损小
衰减器	吸收式、截止式、旋转极化式及电调式等	改变微波功率；信号源与传输系统间起去耦合作用	有适当可调节的衰减量；作标准的衰减器精度要高
相移器	介质、铁氧体相移器等	改变和测量微波相移	改变相移，不衰减；精度要高

续表

名称	形式	主要用途	要求
微波桥路	魔 T、环行桥路、3dB 桥路等	转换开关、分功器、和差器和双 T 接头匹配器	隔离度大，对称性好等
阻抗元件	膜片、螺钉等	电抗元件匹配用，谐振滤波	无特殊要求
阻抗变换器	多阶、单阶阻抗变换器和渐变线等	变换阻抗，实现匹配	无特殊要求
检波器	波导型、同轴型	检测微波信号	无特殊要求
定向耦合器	双孔、多孔定向耦合器、十字孔定向耦合器	能量耦合，信号源功率监视，作固定衰减器等	耦合度适当，方向性好等
铁氧体器件	隔离器相移器和环行器等	隔离器去耦；相移器作相移；环行器按顺序环行	隔离器正向衰减小，反向则大；隔离比大；环行器隔离度要大

1. 微波信号源

在微波检测中，微波信号源是必不可少的重要部分。微波信号源或微波振荡器是产生微波的装置。由于微波的波长很短、振荡频率 f 很高（300MHz～300GHz），因此要求起振回路具有很高的固有频率。由 $f=1/(2\pi\sqrt{LC})$ 可知，为了得到很高的频率 f，振荡回路的电感 L 和电容 C 要很小，因此不能用普通的电子管与晶体管构成微波振荡器。常用的产生微波振荡的有电真空器件与固体器件两大类，电真空器件主要包括微波电真空三极管、反射速调管、磁控管和返波管等；固体器件有晶体三极管、体效应二极管和雪崩二极管等。下面介绍几种微波信号源。

（1）速调管微波信号源。微波速调管产生微波振荡用于早期微波信号源。速调管是一种超高频电子管，它利用电子在运动过程中从直流电源获得能量而转化为微波电场能。除单腔速调管外，还有多腔速调管。反射速调管产生微波信号采用电子或机械调制方式。

（2）磁控管微波振荡器。微波磁控管用于功率较大的微波源之中，如以能量为主的微波炉就是选用磁控管，在微波等离子体和管道快速检测中应用。它分脉冲和连续波磁控管两种，有机械调谐、电气调谐和电子调谐。

（3）返波管微波扫频信号源。返波管是利用慢波线中返波与电子注相互作用以产生振荡的微波电子管，外加磁场形式分为具有纵向（沿电子流方向）磁场的"O"形和具有横向磁场的"M"形返波管，用于扫频源。

（4）晶振倍频振荡源。利用石英晶体的振荡器具有频率稳定度很高、频率并不太高的特点。工作时其先产生一个较低频率的振荡，然后再用倍频器将频率倍增到所需的微波频率。晶体频率只能做到 100～300MHz。

（5）晶体管振荡源。包括双极晶体管振荡源和场效应振荡源，它是利用高频大功率晶体管组成反馈式振荡电路直接产生微波振荡信号。其信号功率大，但频率稳定度低，需采取相应的稳频措施才能应用。

（6）负阻振荡源。也称固态信号源，是利用崩越二极管振荡器和转移电子振荡器负阻效应直接产生微波信号，其频率已达毫米波甚至亚毫米波波段。负阻振荡源既可用作信号源，又可用于本振源，具有体积小、寿命长、噪声低等优点；缺点是频率随环境温度变化，具有较大的频率漂移。体效应二极管振荡器或雪崩二极管振荡器，都是利用半导体二极管的负阻效应来产生微波振荡的。

（7）锁相振荡源。锁相技术为提高微波信号源的性能提供了一条新途径。不论是环路或注入锁相振荡源都是用一个小功率晶振倍频参考源去锁定大功率微波振荡器的相位。当相位锁定时，参考源与被锁振荡器之间的相位差为一恒定值，从而达到利用小功率晶振倍频参考源去稳定大功率微波频率的目的，其缺点是有失锁问题。

2. 微波天线

把从导线上传下来的电信号转化为无线电波发射到空间，或者收集空间的无线电波转化为电信号的设备称为天线。微波振荡器产生的振荡信号要用波导管引到发射天线（波长为 10cm 以上可用同轴电缆）发射出去。波导管通常是截面为圆形或矩形的金属管，微波就在管内传播，波导壁起屏蔽作用，其强迫电磁波沿着波导移动。为了保证发射的微波有很强的方向性，必须使用微波天线。

（1）微波天线种类。工作于分米波、厘米波、毫米波等波段的发射或接收天线统称为微波天线。在微波检测中，应用较广的有抛物面天线、喇叭抛物面天线、喇叭天线、介电棒天线、透镜天线、球状天线等。

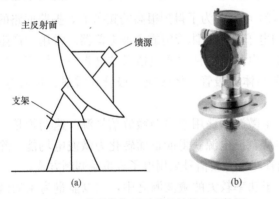

图 2-2　普通抛物面天线的结构和实物图
（a）结构图；（b）实物图

1）抛物面天线。抛物面天线是由抛物面反射器和位于其焦点处的馈源组成的面状天线，普通抛物面天线的结构和实物图如图 2-2 所示。抛物面天线可分为发射天线和接收天线两种。位于焦点的馈源所辐射的电磁波经抛物面反射后，在抛物面口径上得到同相波阵面，使电磁波沿天线轴向传播。如果抛物面口径尺寸为无限大，那么抛物面就把球面波变为理想平面波，能量只沿 z 轴正方向传播，其他方向辐射为零。实际上，抛物面的口径是有限的，这时天线的辐射是波源发出的电磁波通过口径面的绕射，它类似于透过屏上小孔的绕射，因而得到的是与口径大小及口径场分布有关的窄波波束。

2）喇叭天线。喇叭天线是一种应用广泛的微波天线，喇叭天线结构及实物图如图 2-3 所示，其是通过把矩形波导和圆波导的开口面逐渐扩展而形成的。喇叭天线可以分为四类，即圆波导馈电的喇叭（一般是圆锥喇叭）、矩形波导馈电的喇叭（又包括 E 面扇形喇叭、H 面扇形喇叭和角锥喇叭）、TEM 喇叭、脊波导喇叭。

由于波导开口面逐渐扩大，改善了波导与自由空间的匹配，使得波导中的反射系数小，即波导中传输的绝大部分能量由喇叭辐射出去，反射的能量很小。其优点是结构简单、频带宽、功率容量大、调整与使用方便。合理地选择喇叭尺寸，可以取得良好的辐射特性。

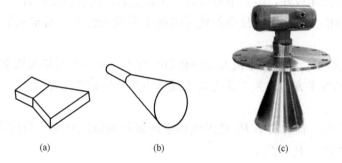

图 2-3 喇叭天线结构及实物图

(a) 扇形喇叭天线；(b) 圆锥喇叭天线；(c) 实物图

3）介电棒天线。介电棒天线通常用聚丙烯（PP）、聚四氟乙烯（PTFE）材料制造，可以安装在直径小至 40mm 的安装管中，并且能兼容大多数腐蚀性液体，包括各种酸、碱及溶剂，且价格较低。缺点是天线较长，需较大安装空间，且波束角较大。介电棒天线结构及实物图如图 2-4 所示，微波从微波组件通过高频电缆传送至波导里的信号耦合器。和喇叭天线一样，波导可以是充气的空腔，也可以用低介电常数材料，如 PTFE 制成的波导管。在波导管里激发产生的微波，在棒的平行部分向下传播，直到传播到棒的斜锥部分。在斜锥部分微波对斜锥面是斜入射，且由于 PTFE 天线与空气介电常数的差别，一部分能量折射到空气中，形成微波束向被测物料面传播。反射的回波也通过同样途径折射进入 PTFE 天线棒，被信号耦合器接收送回电子单元处理。

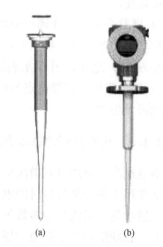

图 2-4 介电棒天线结构及实物图

(a) 结构图；(b) 实物图

介电棒天线的斜锥部分必须全部伸入罐内，并且不允许天线进入物料，若天线被黏性导电物料黏附，天线效率将降低。

4）透镜天线。透镜天线是将透镜装在振子或喇叭辐射器前，利用其特性，使辐射线能量集中成窄的射束的微波天线。通过它能够将点源或线源的球面波或柱面波转换为平面波，从而获得笔形、扇形或其他形状波束。合理设计透镜表面形状和折射率 n，调节电磁波的相速可以获得辐射口径上的平面波。透镜天线有介质减速透镜天线和金属加速透镜天线两种。

a）介质减速透镜天线。介质减速透镜天线由低损耗高频介质制成，中间厚，四周薄。从辐射源发出的球面波经过介质透镜时会受到减速，所以球面波在透镜中间部分受到减速的路径长，在四周部分受到减速的路径短。因此，球面波经过透镜后就变成平面波。

b）金属加速透镜天线。金属加速透镜天线由许多块长度不同的金属板平行放置而成。金属板垂直于地面，越靠近中间的金属板越短。电波在平行金属板中传播时受到加速。从辐射源发出的球面波经过金属透镜时，愈靠近透镜边缘，受到加速的路径愈长，而在中间则受到加速的路径就短。因此，经过金属透镜后的球面波就变成平面波。透镜天线的旁瓣和后瓣小，其方向图比较好，但其不易构造、比较复杂，成本也比较高昂。

（2）天线的性能参数。天线品质的优劣取决于天线的性能，通常用下列电参量表示天线各种性能。

1）方向性系数 D。在同一距离及相同辐射条件下，某一天线最大辐射方向性上辐射功率密度 S_{max}（或场强平方 E_{max}^2）与无方向天线（点源）辐射功率密度 S_0（或场强平方 E_0^2）之比，用 D 来表示。

2）辐射功率 P_r。辐射功率 P_r 是天线向空间辐射的微波功率，为输入功率 P_i 与损耗功率 P_1 之差，即 $P_r = P_i - P_1$。

3）转换效率 η。转换效率是辐射功率与输入到天线的总功率之比，即 $\eta = P_r / P_i$。

4）频带宽度。当工作频率变化时，其各种电参数不超出允许的变动值的频率范围，称为频带宽度。

5）增益系数 G。在同一距离及相同输入功率的条件下，某一天线在最大辐射方向上的辐射功率密度 S_{max}（或场强平方 E_{max}^2）与无方向天线（理想点源）的辐射功率密度 S_0（或场强平方 E_0^2）之比，用 G 来表示。G 是方向性系数 D 与转换效率 η 的乘积，即 $G = \eta D$。

6）输入阻抗。指馈电点的电压与电流的比值。天线输入阻抗等于馈线的特性阻抗，则可得到最大功率。

2.1.3 微波检测的基本原理

微波检测是通过研究微波反射、透射、衍射、干涉、腔体微扰等物理特性的改变，以及微波作用于被检测材料时的电磁特性——介电常数的损耗角正切（即介电损耗）的相对变化，通过测量微波基本参数如微波幅度、频率、相位的变化，来判断被测材料或物体内部是否存在缺陷和测定其他物理参数。

微波在介电材料内部传播时，微波场与介电材料分子相互作用，并发生电子极化、原子极化、方向极化和空间电荷极化等现象。这四种极化决定了介质的介电常数。介电常数越大，材料中存储的能量越多。介电常数和介电损耗决定着材料对微波的反射、吸收和传输的量。由于极化现象，微波在材料内部以热能形式损耗。

微波对导体和介电材料的作用是不同的，微波在导体表面上基本被全反射，利用金属全反射和导体表面介电常数反常，可以检测金属表面裂纹和测定金属材料的厚度等。对一般材料和工件来说，其介电常数为复合介电常数，既不等于该材料的相对介电常数，也不等于所含缺陷（空气等）的介电常数，而往往介于两者之间，即 ε_0 和 ε_r 之间。在介电材料内，微波的传播会受到介电常数、介电损耗及工件形状、材料和尺寸的影响。采用测量材料和工件的复合介电常数来确定缺陷或非电量及其大小，是微波检测的物理基础。微波可以透过介质，如有不连续处会引起局部反射、透射、散射、腔体微扰等物理特性的改变。通过测量微波信号基本参数（如幅度衰减、相移量或频率等）的改变量来检测材料或工件内部缺陷和测定其他非电量。

微波物理特性中的腔体微扰是指谐振腔中遇到某些物体条件的微小变化，如腔内引入小体积的介质等。这些微小扰动将导致谐振腔某些参量（如谐振频率、品质因素等）相应的微小变化，称为微扰。根据微扰前后物理量的变化来计算腔体参量的改变，从而确定所测量厚度的变化及温度、线径、振动等数值。

微波从表面透入到材料内部，功率随透入的距离以指数形式衰减。理论上把功率衰减到只有表面处的 $1/e^2 = 13.6\%$ 的深度称为穿透深度。

2.1.4　微波传感器

微波传感器的作用是将非电磁物理量（如尺寸、速度）转换成电磁物理量（场强、极化、波速、阻抗等），或者将介质的非电磁性质（如湿度、密度）转换成电磁量（介电常数、导磁率等）。按工作原理不同，微波传感器可分为空间波式、波导式和谐振腔式三种。

（1）空间波式微波传感器。空间波式微波传感器是利用电磁波在自由空间的反射、吸收、衍射等性质工作的。空间波式微波传感器如图 2-5 所示，它发射低功率微波，并接收由物体反射或透射的微波能量。发射的微波可以是连续波、脉冲波，也可以是调制波。以反射式为例，如果探测物体 2 是运动的，连续反射微波的频率将出现偏移，将这种频率偏移的微波与发射的微波相混合，能相应地输出低频电压信号。常用工作频率有 10.525、24.125GHz 等，多用于移动探测、自动门控制、汽车速度测量等。这种传感器的特点是结构简单，但天线与被测件的相对位置对结果有影响。

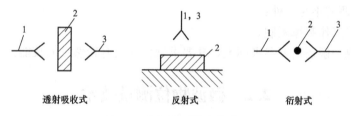

图 2-5　空间波式微波传感器
1—发射天线；2—被测物；3—接收天线

（2）波导式微波传感器。波导式微波传感器是利用电磁波在波导中传输时的反射、吸收及开槽波导槽口附近介质变化，对传导波的影响等特性工作的。波导式微波传感器如图 2-6 所示，被测物质作为波导来传递或反射微波，根据透射或反射情况反映被测物质的性质。这种传感器的特点是电磁场集中、灵敏度高、体积小，但对被测物的形状和位置要求高。

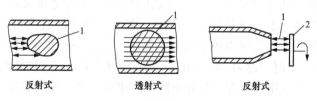

图 2-6　波导式微波传感器
1—被测物；2—斩波器

（3）谐振腔式微波传感器。谐振腔式微波传感器是利用谐振频率、品质因数随腔体尺

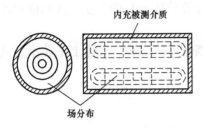

图 2-7 圆柱谐振腔式微波传感器

寸及腔中填充物发生变化的原理工作的。圆柱谐振腔式微波传感器如图 2-7 所示，在腔内充入被测介质，然后改变微波频率，使得在腔内出现谐振，而谐振频率与被测介质的性质有关，利用这种关系可以进行介质性质的测量。这种传感器的特点是测量精度高。

2.1.5 微波检测的特点

（1）微波检测具有以下优点：

1）响应速度快。微波本身即为电信号，接收到的随被测参数变化的信号就不需要完成非电量向电量的转换，可以进行动态检测与实时处理，成为自动化生产的重要监控手段和可靠的质量保证。

2）非接触测量。检测时不与对象接触，不破坏产品或材料本身，不需要耦合剂，避免污染制品。

3）微波的传输特性好，受不良环境气氛的影响很小，可在高温、高压、放射性环境下进行检测。

4）微波的频谱很宽，能参照待测物的特点选取具体的频率范围。

5）微波信号可以方便地调制在载频信号上进行发射与接收，便于实现遥测与遥控。

（2）微波检测的不足之处：

1）灵敏度受工作频率限制。

2）微波检测一般还需要参考标准，并要求操作人员有较熟练的技能。

2.2 微波物位测量技术

2.2.1 概述

物位是工业生产过程中的主要测量参数之一，非接触式测量方法是近些年测量物位的主要方法，微波物位计又称雷达物位计（radio detection and ranging，Radar）。1998 年，在过程检测领域出现了高性能、低价格的微波物位计，并且成为 20 多年来发展最快的物位测量技术，广泛应用于各工业领域。

以前较成熟的非接触测量技术有核辐射技术和超声波技术。核辐射物位计因有放射源，应用需特别批准，故只用于其他方法不能解决的场合，应用受到限制。超声波是机械波，频率在人耳正常听觉阈之上（频率高于 20kHz）。超声波必须借助媒质传播，在物位测量中通常以空气作传播媒质，而气相媒质的温度、湿度、组分等的变化都会影响超声波传播速度。例如在空气中，0℃时声速为 331.6m/s，20℃时为 344m/s，故必须进行温度补偿。在测量挥发性液体时，空气中含有挥发组分不同，声速也不同，并且难以补偿，误差较大。

微波的传播则不受上述因素影响，特别是在化工、石化等过程工业领域，由于被测物位介质普遍存在高温、高压、腐蚀、挥发、冷凝等复杂工况，而且有防爆要求，故比超声波物位计更有优势。近年来，随着超高频半导体器件技术的发展，低价、高性能的微波物位计不断推出，使其能以较低的价格用于过程检测。

微波和超声波测量方法都是采取向被测目标发射波，并接收目标反射波来计算距离，进而测量物位的，因此都需要一个波发生器和一个波接收器。微波和超声波的差别见表 2-3。

表 2-3 微波和超声波的差别

比较项	微波	超声波
波类型	电磁波	机械波
反射特性	在不同介电率的界面上反射	在不同声阻抗率的界面上反射
压力影响	微不足道	很小
温度影响	微不足道	需温度补偿
传播速度	约 3×10^8 m/s（在真空中）	约 344m/s（空气中，20℃）
测量盲区	到天线顶端	离辐射面大于 250mm
动态范围	高达 150dB	高达 100dB
传播环境	很少受气相环境影响	要求均一的气体环境

在电磁波的频谱中，商业用的微波只占很小一段，绝大多数工业雷达设备都采用 4～30GHz 的微波。每个国家对本国空域中的电磁波都进行管制，规定什么类型的设备工作在哪个指定频率范围。对于工业、科学、医学（ISM）领域中的应用，国际上已有标准，其范围为 2～30GHz。微波物位计使用的微波频率有 3 个频段，C 波段（5.8～6.3GHz）、X 波段（9～10.5GHz）和 K 波段（24～26GHz）。近年来，西门子公司推出了 78GHz（E 波段）的微波物位计，将频率提高到更高的频段。

物位测量中的微波一般是定向发射的，通常用波束角（或称发射角）来定量表示微波发射和接收的方向性。波束角和天线类型有关，也和使用的微波频率（波长）有关。频率越高，波束角越小，即波束的聚焦性能越好；同时天线的喇叭尺寸也可以做得较小，便于开孔安装。发射角小有以下优势：①微波能量集中，即使测较远距离或较低介电常数的物料，也能有较强回波；②由于波束范围小，干扰回波小，可以测量较狭窄的料仓和减少虚假回波。例如，低频微波物位计有较宽的波束，如果安装不得当，将会收到内部结构产生的较多的虚假回波。

2.2.2　微波物位计分类及工作原理

1. 按照微波物位计的工作方式分类

按照微波物位计的工作方式可分为天线式（非接触式）和导波式（接触式）两种。

（1）天线式微波物位计。微波通过天线发射与接收的方式为非接触测量方式，又称自由空间雷达式，天线式微波物位计如图 2-8 所示。常用的天线种类主要有介质棒天线、圆锥喇叭天线、抛物面天线、平面天线等。

1）介质棒天线。优点是耐腐蚀性能较好，可用于强酸、碱等腐蚀性介质。但微波发射角较大，约为 30°，且边瓣较多。对于罐内结构较复杂的工况，干扰回波会较多，对回波处理技术要求较高，且调试较为复杂。

2）圆锥喇叭天线。其发射角与喇叭直径及频率有关。喇叭直径越大，发射角越小。26GHz 雷达的典型发射角为 8°，而 5.8GHz 的典型发射角为 17°。

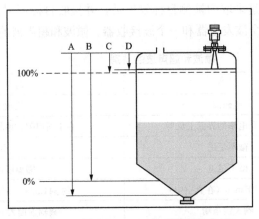

图 2-8　天线式微波物位计

3）抛物面天线。发射角最小，约为 7°，但天线尺寸最大，安装使用不大方便。

4）平面天线。采用平面阵列技术，即多点发射源。与单点发射源相比，由于其测量基于一个平面，而不是一个确定的点，配合相应电子线路，可使微波物位计的测量误差控制在 ±1mm 之内，主要用于计量级微波物位计。

天线式微波物位计在以下场合的应用受到限制：①被测物料介电常数较低（$\varepsilon_r < 2$），反射信号弱，仪表工作不稳定；②测量狭小空间的物位；③测量安息角很陡的固态物位；④测量条件为高温、高压。

（2）导波式微波物位计。导波式微波物位计是基于时域反射（TDR）原理工作的，俗称导波雷达式，是非接触式雷达和导波天线相结合的产物。

导波式微波物位计与天线式微波物位计的不同点在于，微波脉冲不是通过空间传播，而是通过一根（或两根）从罐顶伸入、直达罐底的导波杆传播。导波杆可以是金属硬杆或柔性金属缆绳，有单杆和双杆之分。导波雷达物位计及安装示意图如图 2-9 所示。微波沿导波杆外侧向下传播，在碰到物料面时由于介电常数 ε_r 与空气不同，会在被测物料表面产生反射。回波被天线接收，由发射脉冲与回波脉冲的时间差即可计算出传播距离。

图 2-9　导波雷达物位计及安装示意图
（a）杆式；（b）钢缆式；（c）安装示意

这种方式的特点有：①虽然失去了非接触的优点，但它可以测量介电常数较低的物料，如液化气、轻质汽油等，只要满足 $\varepsilon_r > 1.2$ 即可；②由于微波沿导波杆外侧向下传播，可使微波能量集中而不会"扩散"，能够有效地避开容器内水蒸气等干扰物的影响；③可以测量粒状物料物位，但是应注意在导波杆上的积料问题；④同其他接触式物位计一样，易黏附和磨损，在大量程固态物料应用时，导波杆有时会被下降物料拉断；⑤价格较低，耐高温、高压。

导波雷达物位计不受工况条件的限制，如低介电常数、变介电常数、变介质密度、气化、泡沫和液面波动等影响，较好地解决了这些介质条件下的物位测量。

2. 按照物位计输出信号的不同分类

按照物位计输出信号的不同分为微波物位开关和连续测量的微波物位计。

（1）微波物位开关。微波物位开关采用波束障碍的工作原理。微波物位开关的原理示意图如图 2-10 所示，微波信号由微波发送器经过料仓发送至微波接收器。若微波接收器未接收到微波信号，或者微波接收器接收到的微波信号与发送的微波信号不一致，则认为微波信号被遮挡或微波信号经过料仓中的原料介质后发生了反射等，从而造成了微波信号被改变，此时认为此位置有料；若微波接收器接收到的微波信号与发送的微波信号一致，则认为传输通路未被原料遮挡，即此料位无料。

图 2-10 微波物位开关的原理示意图

智能微波物位开关内部结构框图如图 2-11 所示，发送器由发送器低频电路、微波发射模块和发射天线组成，接收器由接收天线、微波接收模块和接收器低频电路组成。发送器低频电路主要实现对微波信号的调制，使微波发射模块发射的微波信号携带有幅值、低频和中频三种信息，然后经发射天线发送。接收器的接收天线接收发送器发送的微波信号，经微波接收模块提取所携带的信息，接收器低频电路对接收到的信息进行处理和识别，并根据接收到的信息判断微波通路的情况，操作继电器的状态，监测系统的工作状态并显示，并可与上位机通信。

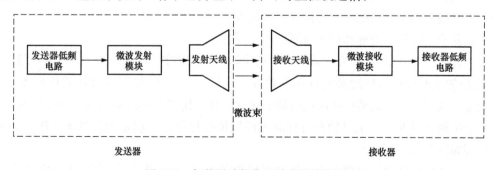

图 2-11 智能微波物位开关内部结构框图

（2）连续测量的微波物位计。连续测量的微波物位计是利用微波在被测物料面上的反

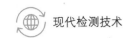

射及其在空间的行程时间来连续测量物位。

反射式微波液位计是利用微波反射原理制成的,它可以连续检测液位和实现液位控制。通常微波发射天线倾斜一定的角度向液面发射微波束。波束遇到液面即发生反射,反射微波束被微波接收天线接收。只要测定了天线接收到的微波功率,即可测定液位。

应当注意的是,当物料含水、周围气氛多水蒸气或物料湿度变化较大时,水分会大量吸收微波,造成测量误差。当微波频率在 3000MHz 以上,即波长在 10cm 以下时,这个影响是严重的。在这种情况下,应认真考虑微波波长的选择。

3. 按发射信号的形式分类

按发射信号的形式分类可分为脉冲雷达物位计和调频连续波微波物位计。

(1) 脉冲雷达物位计。脉冲波测距是由天线向被测物料面发射一个微波脉冲,当接收到被测物料面上反射回来的回波后,通过测量两者时间差(即微波脉冲的行程时间),来计算物料面的距离。脉冲雷达物位测量示意图如图 2-12 所示,脉冲通过雷达的发射单元发射,经过目标反射后由雷达的接收单元接收,测量往返产生的时延为 t,已知在空气中电磁波以接近光速 c 的速度进行传播,则目标的物位 D 可表示为

$$D = \frac{1}{2}ct \tag{2-1}$$

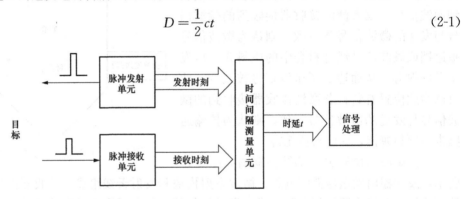

图 2-12 脉冲雷达物位测量示意图

微波以光速传播,约 3×10^8 m/s。微波传播 10m 并返回所耗时间约 67ns,在过程条件下直接精确测量这么微小的时差是较困难的。高精度的时间间隔测量技术按照实现技术大致可分为模拟和数字两大类。模拟方法有时间间隔扩展法和时间-幅度转换法等;数字方法有游标扩时法、抽头延迟线法和游标延迟线法等。

下面介绍一种基于游标和相关检测的扩时原理。

1) 游标扩时法原理。首先,需要产生两个时钟:主时钟 f_{01} 和游标时钟 f_{02},且 $f_{01} >$ f_{02}。对应的主时钟和游标时钟的周期满足 $T_{02} > T_{01}$。主时钟和游标时钟的周期差 $\Delta T = T_{02} - T_{01}$。周期差 ΔT 是游标扩时的时间分辨力,即系统的时间测量精度。利用周期差 ΔT 得到一个扩展系数 K。当主时钟和游标时钟的周期越接近,扩展系数就越大。游标扩时的基本原理如图 2-13 所示。

发射脉冲的脉冲重复周期与主时钟的周期相同为 T_{01},接收信号与发射脉冲的重复周期相同,但两者之间存在短暂的时延 t,即待测试时间间隔。利用游标时钟前沿对发射脉冲前沿进行检测,每经过一个游标时钟周期,游标时钟前沿与发射脉冲前沿都产生一段延时

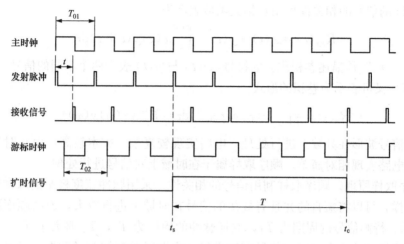

图 2-13　游标扩时的基本原理

ΔT。启动测量时，首先用游标时钟前沿对发射脉冲前沿进行检测，游标时钟前沿检测到发射脉冲前沿到来时，记为发射时刻 t_s，同时开始游标时钟计数；然后进行接收时刻检测，同样用游标时钟前沿对接收信号前沿进行检测，游标时钟前沿检测到接收信号前沿时，记为接收时刻 t_c，同时结束游标时钟计数，至此完成一次测量。在此过程中，待测的短暂的时间间隔 t 进行了一定比例的放大，设游标时钟的计数为 N，则放大后的时延 T 为

$$T = t_c - t_s = N T_{02} \tag{2-2}$$

实际间隔 t 为

$$t = N \Delta T = N(T_{02} - T_{01}) \tag{2-3}$$

实际距离 D 为

$$D = \frac{1}{2} ct = \frac{1}{2} c N \Delta T \tag{2-4}$$

式中：ΔT 为时间分辨力。

当 $N = 1$ 时，最小距离分辨力 ΔD 为

$$\Delta D = \frac{1}{2} c \Delta T \tag{2-5}$$

放大系数 K 为

$$K = \frac{T}{t} = \frac{T_{02}}{T_{02} - T_{01}} = \frac{T_{02}}{\Delta T} \tag{2-6}$$

最小距离分辨力 ΔD 与主时钟和游标时钟的周期差 ΔT 直接有关，可以通过 ΔT 来提高距离分辨力，但同时会增加放大系数 K，导致单次测量周期增大。游标扩时法是一种通过增加测量时间来提高测量精度的准实时测量方法。

2）相关检测原理。相关性是指一个信号与另一个信号的相似程度。相关检测是指当被测信号无法直接进行检测，或直接检测难度很大时，利用被测信号与参考信号之间的相关性进行间接测量的方法。在实际物位测量中，待测目标的反射信号通常夹杂环境噪声，利用相关检测原理，可以有效地从含有噪声的回波中提取出有用信号，从而确定系统的发射时刻和接收时刻。

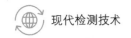

两个不同的信号的相关性可用互相关函数表示为

$$R_{xy}(t) = x(t) * y(t) = \int_{-\infty}^{+\infty} x(\tau) y(t+\tau) \mathrm{d}\tau \tag{2-7}$$

式中：算子"$*$"是描述卷积积分的符号，$x(t)$ 与 $y(t)$ 表示两个不同的信号。

式（2-7）又可表示为卷积的形式

$$R_{xy}(t) = \int_{-\infty}^{+\infty} x(\tau) y(t+\tau) \mathrm{d}\tau = F^{-1}\{x(\omega) y(\omega)\} \tag{2-8}$$

对测距信号波形在频域上进行处理，电路实现较复杂，成本较高，而在时域上对信号进行处理，电路实现相对简单。顺序取样属于在时域上对信号进行处理。

3）顺序取样原理。顺序取样利用信号的相关性，采用脉冲宽度极窄的取样脉冲对待测信号进行取样，可以将短暂的并且有规律的信号在时域上进行放大，连续顺序取样原理如图 2-14 所示。待测信号的周期为 T_1，取样脉冲的周期为 T_2，T_2 略大于 T_1。每经过一个取样周期，取样脉冲都会对待测信号幅度进行一次取样并存储取样数据。经过足够多的取样次数后，将存储的待测信号幅度重新组成一个放大后的信号。该信号的波形理论上与待测信号的波形相同，周期比待测信号的周期大很多。设放大后的周期信号的周期为 T_3，则有

$$T_3 = \frac{T_1 T_2}{T_2 - T_1} \tag{2-9}$$

则放大倍数 K 为

$$K = \frac{T_3}{T_1} = \frac{T_2}{T_2 - T_1} \tag{2-10}$$

顺序取样在时域上对信号进行分析处理，避免了复杂的傅里叶运算处理，降低了电路的复杂度。但是，当待测信号频率很高时，该方法如果要实现很高的测量精度，就需要高速的电子开关，实现成本较高，难度较大。

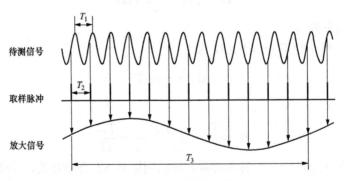

图 2-14　连续顺序取样原理

4）基于游标和相关检测的扩时原理。为了解决当频率过高时顺序采样需要高速的电子开关的难题，将游标扩时和相关检测技术相结合，可以在不使用高速采样开关的情况下，实现相同的扩时测量功能。该方法采用与待测信号波形相同，但周期略大的取样信号代替顺序取样中的取样脉冲进行取样检测。基于游标和相关检测原理的待测信号处理过程如图 2-15 所示。

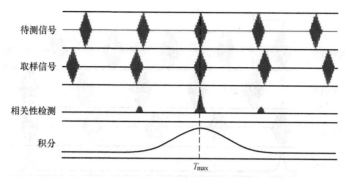

图 2-15　基于游标和相关检测原理的待测信号处理过程

图 2-15 中，待测信号的周期为 T_1，取样信号的周期为 T_2。取样信号与待测信号的波形相同但是周期略大，周期差为

$$\Delta T_c = T_2 - T_1 \qquad (2\text{-}11)$$

根据游标原理，每经过一个取样信号周期 T_2，取样信号与待测信号之间产生短暂延时 ΔT_c，即取样信号在时域上相对于待测信号移动 ΔT_c。将取样信号与待测信号先进行相关检测，然后再积分。当两信号的相关性在时域上具有最大时，即图中 T_{max} 时刻，此时积分电路会对应输出最大值。当待测信号为发射信号时，将 T_{max} 时刻确定为发射时刻；当待测信号为接收信号时，将 T_{max} 时刻确定为接收时刻。

基于游标和相关检测的扩时原理如图 2-16。发射信号和接收信号之间存在一个时延 t，是由微波信号在雷达与目标之间往返而产生的。根据式（2-1），如果测得往返时延 t，就可以算出目标的距离 D。首先，取样信号对发射信号进行相关性检测，当取样信号与发射信号在时域上有最大相关性时，将该时刻确定为发射时刻，即图 2-16 中的 T_t 时刻；然后取样信号对接收信号进行相关性检测，当取样信号与接收信号在时域上有最大相关性时，将该时刻确定为接收时刻，即图 2-16 中的 T_r 时刻。在这个过程中，将一个短暂时延 t 进行了放大，假设放大系数为 K［K 的计算公式见式（2-10）］，则

$$t = \frac{T_r - T_t}{K} \qquad (2\text{-}12)$$

该方法在信号处理上引入了游标扩时原理，提高了系统的测量精度；在检测信号时，又结合信号的相关性原理在时域上对待测信号进行处理，从而鉴别收发时刻，在保证测量精度的同时降低了系统的复杂性。

相关检测在数学上比较复杂，但是可以通过简单电路实现，即产生一个周期时间稍微不同的取样信号，用回波信号和它相乘，对乘积结果进行积分。实际中用于乘法的二极管混频器及用于积分的电容器，就可完成上述任务。

脉冲式微波物位计组成如图 2-17 所示。脉冲式微波物位计的微波组件产生两组只在时间周期上稍有差别的、相同的脉冲：一个固定频率的振荡器和脉冲成形器产生重复频率为 3.58MHz 的脉冲，作为测量脉冲；另一个可变频率的振荡器和脉冲成形器产生重复频率为（3.58MHz～43.7kHz）的脉冲，周期稍长，它作为取样脉冲，两者都以 5.8GHz 的微波振荡器产生载频。测量脉冲通过定向耦合器激励天线向被测物料面发射微波。接收到的

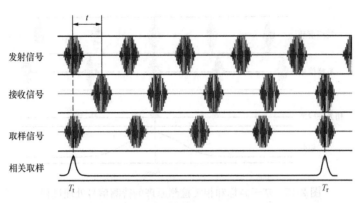

图 2-16 基于游标和相关检测的扩时原理

发射回波经放大后，和另一组取样脉冲在二极管混频器中混合，结果产生了原始（没有处理）的、时间被放大的中频信号，经放大后输出。中频信号的重复周期约为 44Hz，载波频率约为 70kHz，经回波识别处理软件及时间测量转换线路最终得到物位测量结果。

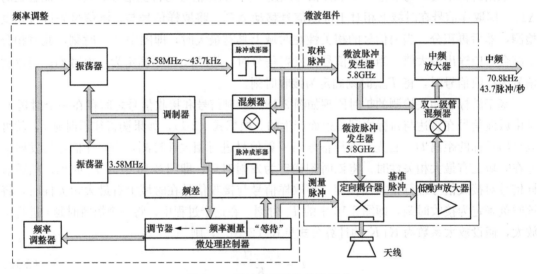

图 2-17 脉冲式微波物位计组成

　　（2）调频连续波微波物位计。调频连续波（frequency modulated continuous wave, FMCW）技术测量物位是将传播时间转换成频差的方式，通过测量频率代替直接测量时差，来计算目标距离。

　　FMCW 微波物位计的频率调制方式有两种，即非线性频率调制和线性频率调制。例如，正弦波频率调制属于非线性调制波形，而锯齿波、三角波频率调制属于线性调制波形。若使用非线性频率调制雷达进行测距，发射信号与回波信号混频后产生的差频信号将会包含多个频率成分，无法判断哪个频率成分与电磁波的往返时间有关，也就无法区分不同距离的目标。对于线性调频雷达，雷达发射信号与接收信号在混频器中混频时，不同距离的待测目标对应不同的差频信号频率，然后再根据频率分析算法得到差频信号的频率，进而很容易地得到被测目标的实际距离。三角波频率调制在三角波的上升段与下降段可以得到两个包含被测目标的距离和速度信息的差频信号，而锯齿波频率调制只能得到一个差频信号对应被测目标的实际距离，因此三角波频率调制与锯齿波频率调制应用场合不同，前者用于同时测量速度与距离的场合，后者用于测距场合。

发射信号、回波信号和差频信号的频率-时间关系曲线如图 2-18 所示。

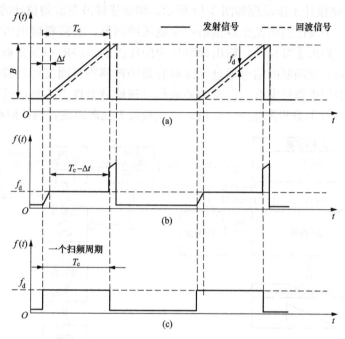

图 2-18　发射信号、回波信号和差频信号的频率-时间关系曲线
(a) 发射信号；(b) 差频信号；(c) 差频信号（$\Delta t \ll T_c$）

图 2-18 (a) 中，B 为调频宽带，Δt 为微波从发射到接收所经过的时间，T_c 为扫频周期，f_d 表示发射信号和回波信号在一个扫描周期内的频率差，即差频信号的频率。雷达发射信号在碰到目标后发生反射，天线在接收到回波信号后，回波信号将与发射信号发生混频并产生差频信号，图 2-18 (b) 表示差频信号的频率-时间关系曲线，可以看出，在一个扫描周期内，频差信号包含了多个频率信号。为了使雷达在一个扫描周期内能够被近似地认为只含有一个频率成分，通常需要忽略 Δt，令 $\Delta t \ll T_c$，这时差频信号的频率-时间关系曲线如图 2-18 (c) 所示。

从图 2-18 (a) 中表示的各参数间的三角关系可以得出 Δt 的表达式，表示如下

$$\Delta t = \frac{T_c}{B} f_d \tag{2-13}$$

因为

$$D = \frac{1}{2} c \Delta t \tag{2-14}$$

故有

$$D = \frac{1}{2} c \frac{T_c}{B} f_d \tag{2-15}$$

从式（2-15）可以看出，在已经确定好扫频周期 T_c 和调频宽带 B 的前提下，只需要精确测量出 f_d 就可以算出距离，从而实现系统对物位的精确测量。

测量过程中调频信号必须在两个不同频率之间循环（周期变化），用于物位测量的微波调制频率为 9～11GHz（X 波段）或 24～26GHz（K 波段）。

FMCW 微波物位计工作原理如图 2-19 所示。调频连续波微波物位计的主要部件是线性扫描控制电路，一个线性斜波发生器供给一个电压控制器，它将斜坡电压转换成压控振荡器频率。线性扫描要求非常精确，输出频率作为闭环控制回路的一部分被测量，并负反馈至压控振荡。频率被调制的信号通过天线向容器中被测物料面发射。被接收的回波频率信号和一部分发射频率信号混合，产生的差频信号被滤波及放大，然后进行快速傅里叶变换（FFT）分析。FFT 分析产生一个频谱，在此频谱上处理回波并确认回波。

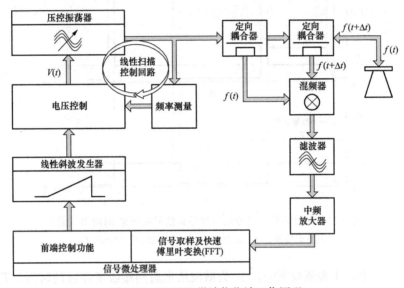

图 2-19 FMCW 微波物位计工作原理

2.2.3 微波物位计的应用

经过研究发展、改良和创新，微波物位测量技术的测量精度和测量范围都得到了很大提升。

图 2-20 SITRANS LR560

经过研究发展、改良和创新，微波物位测量技术的测量精度和测量范围都得到了很大提升。某微波物位计外形如图 2-20 所示，其基于 FMCW 原理工作，工作频率为 78GHz，收发天线采用透镜天线，波束宽度仅为 4°，最大测量范围可达 100m，测量误差为 ±5mm。

微波物位计具备非接触、低保护、不挂料、抗粘贴、高性能、高可靠性、使用年限长等优势，与电容、重锤等接触式仪表对比，具备无可比拟的优良性。由于微波是电磁波，以光速传播且不受介质特性影响，所以在一些有温度、压力、蒸汽等场合，超声波物位计不能正常工作，而微波物位计可以使用，即使在极限温度、极限压力、强腐蚀介质、易挥发介质、带搅拌涡流、结垢挂料及高度飞尘粉尘等工况下微波物位计也能可靠测量。主要应用领域包括化工与石化储存容器及工艺储罐、制药业反应器、食品与饮料制造业、炼油工艺容器、水及污水处理、水电力发电及水坝，以及水泥、粉末、片屑及其他固料测量应用等。

微波物位计选型的注意事项如下：

（1）接收天线挂料问题。蒸汽带料和大多数料浆都具备很强的粘贴性，使得微波物位计会碰到接收天线挂料的问题。挂料对介电常数小的介质没有影响，对介电常数大的介质会有影响。在接收天线近旁引入高压风对接收天线吹扫，可以避免挂料。也可选用带聚四氟乙烯的防尘罩，常温状况下，只需用分子化合物塑料薄膜罩在接收天线上，定期彻底整理挂料即可。

（2）固态料位的检测。固态料面不平整，反射信号复杂，尤其是气动输送的粉状料位。固然理论上粉尘对雷达物位计没有影响，但数量较多的粉尘也能对信号产生散射，影响回波。这里可选用导波雷达物位计解决这一问题，导波雷达物位计已成功应用在成品仓的料位检测中。但导波雷达的导波缆索又容易被结实坚硬的物料毁坏，在石灰岩仓料位检测中就容易产生这样的问题，这时可选用发射角小、回波信号好、抗干扰性能好的专门用于测量粉状固体料位的雷达物位计。

（3）带有蒸汽的物位检测。实际应用中经常碰到蒸汽非常大的物位检测，有时会出现微波物位计开始时监测正常，运行一段时间后会出现指示失真（失波）现象，查找不出任何问题，拆卸检查重新安装后又恢复正常的现象。一般蒸汽对微波物位计不会有干扰，凝结在发射接收天线上的蒸汽冷凝水会形成干扰。这时在选型时就要注意选择棒式接收天线，这样冷凝水顺着接收天线流掉，问题就得以解决。

在火电厂中，可以使用微波物位计测量飞灰仓、粉煤仓、石灰石粉仓中物料的位置。安装时注意：①天线平行于测量槽壁，利于微波的传播；②安装位置距槽壁距离应大于20cm，以免将槽壁上的虚假信号误作为回波信号；③物位计的安装尽可能选择远离进料口的位置，以避免在进料状态时，微波波束感应到物料而造成误动作。尽量保证在微波有效测量范围内的波束不会"接触"到任何障碍物。

2.3　微波多普勒测速技术

当由微波天线对准被测目标发射一束频率一定的微波时，如果目标向着微波的发射方向有速度分量，那么返回的信号在频率上相对发射频率将有频移，这种效应称为微波多普勒效应，频移量称为多普勒频移。微波多普勒测速就是利用这种效应进行测量的。

2.3.1　测速原理

多普勒频移及测速示意图如图 2-21 所示，设雷达与运动车辆的距离为 R，则在雷达与汽车的双程路径中，微波的总波数将为 $2R/\lambda$，其中 λ 是波长。每个周期对应 2π 弧度的相位变化，故双程传播路径的总相位为

$$\varphi = \frac{4\pi R}{\lambda} \tag{2-16}$$

若汽车相对于雷达运动，从雷达看来，波长 λ 不变，但波速、频率都会变化。距离 R

和相位 φ 均会随时间变化，因此，角频率的变化为

$$\omega_d = \frac{d\varphi}{dt} = \frac{4\pi}{\lambda} \frac{dR}{dt} = \frac{4\pi v_r}{\lambda} \qquad (2\text{-}17)$$

式中：$v_r = dR/dt$，为径向速度（不是车速）。

设汽车速度矢量与雷达/汽车视线夹角为 θ，汽车速度为 v，有 $v_r = v\cos\theta$。以频率表达角频率，这个变化量即多普勒频移 f_d，f_d 和 v 可表示为

$$f_d = \frac{\omega_d}{2\pi} = \frac{2v_r}{\lambda} = \frac{2v\cos\theta}{\lambda} \qquad (2\text{-}18)$$

$$v = \frac{\lambda}{2\cos\theta} f_d = \frac{c}{2f_1\cos\theta} f_d \qquad (2\text{-}19)$$

式中：$c = 3 \times 10^8$ m/s，为电磁波速度；f_1 是发射频率；f_d 是接收、发射频率之差。

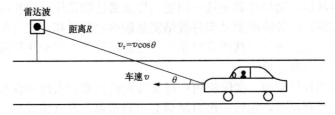

图 2-21　多普勒频移及测速示意图

2.3.2　微波多普勒频差的提取及测速方案

多普勒频差信号处理主要有单片机处理方式、数字信号处理器（DSP）芯片处理方式、DSP 和单片机混合处理方式及 ARM 芯片处理方式。采用的方法主要有频谱分析法和计周期法。计周期法的原理是将运动目标多普勒信号通过过零电路进行处理求得该信号的周期，从而求得目标的多普勒频率，获得目标的速度。计周期法实现时软硬件简单，但测速误差大。频谱分析法主要是对目标多普勒信号采样后进行 FFT 运算求得其频谱峰值频率，也就是目标的多普勒频率。频谱分析法的测速精度由 FFT 运算的点数决定，是目前测速雷达最常用的测速方法。该方法的信号处理运算量较大，当前的 DSP 器件已经能够轻松实现复杂的数字信号处理运算。

传统警用雷达测速方案如图 2-22 所示。首先通过一个稳定的压控振荡器（VCO）产生一个符合法定频率的雷达工作频率信号，该信号一方面通过雷达天线发射出去，同时再分成两路信号，其中一路的信号移相 90°，这两路信号分别与雷达接收的运动车辆反射回来的微波信号进行混频，混频输出信号先经过低通滤波器（low-pass filter，LPF），滤除本振信号，同时提取出多普勒频移信号。接着对多普勒信号进行放大，满足后面 A/D 采集电路对信号电平的要求。已转换成数字量的信号通过 DSP 芯片进行数字滤波和 FFT 运算，得出车辆运动方向和车辆运动速度。

2.3.3　微波多普勒测速仪的应用

1. 交通测速

雷达测速是各种用于高速公路的综合性能最好的测速技术。1947 年美国康涅狄格公司

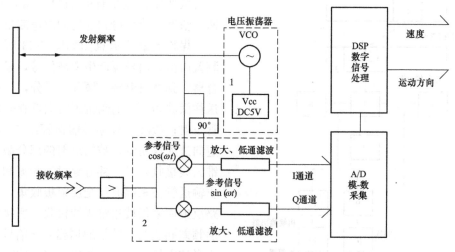

图 2-22 传统警用雷达测速方案

研制出来第一台工作在 S 波段的用于交通测速的多普勒测速雷达。从此以后，人们对测速雷达的研究从没有停止过，后续出现了工作在 X 波段、K 波段、Ka 波段的测速雷达，测速雷达与相机相结合的抓拍系统也逐渐用于交通管理领域。1989 年，数字信号处理技术被用到雷达测速技术中，使测速仪的性能有了很大提高，具有工作距离大、捕获速度快和体积小等优点。雷达测速系统根据安装方式不同主要分卡口式测速雷达和固定式雷达测速仪。

卡口式测速雷达多用于城市道路中，主要由高清卡口相机、窄波测速雷达和补光灯组成。传统的测速卡口每个车道要安装一个平板测速雷达，并且要求安装于车道正上方。现在的多目标雷达用一个雷达最多可检测 6～8 个车道，降低了卡口的建造成本，同时安装方式更加灵活，路侧安装或龙门架安装均可。

固定式测速雷达测速仪是将设备放于一个箱体里，整个箱体侧装在马路的旁边，安装方便，且可以同时监测 2～3 个车道的行驶车辆，适用于高速公路和高架桥上测速取证。通常固定雷达测速仪内部包含了高清卡口摄像机、窄波测速雷达、存储设备、网络传输交换机等。高清卡口摄像机用于抓拍车辆图像和识别车牌；窄波测速雷达对过往行驶车辆测速，并设定了相应限速值。当捕获到超速车辆时，把超速信息发给高清卡口摄像机，触发高清卡口摄像机抓拍违法车辆，并识别出车牌号。将违法车辆图片、车牌号、位置、时间、行驶速度、行驶方向、大小车型等信息临时存放在存储设备中，由光纤或者无线网络传输到后台服务器。一些雷达测速仪在设计系统时增加了一个小型嵌入式主机，主机中包含高速存储设备、液晶显示屏、无线传输模块及各种外部扩展接口。高清卡口摄像机接到雷达触发信号抓拍车辆并识别车牌，并将获得的违法车辆信息传给主机。主机中装有调试软件，可以修改雷达参数、调取违法车辆图片信息和进行实时视频显示等。

2. 煤粉流速和流量测量

锅炉的燃烧状态直接关系着锅炉的安全经济稳定运行。若运行人员只凭借炉膛出口含氧量控制燃烧，而不知进入各燃烧器的煤粉真实数量，常常会导致不均匀分配，产生火焰偏斜、金属局部过热、锅炉效率下降等问题，因此需要对进入燃烧器的煤粉流量进行连续性测量。

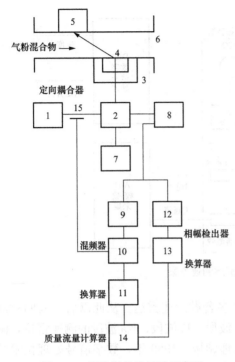

图 2-23 微波煤粉流量计示意图
1—微波信号源；2—微波电桥（魔 T）；3—微波暗室；
4—角锥天线；5—来福波纹反射板；6—低耗介质输送管；
7—相位幅值倍增器；8—频幅分离器；9—鉴频器；
10—混频器；11—煤粉流速换算器；12—相幅检出器；
13—煤粉浓度换算器；14—质量流量计算器；
15—定向耦合器

微波煤粉流量计是通过测量煤粉的流速、浓度，计算得到煤粉的质量流量。

煤粉流量计示意图如图 2-23 所示。该装置由微波信号源产生微波信号，经定向耦合器，到微波电桥（魔 T）平分，一束微波送往微波暗室中的角锥天线向低耗介质输送管发射；微波信号穿过输粉管以 45°角方式逆向进入煤粉流；被粉反射的部分微波被角锥天线接收。另一部分穿过煤粉流和低耗介质输送管被来福波纹全反射板收集，并按原路反射回来仍被角锥天线接收，所接收的反射频差同表明衰减量的幅相变化信号一起送入微波电桥（魔 T）的检波臂。这时相位幅值倍增器的微波也进入微波电桥（魔 T）的检波臂，在此相减得出净频差和衰减信号；再将这些信号送到频幅分离器进行频幅分离。分离后的微波信号又分作两路，一路经鉴频器进入混频器，同定向耦合器来的本振信号混频得出表示煤粉流速的速度信号，经煤粉流速换算器求出流速；另一路信号送到相幅检出器后送往煤粉浓度换算器，求出浓度。最后，将测出的流速、浓度输入煤粉质量流量计算器，求出煤粉质量流量。

2.4　微波测湿技术

含水率是指含水物质中所含水的质量与该物质总质量之比或所含水分的体积与该物质总体积之比。企业在加工和处理物料的过程当中，物料中的水分会对生产的产品质量和品质产生重要的影响，需要对物料中的水分进行实时在线测量。微波法是测量物料中含水率的方法之一。

2.4.1　电介质的微波特性

电介质的带电粒子是被原子、分子的内力或分子间的力紧密束缚着，因此这些粒子的电荷称为束缚电荷。在外场作用下，这些电荷也只能在微观范围内移动，产生极化。能产生电极化现象的物质统称为电介质。现代物理学理论证明，所有非金属及在一定条件下的金属都属于电介质，电介质包括气态、液态和固态。电介质最基本的物理特性是介电特性，该特性能反映电介质在电场中被极化程度的强弱。微波测湿的对象就是电介质，下面介绍电介质的特性。

1. 电介质的极化

电介质可以分为两类，一类是正负电荷重心重合在一起的物质，称为无极分子。外加电场作用在无极分子上时，正负电荷重心将产生相对位移；外加电场消失后，正负电荷重心又重合在一起。这种极化形式称为位移极化。另一类电介质，即使没有外加电场，其原子或分子的正负电荷重心也不重合，形成电偶极子。由于分子的热运动，这些电偶极子的排列是杂乱无章的，对外不显电性。当外电场作用在这些有极性的分子上时，它们将沿外电场方向排列，这种极化形式称为有极分子的取向极化。

在交变电场作用下，极化从开始建立至处于稳定状态，需要经过一段时间。在微波频率范围内，建立位移极化所需的时间可以忽略不计。而电偶极子在外电场作用下，产生偶极子取向极化，从开始建立极化至处于稳定状态，需要相当长的时间。通常，将建立稳态极化所需的时间称为弛豫时间。

在电介质的内部，正负电荷相互抵消，只在电介质靠近电极的两端时有由束缚电荷形成的正负电荷。这个电荷在电介质的内部形成一个附加电场 E_i，其方向与外加电场 E_0 相反，这个电场起着减弱极化的作用，故又称作退极化场。此时作用于电介质分子上的电场 $E=E_0-E_i$，经数学推导后可得出电介质宏观参量 ε、ε_0 及微观参量 N、α、E_i 之间的关系如下

$$\varepsilon - 1 = \frac{N\alpha E_i}{\varepsilon_0 E_0} \tag{2-20}$$

式中：N 为分子密度，即单位体积内的分子数；α 为分子极化率，与材料本身的性质有关，而与外加电场的大小无关，对某一种确定的材料而言，α 为常数；ε_0 为真空中的介电系数，其值为 $8.854\times10^{-12}\mathrm{F/m}$；$E_0$ 为外加恒定电场；E_i 为退极化场，其大小与介质的几何形状、分子结构及分子密度等有关。

由式（2-20）可知，同一种材料，由于分子密度 N 不同，在恒定电场作用下，其宏观参量 ε 也将不同，即 ε 不是恒定不变的量。

2. 介电系数

式（2-20）表明了电介质的宏观参量与微观参量之间的关系，其中 ε 与 ε_0 是用来表征电介质特性的宏观参量，称为介电系数。在多数情况下，为使计算简便，常采用相对介电系数 ε_r，$\varepsilon_r=\varepsilon/\varepsilon_0$。相对介电系数的物理意义表示极间加入电介质后的极间电容量（或极板上的电荷）比真空时的极板间电容量（或极板上电荷）增长的倍数。在交变磁场中，电介质的介电常数是一个复数。

介电系数是用来表征电介质特性的参数，从式（2-20）可知，介电系数 ε 的大小与物质分子密度 N 有关，即与物质的密度有关，同时还与分子的极化率有关。此外，介电系数还受下列因素的影响。

（1）外加交变电场频率的影响。由德拜（Debye）方程给出的电介质复介电常数为

$$\varepsilon_r(\omega)=\varepsilon_\infty + \frac{\varepsilon_s-\varepsilon_\infty}{1+\mathrm{j}\omega\tau}=\varepsilon'-\mathrm{j}\varepsilon'' \tag{2-21}$$

式中：ε_r 为复介电常数；ε_∞ 为高频介电系数；ε_s 为静态介电系数；ω 为外加电场的角频率；τ 为弛豫时间；ε' 为复介电常数的实部；ε'' 为复介电常数的虚部。

由式（2-21）可得，介电常数的实部和虚部为

$$\varepsilon'=\varepsilon_\infty + \frac{\varepsilon_s-\varepsilon_\infty}{1+(\omega\tau)^2} \tag{2-22}$$

$$\varepsilon'' = \frac{(\varepsilon_s - \varepsilon_\infty)\omega\tau}{1 + (\omega\tau)^2} \tag{2-23}$$

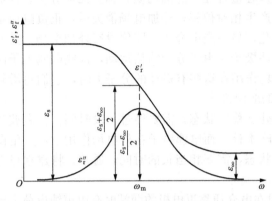

图 2-24 介电系数 ε' 和 ε'' 随频率变化曲线

在一定温度下，介电系数 ε' 和 ε'' 随频率会发生变化，介电系数 ε' 和 ε'' 随频率变化曲线如图 2-24 所示。从图 2-24 可以看出，ε' 随着角频率的增加而下降，ε'' 首先随着角频率的增加而增加，在一定频率后出现一个峰值，之后逐渐减小。在频率较低时，ε' 近似等于 ε_s，ε'' 相对很小。随着频率的增加，电场的变化周期与弛豫时间相比拟时，ε'' 出现的峰值为 $(\varepsilon_s - \varepsilon_\infty)/2$，$\varepsilon'$ 进一步减小。当频率更高时，外加电场的变化周期远远小于弛豫时间，弛豫极化已经跟不上电场的变化，ε' 接近于 ε_∞，ε'' 很小。

因为电介质的弛豫作用，当电磁场作用于电介质时，电介质会吸收电磁能量。ε' 表示电介质的储能特性，ε'' 表示电介质的耗能特性，两者的比值是描述电介质特性的另一参数，称为损耗角正切，表示如下

$$\tan\delta = \frac{\varepsilon_r''}{\varepsilon_r'} \tag{2-24}$$

（2）温度的影响。温度变化会影响材料内部结构和分子运动，也就影响了极化强度与极化时间，并且对电偶极子极化的影响尤为明显。温度升高使取向极化及时建立，从而增大极化强度，但又会使电偶极子热运动增强，阻碍电偶极子转向，从而减小极化强度，ε_r 出现峰值。当频率升高时，随频率升高，ε_r 随温度变化曲线的峰值会向高温方向移动。另外，同是离子晶体介质，其介电系数与温度的关系也有所不同。例如，食盐的介电系数为正温度系数，金红石的介电系数为负温度系数，刚玉的介电系数几乎不随温度变化。

（3）水分。水分子的分子结构是等腰三角形，由于 H、O 共用电子对被氧原子强烈地吸引，所以 H-O 键的氢原子端显正电性，而氧原子端显负电性。同时水分子中的两个键并不对称，所以其正负电荷的重心并不重合于一点，因而水是一种强极性分子。材料吸水后，由于水的介电常数 ε_r 很大，同时水又增加夹层极化作用，故极化加强，ε_r 增大。

2.4.2 微波测湿的原理

不同的外加电场频率，使水分子损耗能量的原因各不相同。从低频（包括直流）到超短波频段，主要为正负电荷迁移所引起的导电损耗（欧姆热）；微波频段，主要为电偶极子的取向极化损耗，波长为 1cm 时，这种损耗最大；红外频段时，主要为离子间的共振吸收损耗；光波频段内，主要是电子与原子核间的共振吸收。不同频段水分子吸收能量如图 2-25 所示。

水分子是强极性分子，在外电场作用下将产生强的取向极化，与此同时还将产生位移极化。极化的结果是将外电场的能量转换成水分子的势能，这一势能意味着将从外电场获得的能量储存起来，可以用复介电系数的实部 ε' 表示。由于分子运动有惰性，取向极化运

动相对于外电场的变化有一时间上的滞后，这
种滞后即前面所说的弛豫。弛豫的宏观效果是
使水分子产生损耗，这一损耗可用复介电系数
的虚部 ε'' 表示。

由于水分子是极性很强的偶极子，在外电
场作用下，水的极化程度远大于其他物质。在
微波频段，不同波长对应水的介电系数不同，
常温下不同波长下水的复介电系数见表 2-4。

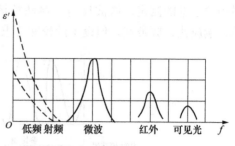

图 2-25　不同频段水分子吸收能量

表 2-4　　　　　　　　　　　　常温下不同波长下水的复介电系数

波长（cm）	1.26	3.25	8.22	10.00	17.20	52.0
ε'	30.8	61.5	76.3	77.2	79.3	80.3
ε''	35.2	31.4	15.6	13.1	7.9	2.75

在频率为 $3\sim30\text{GHz}$（即波长为 $1\sim10\text{cm}$）时，水的 ε' 为 $30\sim77.2$，$\tan\delta$ 为 $1.2\sim$ 0.17；而其他电介质的 ε' 为 $1\sim5$，$\tan\delta$ 为 $1\times10^{-4}\sim5\times10^{-2}$。可见，水的介电系数比其他电介质的介电系数要大得多。因此通过测量含水物质在微波场中的介电系数，便能间接测得该物质的含水率。

具体来说，微波测湿是利用微波与被测物质发生作用后，由于被测物料含水率的不同引起其介电常数的显著变化，通过测量微波振幅、相位、品质因数 Q 及谐振频率等参数的变化得到物料的含水率。

微波测湿可以通过空间辐射的方式穿过物质的内部进行测量，具有不破坏物质结构、非接触测量、响应速度快、可以在线实时测量等优点。

2.4.3　微波测湿方法

微波测湿方法可以分为微波透射检测法、微波谐振腔检测法、微波反射检测法等。对于这些检测方法，采用哪一种取决于被测物料的情况和具体的测量要求。

1. 微波透射检测法

微波透射检测法是利用微波穿过含水物质后，微波的能量将发生损耗，而微波的损耗主要由物质的含水率决定，因此只需测量微波的能量损耗就可以计算物质的含水率。微波透射检测法检测原理示意图如图 2-26 所示。

2. 微波谐振腔检测法

微波谐振腔检测法是将待测物质放置于谐振腔内，会引起谐振腔的谐振频率 f 和品质因数 Q 的变化，通过测定谐振频率 f 和品质因数 Q 的改变量而计算得到含水率。该法主要适用于薄层物料的水分检测。微波谐振腔检测法检测原理示意图如图 2-27 所示。微波谐振腔检测法灵敏度高，但是适用的频带较窄。

3. 微波反射检测法

微波反射检测法是通过检测被物料反射的微波能量的幅值、相位等参数来实现被测物

料中含水率的测定。微波反射检测法检测原理示意图如图 2-28 所示。该检测系统结构简单、响应快、频带宽，但设备的校准要求高。

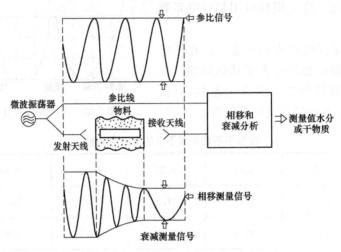

图 2-26　微波透射检测法检测原理示意图

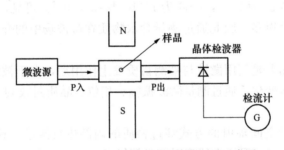

图 2-27　微波谐振腔检测法检测原理示意图

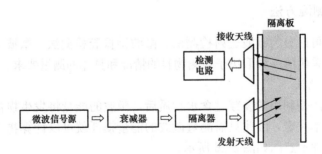

图 2-28　微波反射检测法检测原理示意图

2.4.4　微波测湿技术的应用

随着微波技术的发展，国外已经成功研制出成熟的微波测湿设备。

德国科勒（COLIY）技术有限公司在 20 世纪末研制的第一代高性能微波测湿仪器至今仍有广泛的应用，其主要采用吸收原理，对大部分固体物质的含水率都可以检测，且精度在1%以内，测量范围为0%～60%。德国 TEWS 水分检测仪公司制造的水分测试仪器，在木制品加工、药物制造、化学工业等行业已有广泛的使用。德国默斯技术有限公司（MOSYE TECH GMBH）也已开发出多套适合各种工况的水分测量解决方案，如 MS-100 系列的测湿产品，采用微波时差法技术，可测量绝大多数固体、液体、浆体胶液等物料含水率的测量，测量量程为0%～100%，测量精度为0.1%～1%。德国默斯技术有限公司还开发了一款非接触穿透式多频谱微波水分、密度测量仪，可实现含水率与密度完全独立测量，可对污泥、煤块、焦炭、烟包等物质进行测量。

英国 Moisture Sensors 公司研制的微波测湿仪，在造纸企业的车间生产线已有应用，其精度可达0.1%。英国 Hydronix 公司研制的 Hydro-Probe Ⅱ数字微波测湿器应用于对料斗中或运输带上的物料湿度进行连续在线测量。传感器定位于料斗颈内或运输带上或其附近，物料在陶瓷面板上滑过，在配料过程中即可测量流动物料湿度，其精度可达0.25%。

我国对微波测量物质中含水率的研究始于20世纪70年代。目前研制的微波空间波传感器已成功应用在煤炭生产线上对煤炭含水率进行检测。但总体来说，与国外研究的成果相比还有一定的差距，应用范围较窄，成本较高，主要还是停留在实验室研究阶段。下面介绍两个水分测量的例子。

1. 煤中含水率的测量

大中型火力发电厂的锅炉一般采用煤粉炉，它是将原煤磨制成煤粉后，由热风送入锅炉中进行燃烧。煤中的含水率是煤质的一个很重要的指标，其直接关系着锅炉的燃烧状况及机组的安全经济运行，因此对原煤和煤粉的含水率进行测定十分重要。

某一输煤皮带上煤含水率在线测量装置主要由发射与接收天线、微波信号处理部分、电路控制部分、温度采集部分、显示部分等组成，煤水分在线测量装置整体结构组成如图2-29所示。

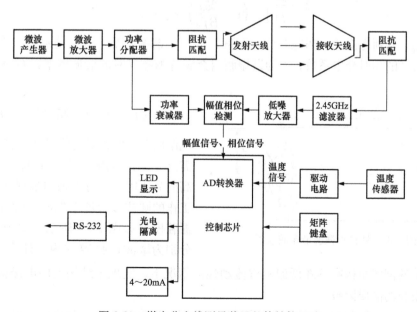

图 2-29 煤水分在线测量装置整体结构组成

微波信号源发射的 2.45GHz 的微波信号经过放大器和隔离器后先到达功率分配器，由功率分配器产生的一路信号到达衰减器，衰减器将微波信号的传输功率衰减到一定值后送至幅值相位检测芯片；另一路信号由发射天线发射，穿透输煤皮带上的煤，经过煤吸收后的微波信号由接收天线接收，经过滤波器和低噪放大器后，进入幅值相位检测芯片。幅值相位检测芯片对比两路信号，得出其幅值差和相位差信号，传递至检波器。检波器将高频的电磁信号转换成低频的直流信号，通过信号放大器将微弱的直流信号放大。此时的直流信号依然为连续的模拟信号，经 A/D 转换器转换成数字信号后送入控制芯片，进行运算得到煤中含水率，利用 LED 进行显示，并通过串口与上位机通信进行数据交换，将所测得的煤水分信号发给电厂 DCS。

2. 蒸汽湿度测量

对于大型火力发电机组，凝汽式汽轮机的排汽处于湿蒸汽区，蒸汽湿度的存在增加了汽轮机叶片的水蚀，而末级叶片的折断和水蚀有很大的关系。另外，湿度造成的湿汽损失也会使汽轮机的级效率降低。因此汽轮机末级蒸汽的湿度的准确测量显得至关重要，可以采用微波谐振腔检测方法对蒸汽湿度进行测量。

微波谐振腔微扰法测量蒸汽湿度的基本思想是基于微波谐振腔的微扰，即微波谐振腔的谐振频率随腔内电介质的介电常数变化将发生偏移。在一定温度（或压力）下，蒸汽的湿度不同，其介电常数也不同。一定温度、压力下，湿蒸汽的介电常数只与其湿度有关，因此当湿蒸汽流过微波谐振腔时，通过测量谐振腔谐振频率的偏移即可测量出湿蒸汽的介电常数，进而确定蒸汽的湿度。

经理论分析，可得出蒸汽湿度与谐振腔偏频之间的关系式，其表示为

$$Y = \cfrac{1}{1 + \cfrac{\rho_g}{\rho_f}\left[\cfrac{3(\varepsilon'_{fr} - \varepsilon'_{gr})/(\varepsilon'_{fr} + 2\varepsilon'_{gr})}{\left(1 - \cfrac{2\delta f}{Bf_0}\right)/\varepsilon'_{gr} - 1} - 1\right]} \qquad (2\text{-}25)$$

式中：ρ_f、ρ_g 分别为饱和水和饱和汽的密度；B 为与谐振腔结构有关的常数；ε'_{fr}、ε'_{gr} 分别为水和水蒸气的相对介电系数；f 为谐振腔内充满待测蒸汽时的谐振频率，f_0 为空腔的谐振频率。

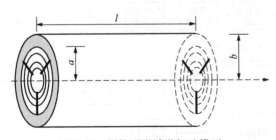

图 2-30　圆柱形微波谐振腔模型

通过测量相对偏频 $\left(\dfrac{\delta f}{f_0}\right)$，即可确定蒸汽湿度 Y。作为湿度传感器的微波谐振腔，需要保证腔体内湿蒸汽的通流性和腔体较高的品质因数，可以采用根据 TE011 模式工作的圆柱形微波谐振腔。圆柱形微波谐振腔模型如图 2-30 所示，图中 a、b 和 l 分别为微波谐振腔的内、外半径及长度。

谐振腔两端的网状结构在不降低湿蒸汽流动性的情况下，实现了结构上的电磁谐振，保证了微波谐振腔的品质因数。

测量装置示意图如图 2-31 所示。当系统工作时，谐振腔的谐振频率随流过谐振腔的蒸汽湿度不同而变化，产生的频偏信号经放大后，输入到信号处理与控制系统，利用一稳频

系统使得压控振荡器的频率紧随腔体谐振频率而变化，此变化的振荡频率与本机振荡器产生的标准频率混频，差频信号与温度信号一起送到数据处理系统进行处理、显示。

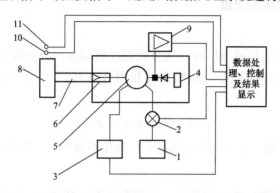

图 2-31　测量装置示意图

1—晶体振荡器；2—谐波混频器；3—压控振荡器；4—检测二极管；5—混合电路；6—转换电路；
7—波导管；8—两端开孔的圆筒形微波谐振器；9—直流前置放大器；10—温度传感器；11—压力传感器

在利用微波谐振腔微扰法测量蒸汽湿度时，影响测量精度的因素有：

（1）谐振腔材料和结构。腔体形状变化会引起谐振腔的谐振频率漂移，解决这一问题的途径有两个：一种方法是对腔体变形引起的频率偏移进行修正。因为测量中引起腔体形状改变的原因只有温度变化，因此在对温度变化引起的频偏进行测量时，同时测量实际温度，进行温度修正即可。另一种方法是采用低热膨胀系数材料，适合于温度变化范围不大的情况。

（2）压力、温度测量精度。当温度范围变化小时，采用低热胀材料和对谐振器端头特殊设计，可以忽略由于温度变化引起的测量误差。但如压力、温度变化较大，谐振腔的固有谐振频率和湿蒸汽的介电系数变化也较大，必须对频偏进行压力、温度校正。此时，压力、温度的精确测量也就显得很重要。

（3）腔壁可能存在的水膜影响。当湿蒸汽流过谐振腔时，由于在壁面上会形成一层水膜，因此测量时可能需要对壁面上的沉积物进行校正。实践表明，对腔壁进行特殊处理后，腔壁上不会形成完整水膜，且水膜厚度很小，只有几微米。由于在谐振腔的内表面上电场强度为零，使沉积在腔壁内表面的水膜不敏感，对测量结果的影响可以忽略。尤其在蒸汽流速较高时更是如此。

2.5　微波厚度测量技术

厚度及其均匀性是许多产品（如金属板、玻璃板、橡胶板、塑料板和薄膜、纸张等）的重要质量指标。厚度的在线监测和精确检验，既可提高产品质量，又能节约原材料。

微波厚度测量方法有多种，如反射相位和幅度法、传输相位和幅度法、谐振腔频率偏移法等。与其他测量方法相比较，微波厚度测量技术有如下特点：①既可测量金属材料的厚度，也可测量介质材料的厚度。②能够实现非接触测量。此特点对可塑性材料（如塑料薄膜、橡胶板等）极为重要，它不但有利于提高测量精度，且便于在生产线上连续监测厚度。③能在水汽、灰尘较多的生产现场使用。下面介绍常用的微波测厚方法。

2.5.1 金属板厚度的测量

1. 反射幅度法

当金属板很靠近天线的近场区时，从金属板反射回的微波强度与天线到金属板的距离有关，距离远时反射波的强度小；距离近时反射波的强度大，并且有良好的线性，可表示为

$$I = I_0 \cdot k(c - d) \tag{2-26}$$

式中：I、I_0 分别为反射波和入射波的强度；k 为比例常数；c 为常数；d 为金属板与天线间的距离。

反射幅度法测量原理如图 2-32 所示，采用两个天线对称地向金属板发射微波，则有

$$I_1 = I_{10} \cdot k(c_1 - d_1) \tag{2-27}$$

$$I_2 = I_{20} \cdot k(c_2 - d_2) \tag{2-28}$$

取 $I_{10} = I_{20}$，$c_1 + c_2 = c$，则有

$$I_1 + I_2 = I_{10} \cdot k(c - d_1 - d_2) \tag{2-29}$$

因为金属板的厚度可以表示为 $L - d_1 - d_2$（L 为两天线间的距离），所以经校准后的 $I_1 + I_2$ 与金属板的厚度成正比。

反射幅度法的优点是输出信号只与金属板的厚度有关，与金属板的位置无关，能有效地克服金属板偏移、振动等因素的影响。但这种测量是采用强度信号，易受到干扰，测量精度不够高。

利用这种原理设计的测厚仪称为反射测厚仪，反射测厚仪示意图如图 2-33 所示。微波信号用 1kHz 方波进行开关式调幅、检波后选频放大。调幅信号分为两路，经定向耦合器和天线发射，分别到达被测金属板的两侧，经金属板反射的回波则通过天线和定向耦合器传送至线性检波器。两路信号放大后在 T 网络做线性组合后再输出。两个反射波幅度和相位是待测金属板与天线间距（d_1 和 d_2）的函数。

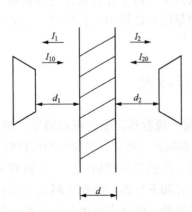

图 2-32 反射幅度法测量原理

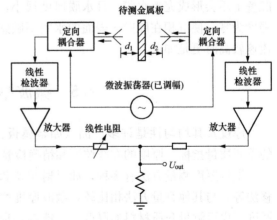

图 2-33 反射测厚仪示意图

若频率和标称间距（d_1 和 d_2）选择合适，则反射波的幅度是间距的线性函数。两个反射信号经线性检波、低频放大和线性化后，输出信号即为间距之和（$d_1 + d_2$）的线性函数，表示如下

$$U_{out} = K(d_1 + d_2) \tag{2-30}$$

式中：K 为比例系数。

若待测板侧向移动，只有当厚度变化时才使输出信号变化。对系统定标可测出金属板的绝对厚度。

2. 反射相位法

反射相位法是利用微波在传播过程遇到金属表面被反射，且波长与速度都不变的特性进行测厚的。用反射相位法测量金属物体厚度的测量装置称为反射相位法金属测厚仪，反射相位法金属测厚仪示意图如图 2-34 所示。在被测金属物体上下两表面各安装一个终端器。微波信号源产生的微波信号经环行器 A、上传输波导管、上终端器到被测物体表面，微波被全反射后经上终端器、传输导管、环行器 A、下传输波导管、下终端器发射到被测物体下表面，再经全反射的微波经下终端器、下传输波导管回到环行器 A。微波传输的行程长度与金属板的厚度有关，金属板的厚度增加，微波传输的行程长度减小。

一般微波传输的行程长度的变化非常微小，通常采用微波自动平衡电桥法可测出微小变化。以微波传输行程作为测量臂，而完全模拟测量臂微波的传输行程设置一个参考臂（见图 2-34 右部）。若测量臂与参考臂行程完全相同，则反向叠加的微波经过检波器 C 检波后，输出为零。若两臂行程长度不同，两路微波叠加后不能相互抵消，经检波器后便有不平衡信号输出。此不平衡差值信号经放大后控制可逆电机旋转，带动补偿短路器产生位移，改变补偿短路器的长度，直到两臂行程长度完全相同，放大器输出为零，可逆电机停止转动。

补偿短路的位移与被测物厚度增加量之间的关系为

$$\Delta S = L_B - (L_A - \Delta L_A) = L_B - (L_A - \Delta h) = \Delta h \tag{2-31}$$

式中：L_A 为电桥平衡时测量臂行程长度；L_B 为电桥平衡时参考臂行程长度；ΔL_A 为被测物厚度变化 Δh 后引起测量臂行程长度变化；Δh 为被测物厚度变化；ΔS 为补偿短路器位移。

根据式（2-31）可得，补偿短路器位移 ΔS 即为厚度变化值 Δh。

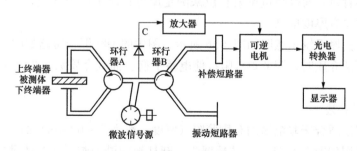

图 2-34 反射相位法金属测厚仪示意图

2.5.2　非金属厚度的测量

与金属不同，微波能够不同程度地透入介质材料。这一特性使微波系统既对其厚度的变化敏感，又对材料特性的变化及内部缺陷敏感。微波对介质的穿透性，决定了可采用多种多样的微波测量方法。选择方法时，需考虑透过能力与两个因素有关：①微波在介质表面反射的大小；②微波在介质材料中传播时衰减的大小。

根据电磁波通过介质的衰减和相移、电磁波在介质面上的反射、腔体受介质微扰产生的谐振频率偏移等物理现象，可以设计出多种介质板和介质薄膜的测厚系统。

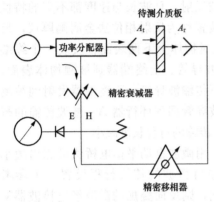

图 2-35　传输波幅敏和相敏测厚系统

1. 传输法

当介质厚度增加时，微波通过介质的衰减量和相移量均增加，可利用此物理现象设计测厚仪，传输波幅敏和相敏测厚系统如图 2-35 所示。

微波发生器输出的信号，经功率分配器分为两路。一路通过天线 A_t 发射出去，穿过介质板后，被天线 A_r 接收，再经过精密移相器移相，馈送至微波电桥（魔 T）的一个旁臂，以此作为测试信号。这一路信号在板与空气交界的两个表面上都有一部分被反射。另一路经功率分配器和精密衰减器，直接馈送到微波电桥（魔 T）的另一个旁臂作为参考信号。微波电桥（魔 T）的 H 臂接匹配负载，E 臂接检波器和电表，故两路信号达到等幅同相，指示应为零。校准时将两天线之间放置的介质板移去，调节精密衰减器，使两路信号在传输过程中的衰减相等，电表指示减到最小，电桥平衡。最小值取决于电桥隔离度，其值若为无穷大，电表指数应为零。

把待测介质板置于两天线之间后，将引起测试信号的衰减和相移密化。这时需要重新调节移相器和衰减器，才能使电桥重新平衡。因此，衰减和相移的改变量，便是介质板厚度的量度。若只测相位变化，可省去衰减器，调节移相器使指示最小即可。

2. 反射法

介质面上的反射相位和幅度具有厚度的信息。对于低耗及介电常数不大的介质，可用金属作为介质的背衬，通过测量反射相位来测定厚度；对于有损介质，无论有没有金属背衬，反射幅度中总有厚度信息。

典型反射法测厚系统示意图如图 2-36 所示，图中的 180°混合桥路如同微波电桥（魔 T）是一种电桥。不插介质时，调节参考阻抗使电桥平衡。插入介质后，"Δ"的输出信号与厚度有关。

3. 谐振腔微扰法

谐振腔微扰法适合于非金属的介质薄膜（厚度一般为 $5\sim100\mu m$）的厚度测量。谐振腔传感器原理示意图如图 2-37 所示，传感器为一圆柱形的谐振腔，在腔体轴向中央处开一横向缝隙，被测薄膜穿过此缝插入到腔体中。腔中的驻波电场平行于薄膜表面，根据微波理论可以得出腔体的谐振频率偏移为

$$\frac{f - f_0}{f} = -(\epsilon_r' - 1)\frac{d}{L} \tag{2-32}$$

式中：f_0、f 分别为腔体受介质微扰前后的谐振频率；ϵ_r' 为介质的介电系数的实部；d 为介质薄膜厚度；L 为谐振腔长度。

由式（2-32）可知，谐振频率的变化与介质薄膜的厚度成正比。测出频移量，经过一定处理，即可获得厚度信号。

谐振腔微扰法具有抗干扰性能好（包括静电干扰）的特点，特别适合于柔性非金属膜的测量。

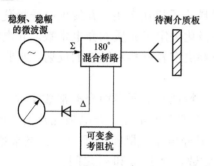

图 2-36 典型发射法测厚系统示意图

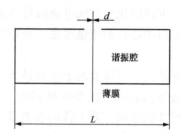

图 2-37 谐振腔传感器原理示意

2.6 微波在其他测量方面的应用

2.6.1 微波无损检测技术

微波无损检测技术始于 20 世纪 60 年代，其最初主要应用领域是军事工业。随着国内外一些研究机构倾注大量的精力对此进行研究，微波无损检测的理论、技术和硬件系统都有了长足进步，从而大大推动了微波无损检测技术的发展。

1. 微波无损检测技术的特点

与其他无损检测技术（如超声检测和 X 射线检测）相比，微波无损检测技术具有其自身的特点，包括：①微波在非金属材料中穿透能力强；②不需要表面接触；③不需要耦合剂，避免了耦合剂对材料的污染，大大提高了检测的便捷性和应用范围。微波检测依据的不是材料的密度分布，而是电磁特性，所以可以检测到传统密度分布检测方法检测不到的缺陷。航空与航天工业大量采用新型复合材料，在有些情况下使 X 射线和超声检测在灵敏度和传声性能方面受到了限制。由于微波能穿透声衰减很大的非金属材料，像玻璃纤维和芳纶纤维增强塑料、环氧树脂、橡胶、陶瓷、聚氨酯泡沫等传声性能很差的材料对微波"透明"，因此，可利用微波技术检测复合材料、非金属制品、火箭壳体、航空部件、轮胎、药柱和集成电路板等。

如果下述的条件能遵循的话，微波不仅能用来定位材料内的裂缝，而且能测定裂缝的尺寸：①在微波频率下集肤深度非常小（几微米），从而当裂缝开口穿透表面时，对裂缝的检测很灵敏；②当裂缝未穿透表面时，有关表面下裂缝的位置由表面内的高应力的检测作正确指示；③微波裂缝检测对裂缝开口与所用频率是非常灵敏的，较小的裂缝需较高的频率，倘若频率增加到足够高，入射波就能输入到裂缝内部，响应对裂缝的深度是灵敏的。

微波无损检测技术的应用也有局限性。例如，微波在某些情况的应用被其进入导电材料或金属的穿透深度所限，这意味着处于金属外壳内的非金属材料不能通过壳体实施检测。低频微波的另一个局限是它对分辨局部缺陷的能力相对较低，如果所用的是实际尺寸的接收天线，缺陷的有效尺寸较之所用微波的波长足够小的话，就不能完整地分辨（即不能区分两分离的、个别的缺陷）。另外，微波对等于或小于 0.1mm 的小缺陷的检测是不适用的。

2. 微波无损检测技术的原理

微波在介电材料内部传播时，微波场与介电材料分子相互作用，并发生电子极化、原子极化、方向极化和空间电荷极化等现象。这四种极化决定了介质的介电常数。介电常数越大，材料中储存的能量越多。介电常数和介电损耗决定着材料对微波的反射、吸收和传输的量。

由于微波在导体表面上基本被全反射，利用这一特性及金属表面介电常数反常，可检查金属表面的裂纹。在介电材料内，微波的传播会受到介电常数、介电损耗及工件形状、材料和尺寸的影响。若工件内含有非气泡类缺陷，其介电常数既不等于空气介电常数 ε_0，也不等于材料的相对介电常数 ε_r，而等于复合介电常数，介于 ε_0 和 ε_r 之间。

综合研究微波作用于试件时介电常数和介电损耗的相对变化，根据复合介电常数和微波幅度、频率、相位的变化，来判断试件内部是否含有缺陷和测定其他物理参数，这就是微波无损检测的基本原理。微波从表面透入材料内部，功率随深入的距离以指数形式衰减。理论上把功率衰减到只有表面处的 $1/e^2 = 13.6\%$ 的深度，称为穿透深度，用 D_p 表示。在平面波情况下有

$$D_p = \frac{\lambda}{\pi} \sqrt{\varepsilon_r} \tan\delta \tag{2-33}$$

当被调制的微波通过探头射向工件时，其表面产生部分反射，其余透入材料内部继续传播，遇到不连续界面（缺陷）时，就会被反射或散射，其量与界面两侧的阻抗失配（介电常数反常）有关，另一部分被吸收，衰减与材料损耗性能有关。由于不连续界面的存在，产生反射波幅度和相位的变化，因此在接收回波信号中发生了相对量的变化。用仪器监视，比较有缺陷与无缺陷的信息，便可判断工件内部是否有缺陷存在。利用在各向同性介质中反射体的极化特性，可测定缺陷的位置。

微波无损检测技术的发展很快，特别是非正弦波检测技术（无载波检测技术）和微波计算机断层成像技术（微波 CT）的研究，对微波无损检测的定量和图像显示意义十分重大。非正弦波检测是发射一组具有离散的谐波相关频谱的脉冲串作为合成脉冲，或应用脉冲发生器产生实时脉冲串。接收的信息在时域上由计算机处理后重新显示。微波 CT 可以获取物体某一横截面的剖面像，可清晰地辨别衰减量、微波相速、反射或散射系数的微小差别。微波 CT 可分为穿透型、反射型、衍射型和综合型等。微波 CT 除可检测非金属构件中的缺陷和某些物理量以外，还可以检查加速器粒子束或等离子体的状态。

3. 微波无损检测技术的应用

在工业上已经成功应用的微波无损检测有火箭固态推进剂固化度、裂纹和金属夹杂物检测，复合材料分层的检测，金属表面裂纹检测，金属应力腐蚀状态检测，材料参数和内

部缺陷检测等。

固体火箭发动机是运载火箭和导弹的动力装置，其燃烧室各胶接界面必须保证黏接良好，推进剂药柱内部不允许出现裂缝、气孔和疏松等严重缺陷，否则在地面试车或飞行时会增大燃面，使偏差超过规定要求，甚至导致发动机烧穿或爆炸。

钢壳体固体火箭发动机微波检测如图 2-38 所示，图 2-38（a）为检测火箭药柱裂缝的专用微波检测系统。发射喇叭探头和接收喇叭探头一上一下地架在药柱芯孔中间。由信号发生器经喇叭探头产生的微波束穿过药柱，被接收喇叭探头接收。收、发及其他电子设备装于盒内，并竖立固定在轴套上，由上下两个辐射支架支撑，可以转动。这种扫描装置可使发射和接收的喇叭探头按螺旋方式扫查整个药柱。图 2-38（b）为检测系统微波电路方框图。径向扫描信号发生器和轴向扫描信号发生器分别与径向驱动电机和轴向电机连接。从壳体反射的信号被接收，该信号与轴向扫描信号在加法器相加，送记录仪 Y 输入端；径向扫描信号送 X 输入端。根据记录结果判断药柱内部裂缝及其所在纵向和径向位置。

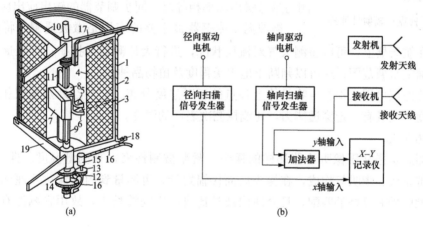

图 2-38　钢壳体固体火箭发动机微波检测

（a）微波检测系统结构图；（b）检测系统电路方框图

1—钢壳体；2—绝热层；3—包覆层；4—固体推进剂；5—发射喇叭探头；6—接收喇叭探头；

7—小盒；8—轴套；9—中心轴；10、19—上、下辐射式支架；11—链条；12—轴向驱动电机；

13—小齿轮；14—大齿轮；15—径向驱动电机；16—电机供电电缆；17—仪器电源电缆；18—螺钉

2.6.2　微波温度技术

1. 非接触测温

微波温度传感器工作时基于热辐射的原理。对于任何物体，其温度高于绝对零度时，都能够向外辐射能量。根据 $E = \varepsilon \sigma T^4$，若用一个直接接触式辐射计来测量物体辐射的微波功率，则已知表面发射率 ε，便可求出物体热力学温度 T（单位为 K）。反之，若已知温度，则可确定物体的表面发射率。如果该辐射能到达接收机输入端口，在接收机的输出端就会有信号输出，输出信号的大小与辐射能的多少，即被测体的温度有关，这就是辐射计或噪声温度接收机的基本原理。微波频段的辐射计是一个微波温度传感器，辐射计测得的亮度温度最大误差不大于 3K，均方误差不大于 1.33K。

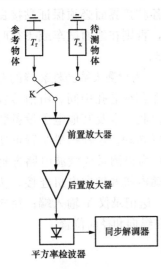

图 2-39 狄克型辐射计原理

微波辐射计的类型有全功率型、狄克型、噪声注入零平衡型、双参考自动增益控制型等。全功率型辐射计具有较高的理论灵敏度，结构比较简单，但由于接收机增益的波动，其实际灵敏度与理论灵敏度相差较大。狄克型辐射计克服了增益波动带来的不良影响，提高了辐射计的实际灵敏度和测量精度。狄克型辐射计的原理如图 2-39 所示。狄克型辐射计采用的测温方法是比较法，即用一个开关 K 周期性地将待测物体或参考物体的噪声功率轮流加到前置放大器。若两个位置上得到噪声功率相等，则待测与参考的温度也相等。实际上，参考物体的温度是可以调整的，故测量时调整它，就能达到平衡。测量时将已受开关 K 调制的噪声信号用平方律检波器检波，并送到同步解调器。调整参考物体的输出，当待测与参考噪声功率相等时，同步调节器的输出应出应为零。

微波温度传感器最主要的应用是微波遥测。将微波温度传感器装在航天器上，可以遥测大气对流层状况，进行大地测量与探矿；可以遥测水质污染程度，确定水域范围；还可以判断土地肥沃程度及植物品种等。

微波热像仪可用来检测生物机体上各点的相对温度分布。它与红外热像仪相比，可检测表面温度，又具有一定穿透能力，还能探测次表面的温度。

2. 接触测温

接触测温是指利用像听诊器那样的探头，紧贴被测件表面来测量温度。探头由波导、同轴线或带状线、喇叭等构成，在探头后面接辐射计，可测量到内部深达几厘米的温度分布。因接触面处有好的匹配，且介质内波长比自由空间波长小，故用它测温有更好的分辨力。

在冶炼过程中，可以用谐振腔测量熔炉的温度。用特种材料制成的微波谐振腔放在熔炉内，根据腔体金属热胀冷缩引起谐振频率变化的原理，通过测量谐振频率变化程度就可测量熔炉里 1000～2000℃温度。用镍铬钢做成的谐振腔能测到 1000℃，用铌和 1‰锆做成的谐振腔能测量温度达到 1500℃。这种测温的优点是能承受温度往复循环和不受辐射影响。

2.6.3 微波法测飞灰含碳量

锅炉的飞灰含碳量是反映锅炉燃烧是否经济的重要指标，在实际的燃烧系统中可以通过飞灰含碳量的测量来调整风煤比，从而提高机组运行的经济性。长期以来测定飞灰含碳量的方法一直沿用质量灼烧法，即将一定量的飞灰在高温下完全燃烧，按燃烧前后的质量差求得飞灰含碳量。它是一种离线的测量方法，对于实际生产的指导存在一定的滞后性。利用微波法检测飞灰中含碳量（即微波测碳法）是一种新的方法。微波测碳法按照其测量原理通常分为微波谐振法和微波吸收法。

1. 微波谐振法

微波电路中的谐振腔是一个电磁振荡系统，当腔内有外来介质时，谐振腔的某些参数（如谐振频率、品质因数）会发生相应的变化，检测外来介质进入前后这些腔体参数的变化就可以间接测量出引入的外来介质的性质和含量。微波谐振腔法测量飞灰含碳量正是基于这种原理的一种在线检测的方法。

假定在振动前的谐振腔中的电场和磁场的关系为

$$E = E_0 e^{j\omega t} \tag{2-34}$$

$$H = H_0 e^{j\omega t} \tag{2-35}$$

当扰动引入后电磁场变为

$$E' = (E_0 + E_1) e^{j(\omega + \delta\omega)t} \tag{2-36}$$

$$H' = (H_0 + H_1) e^{j(\omega + \delta\omega)t} \tag{2-37}$$

式中：E_0、H_0 为腔中位置的函数；E_1、H_1 为场中附加改变量；$\delta\omega$ 为角频率改变量。

当将介质放入微波谐振腔中时，由于不同含碳量的飞灰引起的介质损耗（ε_r）不同，因此谐振腔的谐振曲线将呈现出不同的状态，谐振曲线示意图如图 2-40 所示。图 2-40 中，谐振曲线 a 为测试管中没有飞灰时，其谐振频率为 f_0，峰值功率为 P_0；谐振曲线 b 为测试管中有飞灰样本 1 时，其谐振频率为 f_1，峰值功率为 P_1；谐振曲线 c 为测试管中有飞灰样本 2 时，其谐振频率为 f_2，峰值功率为 P_2。不同的含碳量的飞灰得到的频率偏移 δ_f 和峰值功率跌落 δ_P 是不

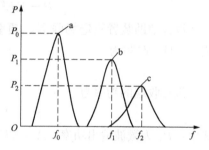

图 2-40　谐振曲线示意图

同的，由此可以构造出飞灰的含碳量与谐振腔的频率偏移 δ_f 和峰值功率跌落 δ_P 之间的关系，其关系如下

$$\mathrm{Carbon}\% = F(\delta_f, \delta_P) \tag{2-38}$$

采用微波谐振法测量飞灰中的含碳量时，尽管每次测量都需要检测空腔和装入灰样两种情况下的谐振功率峰值和谐振频率，但是相对于传统方法具有方便、准确、快速和可连续检测等优点。

2. 微波吸收法

微波吸收法是利用飞灰中的碳对特定波长微波的吸收和对微波相位的影响来测量飞灰含碳量。微波吸收法测飞灰含碳量原理如图 2-41 所示。

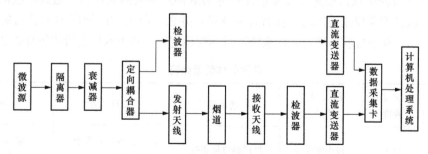

图 2-41　微波吸收法测飞灰含碳量原理

从微波性质方面对飞灰进行分析得到，纯飞灰为中性电介质。由于石墨碳的电导率 $\sigma \neq 0$，

当其存在于微波场中时，石墨微粒在微波的照射下就会产生感应电流，主要表现为对电场功率密度的损耗，所以飞灰中的碳对微波有衰减作用，并且含碳量越多，衰减就越大。

微波经介质层（飞灰）传输后的功率可表示为

$$P = KE^2 f^2 \varepsilon \tan\delta \tag{2-39}$$

式中：P 为介质吸收后的微波功率；K 为常数；E 为电场强度；f 为工作频率；ε 为介电常数；$\tan\delta$ 为介质损耗角正切。

飞灰的介电常数为

$$\varepsilon = \varepsilon_0 + \Delta\varepsilon_c \tag{2-40}$$

式中：ε_0 为含碳量为零时的飞灰介电常数；$\Delta\varepsilon_c$ 为飞灰中含碳量引起的介电常数增量。

飞灰吸收微波功率为

$$P = KE^2 f^2 \varepsilon_0 \tan\delta + KE^2 f^2 \Delta\varepsilon_c \tan\delta \tag{2-41}$$

设计辅助装置稳定场强 E、频率 f，同时保持飞灰与介电大小有关的 $\tan\delta$ 不变，故式（2-41）改写为

$$P = P_0 + A\Delta\varepsilon_c \tag{2-42}$$

设接收端的功率为

$$P_2 = P_1 - P = P_1 - P_0 - A\Delta\varepsilon_c \tag{2-43}$$

式中：P_1 为微波输出功率；$A = KE^2 f^2 \tan\delta$。

当微波源输出功率 P_1 一定时，接收端接收到的是被飞灰吸收后剩余的微波功率 P_2。于是，飞灰含碳量高，接收的微波功率 P_2 就小，检波器输出的电压就低；反之，检波器输出的电压就高（指绝对值）。用检波器测量出功率，采取现场定标确定系数，可以得到飞灰含碳量。该检波器输出电压不仅取决于石英玻璃取样管中的飞灰含碳量，还与微波功率辐射器辐射时的微波功率的大小密切相关。安装求输出电压平均值的积分器，使平均电压与飞灰平均含碳量相对应。

不同煤种所含不可燃物的化学成分差别很大。这些不同煤烧成的零灰（含碳量为0）呈现不同程度吸收微波的特性，但比飞灰中石墨颗粒吸收微波弱得多，属于电介质极化损耗。当更换煤种后，对应于 0 含碳量的飞灰，输出电压不再为零，且特性曲线的斜率也要发生变化，这时只要重新作一次标定就可测量。

现有的微波测碳仪按照是否需要取样可分为取样式微波测碳仪和烟道式微波测碳仪。

取样式微波测碳仪是被国内外同行普遍认可，并在工程上推广使用的测量飞灰含碳量装置。其缺点是取样装置容易堵塞，使系统运行不够稳定等。各类取样装置比较见表 2-5。

表 2-5　　　　　　　　　　　各类取样装置比较

取样类型	系统复杂程度	堵灰、腐蚀情况	磨损情况	取样代表性	应用效果
撞击式	简单	较少发生	取样斜口易磨损	非等速，取样颗粒较粗	较常用，但需经常重新标定
外抽离心式	复杂	容易，与煤种有关	烟气流转角位置管路及部件易磨损	等速	系统复杂，渐被淘汰

续表

取样类型	系统复杂程度	堵灰、腐蚀情况	磨损情况	取样代表性	应用效果
自抽式	较复杂	容易，与煤种有关	烟气流转角位置管路及部件易磨损	等速	较常用，需在防磨、防堵、防腐蚀上改进
翼形自抽式	简单	很少发生	全面内置烟道，磨损大，对材料要求高，但无转角部分	等速	新型，实际使用解决堵灰、腐蚀效果好

烟道式微波测碳仪是由 Cutmore N G 于 1993 年提出的一种飞灰含碳量测试系统方案。由于该系统直接将微波天线安装在烟道内，没有了取样装置，彻底解决了取样式微波测碳仪的灰堵等问题。烟道式微波测碳仪虽然解决了灰堵等问题，但该方法存在如下问题：

（1）微波能量向烟道两端的逸散。在对烟道中飞灰直接进行测量时，由于烟道相对于微波发射接收设备而言是一个大空间，这时微波不仅仅是保持直线穿过烟道空间，同时还有很大部分的能量向通道两端逸散掉了，于是接收端所接收到的能量就不完全是由飞灰吸收后所剩余的。

（2）烟道飞灰密度变动对微波能量衰减会产生影响。把烟道作为测量腔直接对烟气中的飞灰进行测量时，由于锅炉负荷和燃用煤种的变化，会使飞灰浓度和烟气流速变化。而微波的吸收率和相位与被测物质的密度和运动速度有很大关系，因而测量值会出现很大的不确定性。

2.6.4　微波定位

以检测钢锭位置的微波装置来对微波定位技术进行说明。钢锭位置检测装置图 2-42 所示，在轨道下面安装好设备，通过小孔发射微波波束。当轨道上没有钢锭通过，反射波很小，指示灯不亮；当轨道上钢材经过小孔时，波束被反射由环行器送到检波器，检波信号触发电路达到一定电平值后，才触发指示灯亮。

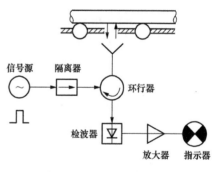

图 2-42　钢锭位置检测装置

习　题

1. 微波的波长范围及特点是什么？X 波段和 K 波段的频率范围是多少？微波检测技术的优点主要有哪些？

2. 微波信号源和微波天线都有哪些形式？试分析空间波式微波传感器的工作原理及应用场合。

3. 简述微波物位计的种类，分析导波式微波物位计的组成、原理和特点。

4. 画图说明游标扩时法的原理。通过增大 ΔT 来提高距离分辨率的同时，又会带来哪些其他的影响？

    5. 写出两个信号的互相关函数关系式，分析基于游标和相关检测的扩时原理。

    6. 说明 FMCW 微波物位计的工作原理。

    7. 写出测量在高速路上行驶的汽车速度的方法，并给出车速的计算公式。

    8. 简述微波测湿的原理，并举例说明微波测湿技术的具体实施方法。

    9. 反射幅度法微波测厚仪工作时采用两个微波天线的好处是什么？

    10. 微波无损检测技术适用于哪些材料的无损检测？微波谐振法测量飞灰含碳量的原理是什么？

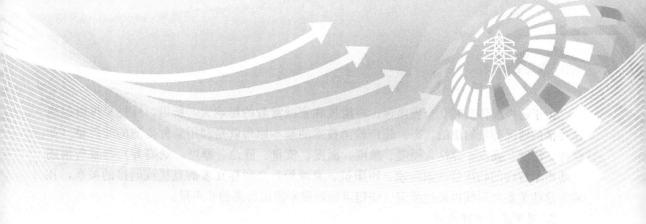

第3章　超声波检测技术

超声波检测技术是一种无损检测技术，它是通过超声波产生、传播及接收的物理过程完成的，广泛用于工业（探伤、厚度和距离测量、速度测量、流量和密度测量、温度测量、清洗、超声焊接）、医疗器械及海洋探测等领域。

3.1　概　　述

3.1.1　超声波的基本知识

1. 超声波及其特点

声波是物体机械振动状态（或能量）的传播形式。其中，振动频率范围为 16Hz～20kHz，能为人耳所闻的机械波称为声波；低于 16Hz 的称为次声波，人耳听不到；高于 20kHz 的称为超声波。声波的频率划分如图 3-1 所示。频率为 40kHz 的超声波在空气中的传播效率最佳。对超声波探伤来说，常用的工作频率为 0.4～5MHz，较低频率用于粗晶材料和衰减较大材料的检测，较高频率用于细晶材料和高灵敏度检测。对于某些特殊要求的检测，工作频率可达 10～50MHz。随着宽频窄脉冲技术的研究和应用，超声探头的工作频率有的已高达 100MHz。

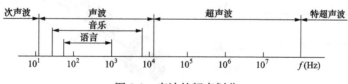

图 3-1　声波的频率划分

超声波具有以下特性：

（1）超声波可在气体、液体、固体或其混合物等介质中有效传播。

（2）超声波可传递很强的能量。

（3）超声波会产生反射、干涉、叠加和共振现象。

（4）超声波在液体介质中传播时，可在界面上产生强烈的冲击和空化现象。

当超声波在介质中传播时，由于超声波与介质的相互作用，使介质发生物理的和化学的变化，从而产生一系列力学的、热学的、电磁学的和化学的超声效应，包括机械效应、空化效应、热效应、化学效应。

由于超声波传播时受介质声速、声阻抗和衰减常数的影响大，所以，反过来可由超声波传播的情况测量物质的状态。超声检测技术的基本原理就是利用某种待测的非声量（如密度、浓度、强度、弹性、硬度、黏度、温度、流量、液位、厚度，缺陷等）与某些描述介质声学特性的物理量（如声速、声阻抗、衰减等）之间存在着的直接或间接的关系，在确定这些关系之后就可通过测定这些超声物理量来测出待测的非声量。

2. 超声波的物理性质

超声波换能器又称为超声波探头，是完成超声波发射和接收的关键器件。超声波的物理特性对超声波换能器的设计及应用十分重要。

（1）波动特性。声波和一切波动一样，具有频率 f、声速 c、波长 λ 三个物理量。超声波的频率范围为 $2 \times 10^4 \sim 2 \times 10^{13} \mathrm{Hz}$。超声波在不同介质中传播时声速不同，在固体中声速最大，为 $2130 \sim 7540 \mathrm{m/s}$；液体次之，为 $1000 \sim 2000 \mathrm{m/s}$；气体最慢，为 $200 \sim 970 \mathrm{m/s}$。例如，水中超声波声速约为 $1500 \mathrm{m/s}$，空气中约为 $330 \mathrm{m/s}$。

（2）束射特性。对于平面圆片形换能器来说，在无吸收的介质中的波束形状有两个不同的区域，即圆柱形区域和发散区域，分别又称为近场区和远场区。超声波传播的束射特性如图 3-2 所示。

近场区长度为

$$L = \frac{r^2}{\lambda} = \frac{r^2 f}{c} \tag{3-1}$$

式中：r 为换能器圆片半径；λ、f、c 分别为声波波长、频率和声速。

在近场以内，可以近似认为波束平行传播。但是，由于不同点波源的干涉，会出现一系列声压极大、极小值点，这些点会引起探测盲点。

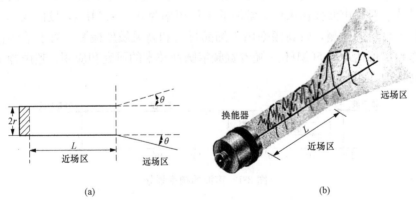

图 3-2　超声波传播的束射特性

(a) 方向性；(b) 声压分布

在远场区域，声压变化趋于平稳，波束将以球面波向前扩散，其每侧扩散声束与平行波束之间形成大小为 θ 的角，称半扩散角。θ 越小，能量越集中，方向性越强。对于圆片形超声波换能器有

$$\sin\theta = 1.22 \frac{\lambda}{2r} \tag{3-2}$$

由式（3-1）和式（3-2）可以看到，减小圆片直径，可以缩短近场长度，但增大了远场的半扩散角。

（3）射线特性。声波从一种介质传播到另一种介质，在两种介质的分界面上一部分声波被反射，另一部分透射过界面，在另一种介质内部继续传播，超声波的反射和折射如图 3-3 所示。超声波在两种介质的界面上的反射能量和透射能量的变化，取决于这两种介质的声阻抗之比。

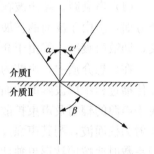

图 3-3 超声波的反射和折射

声阻抗定义为传声介质的密度 ρ 与声速 c 的乘积，用 Z 表示。它是介质固有的一个常数，其对超声波在介质中的传播非常重要，单位为瑞利（rayl，$1\text{rayl}=1\text{N}\cdot\text{s}/\text{m}^3=1\text{kg}/\text{s}\cdot\text{m}^2$）。对空气，0℃时，$Z=428\text{rayl}$；20℃时，$Z=415\text{rayl}$。对水，20℃时，$Z=1.48\times10^6\text{rayl}$。对钢铁，20℃时，$Z\approx10^7\text{rayl}$。

两种交界面介质的声阻抗差别越大，反射越强，折射越小。水（或固体）与气体之间声阻抗差别极大，反射极强烈，透入甚少，几乎成全反射。例如空气和钢铁的声阻抗相差甚远，垂直入射到空气和金属界面上的超声波几乎全被反射。若能量足够大，在层状的两个平行反射介面之间，声波可以来回反射多次，直到能量减弱完为止。

由物理学知，当波在界面上反射时，入射角 α 与反射角 α' 相等。当波在界面处产生折射时，入射角 α 的正弦与折射角 β 的正弦之比，等于入射波在第一介质中的波速 c_1 与折射波在第二介质中的波速 c_2 之比，即

$$\frac{\sin\alpha}{\sin\beta}=\frac{c_1}{c_2} \tag{3-3}$$

声波的反射系数 R 和透射系数 T 可分别表示为

$$R=\frac{I_r}{I_0}=\left[\left(\frac{\cos\beta}{\cos\alpha}-\frac{\rho_2 c_2}{\rho_1 c_1}\right)\Big/\left(\frac{\cos\beta}{\cos\alpha}+\frac{\rho_2 c_2}{\rho_1 c_1}\right)\right]^2 \tag{3-4}$$

$$T=\frac{I_t}{I_0}=\frac{4\rho_1 c_1\rho_2 c_2\cos^2\alpha}{(\rho_1 c_1\cos\beta+\rho_2 c_2)^2} \tag{3-5}$$

式中：I_0、I_r、I_t 分别为入射波、反射波、透射波的声强；α、β 为声波的入射角和折射角；$\rho_1 c_1$、$\rho_2 c_2$ 为两介质的声阻抗，其中 c_1 和 c_2 分别为反射波和折射波的速度。

当超声波垂直入射界面时，$\alpha=\beta=0$，且满足

$$R=\left[\left(1-\frac{\rho_2 c_2}{\rho_1 c_1}\right)\Big/\left(1+\frac{\rho_2 c_2}{\rho_1 c_1}\right)\right]^2 \tag{3-6}$$

$$T=\frac{4\rho_1 c_1\rho_2 c_2}{(\rho_1 c_1+\rho_2 c_2)^2} \tag{3-7}$$

由式（3-6）和式（3-7）可知，若 $\rho_1 c_1\approx\rho_2 c_2$，则反射系数 $R\approx0$，透射系数 $T\approx1$，此时声波几乎没有反射，全部从第一介质透射入第二介质；若 $\rho_2 c_2\gg\rho_1 c_1$，反射系数 $R\approx1$，则声波在界面上几乎全反射，透射极少；若 $\rho_1 c_1\gg\rho_2 c_2$，反射系数 $R\approx1$，仍几乎全反射。通过对 20℃下水的声阻抗和空气的声阻抗的比较可知，超声波从水传播至水气界面时，将会发生全反射。

超声波束如果分别投射到凹凸面及不规则界面上时，也会像光线那样聚焦、散焦及散

射等。当超声波波长与障碍物可以相比较时，就会产生绕射现象。若超声波波长远小于障碍物尺寸，绕射现象就不显著。

（4）声衰减。超声波在弹性介质中传播时，会发生能量的衰减，其产生原因可分为三个方面：①由于波前的扩展而产生的能量损失；②超声波在介质中的散射而产生的能量损失，即散射衰减；③由于介质内耗所产生的吸收衰减。

在理想介质中，声波的衰减仅来自声波的扩散，即非零扩散角所致，主要是由于声波在传播过程中因波阵面的面积扩大导致声强减弱。显然，这种衰减与媒质无关，其仅仅取决于声源的辐射及声束扩散。如果声源辐射为球面波，则其声强按 r^{-1} 规律衰减；如果声源辐射为柱面波，则其声强按 r^{-2} 规律衰减。因此这种因波形形成的扩散衰减，在一般计算衰减系数时要按照波形单独计算。

散射衰减是指超声波在介质中传播时，固体介质中的颗粒界面或流体介质中的悬浮粒子使声波产生散射，其中一部分声波不再沿原来传播方向运动，而形成散射。散射衰减与散射粒子的形状、尺寸、数量、介质的性质和散射粒子的性质有关。

吸收衰减是由于介质的黏滞性，超声波在介质中传播时造成质点间的内摩擦，从而使一部分声能转换为热能，通过热传导进行热交换，导致声能的损耗。

声波在介质中传播时，对沿 X 方向传播的平面波而言，不考虑扩散衰减，随着传播距离的增加，其声压和声强的衰减规律近似为

$$P_x = P_0 e^{-ax} \tag{3-8}$$

$$I_x = I_0 e^{-ax} \tag{3-9}$$

式中：P_x、I_x 分别为距声源 x 处的声压和声强；x 为声波与声源间的距离；a 为衰减系数。

（5）多普勒效应。发射超声波时，若声源与被测物体间有相对运动，会使反射的超声频率发生改变，发生频移。运动速度越大，频移也越大，此种现象称为多普勒效应，可近似表示为

$$\Delta f \approx 2v \frac{\cos\theta}{\lambda} \tag{3-10}$$

式中：Δf 为频移值；v 为被测物体运动速度；θ 为入射超声方向与运动方向间的夹角；λ 为波长。

（6）空化效应。在液体中超声波使液体形成气泡然后在液压作用下迅速破灭的过程称为空化。当超声声压超过某一阈值时（例如在水中声强超过 0.3W/cm^2），液体就会产生空化，这是因为超声波在正负半周对液体的拉、压作用破坏了液面张力。同时，当空气泡崩溃时也会产生强烈的局部冲击波。超声清洗、超声粉碎固体、超声催化等技术正是利用了这一空化效应。

3. 超声波的类型

（1）根据波动传播时介质质点的振动方向相对于波的传播方向的不同，可将波动分为纵波、横波、表面波和板波等。

1）纵波。质点振动方向和传播方向一致的波称为纵波，以 L 表示。纵波是由于介质质点在交变拉压力的作用下，质点之间产生相应的伸缩变形而形成的。纵波能在固体、液体和气体介质中传播。由于纵波的产生和接收都较容易，在超声波检测中得到了广泛应用。

2）横波。介质中质点的振动方向垂直于波的传播方向的超声波叫横波，以 S 或 T 表示。横波是由于介质质点受到交变切应力作用，产生切变形变而形成的，因此横波也称为切变波。横波只能在固体中传播。

3）表面波。当固体介质表面受到交替变化的表面张力作用时，质点做相应的纵横向复合振动，此时，质点振动所引起的波动传播只在固体介质表面进行，不能在液体或气体介质中传播，故称表面波，又称瑞利波，以 R 表示。瑞利波使固体表面质点产生的复合振动轨迹是绕其平衡位置的椭圆，椭圆的长轴垂直于波的传播方向，短轴平行于传播方向。

4）板波。板厚与波长相当的弹性薄板状固体中传播的声波称为板波，又称兰姆波。兰姆波传播时，质点的振动轨迹也是椭圆，其长轴与短轴的比例取决于材料性质。

（2）声波在介质中传播的振幅变化一般符合正弦波（或余弦波）的波动规律。根据波源振动的持续时间，将波动分为连续波和脉冲波，连续波与脉冲波如图 3-4 所示。

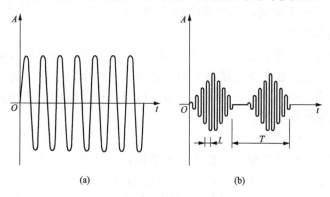

图 3-4　连续波与脉冲波

（a）连续波；（b）脉冲波

1）连续波。波源持续不断地振动所辐射的波称为连续波，超声波穿透法检测常采用连续波。

2）脉冲波。波源振动持续时间很短，间歇辐射的波称为脉冲波。超声波反射法中广泛采用的就是脉冲波。

连续波和脉冲波传播机理不同，连续波规律较为简单，实际超声波检测中，用连续波的规律处理脉冲波应用中遇到的问题，可以得到几乎一致的结果，给脉冲波反射法检测的实际应用带来了方便。

（3）按波阵面的形状分类，可以分为平面波、柱面波、球面波、活塞波等。

3.1.2　超声波换能器

超声波检测是利用超声波探头实现电声转换，所以超声波探头也叫超声波换能器，其电声转换是可逆的，且转换时间极短，可以忽略不计。发射换能器是将电能转换成高频声能，接收换能器是把声能转换成电能。在超声检测中往往用一个超声波换能器，既作发射换能器，又作接收换能器。根据产生超声波和电声转换方式的不同，可以有多种不同类型的超声波换能器。这些电声转换方式如下：利用某些金属（铁磁性材料）在交变磁场中的磁致伸缩，产生和接收超声波；利用电磁感应原理产生电磁超声及利用机械振动、热效应和静电法等都能产生和接收超声波。当前用得最多的是以利用压电效应原理制成的压电超声波换能器。下面以压电超声波换能器为例对超声波换能器的工作原理、结构和特性加以介绍。

1. 压电材料和压电效应

具有压电效应的材料称为压电材料。常见的压电材料有石英晶体、压电陶瓷、压电半导体、高分子压电材料等。压电效应有逆压电效应和正压电效应。利用逆压电效应可以产生超声波，利用正压电效应可以接收超声波。

（1）逆压电效应。将压电材料置于电场内，由于电场作用引起介质内部正负电荷中心发生位置变化，这种位置变化在宏观上表现为产生了形变，形变与电场强度成正比。如电场反向，则形变亦相反。这一现象称为逆压电效应。

将适当的交变电信号施加到晶体上，它将发生交替的压缩和拉伸，因而产生振动，振动频率与交变电压的频率相同，若把晶体耦合到弹性介质中，晶体将充当超声源的作用，超声波将被辐射到那种介质中。

（2）正压电效应。当对某电介质施加应力时，产生的变形将引起内部正负电荷中心发生相对位移而产生极化，在介质两端面上出现符号相反的束缚电荷，其电荷密度与应力成正比，这种效应称为正压电效应。利用正压电效应可将机械能即声能转换成电能，可用来接收超声波，称为接收换能器。

2. 超声波换能器的种类和结构

超声波检测用探头的种类很多，根据波形不同，分为纵波探头、横波探头、表面波探头与板波探头等；根据耦合方式不同，分为接触式探头和液（水）浸探头；根据波束不同，分为聚焦探头与非聚焦探头；根据晶片数不同，分为单晶探头、双晶探头等。此外，还有高温探头、微型探头等特殊用途探头。下面以直探头为例介绍探头的结构。

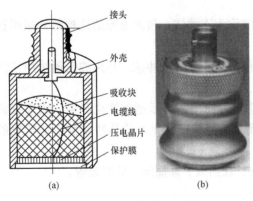

图 3-5　直探头的结构和外形
（a）结构；（b）外形

直探头用于发射和接收纵波，故又称为纵波探头。直探头的结构和外形如图 3-5 所示，它可以发射和接收纵波，主要由压电晶片、保护膜和吸收块组成，另外还有壳体和连接高频电缆的接插件。

（1）压电晶片。压电晶片受到电信号激励便可产生振动发射超声波（逆压电效应）；当超声波作用在压电晶片上时，晶片受迫振动引起的形变可转换成相应的电信号（正压电效应），从而接收超声波。压电晶片的振动频率即为探头的工作频率，一般使压电晶片在共振状态下工作。压电材料选定后，晶片厚度决定了振动频率，频率和厚度的乘积为一常数，即频率常数。

（2）保护膜。压电晶片一般比较脆，为使其与试件接触移动时不损坏，常在晶片前面黏附一层用氧化铝、蓝宝石或碳化硼制成的硬性保护膜。如果试件表面比较粗糙，则常采用厚度为零点几毫米的可更换塑料保护膜。

选取保护膜除考虑材料的耐磨性外，还要求有较大的透声率。当保护膜的厚度为 $\lambda/4$

的奇数倍，且保护膜的声阻抗 Z_2 与晶片声阻抗 Z_1 和工件声阻抗 Z_3 满足 $Z_2 = \sqrt{Z_1 Z_3}$ 时，超声波全透射。

（3）吸收块。起振后的压电晶片去掉激励后，要经过多次振动才会停止，这会使发射脉冲变宽而降低探头的分辨力。一般采取在压电晶片的负极浇铸吸收块的办法吸收声能量，即增加振动阻尼，因此也把吸收块称为阻尼块。通常是在环氧树脂中加入钨粉和固化剂制成吸收块，使声能进入吸收块后被散射而消耗掉。

应指出的是，在探头中浇铸吸收块提高了分辨率，同时也降低辐射功率，牺牲检测灵敏度。所以，要根据实际情况制作吸收块。

（4）高频电缆线。超声波探头需要通过高频电缆线与超声波驱动电路板进行连接，这种专用的电缆线可以屏蔽外部各种干扰噪声等对超声波探头的驱动脉冲和回波信号的影响。

（5）外壳。其作用在于将各部分组合在一起，主要有固定和保护整个探头元件的作用。

3. 超声波换能器的主要性能指标

超声波探头的主要性能指标包括工作频率、相对灵敏度、品质因素、频率响应、阻抗特性、方向特性等。现将各个性能指标分别介绍如下：

（1）工作频率。大多数超声波探头的工作频率选择在其机械谐振频率附近，该频率也是由探头发射的超声波的频率所决定的。超声波探头工作在此频率下输出的能量最大，传播距离也最远。

（2）相对灵敏度。是超声波的回波经换能器转换后输出的回波信号电压的峰-峰值和施加在换能器上的驱动脉冲电压的峰-峰值的比值，它是衡量超声波换能器电能和声能互相转换效率的一种度量。

（3）机械品质因数 Q_m。它表示这只换能器产生"纯频"超声波的能力，定义为

$$Q_m = \frac{\omega_R}{\omega_2 - \omega_1} = \frac{\omega_R}{\Delta\omega} \tag{3-11}$$

式中：ω_R 为谐振频率；ω_1、ω_2 分别为谐振频率 ω_R 左、右两边半功率点上的频率；$\Delta\omega$ 为频带宽度。

换能器的机械品质因数 Q_m 与频带宽度、机电耦合系数及所在介质的辐射阻抗、换能器结构、材料及损耗有关。例如，同一只压电换能器在水中，$Q_m \approx 30$；在空气中，$Q_m \approx 200$。

（4）频率响应。指换能器收到的回波信号的频率特性。超声波换能器的频谱图可以通过频率分析仪测得，从而可知中心频率、带宽等参数。

（5）阻抗特性。换能器与发射电路末级（或接收电路首级）电阻抗应该匹配，同时，换能器的声阻抗还应与辐射声负载（或接收声负载）匹配，以达到最理想的驱动能量和回波接收能力，这两个匹配条件非常重要。实现机电阻抗匹配和声学阻抗匹配，是让超声波换能器实现其最佳性能所要研究的重要课题。

（6）方向特性。当超声波换能器的尺寸与所在介质中的声波波长可比拟时，它发射的声能只集中在某些方向上，由此所做出的声压随方位角的变化图称为方向图，超声波换能器的方向图如图 3-6 所示。

主瓣角是超声波方向特性中最重要的指标，超声波的频率越高，主瓣角越小，超声波

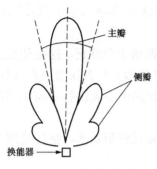

主瓣

侧瓣

换能器 →

图 3-6 超声波换能器
的方向图

探头的声能越集中，其声速范围也越窄。

4. 影响超声波换能器工作的因素

超声波换能器的工作主要受传播介质、环境和电子器件本身的影响。

（1）温度、压力和湿度的影响。超声波换能器有其最佳工作温度，在非常高或非常低的温度下工作可以导致传感器声学匹配层的去谐和共振频率的偏移，从而降低传感器的工作性能。

温度的变化引起了超声波在空气中的传播速度的变化。超声波在空气中传播时，声速 c 随着环境温度 T 变化的关系式为

$$c = 331.4\sqrt{1 + T/273} \tag{3-12}$$

超声波在水中传播时，声速 c 随着水温 T 变化的关系式为

$$c = 1557 - 0.0245(74 - T)^2 \tag{3-13}$$

式中：c 为声速，m/s；T 为热力学温度，K。

虽然压力会对超声波换能器的工作状态有所影响，但其不会直接导致声速的变化。超声波换能器内部要提供测温元件，以对声波进行补偿，而外部温度传感器可在更加宽的范围内进行更精确的校准。

（2）气流和水汽的影响。空气扰动可使声波偏移，也可干扰超声波传播，降低回波信号的质量。当超声波传感器浸湿在水中时，虽然不会损坏传感器，但其有效面的流体会使匹配层去谐，从而降低传感器的特性。

（3）电、声干扰。超声波传感器易受射频干扰和电磁干扰的影响，在特定的环境中需要进行有效的屏蔽和选择有效的屏蔽线。

（4）被测目标物体的表面特性。超声波物位计回波信号的强度取决于被测物体的表面特性。实际测量中，液体界面的回波远远好于固体介质，这是由于固体介质的表面颗粒密布，容易导致回波比较分散。与发射波束垂直的、硬的、平滑的、平坦的物体，例如液体、玻璃、瓷砖地板和金属物体等介质，返回的回波信号强度最强，可以探测的距离更远。

（5）盲区。盲区是由于振铃现象产生的，而振铃现象是因为电脉冲激励作用于压电换能器的压电晶片而造成的持续振动。超声波换能器内部包含一个或者多个压电晶体，以产生正压电效应和逆压电效应分别发射和接收超声波。当压电晶片受到高频电脉冲激励时，会产生一段时间的共鸣（振铃现象），随着电脉冲的减弱和消失，压电晶片的振动能量会相应减弱，振幅最终将趋向于零。若在接收回波信号期间，共鸣现象依然存在，共鸣会将回波信号掩盖，从而导致超声波换能器无法准确判定回波，这段时间导致无法测量的距离范围就称为盲区。共鸣时间越长，盲区越大。

由于压电陶瓷的特性和换能器设计的局限性，换能器工作时总会有大量的振铃时间。当脉冲激励停止时，振铃现象或多或少耗费了部分机械能和电能。

3.1.3 耦合剂

超声耦合是指超声波在探测面上的声强透射率。声强透射率高，超声耦合好。为了提

高耦合效果，在探头与工件表面之间施加的一层透声介质，该介质称为耦合剂。耦合剂的作用是排除探头与工件表面之间的空气，使超声波能有效地传入工件，达到检测的目的，此外耦合剂还有减少摩擦的作用。

探头与试件的耦合方式有液体耦合、干压耦合，在一些特殊条件下（如高温）还需要选择特殊的耦合剂。

1. 液体耦合

通过在探头和试件之间涂敷液体以排除空气来实现声能的传递，称为液体耦合。液浸法检测时，经常将试件、探头一并浸入水中进行检测，这时水就是耦合剂。超声波检测中常用液体耦合剂有机油、变压器油、甘油、水、水玻璃等。

甘油声阻抗高，耦合性能好，常用于一些重要工件的精确检测，但价格较贵，而且对工件有腐蚀作用。水玻璃的声阻抗较高，常用于表面粗糙的工件检测，但清洗不太方便，且对工件有腐蚀作用。水的来源广，价格低，常用于水浸检测，但会使工件生锈。机油和变压器油黏度、流动性、附着力适当，对工件无腐蚀，价格不贵，是目前应用最广泛的耦合剂。此外，化学糊糊也常用来作耦合剂，耦合效果好。

作为应用最多的耦合方式，影响其声耦合的主要因素有耦合层的厚度、耦合剂的阻抗、工件表面粗糙度和工件表面形状等。

2. 干压耦合

在不适合采用液体耦合剂时（如疏松多孔的工件表面），可采用干压耦合方式，即在探头下方附以软橡胶或塑料垫（或在滚动探头上加上轮胎）压向工件，其实质是用软材料取代液体耦合剂。采用干压耦合，灵敏度会有一定的损失，为使损失较小，通常采用较低的超声频率。

3. 高温耦合剂

当使用油做耦合剂时，随着温度的提高，声的传播速度会明显下降，衰减会增大，为避免油耦合剂的上述缺点，可采用低熔点合金，如一种熔点在 70℃ 的共晶合金，其化学成分为铋、铅、锡、镉，可将这种合金加热到 150℃，并作为耦合剂接收回波，这样接收到的回波幅度非常稳定，不随时间改变，声在其中的传播速度也可保持不变。超过 150℃ 时，信号幅度会出现下跌，主要是由于声在耦合剂中衰减导致的。

3.1.4　试块

与一般测量方法一样，为了保证检测结果的准确性、可重复性，必须用一个具有已知固定性能的试样对检测系统进行校准。超声波检测中按一定用途设计制作的、具有简单几何形状的人工反射体的试样，统称为试块。试块和仪器、探头一样，是超声波检测中的重要工具。利用试块可以确定检测灵敏度、测试仪器和探头的性能、调整扫描速度、评判缺陷大小、测量材料的声速和衰减性能等。

按试块来历，试块分为标准试块和对比试块。标准试块是由权威机构制定的试块，试块材质、形状、尺寸及表面状态都由权威部门统一规定，如国际焊接学会 IIW 试块和 IIW2 试块。对比试块是由各部门按某些具体检测对象制定的试块，如 CS-1 试块、CSK-IA 试块等。

按试块上人工反射体的形状，分为平底孔试块、横孔试块、槽形试块。一般平底孔试块上加工有底面为平面的平底孔，如 CS-1、CS-2 试块。横孔试块上加工有与探测面平行的长横孔或短横孔，如焊缝检测中 CSK-IA（长横孔）和 CSK-IIIA（短横孔）试块。槽形试块上加工有三角尖槽或矩形槽，如无缝钢管检测中所用的试块，内、外圆表面均加工有三角尖槽。

3.2　超声波无损检测

超声波无损检测始于 20 世纪五六十年代，作为无损检测的初级阶段，主要用于检测试件是否存在缺陷或者异常，其检测结论主要分为有缺陷和无缺陷两类。随着科学技术的不断发展，特别是生产对无损检测技术的需求不断提升，不仅需要探测出试件是否含有缺陷，而且要探测试件的一些其他信息，例如缺陷的结构、性质、位置等。随着人们对材料、构件等质量要求进一步提高，特别是针对在役设备的安全性和经济性的要求，还要进一步评估分析缺陷的这些特性对被检构件的综合性指标（例如寿命、强度、稳定性等）的影响程度，最终给出关于综合性指标的某些结论，即需要进行无损评价。

对于压力容器、压力管道等在役设备来说，用户关心的是缺陷对于设备本身安全性的影响程度，因此无损评价比无损检测要重要得多。当然，无损评价技术也困难得多。在发现缺陷的技术上要求有进一步的提升，包括利用计算机技术、自动化技术等开展缺陷的实时探测和分析；另外，需要在缺陷检测的基础上，结合材料、结构、力学及其他学科的相关知识，综合评价设备的安全性。

超声无损检测的原理是利用超声波良好的方向性和所具有的能量特性，利用超声传播过程中的反射、折射、散射，以及能量的传播特点来对材料内部的缺陷进行定性、定量和定位。其检测成本低、速度快、可现场检测，检测过程对人体无影响，但检测时需要耦合剂，耦合剂的存在影响检测精度和可靠性，也一直影响超声检测的自动化探伤。另外，工件的不规则形状等也会影响检测的适用性，材料的材质、晶粒度对检测也有影响。

超声波探伤仪按照处理信号的方式不同，分为模拟式和数字式两类。按缺陷显示方式分类，可以分为 A 型显示检测仪、B 型显示检测仪、C 型显示检测仪。A 型显示是一种波形显示，检测仪荧光屏的横坐标代表声波的传播（或距离），纵坐标代表反射波的幅度。由荧光屏上反射波的位置可以确定工件中缺陷位置，由荧光屏上反射波的幅度可以估算工件中缺陷当量的大小。B 型显示是一种图像显示，检测仪荧光屏的横坐标是靠机械扫描来代表探头的扫查轨迹，纵坐标是靠电子扫描来代表声波的传播时间（或距离），因而可直观地显示出被探工件任一纵截面上缺陷的分布及缺陷的深度。C 型显示也是一种图像显示，检测仪荧光屏的横坐标和纵坐标都是靠扫描来代表探头在工件表面的位置，探头接收信号幅度以光点辉度表示，因而，当探头在工件表面移动时，荧光屏上便显示出工件内部缺陷的平面图像，但不能显示缺陷的深度。

3.2.1　探伤仪的工作原理及结构

下面介绍模拟式探伤仪中的 A 型脉冲反射式超声波探伤仪和数字式超声波探伤仪。

1. A型脉冲反射式超声波探伤仪

当被检测的均匀材料中存在缺陷时，将造成材料的不连续性，这种不连续性往往伴随着声阻抗的突变。由超声传播理论可知，超声波在两个不同声阻抗的交界面上将发生反射，反射能量的大小取决于交界面两边材料声阻抗的大小与交界面的取向和尺寸。脉冲反射式超声波探伤仪正是根据这个原理而设计的。目前这种类型的探伤仪已有各种各样的形式，但其基本结构大体相同，主要由同步电路、扫描电路、发射电路、接收电路、显示电路及电源等部分组成，A型脉冲反射式超声波探伤仪如图 3-7 所示。下面简要介绍各部分电路的功能。

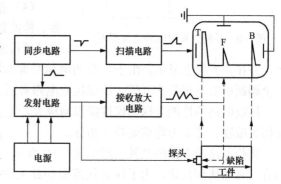

图 3-7　A型脉冲反射式超声波探伤仪

（1）同步电路。同步电路又称触发电路，它每秒产生数十至数千个脉冲，用来触发探伤仪扫描电路、发射电路等，使之步调一致、有条不紊地工作。因此，同步电路是整个探伤仪的"中枢"，同步电路出了故障，整个探伤仪便无法工作。

（2）扫描电路。扫描电路又称时基电路，用来产生锯齿波电压，加在示波管水平偏转板上，使示波管荧光屏上的光点沿水平方向作等速移动，产生一条水平扫描时基线。探伤仪面板上的深度粗调、微调、扫描延迟旋钮都是扫描电路的控制旋钮。探伤时，应根据被探工件的探测深度范围选择适当的深度挡级，并配合微调旋钮调整，使刻度板水平轴上每一格代表一定的距离。扫描电路的方框图及其波形如图 3-8 所示。

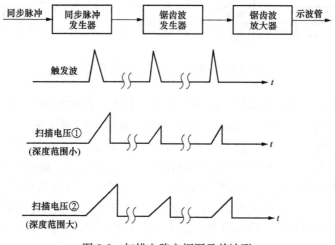

图 3-8　扫描电路方框图及其波形

（3）发射电路。发射电路利用闸流管或晶闸管的开关特性，产生几百伏至上千伏的电脉冲。脉冲加于发射探头，激励压电晶片振动，使之发射超声波，晶闸管发射电路的典型电路如图 3-9 所示。发射电路中的电阻 R_0 称为阻尼电阻，用发射强度旋钮可改变 R_0 的阻值。阻值大发射强度高，阻值小发射强度低，因 R_0 与探头并联，改变 R_0 的同时也改变了

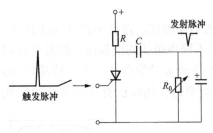

图 3-9　晶闸管发射电路的典型电路

探头电阻尼大小，即影响探头的分辨力。通常电压越高、脉冲越宽，则发射能量越大，但同时，也增大了盲区，使深度分辨力变差。因此，使用时需根据检测对象的特点加以调节，以适应对穿透能力和分辨力的不同要求。

（4）接收电路。接收电路由衰减器、射频放大器、检波器和视频放大器等组成。它将来自探头的电信号进行放大、检波，最后加至示波管的垂直偏转板

上，并在荧光屏上显示。由于接收的电信号非常微弱，通常只有数百微伏至数伏，而示波管全调制所需电压要几百伏，所以接收电路必须具有约 10^5 的放大能力。

接收电路的性能对探伤仪性能影响极大，它直接影响着探伤仪的垂直线性、动态范围、探伤灵敏度、分辨力等重要技术指标。

接收电路的方框图及其波形如图 3-10 所示。由大小不等的缺陷所产生的回波信号电压约有几百微伏到几伏，为了使变化范围如此大的缺陷回波在放大器内得到正常的放大，并能在示波管荧光屏的有效观察范围内正常显示，可使用衰减器改变输入信号到某级放大器信号的电平，放大器的电压放大倍数一般用分贝来表示，见式（3-14）。

$$K_v = 20\lg\frac{U_{out}}{U_{in}}(dB) \qquad (3-14)$$

式中：K_v 为电压放大倍数的分贝值；U_{out} 为放大器的输出电压；U_{in} 为放大器的输入电压。

一般探伤仪的电压放大倍数可达 $10^4 \sim 10^5$ 倍，相当于 $80 \sim 100dB$。

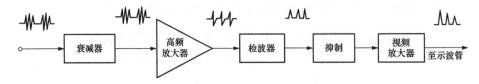

图 3-10　接收电路的方框图及其波形

探伤仪面板上的增益、衰减器、抑制等旋钮是放大电路的控制旋钮。增益旋钮用来改变放大器的增益，增益数值大，则探伤灵敏度高。衰减器旋钮用来改变衰减器的衰减量。一般来说，衰减读数大，灵敏度低。但是，有的探伤仪为了使用时读数方便统一，衰减器读数按增益方式标出，在这种情况下，衰减读数大，灵敏度高。抑制旋钮的作用是抑制草状杂波。但应注意的是，使用"抑制"（旋钮）时，仪器的垂直线性和动态范围均会下降。

（5）显示电路。显示电路主要由示波管及外围电路组成。示波管用来显示探伤图形。

（6）电源。电源的作用是给探伤仪各部分电路提供适当的电能，使整机电路工作。标准探伤仪一般用 220V 或 110V 交流电。携带式探伤仪多用蓄电池供压电，用充电器给蓄电池充电。

除上述基本组成部分之外，探伤仪还有各种辅助电路，如延迟电路、DAC 电路、闸门电路等。

A 型脉冲反射式超声波探伤仪的工作过程：同步电路产生的触发脉冲同时加至扫描电路和发射电路，扫描电路受触发开始工作，产生锯齿波扫描电压，加至示波管水平偏转板，

使电子束发生水平偏转，在荧光屏上产生一条水平扫描线。与此同时，发射电路受触发产生高频窄脉冲，加至探头，激励压电晶片振动，在工件中产生超声波。超声波在工件中传播，遇缺陷或底面发生反射返回探头时，又被压电晶片转变为电信号，经接收电路放大和检波，加至示波管垂直偏转板上，使电子束发生垂直偏转，在水平扫描线的相应位置上产生缺陷波和底波。根据缺陷波的位置可以确定缺陷的埋藏深度，根据缺陷波的幅度可以估算缺陷当量的大小。

2. 数字式超声波探伤仪

数字式超声波探伤仪是计算机技术和超声波检测技术相结合的产物。它是在传统的超声波探伤仪的基础上，采用计算机技术实现仪器功能的精确自动控制、信号获取和处理的数字化和自动化、检测结果的可记录性和可再现性。因此，它具有传统的超声波探伤仪的基本功能，同时又增加了数字化带来的数据测量、显示、存储与输出功能。数字式超声波探伤仪基本组成如图 3-11 所示。

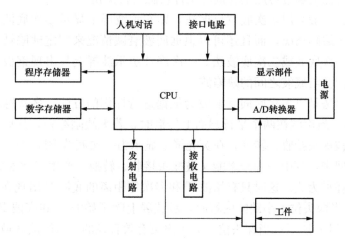

图 3-11　数字式超声波探伤仪基本组成

从图 3-11 来看，数字式超声波探伤仪的电路组成中保留了常规模拟超声波探伤仪的发射电路、接收电路、显示部件和电源。在模拟仪器中由同步电路和扫描电路协同整个工作及执行操作，在数字化仪器中有 CPU 及程序存储器中的程序来管理和控制仪器的工作，A/D 转换器、数字存储器、人机对话和接口电路是数字化仪器特有的组成部分。

中央处理器（central processing unit，CPU）的任务是执行存放在程序存储器的指令序列。程序存储器是计算机的程序记忆部件，编写的程序就存放在这里。

A/D 转换器是将模拟信号转换成数字信号的部件，使模拟信号量化，转换后信号有失真，失真程度由 A/D 电路的采样率和分辨率决定。

数字存储器是数据记忆部件，仪器状态设置数据、频率参数、记录的文件内容都保存在数字存储器内。

接口电路用于实现仪器与打印机、I/O 口和计算机等外设的连接。

数字式仪器可提供模拟式仪器具有的所有功能。在数字式仪器中，通过人机对话，以按键或菜单的方式，将控制数据输入给微处理器，然后由微处理器发出信号，控制各控制电路的工作。微处理器还可按照预先设定的程序，自动对仪器进行调整。检测波形的数字化使得仪器可进一步提供波形的记录和存储、波形参数的自动计算与显示（波高、距离等）、距离幅度曲线的自动生成、时基线比例的自动调整等附加功能。

3.2.2　超声波探伤仪的应用举例

板材是制造锅炉压力容器的重要原材料，一般要求进行超声波探伤。实际生产中钢板应用最为广泛。根据钢板厚度不同，将钢板分为薄板与中厚板。薄板厚度 $\delta < 6mm$，中厚板 $\delta \geqslant 6mm$（中板 $\delta = 6 \sim 40mm$，厚板 $\delta > 40mm$）。板材中的常见缺陷有分层、折叠、白点等，裂纹少见，其中分层是最常见的内部缺陷。此处介绍针对中厚板的超声波探伤技术。

对中厚板板材的超声检测，常用技术是脉冲反射法。耦合方式有直接接触法和水浸法。采用的探头有单晶直探头、双晶直探头或聚焦探头。

1.直接接触法

直接接触法是探头通过薄层耦合剂与工件接触进行探伤。

探伤钢板时，一般采用多次底波反射法，即在示波屏上显示多次底波。这样不仅可以根据缺陷波来判定缺陷情况，而且还可以根据底波衰减情况来判定缺陷情况。只有当板厚很大时，才采用一次底波或二次底波法。一次底波法示波屏上只出现钢板界面回波与一次底波，只计界面回波与底波之间的缺陷波。

多次脉冲反射法是以多次底面反射波为依据进行探伤的方法，多次脉冲反射法工作原理如图 3-12 所示。当声波在两个平行端面上传播时，若无缺陷存在，从底面反射回来的回波，一部分声能被探头接收、转换，在荧光屏上显示为一次底波 B1，另一部分声能又折回底面被再次反射回来，其中一部分声能又被探头接收、转换，产生二次底波 B2，如此往复多次，直至声波耗尽为止。这时只有始波 T 和多次等距离的底波 B 出现在示波屏上，如图 3-12（a）所示；当探头位于小缺陷区域时，示波屏上除了始波 T 和底波 B，还有缺陷波 F 存在，如图 3-12（b）所示；当探头位于大于声束有效直径的片状缺陷区域时，声束被缺陷全反射，所以示波屏上只有始波 T 和缺陷的多次反射波 F，底波明显下降或消失，如图

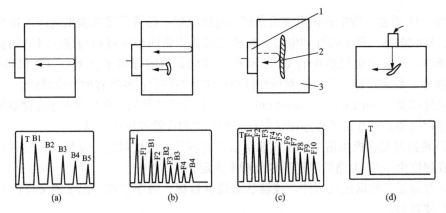

图 3-12　多次脉冲反射法工作原理

（a）无缺陷；（b）有小缺陷；（c）有大缺陷；（d）倾斜于声束且大于声束直径的缺陷

1—探头；2—缺陷；3—工件

3-12（c）所示；当板中存在倾斜于声束且大于声束直径的缺陷时，声波将被反射到其他方向而不能被探头接收到，示波屏上只有始波，如图 3-12（d）所示。

值得注意的是，当板厚较薄，板材缺陷较小时，各次底波之前的缺陷波开始逐渐升高，然后再逐渐降低。这种现象是由于不同反射路径声波互相叠加的结果，称为叠加效应。在板材检测中，若出现叠加效应，一般应根据 F1 来评价缺陷。只有当板厚 $\delta < 20\mathrm{mm}$ 时，为了减小近场区的影响，才以 F2 来评价缺陷，或者采取水浸法检测。

2. 水浸法

水浸法是将工件和探头头部浸在耦合液体中，探头不直接接触工件的超声检测方法。按照工件和探头浸没方式分为全部水浸、局部水浸和喷流水浸三种。水浸法适用于大面积板材的自动化检测，通常采用多通道超声检测仪和多探头系统以提高检测速度，检测效率和可靠性较高。同时，水浸法的近表面分辨力也比直接接触法高，但水浸法检测需要配备专门的检测装置。

水浸法检测钢板时，水/钢界面（板材上表面）多次回波与板材底面多次回波互相干扰，不利于检测。但是通过调整水层厚度可使水/钢界面回波分别与板材多次底波重合，这时示波屏上的波形就会变得清晰，利于检测，这种方法称为多次重合法，水浸多次重合法如图 3-13 所示。界面第二次回波与钢板第一次底波相重合的叫一次重合法，二次界面回波与钢板第二次底波相重合的叫二次重合法，以此类推。

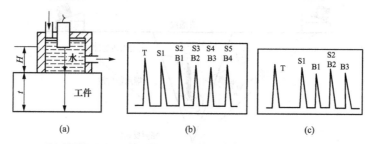

图 3-13　水浸多次重合法

（a）水浸法示意；（b）一次重合法；（c）二次重合法

水层厚度 H 与板材厚度 δ 的关系为

$$H = n\frac{c_{水}}{c_{钢}}\delta = \frac{1480}{5900}n\delta \approx \frac{n\delta}{4}$$

（3-15）

式中：$c_{水}$ 为水中纵波速度；$c_{钢}$ 为钢材中的纵波速度；n 为重合波次数。

3.2.3　无损检测新技术

1. 衍射时差法检测技术

超声波衍射时差法检测简称衍射时差法（time of flight diffraction，TOFD），是利用缺陷端部的衍射波信号来检测缺陷并测定缺陷尺寸的一种超声检测方法。

（1）衍射时差法检测技术的基本原理。根据惠更斯原理，超声波在传声介质中入射到异质界面时，如裂纹，超声波的振动作用将使裂纹尖端成为新的子波源而产生衍射波，此衍射波为球面波，向四周传播。缺陷处超声波衍射现象如图 3-14 所示。当超声波入射到缺

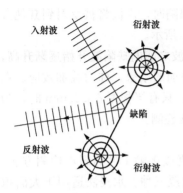

图 3-14 缺陷处超声波衍射现象

陷上时，一部分超声波被缺陷中间部位反射，一部分超声波在缺陷端点处发射。端点的形状对衍射有一定的影响，端点越尖锐，衍射特性越明显。用适当的方式接收该衍射波，按照超声波的传播时间与几何声学的原理可计算得到该裂纹尖端的埋藏深度。因此，TOFD 是一种依靠待检工件内部结构（主要指缺陷）的"端角"和"端点"处的衍射波能量来测缺陷的方法。

TOFD 主要用于焊缝检测，检测中使用纵波斜探头，探头角度为 45°～70°，典型角度为 45°、60° 和 70°。TOFD 检测原理示意图如图 3-15 所示，晶片尺寸和频率均相同的一对探头相对于焊缝中心线对称布置。两探头入射点之间的距离又称探头中心距离，用 PCS 表示。在工件无缺陷部位，发射探头发射超声脉冲后，首先到达接收探头的是直通波，然后是底面反射波。有缺陷存在时，在直通波和底面反射波之间出现缺陷"上端点"和"下端点"衍射波。接收探头通过接收缺陷上、下端点的衍射信号及其时间差来确定缺陷的位置和自身高度。除上述波外，还有缺陷部位和底面因为波型转换而产生的横波，横波声速小于纵波声速，因而一般会迟于底面反射波到达接收探头。

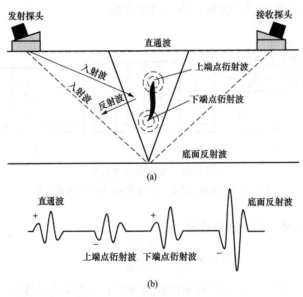

图 3-15　TOFD 检测原理示意图
（a）TOFD 检测原理图；（b）TOFD 检测 A 扫描信号

TOFD 检测显示方式包括 A 扫描信号和 TOFD 图像。

1）A 扫描信号使用射频波形式，其波形和相位关系如图 3-15（b）所示。波束经过上端点和底面时，在异质界面反射，相位发生转变，因此波形相位相似。而波束经过下端点时相当于波束在缺陷底部环绕，相位不发生转变，与直通波相位相似。理论和实验证明，如果两个衍射信号的相位相反，则在两个信号间一定存在一个连续不间断的缺陷。因此识别相位变化对于评定缺陷尺寸非常重要。

2）TOFD 图像并非缺陷的实际图像显示，它是把一系列 A 扫描数据组合，通过信号处理转换为 TOFD 图像。在图像中每个独立的 A 扫描信号成为图像中很窄的一列，通常一幅 TOFD 图像包含了数百个 A 扫描信号。A 扫描信号的波幅在图像中是以灰度明暗显示的，通过灰度等级表现幅度大小。

TOFD 图像的一维坐标分别代表探头位移，另一维坐标代表信号传输时间。在 TOFD 图像中，点状缺陷显示或线性缺陷端点显示呈现出一种特殊的弧形，TOFD 图像如图 3-16 所示。产生弧形的原因可解释如下：弧形凸起峰的最高点对应的是衍射信号声程的最小位置。探头扫描过程中，衍射点相对于探头位置不断变化，衍射信号传输时间也不断变化。当缺陷位于发射和接收探头的连线中点下方的对

图 3-16　TOFD 图像

称处时，信号通过发射、接收探头和与检测表面的垂直平面，脉冲传输时间最短。当探头偏离这一位置，无论是平行于焊缝移动（D 扫查），还是垂直于焊缝移动（B 扫查），传输时间都会增加。可以想象，TOFD 扫描时，探头由远处而来，经过缺陷再离去，由对称位置的一边扫描至另一边，衍射信号的传输时间先是逐渐减小，直到一个最小值，然后再次增加，这样在 TOFD 图像中就形成一个弧。

（2）TOFD 检测的基本扫查方式。TOFD 检测有两种基本扫查方式，即平行扫查和非平行扫查。非平行扫查又称为纵向扫查，扫查时探头移动的方向垂直于超声波声束方向，扫查得到的图像称为 D 扫查，所得结果主要是 X 轴和 Z 轴方向的值。平行扫查又称横向扫查，扫查方向平行于超声波声束方向，扫查得到的图像称为 B 扫查，所得结果主要是 Y 轴和 Z 轴方向的值。

在非平行扫查的 D 扫描结果中，可以得到缺陷的长度信息。而平行扫查时，声束并没有扫过缺陷的全长，因此在 B 扫描的结果显示中没有缺陷长度的信息，但可以得到更精确的缺陷高数据。一般来说，平行扫查方式是在非平行扫查无法得出满意的结果时进行的一种补充扫查。

（3）缺陷定位和定量。利用上、下端点的时间差来计算缺陷深度和自身高度是 TOFD 检测最重要的部分。在接收探头接收到的各种波中，纵波传播速度最快，在最短时间内到

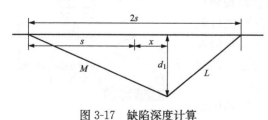

图 3-17　缺陷深度计算

达接收探头，所以使用纵波声速计算缺陷的深度得到的结果是唯一的。以平板对接焊接接头为例，假定两探头中心间距为 $2s$，缺陷深度为 d_1，缺陷距焊缝中心线的偏移量为 x，缺陷深度计算如图 3-17 所示。根据几何关系，有

$$M+L=c(t-2t_0)=\sqrt{d_1^2+(s+x)^2}+\sqrt{d_1^2+(s-x)^2} \tag{3-16}$$

式中：c 为声速；t 为超声波传播的总时间；t_0 为超声波在探头楔块中传播的时间。

假定缺陷位于焊缝中心线上，此时 $x=0$，缺陷的深度和高度计算如图 3-18 所示，则缺

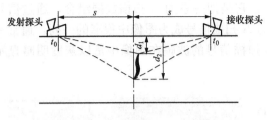

图 3-18　缺陷的深度和高度计算图

陷上端点的深度为

$$d_1 = \sqrt{\frac{c^2(t-2t_0)^2}{4} - s^2} \qquad (3\text{-}17)$$

若以直通波为参考起点，假定 $x=0$，t 为缺陷上端点衍射波与直通波传播的时间差，则有

$$d_1 = \frac{1}{2}\sqrt{c^2t^2 + 4cts} \qquad (3\text{-}18)$$

同理可计算出缺陷下端点的深度 d_2。由此可得缺陷的自身高度为

$$h = d_2 - d_1 \qquad (3\text{-}19)$$

(4) TOFD 检测的特点。

1) 与脉冲反射法超声检测相比，TOFD 检测主要有以下优点：

a) 对于平板或对接焊缝中部缺陷检出率很高。

b) 缺陷的衍射信号与缺陷的方向无关，可检出任意取向的缺陷。

c) 可以识别向表面延伸的缺陷。

d) 采用 TOFD 检测技术和脉冲回波相结合，可以实现 100% 焊缝覆盖。

e) 实时成像，快速分析。

f) 根据 TOFD 检测技术可进行寿命评估。

2) TOFD 检测也存在以下缺点：

a) 在被检工件上、下表面存在盲区。

b) TOFD 检测信号较弱，易受噪声影响。

c) 过分夸大了中下部缺陷和一些良性缺陷，如气孔、冷夹层等。

d) TOFD 检测数据分析对检测人员要求高。

2. 超声相控阵检测技术

超声相控阵检测技术初期主要应用于医用超声成像（B 超）与诊断，到了 20 世纪 90 年代，随着电子技术和计算机技术的快速发展，超声相控阵检测技术逐渐应用于无损检测。

(1) 相控阵探头。实际中的相控阵探头是将许多小的常规超声波探头集成在一个大的探头中。此探头由多个小的压电晶片按照一定序列组成，使用时相控阵仪器按照预定的规则和时序对探头中的一组或全部晶片分别进行激发，每个激活晶片发射的超声波束相互干涉形成新的波束，波束的形状、偏转角度等可以通过调整激发晶片的数量、时间延时来控制，相控阵探头如图 3-19 所示。

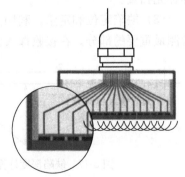

图 3-19　相控阵探头

超声相控阵探头的工作频率一般为 1.0～7.5MHz，最高可达 10MHz。晶片材料多为复合压电材料，也有采用有机高分子压电材料，晶体尺寸为 0.8mm×0.8mm 或更小；晶片数量为 16～256 个单元，目前常见的为 16、32、64 和 128 个单元。

常用的相控阵探头晶片有线形、矩形、环形（圆形）三种基本阵列形式，一维线形阵列应用最为成熟，目前已经有含 256 个晶片的相控阵探头，可满足多数情况下的应用。但一维线形阵元数少，阵元大，功能单一。二维阵列的阵元数大，阵元小，可在三维方向实现聚焦，能大幅提高超声成像质量。采用复杂的二维阵列将具有更高的检测速度、更小的扫查接触面积、更强的数据储存和显示能力，以及更大的适应性。

（2）超声相控阵基本原理。超声相控阵探头的结构是由多个相互独立的压电晶片组成的阵列，每个晶片称为一个单元，按一定的规则和时序用电子方式控制激发各个单元，使阵列中各单元发射的超声波叠加形成一个新的波阵面。同样，接收反射波时，按一定的规则和时序控制接收单元并进行信号合成和显示。因此可以通过单独控制相控阵探头中每个晶片的激发时间来控制产生波束的角度、聚集位置和焦点尺寸，从而可以实现相控阵声束偏转和声速聚焦。相控阵声束偏转和声速聚焦如图 3-20 所示。

1）相控阵声束偏转。为了实现超声波声束的偏转，就要使波阵面以一定的角度倾斜，即要使各阵元发出的超声波在与探头成一定角度的平面上具有相同的相位，如图 3-20（a）所示。通过预先计算好的延时，相控阵探头各阵元的激励脉冲从左到右等间隔增加延迟时间，使各波面具有一个倾角，实现声束的偏转。通过改变延时间隔，可以调整声束角度。

2）相控阵声束聚焦。为了实现超声波声束聚焦，探头两端阵元先激励，逐渐向中间加大延迟时间，使合成波阵面形成具有一定曲率的圆弧面，声束指向曲面圆心。通过改变延时间隔，可以调整焦距长度。

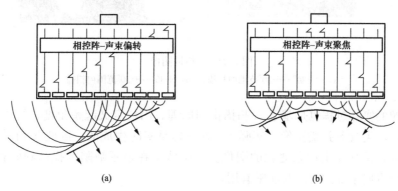

图 3-20　相控阵声束偏转和声速聚焦
（a）声束偏转；（b）声速聚焦

相控阵检测的核心内容是通过改变单个晶片或晶片组的脉冲激励延迟时间，以电子方式控制超声波声束偏转的方向（折射角度）和聚焦情况。利用声束的这种电子偏转特点，使用单个探头在不改变探头位置的情况下，就可进行多角度检测和（或）多点检测。

（3）相控阵扫查方式和扫描成像方式。相控阵扫查方式有电子扫描和机械扫查两种。电子扫描是以电子方式实现对工件的扫查，有线性扫描和扇扫（简称 S 扫描）两种方式。机械扫查是以机械方式实现对工件的扫查，即通过移动探头实现波束的移动，使之扫过工件中被检测区域。相控阵可实现 B、C、D 和 S 扫描等多种扫描成像方式，其中 S 扫描是相控阵所特有的成像方式。

S 扫描是在某入射点形成一定角度的扇形扫描范围，又称扇形扫描成像。这种扫描一般使用两种主要形式：第一种形式使用零度界面楔块，以电子方式在不同角度上偏转纵波，生成一个扇形图像，以显示分层缺陷和稍微偏斜的缺陷，在医学成像中最常用的就是这种形式。第二种形式使用塑料楔块增加入射声束的角度，以生成横波，最常见的折射角度范围为 35°～70°。S 扫描图像如图 3-21 所示。

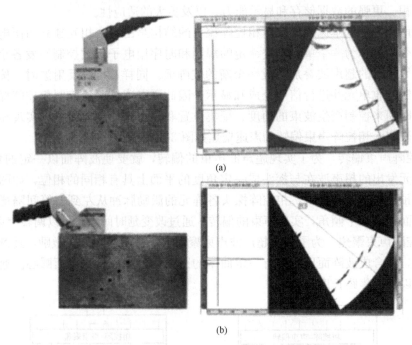

图 3-21 S 扫描图像

（a）－30°～＋30°范围内扫描；（b）＋35°～＋70°范围内扫描

生成图像的实际过程也是基于 A 扫描排列原理。用户定义起始角度、终止角度及角度步进分辨率，以生成 S 扫描图像。实际上，S 扫描是实时生成的，因此 S 扫描是一个会随着探头的移动，持续发生动态变化的图像。这个特点在显示缺陷及提高缺陷检出率方面，特别是在探测方向杂乱的缺陷时非常有用。

（4）相控阵系统的基本组成。相控阵系统基本组成如图 3-22 所示。

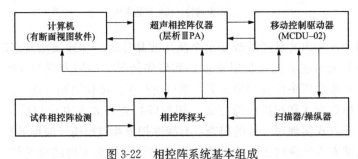

图 3-22 相控阵系统基本组成

（5）超声相控阵检测的特点。

1）超声相控阵检测主要有以下优势：

a）检测可靠性好。相控阵检测可同时形成 A 扫、B 扫、C 扫及扇扫图像，即可同时实现多角度的扫描，因此能有效地发现不同角度的缺陷，检测效果好。

b）检测速度快、检测效率高。现场检测时只需对环焊缝进行一次简单的线性扫描，无须来回移动做锯齿扫描即可完成全焊缝的检测。

c）检测分辨力高。相控阵可实现深度动态聚焦，在不同深度处均形成焦点，因此检测分辨力高。

d）适用范围宽。通过声束偏转、动态深度聚焦，用一只相控阵探头即可实现对不同规格试件的检测。

e）检测结果受人为因素影响小，数据便于存储、管理和调用。

2）超声相控阵检测也存在以下局限性：

a）检测对象、检测范围及检测能力受其应用软件的限制。

b）受相控阵阵列的频率、压电元件的尺寸和间距，以及加工精度的限制。

c）与常规超声波检测一样受到诸如工件表面粗糙度、耦合质量、被检材料冶金状态、检测面选择等工艺因素的影响，仍然需要用对比试块来校准。

d）调节过程较复杂，调节准确性对检测结果影响大。

3. 激光超声技术

激光超声是指利用脉冲激光来产生超声波的物理过程。激光超声源能同时激发纵波、横波、表面波及各种导波，在时间上具有与冲击函数 $\delta(t)$ 和阶跃函数 $H(t)$ 的相似特性。而且，激光超声的产生不仅与激光脉冲的时间和空间特性有关，还与材料本身的光学、热学、力学等特性有关。因此，激光超声技术在超声传播特性研究和材料无损评估方面有着非常广阔的应用前景。

（1）激光超声检测系统组成。激光超声检测系统一般由发射系统和接收系统组成。

1）发射系统主要由一台高能脉冲激光器构成，用以在被检测物体上产生高热量，从而产生超声脉冲信号。由于超声波是物体受热激发的，并在物体表面和内部进行传播，所以其携带物体的厚度、缺陷、应力及结构等信息。

2）接收系统一般由检测激光、激光干涉仪、光电探测器、信号放大处理电路等组成，它可以根据不同的需要放置在发射系统的同侧或异侧。当检测激光照射到样品表面时，超声振动会对它的反射光进行调制，使超声振动信息转变为光信息。干涉仪能够测量细微的光程或光频率变化，并把光信号携带的超声振动信息解调出来。光电探测器是由光电二极管构成的，其作用是将光信号中的超声信号转变成电信号。光电探测器的输出信号一般很小，而且有噪声，所以需要信号放大处理电路对电信号进行放大，提高信噪比。

（2）激光激励超声波机理。按照入射激光的功率密度和固体表面条件的不同，固体中激光激励超声波的机理一般分为热弹激发和烧蚀激发。

1）热弹激发机理。当脉冲激光投射到不透明固体表面上时，它的能量一部分被反射，另一部分被吸收，并转化为热能，使样品表面产生几十到几百摄氏度的温升。对于电导率很大的固体（如金属），光的吸收只发生在表面下数微米的范围内，吸收光能的浅表部分由于温度上升而发生膨胀。

当金属表面处于自由状态时，浅表层的体积膨胀引起的主要应力平行于材料表面，理论上它相当于时间上是阶跃函数 $H(t)$ 的切向力源，可以激发横波、纵波和表面波，热弹

激发如图 3-23 所示。

由于固体浅表层的局部升温并没有导致材料的任何相变，所以热弹激发效应具有严格无损的特点，它是激发超声使用最广泛的方法。

热弹激发超声过程中，光能转化为热能的效率很低。为了提高热弹激发超声的效率，常在固体表面涂各种涂层（如水、油），以增加表面的光吸收系数。同样，采用脉冲宽度极窄的高能量密度光束照射，也可以获得较高的声波能量。

2）烧蚀激发机理。当入射激光的功率密度大于样品表面的损伤阈时，表面材料气化，对样品产生一法向冲力，从而激发超声波，称为烧蚀激发，烧蚀激发如图 3-24 所示。

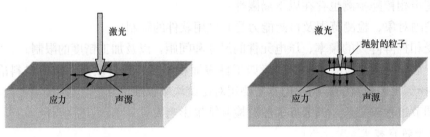

图 3-23　热弹激发　　　　　图 3-24　烧蚀激发

对于金属，当入射激光脉冲功密度大于 $10^7 \mathrm{W/cm^2}$ 时，其表面因吸收光能导致温度急剧升高。当温度超过材料的熔点时，会有约几微米深的表层材料发生烧蚀，原子脱离金属表面，并在表面附近形成等离子体。这一过程可产生很强的垂直于表面的反作用力脉冲，相当于给表面施加一个时间为冲击函数 $\delta(t)$ 的法向力，从而激发幅值较大的超声波，这种波源形式也可激发出所有类型的超声波。

烧蚀激发的超声激发效率比热弹激发高 4 个数量级，可以获得大幅度的纵波、横波和表面波。但由于它每次对表面产生约 $0.3\mu\mathrm{m}$ 的损伤，所以只能用于某些场合，且通常用来产生纵波。

（3）超声波的检测方法。目前检测超声波的传感器主要是超声波换能器，这些超声波换能器具有宽频的特点，可用于检测激光激发的超声波，但是其必须与样品接触，或者非常接近样品表面，才能获得高的检测灵敏度，且空间分辨率低，不能完全发挥激光超声技术的优势。对于一些复杂形状的构件来说，可能无法满足检测要求。

1）光学法检测超声波是一种比较新的技术，该方法具有非接触、灵敏度高等特点，能够克服传统超声波检测需要耦合剂的缺点，是真正意义上的非接触、宽带检测技术。其主要分为干涉和非干涉两大类，现在应用最广泛的是干涉法。干涉法的基本原理是超声波引起物体表面振动会改变激光的相位信息，利用干涉法可检测出激光里的相位信息，从而达到检测超声的目的。由于检测系统中引入干涉仪，系统的抗干扰能力得到很大提高，这是干涉法广泛应用的主要原因。

2）双波混合干涉法检测超声波对被检测物体表面状态没有严格要求，而且对激光超声信号中的低频干扰不敏感，非常适合激光超声的检测。利用干涉法检测超声波时，将一束单一频率、高度相干的连续激光照射到被测物体的表面后被反射，被测物体的任何形式表面振动都会对入射的连续激光进行相位调制，引起反射的连续激光的频率或相位发生相应的变化，激光干涉法检测超声原理如图 3-25 所示。超声波在物体表面传播或者到达物体表面的体波都会引起物体表面的微小位移，物体表面的微小位移被调制进了反射光和散射光的相位中，使得连续激光中的相位信息发生了某些变化；由于连续激光中的相位信息不能直接被光电传感器转换为相应的电压信号，为了提取连续激光中的相位信息，将发射的连续光送入干涉仪进行干涉。干涉仪会将反射的连续激光中的相位变化转变为相

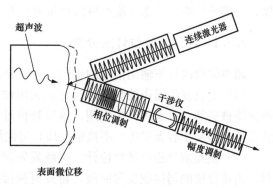

图 3-25　激光干涉法检测超声原理

应幅值变化，幅值变化很容易利用光电传感器和模拟放大器记录下来，并且输出电压信号。

（4）激光超声技术特点。与常规超声检测方法比较，激光超声技术具有下列优点：①激光超声不需要耦合剂，避免了耦合剂对测量范围和精度的影响；②可实现远距离操作，适用于高温环境及腐蚀性强、有放射性等恶劣条件，并可以实现快速扫描，完成对生产现场快速运动的工件的在线检测；③激光超声的盲区小于 $100\mu m$，可用于测量薄工件；④具有测量微小缺陷裂纹的能力；⑤可用于表面几何形状复杂及受限制的空间，如焊缝根部、小直径管道等；⑥空间分辨率高，有利于缺陷的精确定位及尺寸量度，并作为声源应用于理论研究。

（5）激光超声技术的应用举例。激光超声管道检测系统构成如图 3-26 所示，主要包括硬件和软件两部分。硬件系统主要包括激光激发超声波部分、连续激光双波混合干涉法检测超声波部分、管道支撑旋转机构及高速数字化仪和光纤等。脉冲激光达到管道表面后在其表面激发出多种模式的超声波，超声波传播过程中遇到缺陷会发生反射、衍射等现象；超声波引起管道表面的振动，激光干涉检测系统接收后将位移信息转换为电压信号并输出给数据采集卡进行 A/D 转换，最后将采集到的数据在计算机里完成分析和图像显示。软件部分主要完成管道的转动和移动控制、数据采集保存、数据分析、图像显示等功能。

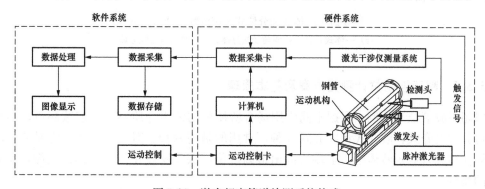

图 3-26　激光超声管道检测系统构成

3.3　超声波物位计

超声波物位计成本低、易于维护，还可实现非接触、高可靠测量，解决了电容式、浮子式等测量方式带来的缠绕、泄漏、接触介质、维护昂贵等麻烦，其在固态物料（矿石、

煤、谷类等）物位、水和废水液位测量方面有很大优势。

3.3.1 超声波物位计的分类

超声波物位计按输出信号的不同，可以分为两类：

（1）定点发信超声波物位计。它是利用物位的升降及介质吸收或反射声波，使透过的声波能被通断，以实现开关作用。该种物位计可实现定点报警或控制液位、固体料位，换能器可全部装于容器壁外，不接触介质，可测熔融金属液位。

（2）连续测量超声波物位计。声波发射到分界面（即物料表面或液体表面）后产生反射，由接收换能器接收反射回波，将发射到接收的时间间隔乘以声速，即得物位高度。物位高度可以转换成 4～20mA 电流信号、1～5V 电压信号输出；或者通过 RS-485 通信、Hart 通信、GPRS 通信传输到控制中心。

超声波物位计按结构可以分为一体式和分体式。一体式就是只用一个超声波检测装置，来实现信号的发送、接收及变送。分体式又可以分为两种，比较常见的一种是检测与变送分离，使得仪表在安装、调试和维护上都比较方便；另一种是信号发送与接收分离，这种方式可以有效去除超声波仪器的盲区。一体式和分体式超声波物位计示意图如图 3-27 所示。

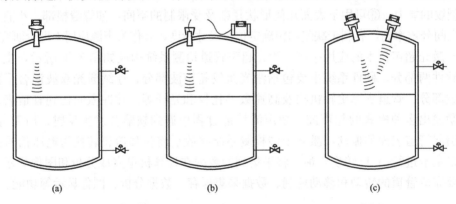

图 3-27　一体式和分体式超声波物位计示意图

（a）一体式；（b）检测与变送分体；（c）发送与接收分体

3.3.2 超声波物位计测量方案及基本原理

以超声波液位计为例，根据不同应用场合所使用的传声介质不同，连续测量超声波液位计可分为气介式、液介式和固介式 3 种，常用的是前两种。对于固介式，它是将一根传声的固体棒或管插入液体中，上端要高出最高液位，探头安装在传声固体的上端，实现对液位的测量。

超声波液位计是利用回声测距原理进行工作的，采用高频短脉冲，波束能量集中，回波的信噪比高，且便于计时。

（1）液介式超声波液位计。液介式超声波液位计如图 3-28 所示。对于液介式，探测器安装在液罐底部，有时也可安装在容器底外部。单片机时钟电路定时触发发射电路发出高频短脉冲，激励换能器发射超声脉冲。超声波从底部传入，经被测液体传播到液面，在被测液体表面上反射回来，被探头接收，由换能器转换成电信号，经接收电路处理后送至单片机进行存储、显示等。

对于图 3-28（a）的单探头形式，如果探头距液面的高度为 H，从发射到接收超声波脉冲的时间间隔为 t，则可表示为

$$H = \frac{1}{2}ct \tag{3-20}$$

式中：c 为超声波在被测介质中的传播速度。

由式（3-20）可知，如果准确知道介质中声波传播速度 c，再能测得时间，就可以准确测量液位高度。

图 3-28（b）为双探头方式，其中一个探头 T 起发射作用，另一个探头 R 起接收作用。设两探头之间距离的一半为 L，则超声波传播的距离为 $\sqrt{H^2+L^2}$，此时被测液位为

$$H = \sqrt{\frac{c^2 t^2}{4} - L^2} \tag{3-21}$$

注意液介式要做好换能器对液体介质的防潮、防渗漏、防腐蚀等工作。

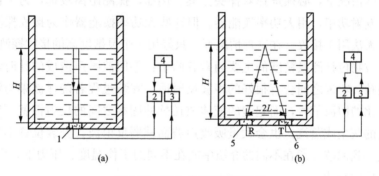

图 3-28　液介式超声波液位计

（a）单探头方式；（b）双探头方式

1—换能器；2—发射电路；3—接收电路；4—单片机；5—接收换能器；6—发射换能器

（2）气介式超声波液位计。如换能器装在液面以上的气体介质中垂直向下发射和接收，则称为气介式。气介式超声波液位计分别如图 3-29 所示，气介式超声波物位计的工作原理同液介式超声波液位计一样。所不同的是，超声波换能器置于液面的上方，与液面底部的距离为 H_0，它以空气作为介质。

对于图 3-29（a）所示的单探头方式，液面高度 H 与超声波在空气介质中的传播速度 c 及来回传播时间 t 的关系如下

$$H = H_0 - \frac{1}{2}ct \tag{3-22}$$

对于图 3-29（b）所示的双探头方式，液面高度为

$$H = H_0 - \sqrt{\frac{c^2 t^2}{4} - L^2} \tag{3-23}$$

对于单探头与双探头方案的选择，主要应从测量对象的具体情况考虑。一般多采用单探头方案，因为单探头简单、安装方便、维修工作量也较小，且其可以直接测出距离 H，

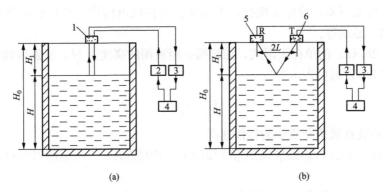

图 3-29 气介式超声波液位计

(a) 单探头方式；(b) 双探头方式

1—换能器；2—发射电路；3—接收电路；4—单片机；5—接收换能器；6—发射换能器

不必修正。

在一些特殊情况下，必须选择双探头方案。例如，探测距离较远，为了保证一定灵敏度，必须加大发射功率，用大功率换能器。但这些大功率换能器作为接收探测器时灵敏度都很低，甚至无法用于接收。在这种情况下，只好用一个灵敏度高的接收探测器。

影响超声波物位计测量精度的主要因素有两个：①回波噪声造成的计时误差。空气与平稳液面、颗粒、粉末之间会有很好的声波反射面，安装过程若确保波束与液面垂直，就能得到高信噪比的回波信号，而起泡的液体或松软的固相之间的反射面就不明显。若气相中充斥高浓度的灰尘或蒸汽，也会大量吸收声波而减弱反射波，安装位置不当会导致大的误差甚至寻找不到回波。②在不同的介质中或在不同的工作温度、压力下，声速都会变化，需要进行温度压力补偿。

3.3.3　超声波物位计设计中的重要环节

1. 超声波物位计的发射部分

为了产生超声波信号，需要在超声波换能器两端加载能使之产生谐振的高频电信号，称为驱动信号。换能器的谐振频率越高，即超声波的频率越高，产生的超声波的指向性越好。对于高频超声波，可以采用发射频率较高的锆钛酸铝晶片，其谐振频率为

$$f_0 = \frac{1890}{d} \tag{3-24}$$

式中：f_0 为谐振频率，kHz；d 为换能器晶片直径，mm。

根据式（3-24）可知，若期望的发射频率为 200kHz，换能器晶片的直径 $d \approx 10mm$。

在实际的超声波物位计的设计中，一般采用频率为 20～50kHz。超声波在液体和固体中的损耗相对在空气中要小很多，因此在这两种介质中，采用的频率都较高（如 1MHz），以达到更好的指向性。

高频驱动信号的调制主要有两种方式，一种是通过硬件方式，比较常见的如 555 定时器电路。这种方法对微控制单元（microcontroller unit，MCU）的资源占用小，但对硬件

电路要求高。另一种采用单片机定时器来自动生成固定频率的脉冲宽度调制（PWM）脉冲波。这种方法的优点在于可以自由调整 PWM 脉冲波的频率，方便在研究阶段进行调试而且可以简化电路；缺点是会占用 MCU 单片机资源，同时如果 MCU 工作频率不高的话，就无法进行 PWM 频率的精确调整。

2. 超声波物位计的接收部分

超声波的接收部分是超声波物位计的核心，而回波信号放大是信号处理的第一步。由于超声波在空气中的衰减，当回波信号反馈到超声波探头时，幅值已经非常小了，因此需要先对回波信号进行增益。

（1）回波信号增益。信号放大方式一般采用同相放大电路进行放大，通过调整电路中的电阻比来实现不同的放大增益。

对于短距离测量的放大电路，可以采用硬件电路自动调整放大增益的方式。主要是将场效应管应用在可变电阻区域，通过设计一种能够实现自动调整放大增益的电路来进行补偿，称为自动增益控制（automatic gain control，AGC）电路。这种方法优点在于可以大大节省 MCU 的资源，对 MCU 的运行速度要求也不高，但无法实现不同阶段增益的不同控制，只能由硬件电路实现单一的增益改变方法。而且此方法由于增益太小，对于 0～1m 范围内的测量具有较好的精度，对大量程的测量则可能达不到理想的效果。

另外，还可以采用软件控制电阻比的方法，即通过单片机来修改数字电位器的阻值来改变增益。也可以采用时间增益补偿技术，按照超声波在空气中传播呈指数衰减这一规律，通过把超声波接收放大电路的增益 G 动态设置为与回波时间 t 呈指数关系，以最终保持回波信号的幅值在全量程基本维持不变。这种方法电路简单实用，可操作性和自由度比较大，可以调整的范围可以根据实际情况进行修改，然而对 MCU 有一定的资源占用。

此外，还可以采用二级可选放大方法，可选增益放大电路结构如图 3-30 所示。当超声波检测近距离物体时，采用前置放大 G1；当超声波检测远距离物体时，切换到前置放大 G2。这种方法控制灵活，测量近距离物体时，不会因为增益过大而失真；测量远距离物体时，不会因为增益过小而无法检测。

图 3-30 可选增益放大电路结构

（2）干扰信号剔除。由于超声波物位计的传播介质一般都为空气，因此非常容易接收到除检测回波以外的其他杂波。另外，由于超声波在空气中传播时能量呈指数衰减，使得接收端需要对回波进行信号放大。在该放大过程中容易引入其他干扰信号，同时也会放大本身存在的噪声。过大的干扰噪声会影响到测量距离的精确检测，因此信号噪声的剔除在超声波物位计系统中有着至关重要的作用。

去除干扰噪声也可以分为软件实现和硬件实现。硬件方法通常为使用电阻电容构建高阶带通滤波电路，或者使用滤波芯片如 MAX275 进行信号的放大和带通滤波，能有效地将不同于信号的噪声频段进行剔除，得到需要的回波信号。

软件实现方法比较复杂，在硬件上需要高速 A/D 的支持，软件上则需要算法进行数据处理，此法对 MCU 资源占用较大，但是应用灵活，比硬件滤波处理能力强。算法上可以采用无限冲激响应（IIR）带通数字滤波来去除干扰噪声，能有效找到回波信号的起始位置。针对干扰和模糊的回波信号，可以采用多尺度小波变换边缘特征提取法来解决，可以得到较高的分辨率。此外还有如 EMD 算法、噪声补偿法等，对消除干扰及噪声都有不错的能力。

（3）检测方法。信号的采集方式一般分为脉冲信号捕获和模拟信号采样这两类。脉冲信号是回波电信号经过阈值电平比较后得到的一个回波脉冲。这种方法的难点在于如何设置一个合适的阈值电压。比较好的方法是采用自适应门限检测方法，这种方法是先检测出第一个回波的最大幅值，然后将第一个回波最大幅值的 75% 作为第二个回波信号的阈值，这样根据波形幅值变化来自动调整阈值电压，使得超声波仪表在检测不同距离而导致回波信号不一致时，得到的脉冲电平也能基本保持一致。当然如果采用自动增益控制来保证回波幅值的一致，则仅需要设定一个固定的阈值即可。

采集模拟信号主要通过 A/D 转换模块对回波波形进行采样，得到数据点并进行分析，这对于 MCU 的性能有着比较高的要求。回波信号经过高分辨率、高精度 A/D 转换后，在数字信号处理器（DSP）高速芯片中进行计算，一般采用快速傅里叶变换来处理采样数据，因此对 MCU 的处理能力有一定的要求。

由于测量时间点的不同，采集到回波信号也不意味着就能计算出准确的测量距离。测量的起始时间一般设置为超声波信号发送结束时刻，但是因为回波波形的不稳定和虚假回波的干扰，回波的检测时间点并不容易确定，因此需要一些方法进行修正。如多点液位检测法、回波时间差比较法、PN 码比较法、双频法、回波时间补偿法、双传感器定位法等，能有效帮助确定正确的回波信号。考虑到成本和硬件结构，实际中需要选择适合的方式进行补偿。

3. 温度检测及补偿

在各类影响测量精度的因素中，温度的影响最大，因此在超声波检测中一定要进行温度的补偿。可以采用温度检测芯片（如 DS18B20）构成温度补偿电路，将它直接嵌入换能器中用以检测探头所在的环境温度，并由 MCU 进行智能补偿。

3.3.4 超声波物位计的选用

（1）对普通物位计难以测量的腐蚀性、高黏性、易燃性、易挥发性及有毒性的液体的液位，液-液分界面，固-液分界面的连续测量和位式测量，宜选用超声波液位计，但不宜用于液位波动大的场合。

（2）超声波物位计适用于能充分反射声波且传播声波的介质测量，不得用于真空场合，不宜用于易挥发、含气泡、含悬浮物的液体和含固体颗粒物的液体的测量。

（3）对于内部存在影响声波传播的障碍物的工艺设备，不宜采用超声波物位计。

（4）对于连续测量液位的超声波物位计，当被测液体温度、成分变化较显著时，应对超声波传播速度的变化进行补偿，以提高测量准确度。

（5）对于检测器和转换器之间的连接电缆，应采取抗电磁干扰措施。

（6）超声波液位计的型号、结构形式、探头的选用等，应根据被测介质的特性等因素来确定。

3.4　超声波流量计

超声波流量计是 20 世纪 70 年代随着集成电路技术的迅速发展才开始得到实际应用的一种非接触式仪表。与传统的流量仪表相比，它可做非接触测量，不会产生附加阻力，可以在特殊条件下（如高温、高压、防爆、强腐蚀等）进行测量；不仅可以测液体、气体的流量，而且对两相介质（主要是应用多普勒法）的流体流量也可以测量，适用于大管径、大流量及各类明渠、暗渠的流量测量。

3.4.1　分类

1. 按测量原理分类

按测量原理，超声波流量计大致可分为传播速度差法、多普勒法、噪声法、波束偏移法、相关法等。

（1）传播速度差法（频差法、相位差法、时差法）。传播速度差法是利用超声波在管道内顺逆流传播时间随管道内流体流速不同而变化的关系来测量流速，进而计算流量，其几乎适用于所有能传播声波的流体。其中相位差法和频差法要求较高的采样频率，一般采用现场可编程门阵列（FPGA）和数字信号处理器（DSP）作为二次仪表的核心控制器。时差法需要测量超声波信号的渡越时间，目前市场上的计时芯片的精度可达到皮秒级，可以满足时差法超声波流量计的渡越时间测量精度要求。

（2）多普勒法。多普勒法利用了声学多普勒效应，测量不均匀流体中散射颗粒产生的多普勒频移来确定流量，仅适用于含有气泡或者悬浮颗粒的流体。

（3）噪声法。噪声法是利用流体流动过程中产生的声波噪声强度与流体流速成正比的关系，通过对噪声的检测，从而计算得出流体的流速和流量。但噪声法中信号较弱且易受其他噪声信号干扰。

（4）波束偏移法。波束偏移法是一侧安装一个超声波换能器用于发射超声信号，另一侧安装两个超声波换能器用于接收信号，由于波束偏移两个换能器接收信号强度会随流速变化产生差异，与流速成正比。其在小流速下灵敏度低。

（5）相关法。超声波信号在传播过程中会被流体速度场调制，通过提取调制信号，结合相关运算就可获得超声波信号的渡越时间，该时间为超声波声速和流体流速的叠加，在超声波声速已知的情况下可以计算得到流体流速，该测量方法称为相关法。相关法有效地解决了多相流流量测量问题，受干扰影响小。

2. 按超声波声道结构类型分类

按超声波声道结构类型，超声波流量计可分为单声道和多声道。

（1）单声道超声波流量计。单声道超声波流量计是在被测管道或渠道上安装一对换能器构成一个超声波通道，主要有插入式和夹持式两种。插入式超声波流量计的超声波换能器和管体为一体化结构；夹持式超声波流量计是将传感器直接夹持到管道的外壁上。单声道超声波流量计结构简单，使用方便，但是对流态分布变化适应性差，测量准确度不易控制，一般用于中小口径管道和对测量准确度要求不高的渠道。

（2）多声道超声波流量计。多声道超声波流量计是在被测管道或渠道上安装多对超声波换能器构成多个超声波通道，综合各声道测量结果求出流量。与单声道超声波流量计相比，多声道超声波流量计对流态分布变化适应能力强，测量准确度高，可用于大口径管道和流态分布复杂的管渠。

3. 按适用的流道分类

按适用的流道不同，超声波流量计可分为管道流量计、管渠流量计和河流流量计。

（1）管道流量计。一般是指用于有压管道的流量计，其中也包括有压的各种形状断面的涵洞。这种流量计一般是通过一个或多个声道测量流体中的流速，然后求得流量。

（2）管渠流量计。用于管渠的超声波流量计一般含有多个测速换能器（由声道数决定）和一个测水位换能器，根据测得的流速和水位求得流量。

（3）河流流量计。多数河流超声波流量计仅测流速和水位，而河流的过水流量由用户根据河床断面进行计算。

4. 按被测介质分类

按被测介质分类，超声波流量计分为液体超声波流量计和气体超声波流量计。

（1）液体超声波流量计。超声波在液体中传播时信号衰减很小，激励信号幅值无须很大，一般为几伏即可。且接收信号幅值较大，易处理，因此测量系统电路结构简单。

（2）气体超声波流量计。超声波在气体传播过程中信号衰减严重，信号受流场干扰波动较大，因此接收信号幅值较小，不易处理。且需要高电压激励信号，测量系统电路结构复杂。

综上所述，目前用得较多的是速度差法超声波流量计和多普勒超声波流量计。由于生产中工况的温度常不能保持恒定，故多采用速度差法。流场分布不均匀而表前直管段又较短时，也可采用多声道（例如双声道或四声道）来克服流速扰动带来的流量测量误差。多普勒法适于测量两相流，可避免常规仪表由悬浮粒或气泡造成的堵塞、磨损、附着而不能运行的弊病，因而得以迅速发展。

3.4.2 测量原理

1. 传播速度差法

超声波在流体中顺流与逆流的传播速度会随流体流速的变化而变化，传播速度的变化在固定口径的管道内反应为传播时间的变化，通过顺流与逆流传播时间差、相位差或频率差与流速的关系可以测得流体的流速，进而计算得到流量。对应的传播速度差法主要有时差法、相位差法或频差法。时差法超声流量计测量基本原理示意图如图3-31所示。

当超声波传播方向与流体流速方向一致即顺流时，流体流速就会叠加在超声波传播方向的波速上，使超声波实际波速增大，进而超声波传播时间缩短；当超声波传播方向与流体流速方向相反即逆流时，流体流速就会抵消部分沿超声波传播方向的波速，使超声波实际波速减小，进而超声波传播时间增长，通过准确测量超声波顺逆流传播时间求得时间差，

再利用时间差与流速的关系就可以计算出流体流速
和流量。

（1）单声道流量计算公式。如图 3-31 所示，L
为声道长度，φ 为声道与管道水平中心线的夹角，
v 为流体在声道上各点的平均速度，超声波在流体
介质中的传播速度为 c，超声波从 A 换能器到 B 换
能器（顺流）的传播时间为 t_1，超声波从 B 换能器
到 A 换能器（逆流）的传播时间为 t_2，有

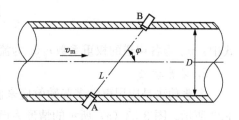

图 3-31　时差法超声流量计测量
基本原理示意图

$$t_1 = t_{AB} = \frac{L}{c + v\cos\varphi} = \frac{D/\sin\varphi}{c + v\cos\varphi} \tag{3-25}$$

$$t_2 = t_{BA} = \frac{L}{c - v\cos\varphi} = \frac{D/\sin\varphi}{c - v\cos\varphi} \tag{3-26}$$

联立式（3-25）、式（3-26），即可求得流体在声道上平均流速 v，即

$$v = \frac{L}{2\cos\varphi}\left(\frac{1}{t_1} - \frac{1}{t_2}\right) = \frac{D/\sin\varphi}{2\cos\varphi}\left(\frac{1}{t_1} - \frac{1}{t_2}\right) \tag{3-27}$$

超声波流量计测得的是超声波通路上流体的平均流速，它不等于求体积流量所需要的
管道截面上的平均流速 $\overline{v}$。实际超声波流量计的瞬时流量 q 计算公式为

$$q = Skv = k\frac{\pi D^2}{4} \times \frac{L}{2\cos\varphi}\left(\frac{1}{t_1} - \frac{1}{t_2}\right) = \frac{k\pi LD^2}{8\cos\varphi}\left(\frac{1}{t_1} - \frac{1}{t_2}\right) \tag{3-28}$$

式中：S 为管道的截面积；k 为流量修正系数；D 为管道的内径。

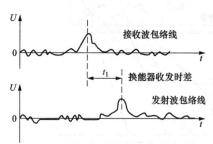

图 3-32　时差式超声流量计的
收发时差信号

在实际测量中，为准确判定收、发时刻，一般采
用脉冲型超声波。时差式超声流量计的收发时差信号
如图 3-32 所示。

对于传播时间的测量，也可以转成对频率差的测
量。图 3-31 中，A 发射超声波后，一旦被 B 接收即
刻启动 A 再次发射，这样重复若干次。由于电路处理
时间远小于声波传播时间而被忽略，所以 A 的顺流发
射频率（不是超声波频率）为

$$f_1 = \frac{1}{t_1} = \frac{c + v\cos\varphi}{D/\sin\varphi} \tag{3-29}$$

之后由 B 进行逆流发射，频率为

$$f_2 = \frac{1}{t_2} = \frac{c - v\cos\varphi}{D/\sin\varphi} \tag{3-30}$$

顺流、逆流的频差为

$$\Delta f = f_1 - f_2 = \frac{\sin2\varphi}{D}v \tag{3-31}$$

流速为

$$v = \frac{D}{\sin2\varphi}\Delta f \tag{3-32}$$

（2）多声道流量计算公式。对于多声道流量计，流体流量的计算公式为

$$q = Sk \sum_{i=1}^{n} (w_i v_i) \tag{3-33}$$

式中：w_i 为各声道的权重系数；v_i 为流体在各声道的流速；n 为声道数目。

2. 多普勒法

多普勒法是应用声学多普勒效应来测量流量的一种方法，多普勒频移的两种形式如图 3-33 所示。图 3-33（a）所示的情形为声源位置固定，设其发出超声波的频率、波速分别为 f_s 和 c。若接收器以速度 v 向声源靠近，则接收到的超声波频率为

$$f_r = f_s \frac{c + v}{c} \tag{3-34}$$

在图 3-33（b）所示的情形中，接收器位置固定，声源以速度 v 向接收器靠近。此时接收器接收到的超声波频率为

$$f_r = f_s \frac{c}{c - v} \tag{3-35}$$

多普勒法工作原理如图 3-34 所示，超声波换能器倾斜安装在管壁外侧，超声波穿过管壁照射到流体内。设波束中心线与管中心线夹角为 α。按照上述频率变化的多普勒现象，当频率为 f_s 的超声波照射流体后，流体中质点被激振的频率为

$$f_p = f_s \frac{c + v\cos\alpha}{c} \tag{3-36}$$

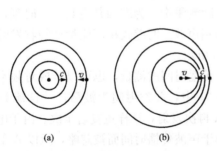

图 3-33　多普勒频移的两种形式

（a）声源位置固定；（b）接收器位置固定

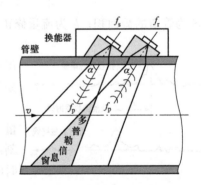

图 3-34　多普勒法工作原理

多普勒信息窗内的质点所反射回来的超声波由另一换能器接收。接收频率为

$$f_r = f_p \frac{c}{c - v\cos\alpha} = f_s \frac{c + v\cos\alpha}{c - v\cos\alpha} \tag{3-37}$$

换能器收、发超声波的频率差为

$$\Delta f = f_r - f_s = \frac{2v\cos\alpha}{c - v\cos\alpha} f_s \tag{3-38}$$

由于实际流速远低于声速，因此式（3-38）可以近似为

$$\Delta f = \frac{2v\cos\alpha}{c} f_s \tag{3-39}$$

为此可测得流速

$$v = \frac{c}{2\cos\alpha}\frac{\Delta f}{f_{\text{s}}} \tag{3-40}$$

假设 $v=10\text{m/s}$，$c=1500\text{m/s}$，$\alpha=\pi/4$，则 Δf 仅约为 $1\% f_{\text{s}}$。这个频差很微小，一般采用外差测试法来检测，即将部分发射波直接引入接收器，与流体反射波进行乘性混频，之后波形为

$$\sin2\pi ft \times \sin2\pi(f+\Delta f)t = \frac{1}{2}\big[\cos2\pi\Delta ft - \cos2\pi(2f+\Delta f)t\big] \tag{3-41}$$

再用低通滤波器提取出低频分量 $\cos2\pi\Delta ft$，就能精确测定频差 Δf 了。

3.4.3　超声波流量计模拟和数字方案的比较

1. 超声波流量计模拟方案

超声波流量计模拟方案测时常用双阈值触发法，即一个触发电平判断超声波接收信号到达，另一个过零点触发电平作为判断过零时刻。通过时间测量芯片测得从发射信号到接收信号到达时刻的时间作为超声波的传播时间，从而完成顺逆流时间测量进而求得流速和流量。双阈值触发法测时原理如图 3-35 所示。

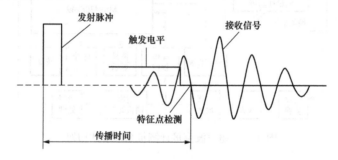

图 3-35　双阈值触发法测时原理

双阈值触发法的硬件电路包括电源电路、超声波发射驱动电路、顺逆流切换电路、超声模拟前端电路（电压跟随电路、放大电路、滤波电路、自动增益控制电路）、峰值保持电路、微控制器，以及外围按键、液晶显示、脉冲输出等。

双阈值触发法的优点是无须对信号采集分析，数据处理较少较容易，因而对控制器处理能力要求较小。但是受干扰和噪声影响严重，会叠加在接收信号上导致错波，影响测量精度，且由于中大流速信号衰减很大且信号幅值波动无规律，不易确定自动增益控制的步长，也易发生错波影响测量精度。

2. 超声波流量计数字方案

超声波流量计数字方案是将超声波模拟接收信号高速采样数字化，运用多种数字信号处理方法在不同域中对信号进行观察、处理和分析，通过设计相应的测量算法，准确识别信号的到达时刻及顺逆流时间差。

超声波流量计数字方案的硬件电路包括电源电路、超声波发射驱动电路、顺逆流切换电路、超声波模拟前端电路（电压跟随电路、放大电路、滤波电路、可变增益放大电路）、高速模-数转换器（ADC）与控制器构成的信号采集电路以及外围按键、液晶显示、脉冲输出等电路。

超声波流量计数字方案的优点是可以有效识别干扰信号，中大流速的波形抖动对测量无影响，测量准确度高，抗干扰能力强。即使在极为严苛的工况条件下，自适应的测量算法也能提供精确可靠的测量结果。但如果采用较为复杂的数字信号处理算法，则对控制器要求比较高，处理速度要求快。

3.4.4 超声波流量计测量系统

某一超声波流量计测量系统主要包括微处理器模块（MSP430F249）、计时模块（TDC-GP21）、脉冲发射与切换模块、接收切换与信号处理模块、液晶显示及存储器等外围模块，超声波流量计测量系统整体构架如图 3-36 所示。计时模块采用的是高分辨率测时芯片TDC-GP21，测量精度高，保证了时间测量的精度要求。

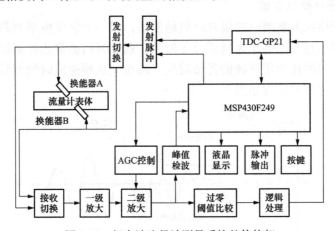

图 3-36　超声波流量计测量系统整体构架

通过脉冲发射与切换模块轮流对换能器 A 和 B 发射激励脉冲信号。接收切换与信号处理模块一方面负责将发射脉冲信号进行降幅，使其通过接收电路，经过逻辑处理后得到触发计时器开始工作的计时开始信号；另一方面负责轮流切换接收换能器 A、B 产生的接收信号，然后经过放大、滤波、自动增益控制得到峰-峰值 V_{pp}，并使其稳定为约 3V 的信号。此信号经过门限触发、过零比较和逻辑处理得到触发计时器停止工作的计时停止信号。接收信号同时经过峰值保持电路 1 和 2，对两路峰值信号分别进行 AD 采样。单次测量完成后，在单片机内对采集到的数据进行处理，找到目标峰值，计算出适当的触发电平，转换为相应的数字电位器码值。在下一次测量信号到来前，控制数字电位器，调整阻值，改变触发电平。

为了保证程序稳定运行，在程序中限制触发电平的变化范围，并且加入判错波程序。限制触发电平的范围，可以在流速很大、信号变化很快时，保证触发电平的位置在可控范围内，防止程序失控。判错波程序的思想是考虑到流速变化宏观上是连续、稳定的，通过对门限电压值和传播时间值进行分析，可以对偏差大的错误值进行剔除。

3.4.5 超声波换能器在管道上的布置方式

超声波流量计的换能器大致有夹持型、插入型和管道型 3 种结构形式。换能器在管道上的配置方式如图 3-37 所示，图中 TR 代表超声波换能器。

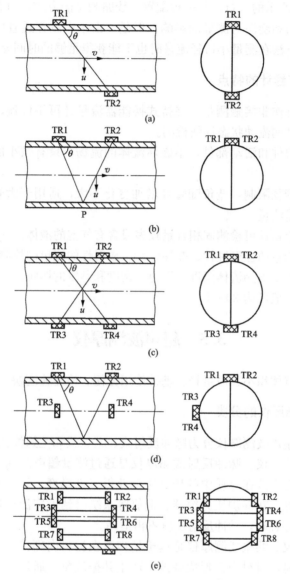

图 3-37　超声波换能器在管道上的配置方式

（a）直接透过法；（b）反射法；（c）交叉法；（d）2V 法；（e）平行法

（1）一般而言，流体以管道轴线为中心对称分布，且沿管道轴线平行地流动，此时应采用如图 3-37（a）所示的直接透过法（简称 Z 法）布置换能器。该安装方法结构简单，适用于有足够长的直管段，且流速沿管道轴对称分布的场合。

（2）当流速不对称分布、流动的方向与管道轴线不平行或存在着沿半径方向流动的速度分量时，可以采用如图 3-37（b）所示的反射法（又称 V 法）安装。

（3）在某些场合，当安装距离受到限制时，可采用如图 3-37（c）所示的交叉法（又称 X 法）安装。换能器一般均交替转换，分时作为发射器和接收器使用。

（4）在垂直相交的两个平面上测量线平均速度时，采用图 3-37（d）所示的 2V 法安装。

135

(5) 图 3-37 (e) 所示的平行法是一种配置多线路测量的方式，可在一定程度上消除流速分布不对称、不均匀和旋涡对测量的影响。但是，由于声波穿透管壁很困难，使得安装换能器时较复杂。该方法在测量小口径流量时也不能获得足够的时间差。

3.4.6　超声波流量计的特点

（1）超声流量计可作非接触测量。夹持式换能器流量计可不停流、不截管安装，可作移动性测量，适用于管网流动状态评估检测。

（2）流量计无阻力件和活动部件，不破坏流体的流场，只有微小的沿程压力损失，无额外的压力损失。

（3）原理上不受管径限制，造价随管径增加变化不大，适用于大管径、大流量，以及各类明渠、暗渠的流量测量。

（4）多普勒超声流量计可检测固相含量较多或含有气泡的液体。

（5）可解决难以测量的强腐蚀性、非导电性、放射性的流量的检测问题。

（6）测量准确度不受被测流体温度、压力、密度和黏度的影响。

（7）量程比宽，一般可达 20∶1。

3.5　超声波测厚仪

超声波测厚仪具有体积小、质量轻、携带使用方便、检测速度快、精度高等优点。

3.5.1　超声波测厚仪的分类

根据工作原理，超声波测厚仪分为脉冲反射式、共振式和兰姆波式三种。

（1）脉冲反射式测厚仪。脉冲反射式测厚仪是通过测量超声波脉冲在工件中往返一次所需的时间，并结合超声波在介质中的传播速度获得工件厚度。该方法原理简单，对材料的表面粗糙度要求较低，在锅炉压力容器、造船等系统得到了广泛应用。但当工件厚度较薄，相邻的回波发生混叠时，脉冲反射法就不再适用。

（2）共振式测厚仪。共振式测厚仪是基于超声波在材料内部传播时，当材料厚度为超声波半波长的整数倍时，材料内部形成驻波，产生共振现象，通过测定材料的共振频率可计算出材料厚度。目前使用该方法可测得材料的最薄厚度约为 0.01mm。

（3）兰姆波式测厚仪。兰姆波是超声波在薄板中传播的一种波。当超声波频率、入射角与工件厚度成一定关系时，便在薄板工件中产生兰姆波，然后根据探头的入射角或频率就可测定工件厚度。兰姆波式测厚仪适用于薄板测厚，特别适用于小直径薄壁管测厚，但由于有些技术问题尚未完全解决，因此兰姆波测厚仪应用较少。

根据产生超声波方法的不同，超声波测厚可分为两种，即压电超声测厚和电磁超声测厚。压电超声测厚中使用的是压电换能器，电磁超声测厚中使用的是电磁超声传感器。

3.5.2　脉冲反射式测厚仪

1. 工作原理

用超声波探头向被测物体发出超声脉冲，此超声脉冲便在被测物体内传播，传播至被测物体的底面时由于声阻抗的变化发生反射，反射回来的超声波又被超声波探头接收。由于声波在某一物体内传播的速度 c 是常数（例如钢的声速是 5900m/s，锌的声速是 4170m/s），通过测量超声波在被测物体上下底面之间往返一次传播的时间 t 就可求得工件的厚度，其计算公式如下

$$d = \frac{1}{2}ct \tag{3-42}$$

脉冲反射式测厚仪工作原理如图 3-38 所示。发射电路发出脉冲很窄的周期性电脉冲，通过电缆加到探头上，激励探头中的压电晶片产生超声波。超声波在工件的上、下底面产生多次反射，反射波被探头接收转变为电信号，并经放大器放大后输入计算电路，由计算电路测出超声波在工件上、下底面往返一次所需的时间，最后再换算成工件厚度显示出来。

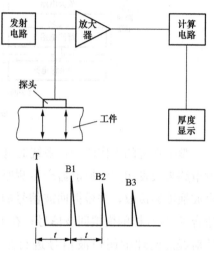

图 3-38　脉冲反射式测厚仪工作原理

测量往返时间有以下两种方法：

（1）测量发射脉冲 T 与第一次底波 B1 之间的时间。这种方法发射脉冲宽度大、盲区大，测量厚度的下限受到限制，为 1～1.5mm。但这种方法的仪器原理简单，成本低廉。

（2）测量第一次底波 B1 与第二次底波 B2 之间的时间，或任意两次相邻底波之间的时间。这种方法底波脉冲宽度窄、盲区小，测量下限值小，最小可达 0.25mm。但这种方法仪器线路复杂，成本较高。

值得注意的是，超声波测厚仪在测量不同材料的厚度时，由于超声波在不同材料里的传播速度不同，在进行测量之前，一般要先设定材料的声速。由于环境温度和工作电压等因素的影响，测量系统的参数时常发生漂移，测量时应对仪表进行厚度标定。标定操作是用仪表测量一特定厚度（一般为 5mm）的标准试件，若仪器显示不等于标准厚度（5mm），就应进行厚度标定。

2. 超声波反射法测厚仪的实现

（1）超声波测量中的声时测量。超声波测量中的声时在不同的应用中有不同的表述，如到达时间（time of arrive，TOA）、到达时间差（time difference of arrive，TDOA）、渡越时间（time of flight，TOF）、衍射时差（time of flight diffraction，TOFD）、时间延迟（time delay，TD）等。其中，TOA 和 TDOA 主要应用在无线定位技术中；TOF 主要应用在超声测厚、超声应力检测、超声波流量计及超声测距方面；TOFD 应用于工件缺陷或裂纹的超声无损检测；TD 主要应用在雷达定位和超声测距方面。目前，TOF 的测量方法主要是阈值法、峰值法、包络法、曲线拟合法和互相关法等。

（2）超声波反射法测厚仪的组成。以某一基于 FPGA 的超声波反射法测厚仪为例来说

明，系统整体框图如图 3-39 所示。

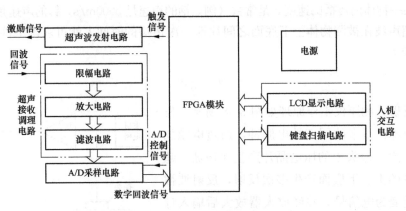

图 3-39　系统整体框图

整个系统的工作流程：系统通电初始化后，在 FPGA 的控制下，产生触发信号送至发射电路来激发超声波换能器产生测厚所用的超声波信号；在试件中传播后的回波信号由超声波换能器接收，并根据回波信号的特点，对其进行限幅、放大、滤波等调理，从而得到适合 A/D 采样的模拟回波信号；在 FPGA 控制信号作用下，利用高速高精度 A/D 转换芯片对经过调理的超声波信号进行采集，将模拟回波信号转换为数字回波信号，并传至 FPGA 中；FPGA 对接收的数字回波信号进行一系列的相关数据处理，处理结果在人机交互控制下实现显示、存储等功能。

3.5.3　电磁超声测厚

电磁超声检测技术是利用电磁耦合方法激励和接收超声波。在此过程中，探头与工件之间不需耦合剂，也不相互接触。其应用范围从最初的中厚板、火车轮检测、高温测厚等领域逐步发展到焊缝检测、钢棒检测、钢管检测、铁路钢轨检测、复合材料检测等众多领域，也可实现在线检测。

1. 电磁超声测厚的基本原理

高频电流通过线圈时产生高频磁场，在检测工件的趋肤层形成涡流，涡流在磁铁磁场的作用下产生洛伦兹力，洛伦兹力作用于晶格并在工件内部产生振动，形成超声波。反之，超声波产生的振动在磁铁磁场的作用下在线圈中形成电流，可以通过接收装置进行接收并放大显示。把用这种方法激发和接收的超声波称为电磁超声。

电磁超声检测装置由高频线圈、外加磁场和检测工件 3 部分构成。被检测金属表面是换能器的一个重要组成部分，电和声的转换是靠金属表面来完成的。因电磁超声只能在导电介质上产生，因此电磁超声只能在导电介质上获得应用。下面以钢板测厚为例，说明电磁超声检测的基本原理。

采用永久磁体在钢板表面建立一垂直于钢板表面的磁场 B，磁场强度可达 5000Gs 以上，并在永久磁体与钢板之间布置线圈，线圈匝数为 50～100，线圈平面垂直于磁场。某时刻在线圈中加一高压窄脉冲，其电压幅度 U 为 $500\sim1000\text{V}$，脉宽 Δt 约为 $0.1\mu\text{s}$。强大的脉冲电压在线圈中产生一定的脉冲电流，并在周围产生很强的磁场。辐射到钢板表面的电磁场，会在钢板表面产生垂直于永磁体产生的恒磁场 B 的涡旋电流 I。磁场 B、涡旋电流 I 及钢板三者之间满足右手螺旋关系。

根据电磁学知识，此涡旋电流必然受到磁场 B 的作用而产生作用力 F。作用力 F 的方向平行于钢板表面，指向涡流中心。这一作用力持续时间非常短暂，大约等于脉冲电压的脉宽，作用力 F 引起的电磁振动向钢板内传播，与传播方向相互垂直，此电磁振动是横波。此波到达钢板底面后，有部分透出钢板底面，但大部分被反射回来到达钢板表面，这部分波称为回波，回波信号如图 3-40 所示。回波所携带的磁场被线圈接收到。由于电磁超声在钢板表面的透射比较弱，钢板中的电磁超声可以多次在钢板内来回反射，因此线圈中接收的同波信号将是一系列脉冲串。若采用 1000 倍的脉冲放大器对回波信号进行放大，10mm 厚钢板的回波信号如图 3-40（a）所示，其中 S1 为一次回波，S2 为二次回波，Sn 为 n 次回波，Sn 与 S$n+1$ 之间的时间差可反映钢板的厚度。图 3-40（b）所示是回波信号经电压比较器后，获得的对应脉冲序列信号。

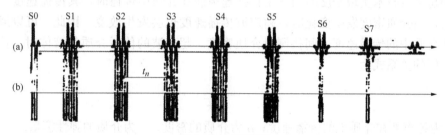

图 3-40　回波信号

通过检测超声波在试件中的传播时间差可以折算出检测试件的厚度。

无缝钢管是由钢锭控制成形的，因此钢管壁厚的均匀程度是评定钢管质量的重要指标。传统的检测方法是利用尺规测量钢管的头尾尺寸，但无法得知中间部分的数据，因而无法有效控制产品的质量。用电磁超声技术，通过测量钢管上不同位置的壁厚，得知其壁厚的均匀程度，从而为控制产品质量提供一种可靠的检测手段。

2. 电磁超声测厚的特点

（1）优点。

1）非接触测量，测量不受工件表面油污和灰尘的影响。

2）不需要耦合剂。可以进行高、低温检测，检测速度快，对人体没有危害，探头重复利用率高，适用于连续生产线的自动检测。

3）激发导波模式多。可产生横波、纵波、表面波（瑞利波）和导波（兰姆波）等。若利用该方法探伤，其发现自然缺陷的能力强，电磁超声对于钢管表面存在的折叠、重皮、孔洞等不易检出的缺陷都能准确发现。

（2）缺点。

1）只能用于导电金属材料的检测，不能用于非金属的检测。

2）换能效率要比传统压电换能器低。

3) 信号微弱容易受干扰。高频线圈与工件间隙不能太大。热体在空间辐射的温度场是按指数衰减的，线圈从工件表面每提高一个绕线波长的距离，声信号幅度就会有大幅下降（接近100dB）。

3.6 超声波在其他参数检测方面的应用

3.6.1 超声波测量密度

密度测量广泛地应用于现代国防、科技、工业、农业和日常生活等领域。由于密度不能直接转换成电信号，必须先转换成浮力、压力、声速、相位、振动频率等，然后才能转换成电信号进行处理，这给密度的测量增加了难度。用超声波来测量液体密度，实现了测量的非接触性和连续性。如果与控制系统连接，就可以随时控制液体的密度，使其保持一定的均匀性。

1. 超声波密度计的工作原理

利用超声波技术实现密度的测量是根据超声波在介质中传播时，其传播速度与介质的密度有关，当介质密度发生变化时，超声波传播速度也会发生改变。因此，可以通过测量超声波在介质中的传播速度来间接测量介质密度。超声波的传播介质为液体时，传播速度与介质密度的关系式为

$$c = \frac{1}{\sqrt{\rho k}} \tag{3-43}$$

式中：c 为超声波在介质中的传播速度；ρ 为介质的密度；k 为介质的弹性模量。

超声波传播速度与传播时间的关系式为

$$c = \frac{d}{t} \tag{3-44}$$

式中：d 为超声波的传播距离；t 为传播时间。

由式（3-44）可得，当超声波传播距离一定时，只要测得超声波的传播时间就可以得出传播速度。综合式（3-43）和式（3-44）可知，在传播距离一定时，只要测出超声波在介质中的传播时间就可以得出介质密度。

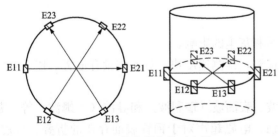

图 3-41 换能器安装示意图

超声波密度计的设计中可以采用分布式测头，即将多对测头均匀安装在装有被测介质的容器外侧，让超声波穿过容器中的被测介质传播，实现超声波在每对测头之间的发射和接收。换能器安装示意图如图 3-41 所示，图中有 3 对测头，测头的核心部分是压电超声波换能器。图 3-41 中有三对换能器（E11 与 E21、E12 与 E22、E13 与 E23），分别相对安装在装有被测介质的容器外壁上，其位置要低于被测介质的高度，以便于超声波穿过被测介质。

超声波驱动信号激励换能器 E11、E12、E13 发射超声波，对应的换能器 E21、E22、

E23 将接收到的超声波信号转换成电信号，再利用数字细分插补算法进行数据的分析处理，得到多个密度，最后对这几个密度求平均得到最终的密度。

2. 超声波密度计的结构组成

超声波密度计原理框图如图 3-42 所示，该密度计主要由超声波发射换能器组（E11、E12、E13）、超声波接收换能器组（E21、E22、E23）、中央处理单元（CPU）、现场可编程门阵列（FPGA）、A/D 转换电路、放大电路、滤波电路、功率放大电路、D/A 转换电路、通道切换电路、显示电路和键盘等构成。三对超声波换能器（E11 与 E21、E12 与 E22、E13 与 E23）两两相对安装在装有被测介质的容器外壁上。

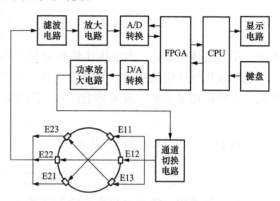

图 3-42　超声波密度计原理框图

中央处理单元（CPU）向 FPGA 发出开始采样命令后，FPGA 启动对超声波发射换能器的驱动和对超声波接收换能器输出信号的采样。由 FPGA 产生的数字信号经过 D/A 转换电路转换为模拟信号，再经功率放大电路放大后，通过通道切换电路的通道切换后逐个轮流加载在超声波发射换能器组中的一个换能器上，使其发出超声波信号。超声波接收换能器组中的换能器输出的电信号经过滤波电路滤波后，经过运算放大电路放大后连接到 A/D 转换电路。

A/D 转换电路将接收到的信号转换成数字信号，并把数据逐一存入构建于 FPGA 内的 RAM 存储区中。CPU 对存储在 FPGA 中的数据进行处理，计算出超声波在两两相对安装的换能器之间的传输时间，进而确定一个密度。

通道切换电路进行通道切换使得超声波驱动电路得以驱动超声波发射换能器组中的其他换能器，并完成超声波信号的发射和接收，得到新的密度。最后 CPU 对这几个密度求平均就能得出最后的密度。

3.6.2　超声波测量温度

1. 超声波测温的基本原理

超声波测温技术是建立在介质（气、液、固）中的声速与温度的相关性基础上的。在许多固体与液体中，声速一般随温度的变化而变化，高温时固体中的声速变化率最大，低温时气体中的声速变化率最大。

超声波测温是声学测温法的一个分支，是一种利用非接触测温方法进行温度测量的新技术，可用于测量超低温和高温高压气体温度，如测量汽轮机进气、汽缸燃烧气体、核反应堆石墨芯等处的温度。

超声波的测温方法可以分为两类：一类是使声波直接通过被测介质，即以介质本身作为敏感元件，如超声波气温计，它具有响应快、不干扰温度场的特点；另一类是使声波通过与介质呈热平衡状态的敏感元件，如石英温度计、细线温度计等。

下面以超声波气体温度计为例，说明超声波测温技术的基本原理。超声波气温计是通过直接测量声波在气体介质中的声速来测温的，在理想气体中声波的传播速度 c 为

$$c = \sqrt{\frac{\gamma RT}{M}} \tag{3-45}$$

式中：R 为气体常数；γ 为定压比热和定容比热之比；M 为分子量；T 为绝对温度。

当声波在气体中传播时，气体的气压、流速、温度等因素都会影响其声速。对于空气来说，影响声速最主要、最敏感的因素是温度，且两者之间有如下关系：

$$c = 20.067\sqrt{T} \tag{3-46}$$

又由于 $T = t + 273.15$，于是有

$$t = \frac{C^2}{402.684} - 273.15 \tag{3-47}$$

在实际测量中，将两个超声波收发器置于待测温度场两侧，发射的声波及接收的声波在温度场内形成一条声学路径。待测温度场的空间结构已知时，声波收发器两者之间的距离 L 通过测量可以得到，测定声波在其飞渡距离 L 所用的时间 Δt，便可求得声波在该传播路径上的平均速度。超声波温度测量要达到 $0.001℃$ 分辨率，则要求超声波时间信号测量精度必须达到纳秒级。这是超声波测温技术在实际应用中要解决的关键问题。

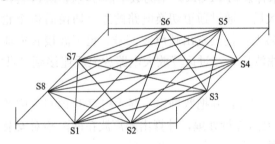

图 3-43　典型温度场测量系统的声波收发传感器的布阵示意图

如果要提高声学测温系统的温度分辨率，需要在测量温度的横截面上布置一定数量的声波收发传感器，以获得多条声波传播路径。典型温度场测量系统的声波收发传感器的布阵示意图如图 3-43 所示，它由对称分布的 8 个声波收发传感器（S1、S2、…、S8）组成。声波在不同侧的 2 个收发器之间进行传播，可形成 24 条声波传播路径。在进行温度场的测量时，在一个检测周期内，顺序启闭各个声波收发器，测量声波在每一条路径上的传播时间，并按照一定的重建算法建立这个平面上的二维温度场分布。

2. 超声波测温仪的组成

超声波测温仪原理如图 3-44 所示，超声波测温仪的结构主要包括三个部分：超声波温度传感器部分、FPGA 控制与处理部分和相关的硬件电路部分。超声波温度传感器由两个能发送和接收超声波的超声波换能器构成；FPGA 控制与处理部分用来实现信号的激励、采集与处理；硬件电路部分包括用于激励信号的相关放大滤波电路、采集超声波信号的放大滤波电路、FPGA 的配置电路与人机交互电路等。

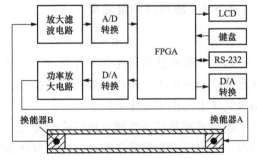

图 3-44　超声波测温仪原理

在这三部分的协同配合下，首先，通过 FPGA 控制 DDS 芯片发出激励数字正弦波信

号，经 D/A 转换为模拟信号，再经功率放大电路驱动超声波换能器 A 发出超声波信号；其次，FPGA 控制 A/D 转换器对换能器 B 接收到的超声波信号进行采集，并缓存于 FPGA中，以达到高速采集与存储数据的目的；最后，在采集完数据后，通过 FPGA 的 CPU 对采集的数据进行分析处理得到超声波信号的传播时间与传播速度，再根据温度与声速的关系模型计算出当前温度，并实时显示于液晶显示屏（LCD）上，同时通过 D/A 数模转换器将温度转换成模拟信号，以便将此温度信号用于控制系统中。

3.6.3　超声波测距

超声波测距也是一种非接触式的检测方式。由于超声波的指向性强，能量消耗缓慢，在介质中传播的距离较远，因而超声波可以用于距离的测量。与电磁或光学方法相比，它不受光线、被测对象颜色等影响，对于被测物处于黑暗中及在灰尘、烟雾、电磁干扰、有毒等恶劣环境下有一定的适应能力，且超声波传感器具有结构简单、体积小、信号处理可靠等特点，因此在液位测量、厚度测量、机械手控制、车辆自动导航、汽车倒车雷达、机器人自动避障行走、物体识别等方面有广泛应用。特别是应用于空气测距，由于空气中波速较慢，其中回波信号中包含的沿传播方向的信号很容易被检测出来，具有很高的分辨力，因而其准确度也较其他方法高。

近年来，随着超声测距技术研究不断深入，以及超声波防尘、防雾、非接触式的特有优点，超声测距逐渐为人们所重视，超声测距的应用变得越来越普及。目前，超声测距技术已广泛地应用于机械制造、电子冶金、航海、宇宙、石油化工、交通等工业领域。

1. 超声波测距原理

超声波测距的基本工作原理是测量超声波在空气中的传播时间，由超声波传播时间和传播速度来确定距离障碍物的距离，即所谓的脉冲-回波方式。超声波测距系统主要由发射传感器、发射电路、接收传感器、接收放大电路、回波信号处理电路和单片机控制电路等几部分组成。发射电路通常是一个工作频率为 40kHz 的多谐振荡器。该振荡器可由 555 时基集成电路或其他电路构成多谐振荡器电路型式，多谐振荡器受单片机控制，产生一定数量的发射脉冲；也可以通过单片机直接产生 40kHz 的方波，经反相器等元件提高驱动能力，用于驱动超声波发射传感器，并激励超声波在空气中传播，遇障碍物而产生回波。超声波接收传感器通过换能器的压电转换，将由障碍物返回的回波信号转换成电信号，对回波信号处理后送至单片机系统进行时间测量和距离计算。

单片机根据脉冲发射时间和接收到回波的时间计算出时间差 t，即超声波在空气中传播的时间，已知超声波在空气中传播速度 v，由公式 $s = vt/2$ 可计算出距离 s。声速在空气中传播时，空气的温度、大气压力、湿度等均会影响超声波的声速，其中空气的温度对超声波声速影响最大。

2. 超声波测距系统

基于单片机的超声波测距系统，是利用单片机编程产生频率为 40kHz 的方波，经过发射驱动电路放大，使超声波传感器发射端振荡，发射超声波。超声波经反射物反射回来后，由传感器接收端接收，再经接收电路放大、整形，控制单片机中断口。基于单片机的超声波测距系统工作原理如图 3-45 所示。

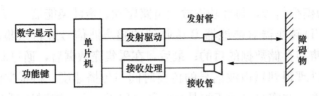

图 3-45　基于单片机的超声波测距系统工作原理

这种以单片机为核心的超声波测距系统是通过单片机记录超声波发射的时间和收到反射波的时间得到距离。当收到超声波的反射波时，接收电路输出端产生一个负跳变，在单片机的外部中断源输入口产生一个中断请求信号，单片机响应外部中断请求，执行外部中断服务子程序，读取时间差，计算距离，结果输出给 LED 显示。

超声波测距系统组成如图 3-46 所示。整个电路可分为电路板供电电路，超声波发射接收电路，控制、显示及报警电路三大部分。交流 220V 电压经变电、整流滤波、稳压处理后输出±12V 和+5V 的恒定直流电压，供应整个电路各个部分电源使用。脉冲产生电路产生的 40kHz 脉冲信号经驱动电路后进入超声波发射器，使其发出超声波。超声波接收器接收到发射器发出的超声波信号后经信号放大、处理比较后进入单片机微控制器，单片机将进行计算分析后得到的当前距离值在数码管显示模块显示出来，并与从按键处设定的报警上下限值进行比较，当超出其所设定值时，报警电路将启动，红色警报灯点亮。

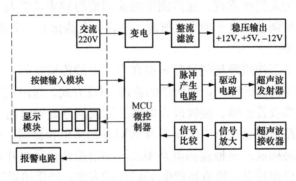

图 3-46　超声波测距系统组成

3.6.4　井周超声成像测井

超声成像是超声检测中的一个重要分支，由于其提供结果的方式形象、直观，不仅在医学方面（如 B 型超声诊断仪的使用），而且在石油、煤矿、物探等领域也有应用。在石油测井领域中，井周超声成像测井是一个重要的分支。井周超声成像测井能够以直观的井壁图像来反映石油井的状况，可以清晰明了地看到井壁上裂隙与孔洞的情况，是评价石油井的重要手段。井周超声成像测井领域中主要使用的测井方法有超声成像法与微电阻率扫描法，其中超声波成像法测井是利用声波在不同的泥浆、岩石中传播时，所产生的声波传播速度、波幅度及频率等声学特性的变化，是研究石油钻井的地质剖面、分析固井质量的一种技术，具有分辨率高、成像直观、携带信息多等优点。

1. 井周超声成像原理

井周超声成像的基本原理是利用超声波信号在油井中传播，井眼直径不同则超声波在井中传播时间不同，因此可根据超声波的传播时间（到时）来反推井壁的几何外形图像；井壁岩石介质组成的不同会导致其声阻抗不同，从而换能器接收到的回波信号幅度也不同，根据这个原理可合成井壁的介质组成图。

具体来说，超声测井是利用一个旋转的超声探头向井壁发射超声脉冲，通过对检测回波的强弱进行调制而成像的。由于岩层性质、岩层结构和井眼大小等因素的影响，回波的强度和回波到达时间不同，因而可以在监视器上可展现井壁的图像。超声测井系统能在裸眼井中识别岩层裂缝、裂缝特性和孔洞结构，测量井眼的几何尺寸、孔洞大小、地层裂缝的视倾角、井下温度，并可根据井壁图像特征定性区分岩性等。在套管井中，可精确测量套管的内径，检查套管变形、腐蚀、破裂和射孔情况等。

2. 井周超声成像仪的组成

井周超声成像仪由地面控制系统与井下测井电路两部分组成，两者使用增强测井成像系统井下仪表总线（ELIS downhole instruments bus，EDIB）通信总线进行连接。井下测井电路需要完成超声波信号的产生、采集、处理等工作，计算出相应的结果后经由 EDIB总线发送给地面控制系统，地面控制系统的软件程序根据测井数据合成最终的井壁图像。井周超声成像仪的井下测井电路部分主要由主控电路、发射电路、采集电路、旋变系统及超声波换能器等部分组成，井周超声波成像仪组成结构如图 3-47 所示。

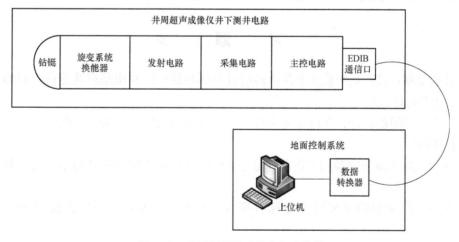

图 3-47　井周超声波成像仪组成结构

地面控制系统包括上位机与数据转换器。井下测井电路在完成测井后，会将测井结果以固定的数据格式经由 EDIB 通信口发送给地面控制系统。上位机一般不具有 EDIB 协议的数据处理能力，因此需要使用数据转换器将 EDIB 协议的数据转换为 USB 协议。上位机通过 USB 串口接收到数据后，会对数据进行解析，将数据包中的回波幅度及到时数据提取出来，使用软件合成相应幅度井壁成像图以及到时井壁成像图。

井下测井电路组成如图 3-48 所示，其可分为两部分，一是主控电路与采集电路部分，统称为主控系统；二是发射电路与旋变系统及换能器，统称为声波信号发射模块。其中声

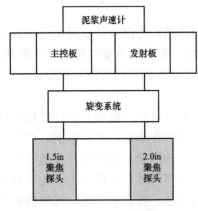

图 3-48　井下测井电路组成

波信号发射模块主要在主控系统的控制下，将方波激励信号升压，激励换能器产生超声波信号。声波发射信号模块共有三个高压激励模块，分别用于激励泥浆声速计的泥浆探头、1.5in 聚焦测井探头和 2.0in 聚焦测井探头。由于不同类型的泥浆中声速不同，需要使用泥浆声速计来测试当前井下泥浆介质的声速，辅助后续合成井壁图像。1.5in 探头与 2.0in 探头的区别在于焦距不同，分别适用于不同的井眼大小，使用时需合理地选用两种探头。井周超声成像仪能够测试直径为 5.5～16in 的井眼。

主控系统是整个井周超声成像仪的大脑，负责整个仪器的工作流程协调，以及数据存储、处理和传输。首先主控系统与地面控制系统通过 EDIB 总线进行通信，接收并响应地面控制系统发出的各种指令。在井下测井电路工作时，主控系统需要实时监控启动与同步测量的 BodyMark 信号和齿牙信号，同步控制声波信号发射模块发射超声波信号。主控系统上的采集电路通过采集换能器接收到回波信号，经 ADC 数字化后存储在 FPGA 的双端口 RAM 中。由 FPGA 计算程序处理后，将回波信号的幅度和到时信号打包好，使用 EDIB 总线传送给地面控制系统。此外，主控系统还要负责辅助信息的测量，包括仪器内温外温采集、泥浆声速测量等。

习　题

1．什么是超声波？超声波在介质中传播具有哪些特性？利用超声波进行检测的基本原理及主要优点是什么？

2．什么是声阻抗？什么条件下超声波在某一界面处会发生反射？引起超声波衰减的主要原因有哪些？

3．压电式超声波换能器的工作原理是什么？试说明超声波换能器的结构组成和各部分的作用。

4．超声波换能器的主要性能指标有哪些？影响超声波在介质中传播速度的因素有哪些？

5．利用超声波进行检测时使用耦合剂的目的是什么？列举几种常用的耦合剂。

6．超声波探伤法有哪几种？它们的工作原理是什么？请说明 A 型脉冲反射式超声波探伤仪的组成及工作过程。

7．简述 TOFD 检测基本原理。TOFD 检测扫查方式有哪些？如何对缺陷进行定位？

8．超声相控阵探头与普通超声波探头有什么区别？超声相控阵检测扫描方法有哪些？简述超声相控阵检测原理及技术优势。

9．简述激光激励超声波机理。举例说明激光超声技术的应用。

10．超声波测物位有哪几种测量方式？各有什么特点？

11．超声波物位计工作时为什么要进行温度补偿？举出一种对温度进行补偿的方法。

12. 多声道超声波流量计的定义是什么？与单声道超声波流量计相比，其有哪些优势？

13. 试推导基于多普勒效应的超声波流量计流速与频差的关系。

14. 超声波传感器测流量时传感器的配置和布局有几种？不同安装方法的特点及流量测量中影响测量精度的因素有哪些？

15. 超声波测厚的原理是什么？在用脉冲反射法测量厚度时，利用何种方法测量时间间隔 Δt？

16. 什么叫做电磁超声？简述电磁超声产生过程。电磁超声检测技术适用于哪种材料的检测？

17. 已知超声波在被测试件中的传播速度为 5480m/s，测得时间间隔为 25μs，试求被测试件的厚度。

18. 简述超声波测温的基本原理。超声波测量温度时要达到 0.001℃ 分辨率，则要求超声波时间信号测量精度达到多少？

第4章 声发射检测技术

声发射（acoustic emission，AE）检测技术是 20 世纪 50 年代初兴起的一种无损检测方法。自从 1950 年德国科学家凯塞（J. Kaiser）发现了材料的声发射现象以来，声发射技术在航空航天、石油化工、交通运输、机械制造、建筑、水利水电工程、矿山开采、电力等行业的应用都取得了进展，部分研究已进入工业实用化阶段。

4.1 声发射检测的理论基础

4.1.1 声发射的产生

声发射是一种常见的物理现象，如弯曲树枝会发出声音，树枝折断时，声音就更大。一般金属产生塑性滑移变形时，发出的声音很弱，我们听不到，但锡片在弯曲时可听到噼啪声，这是锡片受力产生孪生变形发出的声音，称为锡鸣。此外，电、磁和热也能使物体发声，如变压器通电试验时发出嗡嗡声，金属从高温冷却时也会发声，这种材料中局域源能量快速释放而产生瞬态弹性波的现象称为声发射。材料在应力作用下的变形与裂纹扩展，是结构失效的重要机制。直接与变形和断裂机制有关的源被称为声发射源。流体泄漏、摩擦、撞击、燃烧等与变形和断裂机制无直接关系的另一类弹性波源，被称为其他或二次声发射源。

声发射现象产生的声发射信号强度差别很大。地震的声响、树枝的断裂声等人耳可听到的声发射信号属于少数，绝大多数声发射信号如构件裂纹的产生与扩展、塑性变形的产生及加剧等，其应变能的能量都很小，声发射信号的强度很弱，要检测到这些信号并判断其源自何处，靠人们的听觉系统是难以实现的，必须借助现代测试技术手段，利用对声发射信号变化敏感的器件——传感器，将声发射信号的声能转换成电能，即将声波的振动信号转换为电信号，进而判断声发射的产生及其形态特征。工程中，人们借助传感器探测，经记录、分析声发射信号并利用声发射信号推断声发射源的技术称为声发射技术。

各种声发射源产生的声发射信号形态各异、强度不等、频率范围分布也很宽。如脆性材料断裂通常产生持续时间很短（约 1ms）、强度很高的突发型声发射，而摩擦、流体泄漏则可能产生持续时间较长的连续型声发射。

声发射信号的典型波形如图 4-1 所示，突发型声发射信号表现为脉冲波形，脉冲的峰值可能很大，但衰减很快。金属材料、地质材料等裂纹产生和扩展时，材料受到冲击作用等都会产生突发型声发射信号。连续型声发射信号的特点是波幅没有很大的起伏，发射频度高、能量小。材料的屈服过程、液压机械和旋转机械的噪声、充压系统的泄漏等产生的都是连续型的声发射信号。需要指出的是，把声发射信号分为连续型和突发型并不是绝对的，当突发型信号的频度大时，其形式类似于连续型信号。另外，实际测量得到的声发射信号非常复杂，可能是连续型和突发型两类基本信号的复合。

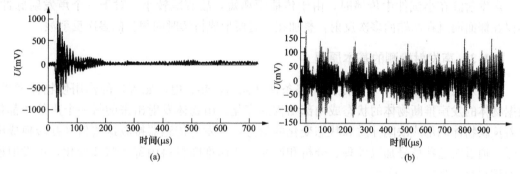

图 4-1　声发射信号的典型波形

（a）突发型；（b）连续型

声发射信号的频带覆盖次声波、声波和超声波波段，如地震波的声发射频率接近 0Hz，而裂纹扩展的声发射信号频率可高达 1MHz。

4.1.2　声发射的传播

从声发射源发出的声信号以弹性波形式向四周传播，经过耦合剂从材料传到传感器变为电信号，由声发射仪器接收并进行处理，最后将数据显示出来。声发射信号的传播过程：声发射源→材料中转播→传感器耦合界面→传感器→声发射仪接收信号→信号处理→数据显示。

声发射信号在传播中，声波是以纵波、横波等模式从声发射源传到传感器的。若在半无限大固体介质中的某一点产生声发射波，当传播到表面上某一点时，纵波、横波和表面波相继到达，因互相干涉而呈现出复杂的模式，半无限大介质内声发射波的传播如图 4-2 所示。在实际的声发射检测中，能够把检测对象看成半无限大介质的情况很少。实际上声波在一般物体内传播时因界面的反射作用，不断多次地反射再到达传感器，而每次反射都要发生波型转换，传感器接收的是由于界面反射产生模式变换的几种波模式的叠加，这样传播的波称为循轨波，循轨波的传播如图 4-3 所示。循轨波的视在传播速度大体上与横波

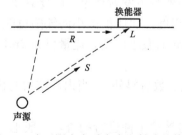

图 4-2　半无限大介质内声发射波的传播

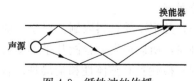

图 4-3　循轨波的传播

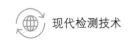

的传播速度相当。循轨波的另一个性质是频率不同的波由于传播速度不同而引起频散现象，即一个简单的声发射脉冲，传播一定距离之后，波形变钝，脉冲变宽，并分离为几个脉冲。

声发射波的传播具有向周围扩展的扩散损失和固体内部的摩擦损失。在大尺寸的固体中声发射波是球面波衰减，振幅与传播距离成反比。在板中是柱面波衰减，振幅与传播距离的平方根成反比，而且频率越高衰减越大。

声发射波在小试件中传播时，由于传播距离短，故衰减较小。对于一个声发射脉冲，不仅在侧面而且在两端面多次反射，叠加在一起便形成持续时间很长的多次反射波。

4.1.3 声发射检测的基本原理

声发射检测的基本原理就是由外部条件（如力、热、电、磁等）的作用使物体发声，根据物体的发声推断物体的状态或内部结构的变化。由物体发射出来的每一个声信号都包含着反映物体内部或缺陷性质和状态变化的信息，声发射传感器接收这些信号并转换成电信号，通过对这些信号加以处理、分析和研究，从而推断材料内部的状态变化，声发射检测原理示意图如图 4-4 所示。

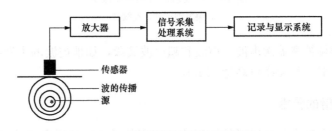

图 4-4 声发射检测原理示意图

单个声发射的持续时间短、频带宽。高频成分穿过物体时衰减较严重，其幅度随着传播距离增大而下降；低频成分易与机械噪声重叠在一起不易分离。因此，通常的声发射检测都选择在某一频率范围内进行。

4.1.4 声发射检测的特点

1. 优点

（1）动态无损。声发射检测是一种动态无损检测技术。声发射是在材料或构件的缺陷发生变化时产生的，声发射探测到的能量来自被测试物体本身，所以它是一种动态无损检测技术。声发射检测可以实时地反映缺陷的动态信息，实行监视和危险报警。

（2）灵敏度高。结构或部件的缺陷在萌生之初就有声发射现象，因此只要及时对声发射（AE）信号进行检测，就可以判断缺陷的严重程度，即使很微小的缺陷也能检测出来，检测灵敏度非常高。目前可以检测振幅仅为 $10^{-14}\,\mathrm{m}$ 的微小应变，流量仅为 $2\mathrm{mL/min}$ 的微小流体泄漏。

（3）几乎不受材料限制。对于一般材料（除极少数材料外），当内部结构变化时都有声发射现象，所以声发射检测几乎不受材料的限制。

（4）检测具有整体性和全局性。检测时不需对被检工件进行扫查，一般也不需要对被检件进行分段、分区检查，而是能对其整体实施大范围的快速检测，操作简便，检测效率高。一根长达几十、上百米的钢管上的所有缺陷可一次检出。

（5）可以实现特殊环境中的检测。由于对被检件的接近要求不高，声发射检测适于其他方法难于或不能接近环境下的检测，如高低温、核辐射、易燃、易爆及极毒等环境。

2. 局限性

（1）存在凯塞（Kaiser）效应。声发射信号一般是不可逆的，具有不复现性。同一试件在同一条件下产生的声发射只有一次，这就是所谓的凯塞效应，Kaiser 效应示意图如图 4-5 所示。

从图 4-5 可以看出，对试件开始加载时，有声发射产生。卸去载荷后再进行第二次加载时，在载荷没有超过第一次加载的最大载荷时没有声发射信号出现，只有当第二次加载的载荷超过第一次的最大载荷时，才开始产生声发射信号，这一现象称为声发射的不可逆效应。不可逆效应由材料的变形和裂纹扩展的不可逆性决定的。

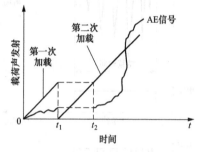

图 4-5　Kaiser 效应示意图

需要说明的是，如果两次加载的方式和方向不同，则 Kaiser 效应就不存在。另外，有些材料（如木材）的 Kaiser 效应并不是永久性存在的，放置一段时间后内部结构发生变化，就会使声发射恢复。

因此，要进行声发射检测，就必须要保证后一次的加载大于前一次加载。这就要求知道构件的受载历史，或在构件第一次受力时就开始进行检测。

（2）声发射信号的解析比较困难。声发射检测到的是一些电信号，根据这些电信号来解释结构内部的缺陷的变化往往比较困难，需要丰富的知识和其他实验手段的配合。

（3）声发射检测的环境噪声干扰往往较大，如何除噪降噪、提高信噪比，始终是声发射检测的主要研究课题。

4.2　声发射检测的技术基础

4.2.1　经典声发射信号处理和分析方法

声发射信号是声发射源的信息载体，通过检测声发射信号，可以推断声发射源的部位、性质及其严重程度等方面的信息。声发射传感器所接收的信号是复杂的信号，它是原始声发射信号经过了从声发射源到接收传感器的传播通道的畸变、衰减等而变成的。如何对这些复杂的信号进行分析处理，以便得到更多的有用信息，是声发射检测的重要一环。

对声发射信号进行采集和处理的方法可分为两大类：第一类为对声发射信号直接进行波形特征参数测量，仪器只存储和记录声发射信号的波形特征参数，然后对这些波形特征参数进行分析和处理，以得到材料中声发射源的信息；第二类为直接存储和记录声发射信号的波形，以后可以直接对波形进行各种分析，也可以对这些波形进行特征参数测量和处理。

目前，对声发射信号的表征方法主要有参数法和谱分析法两种。其中，参数法表征历史较长，且已形成标准，而谱分析法则是声发射信号表征新方法。

1. 声发射信号的参数法表征

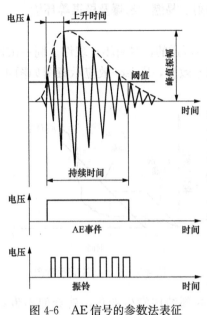

图 4-6　AE 信号的参数法表征

参数法是表征声发射信号的经典方法。对突发性 AE 信号的表征参数主要有事件计数、振铃计数、上升时间、事件持续时间、幅度及幅度分布、能量及能量分布等，AE 信号的参数法表征如图 4-6 所示。对于连续型声发射信号，只有振铃计数和能量参数可以适用。为了更确切地描述连续型声发射信号的特征，又引入平均信号电平和有效值电压。

（1）事件计数。对图 4-6 中所示的脉冲型声发射信号，经过包络检波（虚线所示）后的波形超过阈值电压（门槛）的部分便形成一个矩形脉冲，此矩形脉冲即称为一个声发射事件。逐一计数每一个这样的矩形脉冲即为声发射事件计数。单位时间的事件计数称为事件计数率，其计数的累积则称为事件累积计数，全部事件计数的总计称为事件总计数。

事件计数反映了声发射事件的总量和频度，用于声发射源的活动性和定位集中度评价。

（2）振铃及振铃计数。振铃是描述脉冲型 AE 信号的一个特征参量。如图 4-6 所示，原始 AE 信号每超过一次预置阈值就形成一个脉冲，此脉冲即称为一个振铃。振铃计数就是逐一计算原始声发射信号波形超过预置阈值电平的脉冲次数。从图 4-6 可以看出，图中 AE 信号产生了 7 个振铃。单位时间的振铃计数称为振铃计数率；振铃计数的累积称为累积振铃计数；全部振铃计数的总计称为振铃总计数；单个事件的振铃计数称为事件振铃计数或振铃/事件。

对振铃计数的信号处理简便，既适于突发型和连续型两类信号，又能粗略反映信号强度和频度，因而广泛用于声发射活动性评价，但其会受阈值电压影响。

（3）上升时间和事件持续时间。上升时间表征 AE 信号增长速度的快慢，事件持续时间则表征 AE 信号的历时长短。声发射信号波形包络从超过第一个阈值起到达峰值（或预置的第二个阈值）时的时间间隔称为上升时间，如图 4-6 中所示。事件持续时间是指单个声发射事件所经历的时间跨度，也就是一个声发射事件信号从第一次超过阈值至最后一次降至阈值的时间。

上升时间因受传播的影响很大，其物理意义变得不明确，有时用于机电噪声鉴别。事件持续时间与振铃计数十分相似，但常用于特殊波源类型和噪声的鉴别。

（4）幅度及幅度分布。幅度是指声发射信号波形的最大振幅值（见图 4-6），幅度分布是指事件计数、振铃计数等 AE 信号的特征参量关于幅度的函数分布。幅度及幅度分布被认为是可以更多地反映声发射信息的一种处理方法。

声发射信号的幅度通常以 dB_{AE} 表示，定义传感器输出 $1\mu V$ 时为 0dB，则幅值为 V_{AE}（单位为 μV）的声发射信号的幅度 dB_{AE} 可表示为

$$dB_{\mathrm{AE}} = 20\lg V_{\mathrm{AE}} \tag{4-1}$$

幅度分布有微分型和积分型两种表示方法。微分型 AE 幅度分布如图 4-7 所示,其一般表示为

$$\mathrm{d}F(x) = f(x)\mathrm{d}x \tag{4-2}$$

式中:$f(x)$ 为幅度分布谱函数。

试验表明,不同的声发射源具有不同的幅度分布谱,有随幅度增加、计数单调减少的分布谱,但经常遇到的是在比较宽的幅度范围内,以双对数表示为负斜率 m 的线性分布谱,负斜率线性分布谱如图 4-8 所示,其数学表达式为

$$f(x) = cx^{-m} \tag{4-3}$$

式中:c、m 为常数。

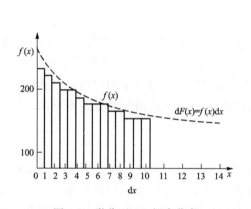

图 4-7　微分型 AE 幅度分布

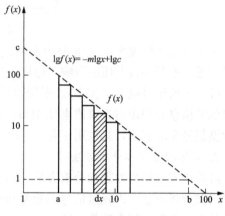

图 4-8　负斜率线性分布谱

用双对数表示式(4-3)为

$$\lg f(x) = -m\lg x + \lg c \tag{4-4}$$

上述微分型 AE 幅度分布在某幅度从 x 到 ∞ 区间的积分称为积分型幅度分布,其定义式为

$$F(x) = \int_x^\infty f(x)\mathrm{d}(x) \tag{4-5}$$

$$f(x) = |\mathrm{d}F(x)/\mathrm{d}x| \tag{4-6}$$

幅度与事件大小有直接的关系,不受阈值电压的影响,其直接决定事件的可测性,常用于波源的类型鉴别、强度及衰减的测量。

(5)能量计数(MARSE)。声发射能量反映声发射源以弹性波的形式所释放的能量,在图 4-6 中,AE 信号包络线与横坐标轴所围区域的面积即表征 AE 信号的能量大小。当然,这里所说的能量仍然是针对仪器的输出信号而言的。瞬态信号的能量计数定义为

$$E = \frac{1}{R}\int_0^\infty V^2(t)\mathrm{d}t \tag{4-7}$$

式中:$V(t)$ 为随时间变化的电压;R 为电压测量电路的输入阻抗。

如采用数字方法进行计算,则其离散化形式为

$$E = \frac{\Delta t}{R} \sum_{i=0}^{N-1} V_i^2 \qquad (4\text{-}8)$$

式中：V_i 为采样点电压；Δt 为采样的间隔时间；N 为采样点数。

能量计数反映了事件的相对能量或强度。对阈值电压、工作频率和传播特性不甚敏感，可取代振铃计数，也用于波源的类型鉴别。

（6）有效值电压（RMS）。有效值电压是表征声发射信号的主要参数之一，它直接与声发射能量相关。由于时间常数大，用普通的交流电压表很难正确地测量声发射信号的有效值电压，但可以由前述的幅度分布来计算有效值电压。若定义以峰值电压 V_p 为自变量的微分型谱函数为 $N(V_p)$，则有效值电压为

$$V_{RMS} = \sqrt{\frac{\int_0^\infty V_p^2 N(V_p) \mathrm{d}V_p}{\int_0^\infty N(V_p) \mathrm{d}V_p}} \qquad (4\text{-}9)$$

该方法对于频度大的突发型声发射信号是可行的。有效值电压与声发射的大小有关，测量简便，不受阈值电压的影响，适用于连续型信号，主要用于连续型声发射活动性评价。

（7）平均信号电平（ASL）。平均信号电平是采样时间内信号电平的均值，以 dB 表示。它提供的信息和应用与有效值电压相似，对幅度动态范围要求高而时间分辨率要求不高的连续型信号尤为有用，其也用于背景噪声水平的测量。

2. 具体的处理和分析方法

经典声发射信号处理和分析方法有声发射信号单参数分析方法、声发射信号参数的列表显示和分析方法、声发射信号参数经历分析方法、声发射信号参数分布分析方法、声发射信号参数关联分析方法等，这些方法目前在声发射检测中仍得到广泛应用，主要用于对声发射源活性和强度的表征。下面介绍声发射信号单参数分析方法。

由于早期的声发射仪器只能得到计数、能量或者幅度等很小的参数，人们对声发射信号的分析和评价通常采用单参数分析方法。最常用的单参数分析方法为振铃法、事件法、能量分析法和幅度分析法。

（1）振铃法。一个声发射脉冲激发传感器后，其输出是一种开始急剧上升然后又按指数衰减的波形，对记录到的声发射信号中超越阈值的峰值数进行计数，这种方法称为振铃法。

振铃法是最简单的一种处理声发射信号的方法。由于该方法简单而且容易实现，因此被广泛应用，特别是用于疲劳裂纹扩展规律的研究，以建立声发射活动与裂纹扩展之间的关系。从振铃法本身来看，在给定的阈值条件下，随着声发射事件的增大，由该事件中得到的计数值 N 也增大。因此可以说这种方法对较大的事件有某些加权作用，虽然不是直接的度量，但却可以间接地反映声发射的大小。

应该指出的是，用振铃法获得的计数值与阈值的大小有关，因此在试验中或在处理实验数据时，必须注意到阈值这个条件。

用振铃法获得的声发射数据中，除计数值 N 外，还可采用计数率（单位时间的计数值）来表示，计数率可以间接地反映发生声发射的频繁程度。

（2）事件法。事件法是指将一次声发射造成一个完整的传感器振荡输出视为一次事件。

处理数据时用事件数或单位时间的事件数（即事件率）来表示。

事件法着重于事件的个数，不注重声发射信号振幅的大小。该法很少单独使用，常与振铃法联用，以反映出不同阶段声发射规模的相对大小程度。

（3）能量分析法。能量分析法是直接对传感器中的振幅（或有效值）和信号的持续时间进行度量的一种方法，可以直接反映声发射能量的特性。能量分析法通常以能量值和能量率两种数据形式给出。能量值是指在给定的测量时间间隔范围内所测量到的能量大小，能量率则为单位时间的能量值。

在对裂纹开裂过程进行声发射的研究中发现，能量分析法比振铃法更能反映裂纹的开裂特征。

（4）幅度分析法。幅度分析法是一种基于统计概念基础的方法，是按信号峰值的大小范围分别对声发射信号进行事件计数。由于计数的方式不同，幅度分析法又分为事件分级幅度分布法和事件累计幅度分布法。

1）事件分级幅度分布法。将测得的声发射信号振幅的变化范围以线性或对数的形式按一定规律分成若干等级，每一等级有一定的振幅变化范围，然后对声发射事件按分类的等级进行计数。事件分级幅度分布法具体应用实例如图 4-9 所示。

2）事件累计幅度分布法。与事件分级幅度分布法类似，事件累计幅度分布法也是将声发射信号振幅的最大变化范围按一定的方式分为数个等级（或称振幅带），每一个等级中都有自己的最小振幅值 A_i，将幅值超过 A_i 的各等级中的事件数累加，得到累计事件的计数值 N，并得到 N 和 A_i 的变化关系，这一关系在对数坐标中可用一直线来描述，事件累计幅度分布图如图 4-10 所示。

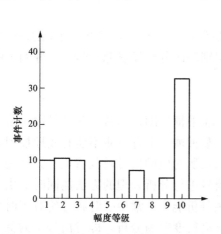

图 4-9　事件分级幅度分布法具体应用实例

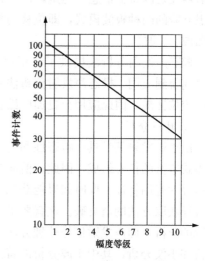

图 4-10　事件累计幅度分布图

振幅分析法是以振幅作为测量参数并进行统计分析，可以从能量的角度来观察不同材料声发射特性的变化，或同种材料在不同阶段声发射特性的差异，这对于研究变化过程的机理是非常有价值的。例如，利用声发射监测某些钢材在裂纹扩展成脆断之前的振幅的变化就可以判断破坏是否临近。

4.2.2 现代声发射信号处理和分析方法

近年来，人们开发了许多基于波形分析基础的声发射信号高级处理和分析技术，来进一步分析声发射源的特性。这些分析技术包括频谱分析技术、模态声发射分析技术、小波分析技术、模式识别技术和人工神经网络模式识别技术等。

1. 频谱分析法

频谱分析法是把声发射信号从时域转换到频域，在频域中研究声发射信号的特征，通过分析声发射信号的频域分布特性提取能反映和突出声发射源信息的特征。频谱分析法分为传统的傅里叶频谱分析法和现代谱估计法。大量的实践表明，声发射信号能在一定程度上反映声发射源的特征，并且相似的声发射源产生的声发射信号具有相似的频谱分布特征，不同声发射源的声发射信号的特征可以通过频谱分布信息得到体现。因此，频谱分析能够揭示声发射源信号的特征和它的动态特性。但是，对信号进行频谱分析是建立在一个隐含的条件之上，即被分析信号是周期的平稳信号；并且频谱分析是一种忽略局部信息变化的全局分析方法。

2. 模态声发射分析法

模态声发射分析法是一种以板波理论为基础，通过分析声发射信号来分析声发射源本质特征的方法。机械波传播理论能为声发射信号在传播介质中的衰减和散射提供理论依据。其理论依据是，声发射源信号由许多模式的机械波组成，不同模式的波在传播介质中的传播速度和频率各不相同，利用分辨率高的宽带传感器接收声发射信号。通过分离声发射信号的每一个组成模式的信号，并对其进行分析，从而提取出与声发射源相关的模式信号，获取声发射源特征信息。但是，由于板波理论很复杂，目前在模态声发射分析法应用中只考虑0阶的两种板波模式，即位移与板平面平行的扩散波（E波）和位移与板平面垂直的弯曲波（F波）。

模态声发射分析法提供了认识声发射物理机制的一个途径，因此这个概念一提出来，便迅速得到应用。模态声发射分析法具有易于识别和区分声发射源信号、良好的去噪和精确的定位性能，因此应用会更加广泛。

3. 时频分析

由于声发射信号具有瞬态性和随机性，属于非平稳的随机信号，并且是由一系列频率和模式丰富的信号组成，因此，前面几种方法在某种情况下有可能不能有效地捕捉到声发射信号的有用特征。此时如果能获取每一个时间点所对应的信号及其特征，无疑是声发射源特征获取方法的新突破。这就要求对声发射信号进行分析处理的方法能同时提供时域和频域的分析，即声发射信号处理方法要具有时频分析能力。常用的时频分析有短时傅里叶分析和小波分析，其中小波分析的特点是对信号进行变时窗分析，即对信号中的低频分量采用较宽的时窗，对高频分量采用较窄的时窗，这个特点使得小波分析在时域和频域同时具有良好的局部分析特性，非常适合声发射信号的分析。由于小波分析方法在非平稳信号分析处理中具有的优异性能，使得小波分析成为目前声发射信号处理方法研究的热点，并且在声发射信号的特征分析、声发射源定位分析、声发射信号传播特性和衰减特征的研究中取得了很大成绩。

下面介绍基于快速傅里叶变换（FFT）分析方法的原理。

（1）FFT 的原理。离散傅里叶变换（DFT）的数学表达式为

$$X(k) = \sum_{n=0}^{N-1} x(n) \mathrm{e}^{-\mathrm{j}2\pi nk/N}, \ k = 0, 1, \cdots, N-1 \tag{4-10}$$

$$x(n) = \frac{1}{N} \sum_{n=0}^{N-1} X(k) \mathrm{e}^{\mathrm{j}2\pi nk/N}, \ n = 0, 1, \cdots, N-1 \tag{4-11}$$

式中：$X(k)$ 是离散频谱的第 k 个值；$x(n)$ 是时域采样的第 n 个值。

时域与频域的采样数目是一样的（均为 N），频域的每一个采样值（谱线）都是从对时域的所有采样值的变换而得到的，反之亦然。

直接的 DFT 运算，对 N 个采样点要作 N^2 次运算，速度太慢。而 FFT 算法把 N^2 步的运算减少为 $(N/2)\log_2 N$ 步，极大地提高了运算速度。FFT 算法的实质就是把一个长数据序列 $x(n)$，经多次分选抽取，最终分割成 $n/2$ 个，每个有两个数据的序列作 DFT 计算，分别算出分割后比较短的子序列的频谱，然后按一定的规则组合，即可得到整个序列 $x(n)$ 的频谱。FFT 算法有很多种，其中大多数已编制了程序，从而可方便地应用于数字频谱分析、滤波器模拟及相关领域的计算技术中。

DFT 是对于在有限的时间间隔（称为时间窗）内采样数据的变换，这有限的时间窗既是 DFT 的前提，同时又会在变换中引起某些不希望出现的结果，即谱泄漏和栅栏效应。

（2）窗函数的加权。为了消除谱泄漏，最理想的方法是选择时间窗长度使它正好等于周期性信号的整数倍，然后作 DFT，但实际上这是不可能做到的。实际的办法是对时间窗用函数加权，使采样数据经过窗函数处理再做变换。其中，加权函数称为窗函数，或简称为窗。在加权的概念下，我们所说的时间窗就可以看作一个加了相等权的窗函数，即时间窗本身的作用相当于宽度与它相等的一个矩形窗函数的加权。

选择窗函数的简单原则如下：①使信号在窗的边缘为 0，这样就减少了截断所产生的不连续效应；②信号经过窗函数加权处理后，不应该丢失太多的信息。

基于上述分析，在声发射信号的处理中，通常在进行 FFT 时，将窗函数作为预处理方法，以实现信号的谱连续性。

利用快速傅里叶变换（FFT）对 AE 信号进行频谱分析，可获得 AE 信号参量随频率变化的二维图形，以从声发射信号中获取更多的有用信息。

例如合成绝缘子是高压输电线路中架空线路的关键部件之一。在合成绝缘子的生产环节中，接头的生产是一个很重要的环节，这一步的好坏将直接影响合成绝缘子质量的好坏，而压接式接头的生产对压接工艺的要求很高。应用声发射检测技术手段，经过对大量不同压接状态（欠压、正常、过压以及断裂）绝缘子的研究，发现压接时的信号虽然具有一定的规律，但是过压和断裂的信号没有明显的界线，只从时域方面无法分辨出来。这时采用 FFT 分析手段，从频域找出两者的特征。通过对两种模式（过压和断裂）下的频谱图（预处理方法是矩形窗）进行观察，能量随频率的分布是有明显差别的：断裂信号中高频成分和低频成分的能量比有明显的提高，从而找到了区分两种模式的方法。

4.2.3　声发射源定位技术

确定声发射源的位置是声发射检测中的一项重要工作内容。声发射源的定位需由多通

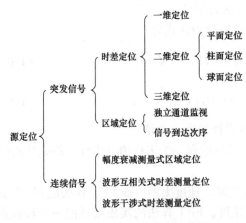

图 4-11 声发射源定位方法分类

道声发射仪器来实现，这也是多通道声发射仪最重要的功能之一。突发型声发射信号和连续型声发射信号需采用不同的声发射源定位方法，声发射源定位方法分类如图 4-11 所示，图中列出了目前人们常用的声发射源定位方法。

时差定位是经对各个声发射通道信号到达时间差、声速、探头间距等参数的测量及复杂的算法运算，来确定声发射源的坐标或位置。时差定位是一种精确而又复杂的定位方式，广泛用于试样和构件的检测。然而，时差定位易丢失大量的低幅度信号，其定位精度又受声速、衰减、波形、构件形状等许多易变量的影响，因而在实际应用中也受到种种限制。

区域定位是一种处理速度快、简便而又粗略的定位方式，主要用于复合材料等由于声发射频率过高、传播衰减过大、检测通道数有限而难以采用时差定位的场合。连续型声发射信号源定位，主要用于带压力的气液介质泄漏源的定位。

1. 突发型声发射源的定位技术

下面主要介绍时差定位中的二维定位技术。

（1）线定位技术。当被检测物体的长度与半径之比非常大时，如管道、棒材、钢梁等，多采用线定位进行声发射检测。时差线定位至少需要两个声发射探头，声发射源时差线定位技术原理如图 4-12（a）所示。在 1 号和 2 号探头之间有 1 个声发射源产生 1 个声发射信号，到达 1 号探头的时间为 T_1，到达 2 号探头的时间为 T_2，因此该信号到达两个探头之间的时差为 $\Delta t = T_2 - T_1$，如以 D 表示两个探头之间的距离，以 v 表示声波在试样中的传播速度，则声发射源距 1 号探头的距离 d 可表示为

$$d = \frac{1}{2}(D - \Delta t v) \tag{4-12}$$

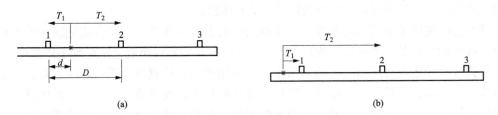

（a）   （b）

图 4-12 声发射源时差线定位技术原理

（a）声源位于传感器阵列内部；（b）声源位于传感器阵列外部

图 4-12（b）为声发射源在探头阵列外部的情况，此时，无论信号源距 1 号探头有多远，时差均为 $\Delta t = T_2 - T_1 = D/v$，声发射源被定位在 1 号探头处。

（2）平面定位技术。

1）三个探头阵列的平面定位计算方法。在无限大平面中两个探头的声发射源定位技术

原理如图 4-13 所示，首先考虑将两个探头固定在一个无限大平面上，假设应力波在所有方向的传播均为常声速 v，由图 4-13 得到如下方程：

$$\Delta t v = r_1 - R \tag{4-13}$$

$$Z = R \sin\theta \tag{4-14}$$

$$Z^2 = r_1^2 - (D - R\cos\theta)^2 \tag{4-15}$$

由式（4-13）～式（4-15）可以导出如下方程：

$$R = \frac{1}{2} \frac{D^2 - \Delta t^2 v^2}{\Delta t v + D\cos\theta} \tag{4-16}$$

式（4-16）是通过定位源（X_s，Y_s）的一个双曲线，在双曲线上的任何一点产生的声发射源到达两个探头的次序和时差是相同的，而两个探头位于这一双曲线的焦点上，显然两个探头的声发射源定位不能满足平面定位的需要。

现增加一个探头，组成三个探头阵列，三个探头阵列的声发射源平面定位技术原理如图 4-14 所示。此时，可获得的输入数据为三个探头声发射信号到达次序、到达时间及两个时差，与两个探头阵列的平面定位计算方法类似，可以得到如下系列方程：

$$R = \frac{1}{2} \frac{D_1^2 - \Delta t_1^2 v^2}{\Delta t_1 v + D_1\cos(\theta - \theta_1)} \tag{4-17}$$

$$R = \frac{1}{2} \frac{D_2^2 - \Delta t_2^2 v^2}{\Delta t_2 v + D_2\cos(\theta_3 - \theta)} \tag{4-18}$$

式（4-17）和式（4-18）为两条双曲线方程，通过求解就可以找到这两条双曲线的交点，也就可以计算出声发射源的部位。

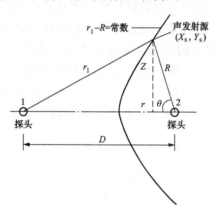

图 4-13　在无限大平面中两个探头的
声发射源定位技术原理

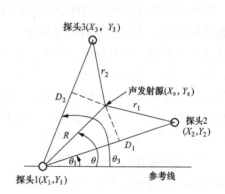

图 4-14　三个探头阵列的声发射源
平面定位技术原理

2）四个探头阵列的平面定位计算方法。采用三个探头阵列的平面定位计算方法，有时会得到双曲线的两个交点，即一个真实的声发射源和一个伪声发射源。四个探头阵列的声发射源平面定位技术原理如图 4-15 所示，若采用四个探头构成菱形阵列进行平面定位，只会得到一个真实的声发射源。

如图 4-15 所示，若由探头 S1 和 S3 间的时差 Δt_X 所得双曲线为 1，由探头 S2 和 S4 间的时差 Δt_Y 所得双曲线为 2，声发射源为 Q，探头 S1 和 S3 的间距为 a，S2 和 S4 的间距为 b，波速为 v，那么，声发射源就位于两条双曲线的交点 $Q(X，Y)$ 上，其坐标可表示为

$$X = \frac{L_X}{2a}\left[L_X + 2\sqrt{\left(X - \frac{a}{2}\right)^2 + Y^2}\right]$$

$$Y = \frac{L_Y}{2b}\left[L_Y + 2\sqrt{\left(Y - \frac{b}{2}\right)^2 + X^2}\right] \tag{4-19}$$

式中：$L_X = \Delta t_X v$，$L_Y = \Delta t_Y v$。

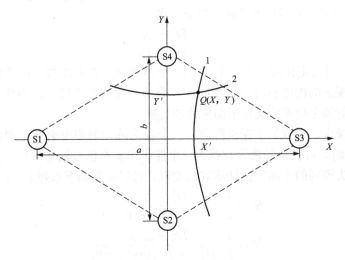

图 4-15　四个探头阵列的声发射源平面定位技术原理

（3）影响声发射源定位精度的因素。引起突发型声发射信号定位源误差的原因有两大类，即信号处理过程产生的误差和自然现象产生的误差。处理过程误差可以通过调整探头的数量和间距、采用合适的时钟频率、用三个以上的通道判断定位源的位置等进行控制，但诸如波的衰减、波型转换、反射、折射和色散等自然现象引起的误差是不可控制的。所以，由单一源产生的声发射信号逐次计算得到的定位源不是一个单一的点，而是围绕真源部位的一个定位集，这一定位集的大小和集中度除依赖于定位源在探头阵列中的位置外，还与声速的变化、时差测量的误差等因素有关。

2. 连续型声发射源的定位技术

流体的泄漏和某些材料在塑性变形时均产生连续型声发射信号。根据连续型声发射信号的特点，人们发展了基于信号幅度衰减测量式区域定位方法、基于波形互相关式时差测量定位方法和基于波形干涉式时差测量定位方法。

（1）信号幅度衰减测量式区域定位方法。区域定位方法只需要确定最大输出信号的探头和第二大输出信号的探头，十分简便，但这种方法的缺点是得到的定位区域太大，有时无法接受。如果除对声发射信号的大小进行排序外，还测量声发射信号的幅度及被测物体的衰减特性，则可以得到泄漏源较精确的定位。

连续型声发射源定位的信号幅度衰减测量式区域定位方法包括如下步骤：

1）通过识别最大和第二大声发射输出信号，从声发射探头阵列中找到最靠近泄漏源的两个探头。在探头阵列之外的泄漏源不能采用幅度测量法进行定位。

2）以分贝来确定两个探头输出的差值，并与被测物体的衰减特征进行比较。

3）对于二维平面，两个探头确定了一条通过泄漏源的双曲线，因此需要第三个探头来得到另一条双曲线，两条双曲线的交点即为泄漏源部位。此方法与突发型声发射信号的时差定位原理一致。

（2）波形互相关式时差测量定位方法。互相关技术既适用于断续波之间的时差或时间延迟测量，也适用于连续波之间的时差或时间延迟测量，这一技术已被成功应用于管道声发射检测的泄漏源定位。

任意波 $A(t)$ 和另一个延迟时间为 τ 的波 $B(t+\tau)$ 之间的互相关函数（CCF）可表示为

$$R_{AB}(\tau) = \frac{1}{T}\int_0^T A(t)B(t+\tau)\mathrm{d}t \tag{4-20}$$

式中：T 为一个有限的时间间隔。

从式（4-20）可见，如果 τ 是变化的，则互相关函数是 τ 的函数。$R_{AB}(\tau)$ 的特性可以通过将 $A(t)$ 和 $B(t)$ 分为 n 个小的相等时间段的积来观察。

令 $t=t_i$，$A(t)=a_i$，$B(t)=b_i(i=0、1、2、\cdots、n)$，如果 $B(t)$ 相对于 $A(t)$ 有一时间延迟 τ_0，当 $j=0、1、2、\cdots、n$ 时，有

$$R_{AB}(\tau_j) = \sum_{i=0}^n a_{i+j}b_i \tag{4-21}$$

当 $j=-1、-2、\cdots、-n$ 时，有

$$R_{AB}(\tau_j) = \sum_{i=0}^n a_i b_{i-j} \tag{4-22}$$

当 $j=0$ 时，有

$$R_{AB}(\tau_j) = \sum_{i=0}^n a_i b_i \tag{4-23}$$

式（4-21）和式（4-22）中 a_{i+j} 和 b_{i-j} 的下标随 $R_{AB}(\tau_j)$ 中 τ_j 的变化而变化。互相关函数是在有限时间范围内的积分。在实际应用中，数据采样仅利用了每个波的有限部分，而在被利用部分之外的波幅为零，即如果 $i>n$，则 $a_i=b_i=0$；如果 $j>0$ 且 $i+j>n$，则 $a_{i+j}=0$；如果 $j<0$ 且 $i-j>n$，则 $b_{i-j}=0$。因此，当 $|j|$ 增加时，$i+j$ 增加，式（4-21）中的某些求和项将为零；随着 $|j|$ 的增加，求和项数将越来越少，$R_{AB}(\tau_j)$ 的幅值逐渐下降。最终，当 $|j|>n$ 时，所有 a_{i+j} 和 b_{i-j} 项为 0，$R_{AB}(\tau_j)=0$。当 $\tau_j=\tau_0$ 时，由于 A 和 B 为同相位，则 $R_{AB}(\tau_0)$ 达到最大值。因此，从 $R_{AB}(\tau_j)$ 的最大峰值部位可以获得 $B(t)$ 相对于 $A(t)$ 的时差或时间延迟 τ_0。

对于任意一函数 $A(t)$ 和时间延迟为 τ_0 的函数 $B(t)$，两个函数 $A(t)$ 和 $B(t+\tau_0)$ 在有限时间间隔内的互相关函数 $R_{AB}(\tau)$ 在 $\tau=\tau_0$ 必然包含一个最大值，这一互相关方法可用于连续型声发射源的定位。如探头 A 接收到来自连续型声发射源的波 $A(t)$，探头 B 接收到来自声发射源的波 $B(t+\tau_0)$，相对于波 $A(t)$ 的时间延迟为 τ_0，那么波从波源传播到两个探头间的时差可以从其互相关函数 $R_{AB}(\tau)$ 的最大峰值部位来得到，即 $\Delta t_{AB}=\tau_0$，互相关函数如图 4-16 所示。

一旦由互相关技术测量得到连续源的时差，对于声发射源定位的时差计算方法与前述突发型声发射信号的时差定位方法相同，但应使用正确的声速，尤其需对复杂结构中传播的复合波模式给予注意。

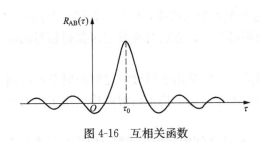

图 4-16 互相关函数

通常可以应用双通道快速傅里叶变换（FFT）分析来实现互相关函数分析。从频域 ν 中互相关谱 $G_{AB}(\nu)$ 的逆傅里叶变换可以得到时域 τ 中的互相关函数 $R_{AB}(\tau)$，其表示为

$$R_{AB}(\tau) = \frac{1}{T}\int_{-\infty}^{+\infty} G_{AB}(\nu)e^{i2\pi\nu\tau}\,\mathrm{d}\nu \quad (4\text{-}24)$$

式中：$G_{AB}(\nu)$ 是 $A(t)B(t+\tau)$ 的傅里叶变换。

（3）波形干涉式时差测量定位方法。幅度衰减测量式区域定位方法和波形互相关式时差测量定位方法都是基于先探测到泄漏，然后确定泄漏源的位置。然而，在某些情况下可以反向进行，即通过源定位处理的结果来指示泄漏的存在。这一方法已被人们用于液态金属热交换器泄漏的定位和探测。

波形干涉式时差测量定位方法假设由传感器阵列探测到的泄漏信号是相干的，在无泄漏的情况下探测的信号是噪声，相干性很低。波形干涉式定位方法的步骤如下：

1）在感兴趣的二维或三维空间内定义一个位置。

2）计算信号从定义位置到所有传感器之间的传播路径长度，通过已知声速计算波到达阵列中所有传感器的传播时间和各个传感器的时间延迟。

3）按预定的时间同时捕捉每一个传感器的输出，按照 2）计算的延迟时间推迟各通道的采样时间。

4）确定所有延迟的传感器间的相干性，高水平的相干性表示在假设的源部位有泄漏发生。

5）如果相干性较低，则假设另外一个部位，从 2）重复进行。

这一处理过程依赖于源位置的预定义，再验证声发射信号是否与泄漏一致。

3. 提高信噪比的措施

声发射检测试验往往是在复杂的环境噪声条件下进行的，因此如何抑制噪声的影响是声发射检测成功与否的关键所在。这里介绍在声发射检测中经常采用的抑制噪声的空间滤波方法。

空间滤波就是根据信号与噪声发生源空间位置的关系来抑制噪声的方法，又称空间鉴别。空间滤波的具体措施有前沿鉴别、主副鉴别和符合鉴别等，此外还有载荷控制门等方式。

（1）前沿鉴别。前沿鉴别的原理是利用环境噪声比一定范围内的声发射信号的前沿上升更缓慢这一特性，通过设置信号接收与否的上升时间控制门，达到抑制噪声、提高信噪比的目的。前沿鉴别原理如图 4-17 所示，若某一信号波形的上升时间 $\Delta T \leqslant \Delta T_0$，则该信号被接收，$Y=1$；反之，若某信号波形的前沿上升时间 $\Delta T > \Delta T_0$，则该信号被拒收，$Y=0$。

（2）主副鉴别。主副鉴别原理如图 4-18 所示，将主传感器 $Mi(i=1、2、\cdots、m)$ 置于要监视的区域内，副传感器 $Sj(j=1、2、\cdots、n)$ 置于要监视的区域外。当副传感器先收到信号时，则将主传感

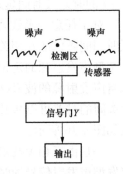

图 4-17 前沿鉴别原理

器 Mi 的检测通道门关闭，这样，区域外的噪声即被封闭。若主传感器先接收到信号，则该信号被接收。

（3）符合鉴别。符合鉴别原理如图 4-19 所示。设声发射源信号传播到传感器 1、2 的时间分别为 T_1 和 T_2，设定的符合时间为 ΔT_0，当 $|T_1-T_2|\leqslant\Delta T_0$ 时，取 $Y=1$，即信号被接收；而若 $|T_1-T_2|>\Delta T_0$，则取 $Y=0$，即信号被拒收。

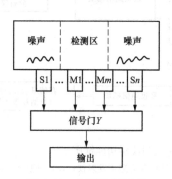

图 4-18　主副鉴别原理　　　　图 4-19　符合鉴别原理

（4）载荷控制门。在周期性加载疲劳试验中，除夹头的摩擦噪声外，还有裂纹闭合噪声，即在周期性加载处于低载荷的半周期内裂纹闭合，裂纹面摩擦产生噪声，而疲劳裂纹的扩展往往在高载荷的半周期。所以，为了排除裂纹闭合噪声，检测出裂纹扩展的声发射信号，可使用载荷控制门。把周期性加载信号转换为电信号，用这个周期性电信号的相位控制声发射仪器中的参数计数器的工作，从而达到疲劳裂纹开裂期间测量、闭合期间不测量的目的。

另外，还可采用频率鉴别的方法，用频率滤波器限制工作频率范围，抑制低频机械噪声；采用幅度鉴别的方法，通过调整固定或浮动检测门阈值，抑制低幅度机电噪声；利用时间门电路，通过只采集特定时间内的信号，抑制点焊时电极或开关噪声；采用数据滤波的方法，主要有前端实时滤波和事后滤波，对异常信号设置参数滤波窗口，滤除窗口外的异常数据，以抑制机械噪声或电磁噪声。还可采用差动式传感器、前放一体式传感器、接地、屏蔽、使用隔声材料等措施抑制机械噪声或电磁噪声。

4.3　声发射检测仪器

声发射检测仪器是用于声发射检测的工具，从 1965 年首次推出的模拟式声发射仪器，到半数字和半模拟式声发射仪器，再到现在的全数字化声发射仪器，经历了五十多年的发展历程。目前，声发射检测仪器按最终存储的数据方式可分为参数型、波形型及混合型。参数型声发射仪最终存储的是到达时间、幅度、计数、能量、上升时间、持续时间等声发射波形信号的特征参数数据，数据量小，数据通信和存储容易，但信息量相对波形数据少。波形型声发射仪最终存储的是声发射信号波形数据，数据量大，是特征参数数据的上千倍，信息丰富，对数据通信和存储要求高。典型声发射检测仪器的功能框图如图 4-20 所示。

根据同时能采集的 AE 信号通道的多少，声发射检测仪器可分为单通道型和多通道型两类。

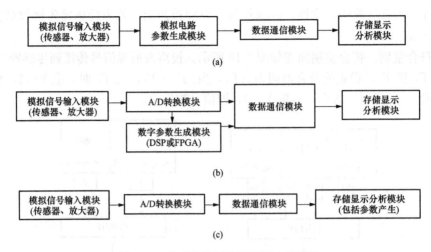

图 4-20　典型声发射检测仪器功能框图

（a）典型模拟参数型声发射仪；（b）典型数字参数-波形混合型声发射仪；（c）典型全波形型声发射仪

单通道声发射检测仪一般采用一体化结构，主要用于不需要定位的承压设备泄漏检测和动设备的故障诊断等。早期的模拟参数声发射仪由传感器、前置放大器、衰减器、主放大器、门限电路、声发射率计数器、总数计数器及模数转换器组成，仪器显示和输出的声发射信号参数较少，一般为计数、能量和幅度等参数。市面上销售的单通道声发射仪为数字化单通道声发射仪，可实现多个声发射信号参数的显示和输出，有些仪器也可实现声发射信号的波形采集、存储、分析及显示。

多通道声发射检测仪主要用于对大型结构进行一次性加载检测和确定声发射源位置。目前常用的多通道声发射检测系统一般为 8～32 通道，最多可达 256 通道。多通道声发射检测系统的检测分析软件按数据类型可分为基于参数数据的分析软件和基于波形数据的分析软件。按分析内容可分为特征分析、定位分析和模式识别。

参数分析软件的输入数据是参数，其特征分析主要是各种参数关联图分析，如幅度分布、撞击数在时间的分布等。定位分析有多种不同的定位方法，如线性定位、平面定位、三维定位、三角形定位、矩形定位、区域定位等。模式识别有两大类，为有教师训练和无教师训练。

波形分析软件的输入数据是波形数据，其特征分析主要是各种波形数据的时域和频域分析，如小波分析、频谱分析等。由于波形数据可以产生参数数据，并可任意设置产生参数的条件，如门限电压、撞击定义时间等，甚至设计新的参数，因此波形分析软件可以包括所有参数分析的功能，并具有更大的灵活性。

下面简要介绍声发射传感器、信号电缆、信号调理、辅助部分，其中辅助部分包括模拟声发射源、耦合剂和波导。

4.3.1　声发射传感器

声发射传感器是将声发射能转换为电信号的装置，它的性能优劣直接影响采集到的数据的真实度，是影响系统整体性能的关键因素，其可分为压电型、电容型和光学型。在声发射检测过程中，使用的传感器通常是由基于压电效应的压电型换能器组成。常用的压电型又分为谐振式、宽带响应式、高温式、差动式等。在声发射检测中，大多使用的是谐振式传感器和宽带响应式传感器。

在进行声发射试验或检测时，选择传感器的原则主要有两个：一是根据试验或检测目的；二是根据被测声发射信号的特征。对于不了解材料或构件声发射特性的声发射试验，应选择宽带响应式传感器，以获得试验对象的声发射信号特征，包括频率范围和声发射信号参数范围，同时获得试验过程中可能出现的非相关声发射信号的特征。对于已知材料或构件声发射信号特征的声发射试验或检测，可以根据试验或检测目的选择谐振式传感器，其注重声发射信号的灵敏度，可抑制其他非相关声发射信号的干扰。

4.3.2 信号电缆

从声发射传感器到前置放大器需要信号线传输传感器探测的声发射信号，一般信号线的长度不超过 2m。从前置放大器到声发射检测仪主机，若采取有线信号传输方式，就需要一根较长的电缆，不仅为前置放大器供电，同时传输声发射信号到声发射仪主机，一般长度不超过 300m。常用的声发射信号电缆包括同轴电缆、双绞线电缆和光导纤维电缆。若采取无线信号传输方式，如基于物联网技术的无线声发射仪，其数据传输不受距离和空间的限制，特别适合对大型结构的长期健康监测。

电缆中的噪声问题需要考虑。电子设备中噪声包括两大类，一类为来自信号电缆和电源电缆上产生的传导噪声，另一类为空间辐射的辐射噪声。这两大类又分别分为共模噪声和差模噪声两种。差模传导噪声是由电子设备内噪声电压产生的与电源电流或信号电流相同路径的噪声电流，减小差模传导噪声的方法是在电源线和信号线上串联电感（差模扼线圈）、并联电容或用电感和电容组成低通滤波器，减小高频的噪声。共模传导噪声是在设备内噪声电压的驱动下，经过设备与地之间的寄生电容，在电缆与地之间流动的噪声电流，减小共模传导噪声的方法是在电源线或信号线中串联电感（共模扼流圈）、在导线与地之间并联电容器、使用 LC 滤波器。共模辐射噪声是由于电缆端口上有共模电压，在这个共模电压的驱动下，从电缆到地之间有共模电流流动而产生的。辐射的电场强度与观测点到电缆的距离成反比，当电缆长度比电流的波长短时，辐射的电场强度与电缆的长度和频率成正比。减小共模辐射噪声的方法包括通过在线路板上使用地线网格或地线面降低地线阻抗，在电缆的端口处使用共模扼流圈或 LC 低通滤波器。另外，尽量缩短电缆的长度和使用屏蔽电缆也能减小辐射。

4.3.3 信号调理

信号调理包括声发射信号的传输、放大、滤波和信号特征的抽取。滤波频率应与传感器响应相匹配。

1. 前置放大器

传感器输出的信号电压有时低至微伏数量级，这样微弱的信号，若经过长距离的传输，信噪比必然要降低。因此，靠近传感器设置前置放大器，将信号放大到一定程度，再经过高频同轴电缆传输到信号处理单元。常用增益有 34、40dB 和 60dB 三种。在声发射系统中，

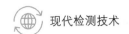

前置放大器占有重要的地位，整个系统的噪声由前置放大器的性能决定。前置放大器在整个系统中的作用是提高信噪比，因此其要有高增益和低噪声的性能。

前置放大器主要由输入级放大电路、中间级放大电路、滤波电路、输出级放大电路组成。另外，前置放大器也可与传感器组成一体化的带前置放大器的传感器，即将前置放大器置入传感器外壳内，通常需要设计体积小的前置放大器电路。

2. 主放大器

声发射信号经前置放大器前级放大后传输到仪器主机，需采用主放大器对其进行二级放大，以提高系统的动态范围。主放大器需具有一定的增益及 50kHz～1MHz（或 2MHz）的频带宽度，还要具有一定的负载能力、较大的动态范围，以及放大倍数调整、频带范围调节等功能。

3. 滤波器

在声发射检测工作中，为了避免噪声的影响，在整个电路系统的适当位置（如主放大器之前）插入滤波器，用以选择合适的"频率窗口"。滤波器的工作频率是根据环境噪声（多数低于 50kHz）及材料本身声发射信号的频率特性来确定，通常在 60～500kHz 范围内选择，并应注意与传感器的谐振频率相匹配。滤波器可采用有源滤波器，也可采用无源滤波器。另外，也可采用软件数字滤波器进行信号滤波。

4. 门限比较器

为了剔除背景噪声，需要设置适当的阈值电压，也称门限电压。门限比较器就是将输入声发射信号与设置的门限电压进行比较，高则通过、低则滤掉。数字化声发射仪在数字电路中实现门限比较。测量单元通常由声发射信号输入、门限电平产生、门限比较器及信号输出四部分组成，其中主要部分为门限电平产生和门限比较器。

门限电压可以分为固定门限电压和浮动门限电压两种。对于固定门限电压，可在一定信号水平范围内连续调整或者断续调整；浮动门限电压随背景噪声的高低而浮动。

综上所述，根据被检测对象和检测目的来选择检测仪器，主要应考虑的因素包括：①根据被检测对象的大小和形状、发射源可能出现的部位和特征的不同，决定选用检测仪器的通道数量；②根据被检测对象材料声发射信号的频域、幅度、频度特性等，选择传感器的类型；③根据检测目的确定所需信息类型和分析方法，如信号参数、波源定位、噪声鉴别及实时或事后分析与显示等，选择检测分析软件。

4.3.4 辅助部分

1. 模拟声发射源

声发射检测中，需要对介质的传播特性、AE 检测系统的特性和检测灵敏度等进行标定，这就要用到模拟声发射源。应用最为普遍的模拟声发射源是铅芯折断源。

2. 耦合剂

为了减小传感器与被检工件结合处的 AE 信号能量衰减，在安装 AE 传感器时，除要求安装面有较高的刚度和表面质量（表面粗糙度数值较小）外，还需在传感器与安装表面之间涂抹一定厚度的耦合剂，提高声耦合效果。可使用的耦合剂有水溶性胶、试剂相溶性胶、油、油脂、石蜡、黏结剂等，但其类型应与被检材质相匹配。

3. 波导

当被检部位不易接近或测试环境较恶劣（温度过高、腐蚀等）时，可在传感器与被检部位之间加接波导，用以将工件被检部位的 AE 信号传出。用作波导的声传播介质可以是钢、铝或其他材料制成的丝、棒、板和块体等。

4.4　声发射检测技术的应用

声发射检测技术可应用于材料性能研究、压力容器检测、金属及复合结构的完整性评估、管道和阀门的泄漏检测、建筑结构（房屋、桥梁、隧道、大坝、矿井等）的稳定性及安全监测、大型变压器局部放电监测、绝缘子压接过程监测、飞机结构疲劳检测，大型机械设备故障诊断、山体滑坡安全监测、地震监测、木材干燥过程监测等领域。随着研究的深入，声发射技术的应用范围还将不断拓展。

4.4.1　压力管道泄漏检测

压力管道泄漏是影响长输管道平稳运行的重大安全隐患。根据泄漏量的不同，管道泄漏一般分为小漏、中漏、大漏。从压力管道泄漏检测的实时性和连续性，可将压力管道泄漏分为监测和检测技术。泄漏监测主要是对管道从无泄漏到发生泄漏过程的监测，一般采用固定装置对管道进行实时监测，一旦发生泄漏就发出警报；泄漏检测一般采用移动式的仪器设备进行，一种是进行定期检验发现已经产生和有可能产生泄漏的部位，另一种是管道已发生泄漏，采用仪器发现管道的泄漏点。

检测人员直接检测或使用检测仪器从管道外部进行的检测统称为外检测技术。利用声发射检测技术可以实现对压力管道泄漏点的检测。

压力管道泄漏所产生的声发射信号是广义的声发射信号，管壁本身不释放能量，只作为一种传播介质。泄漏过程中，在泄漏点处由于管内外压差，使管道中的流体在泄漏处形成多相湍射流，这一射流不仅使流体的正常流动发生紊乱，而且与管道及周围介质相互作用向外辐射能量，在管壁上产生高频应力波。该应力波携带着泄漏点信息（泄漏孔形状和大小等）沿管壁向两侧传播，贴装在管道外壁的声波传感器可监测到泄漏声信号的大小和位置。没有泄漏发生时，声波传感器获得的是背景噪声；当有泄漏发生时，产生的低频泄漏声信号容易从存在的背景噪声中区别出来。如采用两个以上的传感器，通过相关分析可对泄漏源定位。这种方法的优点是检测速度快、成本低、环境适应性强；缺点是检测距离短，两个传感器的间距为 $100\sim300\mathrm{m}$。

管道泄漏声发射信号是一种连续型信号，频带范围主要分布在 $1\sim80\mathrm{kHz}$。管道泄漏时产生的声发射信号具有以下特点：①泄漏声发射信号是由管中流体介质泄漏时与管道及周围介质相互作用激发的，是一种连续型信号，因此检测仪器不用较高的采样率；②泄漏声发射信号沿管道向上、下游传播，接收并分析该信号，可以获得泄漏源大小位置等信息；③泄漏声发射信号受诸多因素的影响，如泄漏孔径大小和形状、介质压力、管道周围介质、环境噪声等，因此声发射信号本质上属于一种非平稳随机信号；④根据导波理论，泄漏声发射信号具有多模态特性，并且在管道内传播时存在频散现象。

167

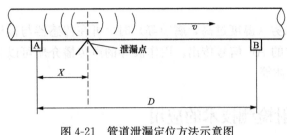

图 4-21　管道泄漏定位方法示意图

基于波形互相关式时差测量定位方法是管道泄漏声发射源定位的重要方法之一。管道泄漏定位方法示意图如图 4-21 所示，A、B 为两个声发射传感器，其中泄漏点位于两个传感器之间。将 A、B 两个传感器接收到的信号作互相关，得出信号传到 A、B 两个位置时的时间差 Δt，从而得到

$$X = (D - v\Delta t)/2 \tag{4-25}$$

式中：X 为泄漏点距参考传感器 A 的距离；D 为两个传感器之间的距离；v 为声波传播的速度；Δt 为从相关函数得出的泄漏信号到达传感器的时间差。

式（4-25）中 Δt 的获得可通过采用 4.2.3 介绍的互相关技术测量连续波之间的时差或时间延迟测量的方法获得。

输油管裂损位置检测方法示意图如图 4-22 所示，图中 K 为漏损处，在漏损处两侧管道分别放置传感器。S 为两传感器的中点至漏油处的距离。根据 τ_0 便可确定漏损处的位置。

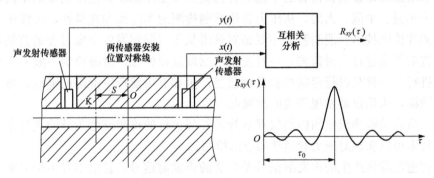

图 4-22　输油管裂损位置检测方法示意

埋地管道泄漏检测定位仪的结构框图如图 4-23 所示，该仪器系统由一台笔记本电脑控制的主机和多个分别安装在管道上的传感器和泄漏信号采集模块组成，通过 GPS 天线校准时间，各信号采集模块通过码分多址（code division multiple access，CDMA）模块将采集

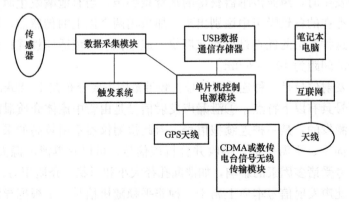

图 4-23　埋地管道泄漏检测定位仪的结构框图

到的信号传输到仪器主机，通过在笔记本电脑上的数据分析软件，对泄漏信号进行相关定位分析，给出泄漏点的定位和泄漏程度的大小。

4.4.2 变压器局部放电检测

大型变压器是电力系统的主要设备之一，它的状况直接关系着电力系统的安全经济运行。大型电力变压器的故障以绝缘故障为主，局部放电既是绝缘劣化的原因，又是绝缘劣化的先兆和表现形式。局部放电的检测能够提前反映变压器的绝缘状况，及时发现变压器内部的绝缘缺陷，预防潜伏性和突发性事故发生。

在电力变压器内部结构中，局部的绝缘薄弱点在电场的作用下产生高频脉冲放电。放电电弧对油介质产生瞬态冲击，产生爆裂状的超声波信号，即 AE 现象，通过不同介质（油纸、隔板、绕组、油等）向外传播。AE 信号以球面波的方式向四周传播，穿过绝缘介质到达变压器箱壁上的传感器有两条途径：一条是直接传播，即超声波的纵向波穿过绝缘介质、变压器油等到油箱内壁，并透过钢板到达传感器；另一条是以纵向波传到油箱内壁，后沿钢板按横向波传播到传感器，此波为复合波。

虽然变压器内绝缘结构十分复杂，但是经绝缘油浸透的绝缘介质和变压器油的声阻抗十分接近，它们构成许多间隙声通道。所以，产生在较外围的变压器局部放电故障，其超声信号能够较强地传输到变压器箱体上的传感器。声发射检测系统接收和处理这些 AE 信号，根据其波形和频谱特征进行定性和定量分析，并利用各传感器接收到 AE 信号的时间差对局部放电源进行定位，推断出变压器内部局部放电的位置、状态变化程度和发展趋势。

典型的超声波局部放电检测装置一般可分为硬件系统和软件系统两大部分。硬件系统用于检测超声波信号，软件系统对所测得的数据进行分析和特征提取并做出诊断。硬件系统通常包括超声波传感器、信号处理与数据采集系统；软件系统包括人机交互界面与数据分析处理模块等。根据现场检测需要，还可配备信号传导杆、耳机等配件，信号传导杆主要在与散热片或风扇直接距离过近而无法检测时使用，耳机则通过可听的声音来确认是否有放电信号存在。

现场检测时，在检测到超声波信号的前提下，可采用超声波进行三维精确定位。三维定位是利用局部放电产生的超声波信号传播到不同位置的传感器所需时间差来定位的技术。三维定位至少需用四个探头，且四个探头不布置在同一个平面上。

由于超声波信号随距离增加而显著衰减，且变压器内部结构复杂，超声波信号存在一定的折反射，除非已基本确定局部放电或故障源的大致方位，检测选点不宜太少，否则很可能漏掉异常点。超声波局部放电检测应为整体检测而非部局部检测，传感器的布置应覆盖整个变压器。

三维定位整体检测时，超声传感器的位置可分为上下两排并在变压器长度与宽度方向上均匀分布，相邻两个传感器之间的直线距离应不大于 2.5m，同时传感器布置使得相邻传感器形成近似等腰三角形。

在安装传感器前应选定三维坐标原点。坐标原点的位置与方向可根据变压器的结构及检测现场状况来确定。当原点位置及坐标方向确定后，可根据变压器的具体外部结构状况通过目视确定传感器的安装位置并进行编号。编号的原则为由小到大逆时针旋转，下排传感器为单号，上排传感器为双号。推荐的检测坐标与传感器编号示意图如图 4-24 所示，其中坐标方向 X 为变压器长度方向，Y 为高度方向，Z 为宽度方向。

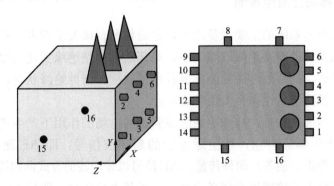

图 4-24　推荐的检测坐标与传感器编号示意图

超声波传感器安装完成后需对其安装可靠性进行检验。使用 0.5mm 的 HB 铅芯，铅芯伸出距离约 2.5mm，在距离传感器外壳边缘 15～20mm 处断铅，每一传感器处需断铅三次。每次断铅的信号幅度应不小于 75dB。每一通道三次断铅信号幅度平均值与所有通道平均值的偏差应不超过 ±5dB。如果断铅试验不满足要求，需重新检查传感器安装、信号线连接、传感器及超声通道自身的特性。

传感器可靠安装及位置标记完成后即可对每个传感器和变压器箱体尺寸坐标位置进行测量，观察每个传感器的信号图谱，确保每个传感器接收的信号均为局部放电信号，现场通过增加测点和移动传感器，获取有局部放电信号的超声波信号，提高定位精度。

4.4.3　滚动轴承故障声发射检测

滚动轴承是旋转机械中重要的基础部件，也是最容易损坏的机械零件之一，约 30% 的旋转机械故障是由于轴承的损坏造成的。对大型或关键设备的在线检测，如透平机、风力发电机组、列车等轴承的故障检测与诊断，一直是人们关注的焦点之一。

滚动轴承的主要故障形式有疲劳剥落、磨损、塑性变形、锈蚀、断、胶合、保持架损坏和轴承内圈松动 8 种。常见故障为表面损伤和疲劳磨损。表面损伤是由于轴承经常受到冲击的交变载荷作用，使金属产生位错运动和塑性变形，首先产生疲劳裂纹，然后沿着最大剪应力方向向金属内部扩展，当扩展到某一临界尺寸时就会发生瞬时断裂。这种故障经常发生在滚动轴承的外圈。疲劳磨损是由于循环接触压应力周期性地作用在摩擦表面上，使表面材料疲劳而产生微粒脱落的现象。这种故障的发生过程：在初期阶段，金属内晶格发生弹性扭曲，当晶格的弹性应力达到临界值后，开始出现微观裂纹，微观裂纹再进一步扩展，就会在滚动轴承的内、外圈滚道上出现麻点、剥落等疲劳损坏故障。由于故障轴承内部缺陷的存在，会产生应力集中（位错运动就会产生应力集中），使塑性变形加大或形成裂纹与扩展，这时均要释放弹性波，从而形成了声发射事件，产生声发射信号。

按照测取信号的性质分类，轴承故障诊断可采用的方法有温度法、油液分析法、接触电阻法、振动分析法、声发射法、光导纤维探测法和超声波探伤法等。声发射检测具有频谱宽、高频抑制性强的特点，能够对故障的早期信号有较好的预判。

声发射检测轴承故障的基本方法就是用设备对轴承故障释放出来的弹性波进行采集，然后通过对轴承故障信息的特征参数进行分析研究，推断出轴承的内部缺陷、状态变化和发展趋势。当轴承故障出现后，在正常运行的过程中，缺陷的位置会产生撞击信号，而无故障处产生的是平稳的、幅值较小的连续信号。

声发射信号分析方法主要为时域分析和频谱分析。时域分析方法有基本表征参数分析、统计特征量分析及相关分析；频谱分析的主要实现手段是 FFT，频谱分析方法有经典谱分析及包络分析等。

值得一提的是，采用声发射技术对轴承故障的信号处理是以一些相关的现象为基础的。滚动轴承是由内圈、外圈、滚动体、保持架等部件组成的。若这些部位出现裂纹、剥落和压痕等故障形式时，在运行过程当中反复冲击并产生低频振动，由于裂纹的扩展而激发故障周期性的声发射信号产生，也就是说，由于轴承损伤将以一定的轴承特征频率来"振响"声发射传感器，这样就为轴承故障诊断提供了一项有用的指标。当轴承出现损伤时，运转过程中不同的损伤部位有其不同的特征频率。

（1）保持架旋转频率 f_c，表示为

$$f_c = \frac{1}{2}\left(1 - \frac{d}{D}\cos\alpha\right)f_s \tag{4-26}$$

式中：d 为滚动体直径；D 为轴承节径；α 为接触角；f_s 为主轴旋转频率。

（2）外滚道某故障点与 z 个滚动体接触的频率 f_0，表示为

$$f_0 = \frac{z}{2}\left(1 - \frac{d}{D}\cos\alpha\right)f_s \tag{4-27}$$

式中：z 为滚动体个数。

（3）滚子上某故障点与内圈或外圈接触的频率 f_r，表示为

$$f_r = \frac{D}{2d}\left[1 - \left(\frac{d}{D}\right)^2\cos^2\alpha\right]f_s \tag{4-28}$$

（4）内滚道某故障点与 z 个滚动体接触的频率 f_i，表示为

$$f_i = \frac{z}{2}\left(1 + \frac{d}{D}\cos\alpha\right)f_s \tag{4-29}$$

当主轴转速为 $380\mathrm{r/min}(f_s=6.3\mathrm{Hz})$ 时，由被测滚动轴承的几何尺寸计算出相应的特征频率。

研究结果表明：①由轴承运转过程中实时采集的信号时域波形可以看到，不同状态轴承的声发射信号有明显不同，正常轴承无声发射波，而滚子、外圈、保持架等损伤轴承的声发射波显著存在。②对于采集的轴承声发射信号作频谱分析，可清楚地看到，各状态轴承声发射信号在频域中能量比较集中，峰值明显。③在比较不同状态的声发射信号的频谱

图中的峰值时，不同状态的轴承的声发射信号，频谱图中的峰值对应的频率有很大的区别。将实测所得的不同状态频谱峰值与被测轴承的各理论特征频率相比较，正常轴承的频谱峰值多出现在主轴旋转频率的 160 倍多，滚子损伤和外圈损伤的轴承峰值频率集中在理论特征频率的 84～88 倍频，而保持架损伤则多为理论特征频率的 160～180 倍频，倍数大约为前两种损伤的 2 倍。

从硬件角度来讲，声发射检测具有装置简单、体积小、可靠性高、抗干扰性好、使用方便等特点，以上特点使得声发射法更适用于现场的检测。

习　题

1. 列举自然界中的声发射现象。简述声发射检测的基本原理。
2. 说明声发射检测的优点和局限性。
3. 声发射信号的表征参数主要有哪些？
4. 试说明在声发射检测时确定缺陷位置的方法。
5. 简述声发射检测仪器中主要组成部分的作用。
6. 举例说明声发射检测技术的应用。

第 5 章　光纤检测技术

1966 年高锟等人首次阐明了利用石英制造低损耗光纤的可能性，拉开了信息时代的序幕。光纤作为光的传输介质，以其衰减小、呈现多模和单模传输等优秀性能，自产品化以来被广泛应用于现代通信技术领域。光纤作为传感器的应用历史不长，因其具有灵敏度高、响应速度快、抗电磁干扰、超高压绝缘、防燃防爆、体积小及可灵活挠曲等优点，可以用于检测位移、振动、转动、压力、弯曲、应变、速度、加速度、电流、磁场、电压、温度、声场、流量、浓度、pH 等物理量，已被应用于电力系统、钢铁冶金和石油化工等各种工业装置和高速铁路、智慧城市等多种技术领域。

5.1　概　　述

5.1.1　光纤的基本知识

1. 基本结构

光导纤维简称光纤，它是以高纯度的石英玻璃为主加入少量掺杂剂制成的细长的圆柱形，细如发丝（通常直径为几微米到几百微米）。光纤结构如图 5-1 所示，光纤中央有个细芯（折射率 n_1）纤芯，折射率一般是 $1.463 \sim 1.467$（根据光纤的种类而异），纤芯的外面有一圈包层（折射率 n_2），包层的折射率一般为 $1.45 \sim 1.46$。纤芯和包层为光纤结构的主体，对光波的传播起着决定性作用。在光纤包层的外表面还有涂覆层（折射率 n_3，$n_3 \geqslant n_2$），最外层为护套。

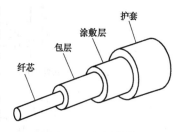

图 5-1　光纤结构

涂敷层与护套主要用于隔离杂光，提高光纤强度，保护光纤。在特殊应用场合不加涂敷层与护套的光纤称为裸体光纤，简称裸纤，裸纤的构造可以保证入射到光纤内的光波集中在纤芯内传输。一般纤芯加入折射率略高于石英玻璃的掺杂剂，包层加入折射率略低于石英玻璃的掺杂剂，掺杂剂的掺杂浓度与折射率的关系如图 5-2 所示。

光纤的制作方法有管棒法和直接熔融法。管棒法是将送入高温炉的预制棒一端加热至 2000℃，软化玻璃借助重力下坠变细成为芯包比和折射率分布不变的光纤，并立即对光纤进行一次涂敷，以隔绝外界污染，避免产生微小裂纹，同时保证机械强度。一次涂敷层的里层（预涂层）较薄，其折射率比包层折射率高，吸收透过包层的光；外层（缓冲层）是

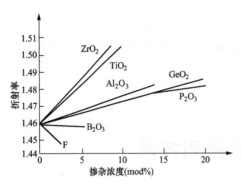

图 5-2　掺杂剂的掺杂浓度与折射率的关系

较厚的硅酮树脂，可提高光纤的低温性能和抗微弯性能。内外两层涂敷层分别或连续在涂敷后固化，测径仪控制涂层厚度范围为 $100\sim150\mu m$。固化后的光纤经拉丝机按涂敷材料的特性和固化速度决定的速度拉丝，光纤经在线筛选后缠绕进收丝筒。直接熔融法是将高折射率芯玻璃和低折射率包层玻璃分别置于同心双铂合金坩埚的内外坩埚内，坩埚中央底部有喷嘴，调节坩埚喷嘴的开口以控制芯径和包层外径，从双坩埚喷嘴流出的纤芯和包层间的掺杂离子交换和扩散决定纤芯折射率分布。

2. 分类

（1）按传输模式分类。光纤传输中的一个重要性能就是模式分布。模式是指传输线横截面和纵截面的电磁场结构图形，即电磁波的分布情况。一般来说，不同的模式有不同的场结构，且每一种传输线都有一个与其对应的基模或主模。根据光纤传输的模式不同，可将其分为单模光纤和多模光纤。光纤的结构和类型如图 5-3 所示。

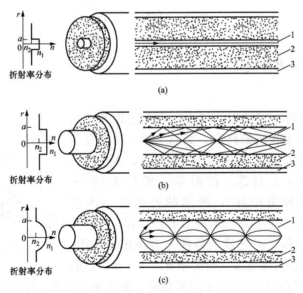

图 5-3　光纤的结构和类型
（a）单模光纤；（b）阶跃光纤；（c）渐变光纤
1—纤芯；2—包层；3—套层

单模光纤是指在给定的工作波长上只能传输一种模式，即只能传输主模态的光纤，其内芯很小，直径约 $8\sim10\mu m$。由于只能传输一种模式，因此可以完全避免模式色散，使得传输频带很宽，传输容量很大。这种光纤适用于大容量、长距离的光纤通信，但单模光纤纤芯很细，所以光纤间的耦合比较麻烦。

多模光纤是指在给定的工作波长上能以多个模式同时传输的光纤。多模光纤能承载成百上千种的模式。由于不同的传输模式具有不同的传输速度和相位，因此在长距离的传输之后会产生延时，导致光脉冲变宽，这种现象就是光纤模间色散（或模态色散）。由于多模光纤具有模间色散的特性，使得多模光纤的带宽变窄，传输容量降低，因此仅适用于较小容量的光纤通信。图 5-3（b）、(c) 均为多模光纤。

（2）按制造材料分类。

1）高纯度熔石英光纤。其材料的光传输损耗低，有的波长可低到 0.2dB/km，一般小于 1dB/km。

2）多组分玻璃纤维。其纤芯-包层折射率可在较大范围内变化，因而有利于制造大数值孔径的光纤，但材料损耗大，在可见光波段一般为 1dB/m。

3）塑料光纤。成本低，但材料损耗大，温度性能较差。

4）红外光纤。可透过近红外或中红外的光波。

5）液芯光纤。其纤芯为液体，因而可满足特殊需要。

6）晶体光纤。其纤芯为单晶，可用于制造各种有源和无源光纤器件。

（3）按折射率分布分类。根据纤芯径向的折射率分布不同，光纤又可分为阶跃折射率光纤和渐变折射率光纤。阶跃折射率光纤的纤芯材料的折射率为 n_1，包层材料的折射率是 n_2，在纤芯与包层的分界面处折射率突然变化。在这一类光纤中，光线在纤芯中以 Z 字形折线传送，如图 5-3（b）所示。由于各种模在突变型光纤中的行程长度不同，其传输的时间有差异，结果输入波形被展宽而失真。渐变折射率光纤材料的折射率沿半径方向是按抛物线形状分布的，如图 5-3（c）所示。光纤中心部分的折射率最大，愈往外折射率愈小。光线在这一类光纤中传播时方向要改变，光线会逐渐自动地向轴线方向折回靠拢，即光纤对光有聚焦作用，形成一近于正弦曲线的传播途径。渐变折射率光纤比阶跃折射率光纤的透过率要高得多。

3. 光纤导光的基本原理

根据光学理论，在尺寸远大于波长而折射率变化缓慢的空间，可以用几何光学的方法分析光波的传播现象，这完全适用于多模光纤。因此，采用几何光学的方法来分析光纤导光原理。光在不同分界面的传播如图 5-4 所示。

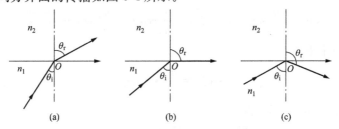

图 5-4　光在不同分界面的传播

(a) $\theta_r < 90°$；(b) $\theta_r = 90°$；(c) $\theta_r > 90°$

（1）光传播情况。斯奈尔定理认为，当光由光密物质（折射率大）出射至光疏物质（折射率小）时，发生折射，其折射角大于入射角，即 $n_1 > n_2$，$\theta_r > \theta_i$，它们之间的关系为

$$n_1 \cdot \sin\theta_i = n_2 \cdot \sin\theta_r \tag{5-1}$$

1）$\theta_r < 90°$。由式（5-1）可见，入射角 θ_i 增大时，折射角 θ_r 也随之增大，且始终有 $\theta_r > \theta_i$，θ_i 小于某一临界值时，$\theta_r < 90°$，这种情况如图 5-4（a）所示。

2）$\theta_r = 90°$。当 $\theta_r = 90°$ 时，θ_i 仍小于 $90°$，此时，出射光线沿界面传播，称为临界状态，这种情况如图 5-4（b）所示，这时有

$$\sin\theta_r = \sin90° = 1$$

$$\sin\theta_{i0} = \frac{n_2}{n_1} \tag{5-2}$$

式中：θ_{i0} 为临界角。

3）$\theta_r > 90°$。当 $\theta_i > \theta_{i0}$ 并继续增大时，$\theta_r > 90°$，这时便发生全反射现象，如图 5-4（c）所示，其出射光不再折射而全部反射回来。

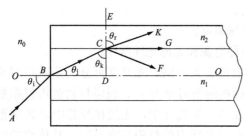

图 5-5　光纤导光示意图

（2）光纤导光情况。下面根据光纤结构图和光的全反射现象进一步分析光由所在空间入射至光纤的传播情况。光纤导光示意图如图 5-5 所示。

由图 5-5 可看出，入射光线 AB 与光纤的轴线 OO 相交，夹角为 θ_i，入射后折射角为 θ_j，而且入射后折射至纤芯与包层界面上的 C 点，与 C 点界面法线 DE 夹角为 θ_k，并由界面折射至包层（CK 与 DE 夹角为 θ_r）。

由光纤导光示意图可得出

$$n_0 \sin\theta_i = n_1 \sin\theta_j \tag{5-3}$$

$$n_1 \sin\theta_k = n_2 \sin\theta_r \tag{5-4}$$

由式（5-3）可推出

$$\sin\theta_i = \frac{n_1}{n_0} \sin\theta_j \tag{5-5}$$

又由于 $\theta_j = 90° - \theta_k$，所以有

$$\sin\theta_i = \frac{n_1}{n_0} \sin(90° - \theta_k) = \frac{n_1}{n_0} \cos\theta_k = \frac{n_1}{n_0} \sqrt{1 - \sin^2\theta_k} \tag{5-6}$$

由式（5-4）可推出

$$\sin\theta_k = \frac{n_2}{n_1} \cdot \sin\theta_r \tag{5-7}$$

将式（5-7）代入式（5-6）得

$$\sin\theta_i = \frac{n_1}{n_0} \sqrt{1 - \left(\frac{n_2}{n_1} \sin\theta_r\right)^2} = \frac{1}{n_0} \sqrt{n_1^2 - n_2^2 \sin^2\theta_r} \tag{5-8}$$

式中：n_0 为入射光线 AB 所在空间的折射率，空间介质一般为空气，折射率 $n_0 \approx 1$；n_1 为纤芯的折射率；n_2 为包层的折射率。

当 $n_0 = 1$，由式（5-8）得

$$\sin\theta_i = \sqrt{n_1^2 - n_2^2 \sin^2\theta_r} \tag{5-9}$$

当 $\theta_r = 90°$，即临界状态时，$\theta_i = \theta_{i0}$，则有

$$\sin\theta_{i0} = \sqrt{n_1^2 - n_2^2} \approx \sqrt{2n_1^2\left(\frac{n_1 - n_2}{n_1}\right)} = n_1 \cdot \sqrt{2\Delta} \tag{5-10}$$

式中：$\Delta = \dfrac{n_1 - n_2}{n_1}$，为相对折射率。

纤维光学中把式（5-10）中的 $\sin\theta_{i0}$ 定义为数值孔径，符号为 NA。由式（5-9）和图（5-4）可看出，当 $\sin\theta_i = NA$ 时，$\theta_r = 90°$；当 $\sin\theta_i < NA$ 时，$\theta_r > 90°$，发生全反射；当 $\sin\theta_i > NA$ 时，$\theta_r < 90°$，光线散失。

这里需要说明的是，NA 是一个临界值，凡入射角 $\theta_i > \theta_{i0}$ 的那些光线进入光纤后都不能传播而在包层散失；相反只有入射角 $\theta_i < \theta_{i0}$ 的那些光线才可以进入光纤被全反射传播。

值得一提的是，数值孔径 NA 是光纤传输光线的重要特征参数，用来计量光纤的受光能力。θ_{i0} 是光线在纤芯内能产生全反射的最大入射角，表示光纤能接收光线的范围。实际上，它是一个圆锥半角，$2\theta_{i0}$ 越大，光纤接收的范围越大，进入光纤的光线越多，光纤的受光能力越强。由式（5-10）可知，光纤的数值孔径 NA 仅取决于纤芯的折射率及纤芯与包层相对折射率的差，而与光纤的直径无关。标准多模光纤 NA 的公称值一般为 0.2，孔径角约 11.5°；标准单模光纤的 NA 公称值为 $0.1 \sim 0.15$，孔径角为 $5.7° \sim 8.6°$。

以上是用几何光学理论对粗光纤中光传播规律的分析，它只适用于纤芯直径比波长大得多的情况，对于细光纤则要用电磁场理论来描述，由于篇幅所限，这里不再赘述。

4. 光纤的主要特性参量

这里主要介绍光纤的传输特性和物理化学特性。

（1）传输特性。光纤损耗、光纤的色散与带宽是描述光纤传输特性的两个重要参量。

1）光纤损耗。光纤损耗是描述光纤使光能在传输过程中沿着波导逐渐减小或消失的特性。在给定信号和工作条件，即给定发射机输出功率和检测器灵敏度时，光纤的损耗决定信号无失真传输通路的最大距离。

光纤损耗系数 $\alpha(\lambda)$ 定义为每单位长度光纤光功率衰减分贝数，即

$$\alpha(\lambda) = \frac{10}{L}\lg\frac{P_0}{P_i} \tag{5-11}$$

式中：$\alpha(\lambda)$ 为光纤损耗系数，dB/km；P_i 为输入功率；P_0 为输出功率；L 为光纤长度，km。

光信号在光纤中传输过程中的损耗主要来自光纤材料的吸收损耗、散射损耗、弯曲损耗、连接与耦合损耗。光纤的吸收损耗、散射损耗机理如图 5-6 所示。

a）吸收损耗。普通光纤的基质材料是 SiO_2 和少量杂质，因此，对光的吸收作用可分为基质的本征吸收和杂质吸收两类。

本征吸收是物质固有的吸收，它使得光功率转变为热消耗掉。本征吸收与光纤基质材料共振跃迁有关，又分为紫外本征吸收和红外本征吸收。在紫外波段，构成光纤的基质材料会产生紫外电子跃迁吸收带。这种紫外吸收带很强，其尾端可延伸到光纤通信波段（$0.7 \sim 1.6\mu m$），在 $1.3 \sim 1.55\mu m$ 处将引起 0.05dB/km 的损耗，达到单模光纤总损耗的 $1/3$，因此对于低损耗单模光纤必须设法加以消除。在红外波段，光纤基质材料将产生振动或多声子吸收带，这种吸收带损耗 9.1、$12.5\mu m$ 和 $21\mu m$ 处峰值可达 10^{10} dB/km，因此构

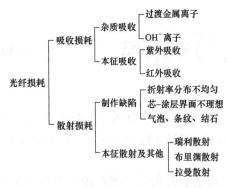

图 5-6　光纤的吸收损耗、散射损耗机理

成了石英光纤工作波长的上限。

　　杂质吸收的杂质并不是指光纤中的掺杂物，而是指由于材料不纯净及工艺不完善而引入的杂质，如过渡金属离子（Fe^{3+}、Mn^{3+}，Ni^{3+}、Cu^{2+} 及 Cr^{6+} 等）和 OH^- 离子。研究表明，欲使杂质吸收带中心波长处的损耗低于 $20dB/km$，要求过渡金属离子相对含量低于 10^{-9}。目前，由于原材料的改进及光纤制备工艺的完善，光纤中金属离子吸收引起的损耗已基本消除，但 OH^- 离子吸收问题还没有最终解决。

　　b）散射损耗。在光纤材料中，由于某种远小于波长的不均匀性（例如折射率不均匀、掺杂粒子浓度不均匀等）引起光的散射构成光纤的散射损耗。散射损耗不仅是光纤的固有本征损耗，而且也是降低光纤损耗的最终限制因素。在光纤中存在三种散射机理，即瑞利散射、受激拉曼散射、受激布里渊散射。瑞利散射是线性散射（不产生频率的变化）；受激拉曼散射、受激布里渊散射为非线性散射。瑞利散射损耗是一种不可能被消除的损耗；而对于受激拉曼散射与受激布里渊散射，仅当光纤中传输功率大于某一阈值时才可能产生。瑞利散射是由纤芯材料中存在微小颗粒和气孔等结构不均匀性引起的。这种不均匀性是拉制光纤时冷却过程中直接产生的，是不可避免的，它是低损耗窗口的最低固有损耗的决定因素。瑞利散射与 $1/\lambda^4$（λ 是波长）成比例，它随着传输光波波长的减小而急剧地增加。

　　c）弯曲损耗。光纤实际应用中不可避免地要产生弯曲，这就伴随着产生光的弯曲辐射损耗。弯曲损耗产生的原因：当光纤弯曲时，原来在纤芯中以导模形式传播的功率将部分地转化为辐射模功率并逸出纤芯形成损耗。光纤的弯曲损耗可分为宏弯损耗、过渡弯曲损耗、微弯损耗三种。宏弯损耗是由光纤实际应用中必需的盘绕、曲折等引起的宏观弯曲导致的损耗；过渡弯曲损耗是光纤由直到弯曲的突变中产生的损耗；微弯损耗则是光纤制备过程中或在应用过程中由于应变等原因引起的光纤形变所致。

　　综上所述，吸收损耗和瑞利散射损耗是构成光纤总损耗的两个基本因素，且瑞利散射决定最终的损耗极限。

　　2）光纤的色散与带宽。光纤作为光的传输通道还有另外一个重要的特性，即光纤的色散。光纤的脉冲展宽如图 5-7 所示，一个脉宽为 τ_0 的光脉冲射入光纤，经其传输距离 L 后，常会使脉冲宽度展宽，得到一个脉宽为 τ 的脉冲，即产生脉冲的延时失真，这种脉冲展宽现象称为光纤的色散。造成色散的原因是光在物质中的传输速度、折射率及传输模式，以上因素均与波长有关。这种色散可分为模式色散、材料色散及波导色散等。

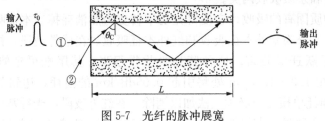

图 5-7　光纤的脉冲展宽

对于多模光纤，模式色散是主要因素。当有不同模式的光信号进行传输时，不同模式的传播常数 β 不同，因而传播速度也不同，当信号到达传输的终端时，造成不同模式信号的前后散开，引起脉冲展宽。图 5-7 中给出了两根典型模式的光线①和②，很明显，当两光信号到达终端时，会产生一定的时间差，造成脉冲展宽。

单模光纤不存在模式色散，引起光纤色散的主要原因是材料色散和波导色散。材料色散是由于光纤材料的折射率随入射光频率变化而产生的色散。波导色散是由于某一传播模式的群速度对于光的频率（或波长）不是常数，同时光源的谱线又有一定宽度，因此产生波导色散。

光纤的色散影响着光脉冲的速率，限制了光纤所能传输的调制信号的频率范围。频带宽度越窄，传输信号的容量越小。而光纤色散大小除和其材料、光源波谱范围有关外，还和传输的长度有关，因此，光纤传输带宽的定义取为能用的最高调制频率和光纤长度的乘积。例如，纤芯和包层均为石英玻璃的单模光纤，纤芯直径不大于 $10\mu m$，数值孔径为 0.1，带宽为 40GHz·km；阶跃折射率多模光纤纤芯直径为 $50\sim800\mu m$，数值孔径为 $0.3\sim0.6$，带宽为 20MHz·km。

（2）光纤的物理化学特性。光纤的物理化学特性依据于其结构与材料而有很大差异。这里简要介绍石英光纤的机械性能、热性能、耐电压性能、耐水性能及耐酸性能等。

1）机械性能。为了保证光纤在制造、安装和使用过程中不受损坏，光纤应具有足够的强度。石英光纤的抗拉强度与光纤的芯径有关。直径为 $50\mu m$ 的石英光纤其抗拉强度为 $1620\mathrm{kg/cm^2}$，而在光纤安装过程中，由于要将光纤穿过线槽或管道，其拉伸应力可达 $175\mathrm{MPa}(1760\mathrm{kg/cm^2})$。因此，实际使用中必须将光纤制成光缆以增加抗拉强度。光纤的抗拉强度还与其他许多因素有关，材料的质量是对强度影响最大的因素，其次是光纤制备过程中产生的表面污染或机械损伤。

2）热性能。石英光纤的纤芯与包层材料具有很好的耐热性，可达 $400\sim500℃$。光纤的可使用温度取决于为保护光纤而外加的涂覆层与保护套层。当采用耐高温材料制作光纤的涂覆层与保护套层时，光纤可在高温温度传感器中应用。

3）耐电压性能。石英玻璃是一种性能优良的绝缘介质，能承受几十千伏至几十万伏的高压，特别适合于在高强电磁场区应用。由于光纤材料是介质，在其中传播的是光波，即使出现光纤断路也不会引起火灾等事故。

4）耐水性能。石英光纤会由于吸潮而受到侵蚀，从而降低机械性能，增加传输损耗。光纤的耐水性能取决于其材料质量。

5）耐酸碱性能。一般讲，玻璃的抗酸碱能力都较差。

6）使用寿命。光纤的使用寿命在很大程度上受环境条件（如湿度、温度、酸碱度）影响，且和光纤受力状态有关。研究表明，在常规环境下，当使用应力为 125MPa 时，预期的使用寿命将可达 10 年以上。

5.1.2　光纤传感器

光纤传感技术是一种利用光纤的导光性质变化作为媒质建立起传感物理量与光纤中传播的光波之间的联系，并通过检测光波参数的变化实现对物理量测量的传感技术。

1. 光纤传感器的原理

在实际光通信过程中发现，光纤受到外界环境因素的影响，如压力、温度、电场、磁场等，当外界环境变化时，将引起光纤传输的光波参数，如光强、相位、频率、偏振态等变化。因此，如果能测量出光波参数变化的大小，就可以知道导致这些光波参数变化的物理量的大小，于是就出现了光纤传感技术。光纤传感器原理如图 5-8 所示。

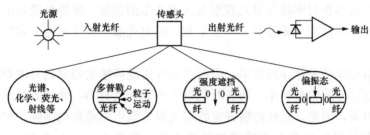

图 5-8　光纤传感器原理

光源发出的光经过光纤耦合传输到传感头，在传感头内部外界被测参数与光相互作用，使光波参数发生变化，成为被调制的光信号，因此传感头相当于调制器。此光信号再经光纤耦合传输到光探测器，从探测器出来的电信号经解调器解调而获得被测参数。

2. 光纤传感器分类

光纤传感器可根据光纤的传感原理、被调制的光波参数、传感探头的工作模式和被测参数进行分类。

（1）根据光纤的传感原理，光纤传感器分为功能型（或称传感型，全光纤型）和非功能型（或称传光型、混合型）两类。光纤传感器基本形式如图 5-9 所示。

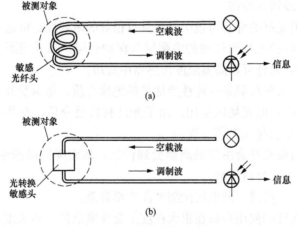

图 5-9　光纤传感器基本形式

（a）功能型；（b）非功能型

1）功能型光纤传感器。主要使用对外界信息具有敏感能力和检测功能的光纤（一般是非通信用的特殊光纤）实现参数的检测，光纤本身就是敏感头，如图 5-9（a）所示。光纤在其中不仅起导光作用，而且也是敏感元件。功能型光纤传感器是利用光纤本身的传输特性受被测物理量作用而发生变化，使光纤中光波的属性（光强、相位、偏振态、波长等）被调制这一特点工作的。这类传感器的优点是结构紧凑、灵敏度高，但是其需用特殊光纤和先进的检测技术，技术上难度较大，成本高，调整也比较困难。

2）非功能型光纤传感器。在该类光纤传感器中，光纤只作为传光媒质，其对外界信息的感知是通过功能元件来完成的，即光纤不再是敏感头，如图5-9（b）所示。它是利用在光纤的端面或在两根光纤中间放置光学材料，机械式或化学式的敏感元件感受被测物理量的变化，使透射光或反射光强度随之发生变化工作的。为了得到较大受光量和传输的光功率，这类传感器使用的光纤主要是数值孔径和芯径大的阶跃型多模光纤。非功能型光纤传感器的特点是结构简单、可靠，技术上容易实现，成本低，但灵敏度也较低，适用于对灵敏度要求不太高的场合。

（2）根据被调制的光波参数不同，光纤传感器可分为强度调制光纤传感器、相位调制光纤传感器、偏振调制光纤传感器、频率调制光纤传感器。

1）强度调制光纤传感器。强度调制光纤传感器是利用被测对象的变化引起敏感元件的折射率、吸收或反射等参数的变化，而导致光强度变化来实现测量的传感器。这类光纤传感器的优点是结构简单、容易实现、成本低，其缺点是受光源强度的波动和连接器损耗变化等的影响较大。

2）相位调制光纤传感器。相位调制光纤传感器的基本原理是利用被测对象对敏感元件的作用，使敏感元件的折射率或传播常数发生变化，而导致光的相位变化，利用干涉仪来检测这种相位变化而得到被测对象的信息。这类传感器的灵敏度很高，但由于需用特殊光纤及高精度检测系统，因此成本很高。

3）偏振调制光纤传感器。偏振调制光纤传感器是利用光的偏振态的变化来传递被测对象信息的传感器。这类传感器可以避免光源强度变化的影响，因此灵敏度较高。

4）频率调制光纤传感器。频率调制光纤传感器是利用由被测对象引起的光频率的变化来进行监测的传感器。

（3）根据传感探头的工作模式不同，分为点式光纤传感器和分布式光纤传感器。

1）点式光纤传感器。点式光纤传感器利用不同结构的干涉仪或传感探头对单个传感点的温度、应变、电流、电压、位移、折射率等参数实现测量；也可以通过时分复用、波分复用等技术对多个点式光纤传感器实现复用，组成多点传感网络。

2）分布式光纤传感器。分布式光纤传感器一般使用单模光纤或者多模光纤作为传感探头，利用光纤中的背向散射效应，通过探测背向散射光的变化对光纤上的物理量进行连续的测量。可以以米量级或者亚米量级的空间分辨率对数千米甚至数十千米光纤的温度、应变等状态进行监测，等价于在光纤上连续设置了数百个到数万个传感点。

（4）根据被测参数的不同，光纤传感器又可分为位移、压力、温度、流量、速度、加速度、振动、应变、电压、电流、磁场、化学量、生物量等各种光纤传感器。

光纤传感器所利用的主要物理效应与可检测的物理量见表5-1。

3. 光纤传感器的组成

图5-8所示的光纤传感器系统包括光源、光纤、传感头、光电探测器和信号处理系统五个部分。光源相当于一个信号源，负责信号的发射；光纤是传输媒质，负责信号的传输；

表 5-1　　　　　　　　　　光纤传感器所利用的主要物理效应与可检测的物理量

功能型				非功能型	
光纤传输参量变化		光载波自身变化		光转换敏感元件	检测量
物理效应	检测量	物理效应	检测量	半导体膜	温度等
光散射效应（光强度调制）	畸变、振动、音响等	萨格奈克效应	角速度	普克尔元件	电场、电压
				法拉第元件	磁场、电流
光弹性效应（光相位调制）	压力、温度、应变、音响、流速、加速度	多普勒效应	速度	荧光物质	温度、放射线
				黑体腔	温度
				双金属片	温度
法拉第效应（光偏振面旋转）	磁场、电流	光谱吸收效应	化学量	液晶	温度、压力振动等
				光弹性元件	压力、温度、应变、音响等
光致色彩效应	放射线剂量	光散射效应	温度、浓度等	发光管	温度
				遮光电路	位移、振动、旋转等

传感头用于感知外界信息，相当于调制器；光电探测器负责信号的转换，将光纤送来的光信号转换成电信号；信号处理系统的功能是还原外界信息，相当于解调器。

（1）光源。

1）光源的特性。光源的特性包括光辐射的几何特性、频率特性、电光转换特性和环境特性。

a）几何特性。指光源发射光功率的空间分布，它直接影响光源的亮度（光源单位面积、单位立体角内所辐射的功率）及与光纤的耦合效率。

b）频率特性。光源的频率特性是指光源辐射光功率的频率分布，主要体现为中心波长 λ_0 和光谱宽度 $\Delta\lambda$。

c）电光转换特性。光源的电光转换特性指施加于光源的电偏置对光输出的直接影响，表现为光功率-电流曲线。光源输出的线性度和线性输出的范围是光源的重要参数。

d）环境特性。指光源的几何特性、频率特性、电光转换特性与环境条件（如温度、湿度、辐射、污染等）的依赖关系。除半导体激光器外，大多数光源的平均寿命太短，一般在几千小时内。此外，其输出功率常常随使用时间增长而劣化，并且表现出强烈的温度依赖关系。

2）几种常用的光源。目前常使用的有半导体激光器、发光二极管（LED）、激光二极管（LD）等光源。半导体激光器和 LD 发出的是相干光，LED 发出的是非相干光。LED 与 LD 的共同特点：①体积小，心区厚度仅有 $0.1\sim0.2\mu m$；②寿命长，LED 的寿命大于 10^7 小时，LD 的寿命大于 4×10^5 小时；③驱动简单、效率高；④能直接调制，而且调制频率高，LED 达 200MHz，LD 可达 500MHz。

a）半导体激光器。半导体激光器是指以半导体材料为工作物质的一类激光器。其主要组成部分是一只具有光发射二极管作用的 PN 结，PN 结的两个端面是经过晶体解理作用做成的非常平行的反射镜面，它们与 PN 结的平面垂直，形成一个共振腔。PN 结的两个侧面是粗糙的，不透光。由于激发而产生的光子辐射在这两个反射面之间来回反射，形成振荡，产生正反馈，使光的辐射放大。当这种放大了的光辐射超过各种损失的时候，PN 结中间发光区的发射端就会发出激光。

半导体激光器具有结构简单、体积小、高效率、成本低、调制方便等优点。

b）发光二极管。发光二极管（LED）由具有光电特性的半导体材料组成的 PN 结（通常是异质结）构成。当 PN 结处于平衡状态时，PN 结处形成了势垒。在 PN 结上施加正向偏置电压时，势垒下降，多数载流子向相对区域扩散形成正向电流。多数载流子扩散到相对区域后，与该区域的异性载流子复合，产生自发辐射光。

LED 的优点是结构简单、成本低、寿命长、可靠性高、随温度变化较小，通过自发发射过程发射非相干光。其缺点是光源谱线较宽（30～60nm）、输出光束发散角较大（约为100°）、输出功率低、耦合效率低、响应速度慢。

c）激光二极管。激光二极管（LD）通过受激辐射发光，LD 可以发出单色、方向性好、高相干性的光。LD 的辐射功率高、发散角窄，与单模光纤耦合效率高、辐射光谱窄，能进行高速直接调制。

（2）光电探测器。在光纤传感器中，光电探测器是必不可少的器件，它起着把光信号变为电信号的关键作用。

1）光电探测器的特性。光电探测器的特性主要包括光谱响应特性、光电灵敏度、暗电流和噪声特性。

a）光谱响应特性。指输出光电流的相对值与输入光信号波长的关系曲线，如硅光电二极管的光谱响应范围为 $0.4\sim1.1\mu m$，最大响应波长约为 $0.9\mu m$。

b）光电灵敏度。在给定波长的入射光照射下，输入单位光功率时，光探测器的输出值。

c）暗电流。指光探测器在反向电压作用下没有光输入时的输出电流，暗电流是一种噪声，暗电流小的探测器性能稳定，噪声低，检测弱信号的能力强。

2）几种常用的光电探测器。光纤传感器系统常用的光电探测器有半导体光电二极管、光电三极管、电荷耦合（CCD）阵列。

a）半导体光电二极管。其基本原理是将光照到半导体 PN 结上时被吸收的光能转换成电能，这一转变过程是一个吸收过程。光电二极管工作时，PN 结上须加反向偏压。半导体光电二极管有三种类型，即 PN 结型光电二极管（PD）、PIN 结型光电二极管（PIN）和雪崩型光电二极管（APD）。由于 PD 响应速度不够高（10^{-7}s），现在用得最多的是 PIN 和 APD 两种，其响应时间小于 10^{-8}s。

对于不同波长的入射光而言，只有能量大于半导体材料禁带宽度的光子才能被吸收而发出电子，因此光电二极管存在长波限。但是，入射波长越短，管心表面的反射损耗越大，从而使管心实际得到的能量减少，所以光电二极管存在入射光的短波限。硅 PIN 的响应波段为 $0.4\sim1.1\mu m$，峰值波长为 $0.9\mu m$，与光纤的短波长窗口相适应。在长波长窗口，如 $1.31\mu m$ 和 $1.55\mu m$，要用锗 PIN 管或铟镓砷磷（InGaAsP）PIN 管，锗 PIN 的热噪声特性不如 InGaAsP PIN 管好。PIN 型的三极管在 15V 反向电压作用下，暗电流小于 10nA。就光电灵敏度而言，对于硅 PIN，其光电灵敏度 $S\geqslant0.4\mu A/\mu W$。APD 由于对电流有雪崩增益而使灵敏度 S 特别大，可达 $10\mu A/\mu W$。APD 的灵敏度与偏置电压的关系极为密切，因此，当入射光信号的变化大时，线性会被破坏，通常是在较小的动态范围内利用雪崩探测

器的高灵敏度,来接收微弱光信号。

b)光电三极管。光电三极管是用 Ge 或 Si 单晶制成的晶体管,分 NPN 和 PNP 两种结构形式。它不仅能和光电二极管一样,把入射光信号转换成电流信号输出,同时还能把光电流放大,光电三极管常常只引出集电极和射极,外形上很像光电二极管。光电三极管输出特性形式与一般晶体管的特性相同,两者之间的差别在于参变量不同。一般三极管的参变量是基极电流,光电三极管的参变量则是入射光的照度。

c)电荷耦合阵列。电荷耦合(CCD)阵列探测器是由同一半导体衬底上的若干光敏单元与移位寄存器构成的集成化和功能化的光探测器。它利用光敏单元的光电转换功能将投射到光敏单元上的光图像换成电信号"图像",即将光强的空间分布转换成相应的与光强成正比的、大小不等的电荷包空间分布。然后利用移位寄存器的移位寄存功能将这些电荷包"自扫描"到同一个输出端,形成幅度不等的实时脉冲序列。CCD 阵列按其光敏单元的排列方式不同而分线阵列和面阵列两类。

(3)光纤传感器系统所用的光纤。对于非功能型强度调制光纤传感器,光纤只起传输光波的作用,而且传感器所需光纤较短(几米至几百米),对光纤的损耗和色散特性要求不高,通信用的单模光纤或多模光纤就能满足要求。但有时候,传感器系统需要从非相干光源耦合出较大光功率,就需采用大芯径或大数值孔径光纤,也可用光纤束或塑料光纤以提高耦合效率。在相位调制光纤传感器中,要使从信号光纤输出的信号光和从参考光纤输出的参考光相干而获得高的相干度,两束光的振动方向要一致,只有偏振保持光纤才能做到这一点,所以在相位调制光纤传感器中要用到保偏光纤。而在偏振调制光纤传感器中,要求偏振态充分地随外界因素而变,光纤本身的线双折射就必须尽量地低,这就要用低双折射光纤(如液心光纤)。在弱磁场传感器中所用的光纤,在其外面涂上了一层特殊涂层材料,以提高光纤的敏感能力。还有一种性能能灵敏地随着射线辐照而发生变化的光纤,用于射线计量仪。

在分布式光纤温度传感器中,要用到掺杂光纤,例如掺杂某些稀土元素或过渡金属元素的光纤,在可见光和近红外波段有非常高的吸收损耗(大于 $3000dB/km$),而 $1.3\mu m$ 处则保持低损耗特性(小于 $2dB/km$),可用作分布式温度传感器;另外掺钕的硅光纤的温度灵敏度比掺其他元素的硅光纤要大一个数量级。用该种光纤做成的分布式温度传感器的分辨率为 1℃左右,空间分辨率是 3.5m。总之,与光纤通信相比,光纤传感器所用到的光纤种类多,也较复杂。

4.光纤传感器件

(1)光纤连接器。光纤(缆)连接器全称为光纤活动连接器,其不仅是实现光纤(缆)之间活动连接的光无源器件,还具有将光纤(缆)与其他无源器件、光纤(缆)与系统和仪表进行活动连接的功能。

光纤连接器采用了某种机械和光学结构使两根光纤的纤芯对准,保证 90%以上的光能够通过。目前有代表性的光纤连接器主要有套管结构、双锥结构、V 形槽结构、球面定心结构、透镜耦合结构。

(2)光纤耦合器。光纤耦合器是对光信号进行分路或合路、插入、分配的一种器件。制作光纤耦合器的方法有多种,大致可分为烧结、微光学式及光波导式等。

（3）波分复用器。在同一根光纤中同时让两个或两个以上波长的光信号通过不同光信道各自传输信息，称为光波分复用技术（wavelength division multiplexing，WDM）。一般波分复用器件包含光分波器和光合波器，它的作用就是将多个波长不一的信号光融入一根光纤，或者将融合在一根光纤中的多个波长不一的信号光分路。从原理上看，光分波器和光合波器是相同的。由于光的互易性原理，只要将光分波器的输出端和输入端反过来就是光合波器。光波分复用器的主要类型有光栅型、干涉滤波片型、阵列波导型和熔锥型。

（4）光隔离器。光隔离器是一种只允许光沿一个方向通过，而在相反方向阻挡光通过的光无源器件。它的作用是防止光路中由于各种原因产生的反向光对光源和光路系统产生不良影响。光隔离器可以由两个线偏振器（起偏器和检偏器）中间加上一只法拉第旋转器构成。

（5）光环形器。光环形器是只允许某端口的入射光从确定端口输出而反射光从另一端口输出的环形器件。光环形器和光隔离器的工作原理类似，只是光隔离器为双端口器件，即一个输入端口和一个输出端口。而光环形器为多端口器件，常用的有三端口、四端口和六端口环形器。

（6）偏振控制器。偏振控制器用于控制光的偏振态，可将任意偏振态的输入偏振光转变为输出端指定的偏振状态。在使用保偏光纤作为传感光纤的相干测量系统中往往要求入射光的方向与光纤的双折射主轴之一重合，以满足测量的需要，采用偏振控制器是进行偏振控制的有效手段。

一个偏振态有两个自由度，即椭圆度和方位角，所以光纤偏振控制器一般由两个控制元件构成。对于当前出现的几种非侵入式的光纤偏振控制器，其通过挤压、弯曲或者法拉第效应来诱发双折射，从而改变输出光场的偏振状态。

（7）光开关。光开关的主要任务是切换光路，分为机械式光开关和非机械式光开关两类。前者利用驱动机构带动活动的光纤（或微反射镜），使活动光纤（或微反射镜）根据指令信号要求与所需光纤（或光波导）连接。这类光开关的缺点是体积和质量大，不耐振动且开关速度较慢。非机械式光开关又分为体光学器件组成的光开关和以光波导为基础的光开关。他们的工作原理视不同器件而不同，可以根据电光效应、载流子注入效应、热光效应、声光效应和折射率效应等原理工作。

5. 光纤传感器的特点

光纤传感器用光而不用电来作为敏感信息的载体，用光纤而不用导线来作为传递敏感信息的媒质。因此它有一些常规传感器所没有的特点，主要有如下几个方面：

（1）灵敏度高，频带宽，响应速度快，动态范围大，测量精度高。尤其是光纤传感器利用光波干涉技术和长光纤，使其灵敏度优于一般的传感器。

（2）由于光纤传感器是利用光波获取、传输信息，既抗电磁干扰，又不影响外界电磁环境，保密性好，并且耐高压，耐腐蚀，在易燃易爆环境下工作安全可靠。

（3）质量轻、体积小，可绕曲，几何形状具有多方面的适应性，特别有利于航空、航天及狭窄空间的应用。

（4）传输性能优异。光纤传感器通过光纤传输信号，损耗极低，因此支持长距离、大范围传感，易于复用形成大规模传感网络。

5.2 强度调制型光纤传感器

在各种调制方式中，强度调制型光纤传感器约占其中的 30%。强度调制型光纤传感器是最早进入实用化和商品化的光纤传感器。

5.2.1 强度调制传感原理

强度调制型光纤传感器是利用外界因素引起光纤中光强的变化来探测外界物理量及其变化量的光纤传感器。被测物理量作用于光纤（接触或非接触），使光纤中传输的光信号的强度发生变化，检测出光信号强度的变化量即可实现对被测物理量的测量。强度调制型光纤传感原理如图 5-10 所示。

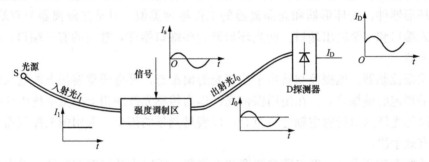

图 5-10　强度调制型光纤传感原理

改变光纤中光强的办法有改变光纤的微弯状态、改变光纤的耦合条件、改变光纤对光波的吸收特性、改变光纤中的折射率分布等。强度调制型光纤传感器有反射式强度调制、透射式强度调制、光模式（微弯）强度调制、折射率强度调制、光吸收系数强度调制等种类。下面以反射式强度调制光纤传感器为例加以介绍。

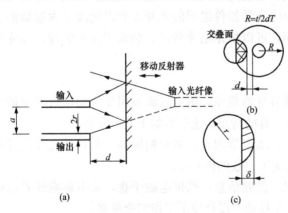

图 5-11　反射式强度调制光纤传感器的强度调制原理
（a）调制原理；（b）重叠部分；（c）重叠部分的"直边模型"

反射式强度调制光纤传感器的强度调制原理如图 5-11 所示。输入光纤将光源的光导向被测物体表面，光从被测表面反射到另一根输出光纤中，反射光强的大小随被测表面与光纤间的距离而变化。其动态范围为

$$\frac{a}{2T} < d < \frac{a+2r}{2T} \quad (5-12)$$

式中：a 为输入光纤与输出光纤的距离；$2r$ 为光纤的芯径；$T = \tan[\arcsin(NA)]$；d 为待测距离。

当 $d < a/2T$ 时，没有光耦合进输出光纤，而当 $d > (a+2r)/2T$ 时，输出光纤与输入光纤的像发出的光锥底端相交，相交截面积为 πr^2，光纤输出光强不变。

在式（5-12）所示的范围内，耦合进输出光纤的光功率由输入光纤在被测表面的像发出的光锥与输出光纤相重叠部分的面积所决定，此重叠部分如图 5-11（b）所示，图 5-11（c）是重叠部分的"直边模型"，即将光锥与接收光纤相交的边缘用直线来近似。

假设被测表面的反射系数 $R=1$，光纤轴线与被测表面垂直。利用直边模型，可以得到输出与输入光强之间的关系为

$$\frac{P_0}{P_i} = \alpha \left(\frac{\delta}{r} \right) \left(1 - \frac{r}{2dT} \right) \tag{5-13}$$

$$\delta = (2dT - \alpha)/r \tag{5-14}$$

$$\alpha = \frac{1}{\pi} \left\{ \arccos\left(1 - \frac{\delta}{r}\right) - \left(1 - \frac{\delta}{r}\right) \sin\left[\arccos\left(1 - \frac{\delta}{r}\right) \right] \right\} \tag{5-15}$$

上述关系式可用于强度调制光纤传感器的设计与分析信息。例如，某阶跃型光纤 P_0/P_i 与 d 的关系曲线如图 5-12 所示，曲线中所涉及的光纤芯径为 $200\mu m$，数值孔径为 0.5，两光纤相隔 $100\mu m$。从线性度、灵敏度两方面考虑，工作点应选在 A 点而不是 B 点。为了提高耦合效率，可采用大数值孔

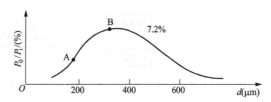

图 5-12　某阶跃型光纤 P_0/P_i 与 d 的关系曲线

径、大芯径光纤或光纤束。这种结构具有非接触、探头小、频率响应高、线性度好等特点，其测量范围在 $100\mu m$ 左右。

5.2.2　强度调制型光纤传感器的补偿技术

强度调制型光纤传感器具有结构简单、容易实现，成本低等优点，同时又存在测量精度较低、受光源强度波动和连接器损耗变化等影响较大的缺点。

测量精度较低的根本原因在于传输光纤中的各种扰动，包括光源与光源耦合的变化，光纤传输中的弯曲、挤压等引起的损耗，光纤的连接损耗的变化，以及光电器件的特性漂移等因素带来的影响不能被消除。要想实现高精度测量，必须采取适当的稳定性补偿措施。补偿的基本思路是通过参考光路引进参考信号，以补偿非传感因素引起的光强变化。目前采用的补偿方法有光桥平衡法、双光路法、双波长法（双频法）、网络补偿法等。下面主要介绍双波长法和光桥平衡法。

1. 双波长法

双波长法的基本思想是在传感器中采用不同波长的两个光源，这两个波长不同的光信号在传感头中受到不同的调制，对它进行一定的信号处理，就可获得误差减小的测量值。

双波长补偿法光路如图 5-13 所示，图中显示的是一种典型的双波长补偿系统。由光源 S1 和 S2 分别发出波长为 λ_1 和 λ_2 的单色光。这两种单色光在传感头 SH 处受到不同的调制，或者其中一种波长的光不被调制而作为参考信号。然后这两个不同波长的光信号通过光纤 L2 和光纤耦合器后分别由光探测器 D1 和 D2 接收，得到两个输出信号

$$I_1 = D_1 L_2 M_1 L_1 S_1 \tag{5-16}$$

$$I_2 = D_2 L_2 M_2 L_1 S_2 \tag{5-17}$$

式中：D 为光探测器的灵敏度；L 为光纤的透过率；S 为光源输出的光功率；M_1 和 M_2 分

别为传感头对两种波长光信号的调制。

此两输出信号的比值为

$$R = \frac{I_2}{I_1} = \frac{D_2 S_2}{D_1 S_1} \frac{M_2}{M_1} \tag{5-18}$$

由式（5-18）可以看出，此时的输出信号已经消除了光纤 L1 和 L2 传输损耗的变化对测量结果的影响，但两个光源和光探测器的漂移对测量结果的影响则无法消除。

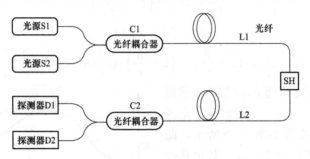

图 5-13　双波长补偿法光路

为了进一步消除光源的功率起伏和光探测器灵敏度的变化所带来的误差，提出了一种改进方案。改进型双波长补偿法光路如图 5-14 所示，它是在光源 S 与传感头 SH 之间增加了一个 X 形光纤耦合器 C，以便直接监测光源功率的起伏，再用分时办法以区别光源 S1 和 S2 的信号。由图 5-14 可见，这时可得到四个光信号，表示为

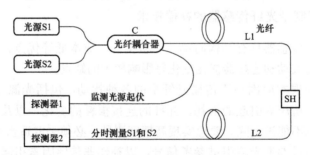

图 5-14　改进型双波长补偿法光路

$$I_R^1 = D_R C_1 S_1 \tag{5-19}$$
$$I_M^1 = D_M L_2 M_1 L_1 C_1 S_1 \tag{5-20}$$
$$I_R^2 = D_R C_2 S_2 \tag{5-21}$$
$$I_M^2 = D_M L_2 M_2 L_1 C_2 S_2 \tag{5-22}$$

式中：C_1、C_2 为 X 形光纤耦合器对波长 λ_1、λ_2 的透过率，其余变量含义同前。

以上四个光信号经信号处理后可得

$$R = \frac{I_R^1 I_M^2}{I_R^2 I_M^1} = \frac{M_2}{M_1} \tag{5-23}$$

由式（5-23）可知，这时输出信号由传感信号 M 唯一决定。光源功率的波动、光纤传输损耗的变化和光探测器灵敏度的漂移等因素引起的误差均可消除，但两光源输出光谱特性的变化、X 形光纤耦合器分光比的变化等因素引起的误差仍无法消除。

2. 光桥平衡法

（1）光桥平衡法原理。光桥平衡法是基于具有两个输入和两个输出的四端网络传感头结构。光桥平衡补偿结构如图 5-15 所示，两个相同的发光二极管光源 S1 和 S2 通过两根入射光纤 L1 和 L2 与光桥的两个输入端相连；两个相同的光电探测器 D1 和 D2 通过两根出射光纤 L3 和 L4 与光桥的两个输出端相连；C_{ij} 表示从第 i 个光源发出的光耦合进第 j 个光电探测器的传输函数；每个元件的标号 S、L、M、D 分别为每个元件相应的传输函数。两个光源采用时分调制或频率划分调制工作方式，两个探测器同时探测，得到四个信号

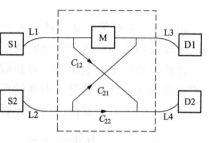

图 5-15 光桥平衡补偿结构

$$I_{11} = S_1 L_1 M L_3 D_1 \tag{5-24}$$
$$I_{12} = S_1 L_1 C_{12} L_4 D_2 \tag{5-25}$$
$$I_{21} = S_2 L_2 C_{21} L_3 D_1 \tag{5-26}$$
$$I_{22} = S_2 L_2 C_{22} L_4 D_2 \tag{5-27}$$

对以上四个信号进行如下的运算，得到相应的输出为

$$Q = \frac{I_{11} I_{22}}{I_{12} I_{21}} = \frac{C_{22}}{C_{12} C_{21}} M \tag{5-28}$$

由式（5-28）可见，Q 仅与被测量和各个耦合器的耦合比有关。此补偿方法的优点为光源功率的波动、光纤传输损耗的变化及光探测器灵敏度的漂移都可消除。缺点是耦合比 C 一般情况下会随入射光波长、功率、模式分布及环境温度等因素而变。

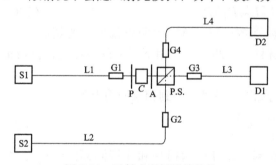

图 5-16 透射式光桥补偿结构

（2）透射式光桥补偿结构。透射式光桥补偿结构采用分光棱镜耦合的方法，将一束通过传感头的入射光分成两束差动光，实现对光源光功率和入射光纤损耗的补偿；将另一束光耦合进两根接收光纤，实现对两根接收光纤损耗和探测器响应度的补偿。

透射式光桥补偿结构如图 5-16 所示。光源 S1 发出的光经传感材料，带有被测参量的信息，由偏振分光棱镜 P. S. 分成两束偏振光，由 D1 和 D2 同时探测；光源 S2 发出的光不经传感材料，不带有被测量的信息，直接由 P. S. 分成两束光，由 D1 和 D2 同时探测，从而得到四个信号

$$I_{11} = (1/2) S_1 L_1 M_1 L_3 D_1 \tag{5-29}$$
$$I_{12} = (1/2) S_1 L_1 M_2 L_4 D_2 \tag{5-30}$$
$$I_{21} = (1/2) S_2 L_2 L_3 D_1 \tag{5-31}$$
$$I_{22} = (1/2) S_2 L_2 L_4 D_2 \tag{5-32}$$

式中：S、L、D 为每个元件相应的传输函数；M_1 和 M_2 为两束偏振光的调制函数，$M_1 = \cos^2(\delta/2)$，$M_2 = \sin^2(\delta/2)$，δ 为传感材料在被测参量作用下引入的位相差，仅与被测量有关。进行如下的运算，得到相应的输出为

$$Q=\frac{I_{11}/I_{21}-I_{12}/I_{22}}{I_{11}/I_{21}+I_{12}/I_{22}}=\frac{M_1-M_2}{M_1+M_2} \qquad (5\text{-}33)$$

由（5-33）可见，Q 与两个光源的发光功率的波动、两输入输出光纤的损耗及光探测器的灵敏度均无关，这是此法的优点。

需要注意的是，上面的运算是假设两个发光二极管光源完全相同、偏振分光棱镜看作理想偏振分光元件的情况下得到的理论结果。

（3）反射式光桥补偿结构。反射式光桥补偿结构如图 5-17 所示。

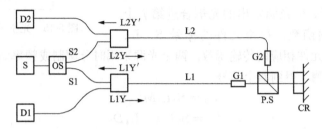

图 5-17　反射式光桥补偿结构

采用单光源通过光开关实现交替分时发光、双探测器同时探测的工作方式，这样可避免双发光二极管光源特性不一致给系统带来的不利影响。同一偏振分光棱镜既作为偏振器，又作为检偏器，同时将来自单光源的两束入射光分光及合光，得到四个信号，即

$$I_{11}=S_1L_{1Y}L_1^2K^2L'_{1Y}D_1M_1 \qquad (5\text{-}34)$$

$$I_{12}=S_1L_{1Y}L_1KL_2L'_{2Y}D_2M_2 \qquad (5\text{-}35)$$

$$I_{21}=S_2L_{2Y}L_2KL_1L'_{1Y}D_1M_2 \qquad (5\text{-}36)$$

$$I_{22}=S_2L_{2Y}L_2^2L'_{2Y}D_2M_1 \qquad (5\text{-}37)$$

式中：S、L、L_Y、D 为每个元件相应的传输函数；M_1、M_2 为两束偏振光的调制函数，$M_1=\cos^2(\delta/2)$，$M_2=\sin^2(\delta/2)$，δ 为传感材料在被测参量作用下引入的位相差，仅与被测量有关；K 为偏振分光棱镜透反分光比。

对式（5-34）～式（5-37）的四个信号进行如下的运算，得到相应的输出为

$$Q=\frac{I_{11}I_{22}}{I_{12}I_{21}}=\frac{M_1^2}{M_2^2} \qquad (5\text{-}38)$$

由式（5-38）可见，Q 不仅与光源发光功率、光纤传输损耗和光探测器的响应无关，而且与分光比 K 无关。该系统结构简单，减小了传感头的体积，降低了造价，使系统更趋于实用化。

5.2.3　强度调制型光纤传感器的应用

1. 在位移检测中的应用

（1）透射式光纤位移传感器。透射型光强调制如图 5-18 所示。图 5-18（a）、（b）中，左侧光纤固定不动，右侧光纤随被测位移的变化可做径向或轴向移动。图 5-18（c）中，光纤不动，光闸随被测位移的变化可做径向移动。无论哪种情况，被测位移的变化使得透射到接收光纤中的光强将发生规律性的变化。由图 5-18（d）可见，在一定移动范围内，位移与透射的光强有很好的线性关系。

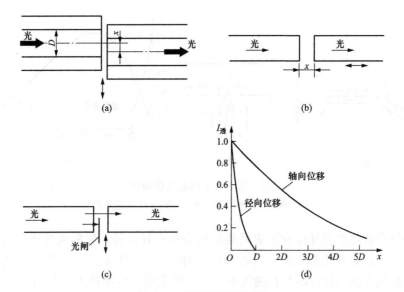

图 5-18　透射型光强调制

（a）径（横）向位移；（b）轴向位移；（c）挡光闸位移；（d）响应曲线

受抑全反射光强调制如图 5-19 所示。受抑全反射光强调制光纤位移传感器的原理：当端面磨成特定角度的两根光纤相距较远时，从光纤内部传来的光将发生全反射，不传到另一光纤中；当抛光面充分靠近（间距为波长量级）时，全反射条件被破坏，大部分光将耦合到另一光纤中，其耦合光强的大小与角度及光纤端面间距有关。随着两端面间距的增大，透射光强按指数规律急剧减小。由于这个过程只发生在光波长量级范围内，所以灵敏度极高。这种位移传感器必须要有精密机械调整和固定装置。

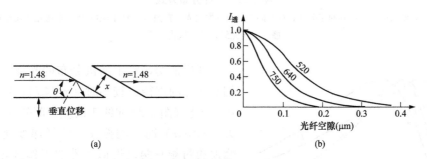

图 5-19　受抑全反射光强调制

（a）光纤位移传感器结构；（b）响应曲线

（2）反射式光纤位移传感器。反射机制光强调制如图 5-20 所示。两根光纤并排放置，一根是发送光纤束，一根是接收光纤束，在光纤端面前放置反射体。发送光纤束的一端与光源耦合，并将光源射入其纤芯的光传播到被测物表面（反射面）上。反射光由接收光纤束拾取，并传播到光电探测器转换成电信号输出。当反射体与光纤的距离发生变化时，接收光纤收到的光功率随之发生变化，由接收到的光功率大小即可以探测出反射体的位置变化。

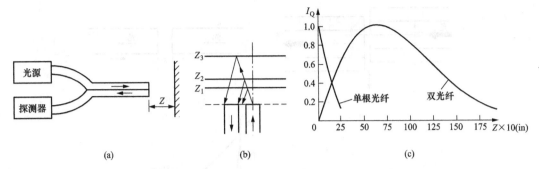

图 5-20　反射机制光强调制

（a）双光纤探测原理；（b）光路；（c）响应曲线

发送光纤束和接收光纤束在汇集处端面的分布有好几种，如随机分布、对半分布、同轴分布（发送光纤在外层和发送光纤在里层两种），光纤分布方式如图 5-21 所示。不同的分布方式，反射光强与位移的特性曲线不同，反射光强与位移的关系如图 5-22 所示。由图 5-22 可见，随机分布方式较好。按随机分布方式分布的传感器，无论是灵敏度或线性都比按其他几种分布方式工作得要好。光纤位移（或压力）传感器所用的光纤一般都采用随机分布的光纤。

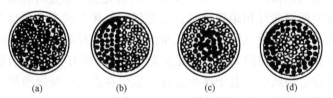

图 5-21　光纤分布方式

（a）随机分布；（b）对半分布；（c）同轴分布（发送光纤在内）；（d）同轴分布（发送光纤在外）

●—发送光纤；○—接收光纤

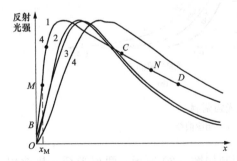

图 5-22　反射光强与位移的关系

1—随机分布；2—同轴分布（发送光纤在外）；
3—同轴分布（发送光纤在内）；4—对半分布

理论证明，对于随机分布的光纤，当距离 x 相对光纤的直径 d 较小时（$x \ll d$），反射光强按 $x^{2/3}$ 变化（图 5-22 曲线 1 的左半部分）；当距离较大（$x \gg d$）时，则按 x^{-2} 的规律变化。曲线在峰顶的两侧有两段近似线性的工作区域（AB 段和 CD 段）。AB 段的斜率比 CD 段斜率大得多，线性度也较好。因此位移和压力传感器的工作范围应选择在 AB 段，而偏置工作点则设置在 AB 段的中点 M。在 AB 段工作，虽然可以获得较高的灵敏度和较好的线性度，但是测量的位移范围较小。如果要测量较大的位移量，也可以选择在 CD 段工作，工作点设置在 CD 段的中点 N，但灵敏度要比在 AB 段工作时低得多。

假设传感器选择在 AB 段工作，被测物体的反射面与光纤端面之间的初始距离是 M 点

所对应的距离 x_M。当被测物体相对光纤发生位移时，两者之间的距离 x 将变化，x 的变化量即为物体的位移量。由曲线可知，随着物体位移增加，反射光光强近似线性增加；反之则近似线性减小。反射光信号由接收光纤束传播到光电探测器并转换成相应的电信号输出，就可以检测出物体的位移；根据输出信号的极性，可以知道位移的方向。

　　2. 在压力检测中的应用

　　从检测机理上讲，光纤位移传感器与光纤压力传感器是相通的，只要标定位移与压力间的关系，传感器可以通用。按照光纤组合传光方式不同，有透射式和反射式两种结构形式。

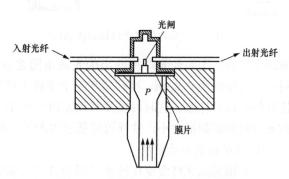

图 5-23　光快门式光纤压力传感器

　　（1）透射式结构。光快门式光纤压力传感器如图 5-23 所示，该结构是通过膜片传递压力变化，进而带动光闸门调制光强，实现压力传感检测。

　　（2）反射式结构。压力敏感膜光纤压力传感器如图 5-24 所示，图中的传感器是一种非常简单的压力敏感膜光纤压力传感器，压力变化改变敏感膜相对光纤探头的距离，实现光强调制。这种结构为非接触型，动态范围大（两根光纤探头），频率响应由压力膜的惯性效应限制。

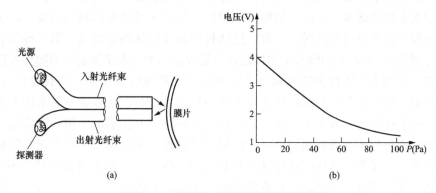

图 5-24　压力敏感膜光纤压力传感器
（a）结构；（b）响应曲线

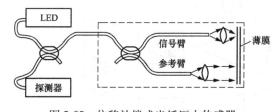

图 5-25　位移补偿式光纤压力传感器

　　反射式压力传感器是基于光强调制的传感器，不可避免地会存在漂移问题，为避免光强调制漂移问题设计了位移补偿式光纤压力传感器，位移补偿式光纤压力传感器如图 5-25 所示。通过光纤耦合器为测量臂提供一个参考臂，其透镜准直系统可使反射回来的光强与薄膜的测量位置无关。

为将测量光脉冲和参考光脉冲分开，只要加长任一臂光纤长度（延迟线）即可。

　　（3）全内反射光纤压力传感器。全内反射光纤压力传感器如图 5-26 所示，图中的传感

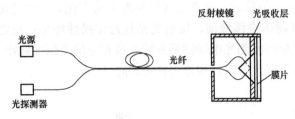

图 5-26 全内反射光纤压力传感器

器为一种基于全内反射被破坏而导致光纤中传输光强泄漏原理的全内反射光纤压力传感器，它具有较高的灵敏度，但测量范围较小。当膜片受机械载荷弯曲后，改变了膜片与棱镜间光吸收层的气隙，从而引起棱镜上界面全反射的局部破坏，使经光纤传送到棱镜的光部分泄漏出上界面，因而经光纤再输出的光强也随之发生变化。图 5-26 中光吸收层使用玻璃材料，其气隙约为 $0.3\mu m$，可利用在光学零件上镀膜的方法制成。光吸收层还可以选用可塑性好的有机硅橡胶，这时因膜片移动而改变的不再是气隙大小，而是光吸收层与棱镜界面的光学接触面积的大小。这样可降低装置的加工要求，其响应频率也较高。

3. 温度检测中的应用

（1）辐射式光纤温度传感器。辐射式光纤温度传感器属于非接触式光纤温度传感器，它是依靠光纤接受被测体辐射能量来确定被测体温度的仪器。

辐射式光纤温度传感器也是基于全辐射体辐射的原理来工作的，遵从普朗克定律、斯特藩-玻尔兹曼定律，利用这些定律可以制造出三种辐射温度传感器。第一种是利用单色辐射定律制造的单色辐射温度传感器，物体的光谱辐射出射度和温度的关系是确定的，通过测量某一波长的光谱辐射出射度，就可以计算出所对应的温度。第二种是利用全辐射定律制造的全辐射温度传感器，通过测量物体的辐射出射度来得到被测物的温度。由于发射率变化的影响和中间介质对热辐射的吸收，这两种测温计的准确度较低。第三种是利用两光谱（波长分别为 λ_1 和 λ_2）的辐射出射度之比与温度之间的关系来测定高温物体温度的比色温度传感器，它基本上可以消除发射率变化和中间介质吸收的影响，具有较高的准确度，但价格比较贵，结构复杂。要提高这类仪表的测量精度，必须要消除发射率影响和中间介质对热辐射吸收的影响。可采用人为制造全辐射体环境的办法来减小第一种影响。要消除第二种影响只有将探头靠近被测对象。光纤辐射式温度计就是利用了石英光纤既能导光又耐高温的特性。石英光纤材料的软化温度为 1400℃，在 1000℃ 以下呈晶体状，不发生失透现象，因而这类温度计的传感器（石英光纤棒）可接近高温物体，能消除中间介质（蒸汽、尘埃、各种气体成分）对辐射吸收的影响，提高测量精度。

1）辐射式光纤温度传感器的构成。辐射式光纤温度传感器的构成如图 5-27 所示。

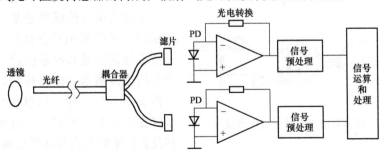

图 5-27 辐射式光纤温度传感器的构成

a) 传感光纤的选择。传感光纤的作用是传输被测物体的辐射光，可根据被测对象的工况，即传输距离的长短，选用不同材料的光纤。如果距离较短，如 3～5m，可选用普通玻璃光纤束；如果距离较长，如 5～10m 或更远，则可选用石英光纤，单根石英光纤的芯径可在 50、100、150、200μm 之间选择。

b) 光电转换部分。滤光片可选择窄带滤光片，可根据温度测量范围选择其中心波长。如测量温度在 800℃ 以上，中心波长可选为 0.6～1.0μm。滤光片的半波带宽 $\Delta\lambda$ 可根据所设计仪器特性要求在 20～200nm 范围内选取。

2) 辐射式光纤温度传感器的应用。

a) 电厂锅炉灭火保护装置中的应用。辐射式光纤温度传感器可用于电厂锅炉灭火保护装置中。电站锅炉的燃烧装置由多个燃烧器组成，一般采用四角切圆燃烧或对冲燃烧方式。煤粉在锅炉炉膛中燃烧时，火焰辐射出大量各种形式的能量，包括电磁波、热能和声能等，所有这些形式的能量都构成火焰检测的基础。火焰检测器是锅炉炉膛安全监控系统 (furnace safety supervision system，FSSS) 中的重要设备，其作用是根据火焰的燃烧特性对燃烧工况进行实时检测，在锅炉点火、低负荷运行或有异常情况时防止锅炉灭火和炉内爆炸事故，以确保锅炉安全运行。

间接式火焰检测常用不同形式的辐射能量检测火焰，称作光学式火焰检测法。其通过光电转换元件将火焰的辐射信号转变为电信号，经处理后，使火焰辐射强度和闪烁频率反映在电信号中，根据电信号来判断火焰的有无。

测定燃烧器火焰"燃"或"灭"的探头利用了辐射式光纤温度传感器的原理。辐射式光纤火焰监测器探头结构如图 5-28 所示，探头由石英光纤棒、硅光电池及保护套管三部分组成，压缩空气主要的作用是防止光纤棒端面被尘埃污染及使硅光电池工作环境温度较稳定，硅光电池采用 2DR20 型元件。光纤探头输出

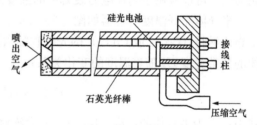

图 5-28　辐射式光纤火焰监测器探头结构

的是开关量，若燃烧器喷出的燃料在燃烧，探头输出为"1"，熄灭时为"0"。这种监视有全炉膛监视法与单个燃烧器监视法两种方法。全炉膛监视法是整个炉膛仅装一个光纤探头；单个燃烧器监视法是每个燃烧器安装一个光纤探头，各探头的输出信号由逻辑电路来判别及处理。

b) 辐射式光纤高温传感器的应用。辐射式光纤高温传感器的原理与辐射式光纤温度传感器相同，但它是一种接触式温度传感器。接触式热辐射光纤高温传感器通常有分布黑体腔和固定黑体腔两种结构方式。分布黑体腔是把与高温区接触的一段光纤当作黑体腔处理，这个接触区可以在光纤的任何一段上发生，因而可以同时测量热区的温度和位置。固定黑体腔光纤高温传感器如图 5-29 所示，其包括带黑体腔的高温单晶蓝宝石光纤（熔点温度为 2050℃）、传送待测热辐射功率的低温多模光纤、光电数据处理系统三部分。

蓝宝石光纤探头黑体腔可以采用溅射蒸膜、包钳和人工缠绕方法形成。溅射蒸膜法可在蓝宝石棒的前端喷镀上一薄层铂铑贵金属膜，再在外边覆盖一层 Al_2O_3 保护膜，即可构成黑体空腔，这种方法制作的探头黑体腔性能最好，但成品率低。包钳和人工缠绕方法非

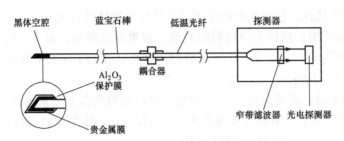

图 5-29　固定黑体腔光纤高温传感器

常简单，且性能满足要求。为使黑体腔的发射率稳定，一般只要控制黑体腔长径比大于 3，则 $\varepsilon_\lambda \approx 1$。

对于光电数据处理系统，要求能稳定检测微弱信号，一般采用高阻抗低噪声前放与高品质因数（Q）选频放大相组合的放大方案。这就要求信号中心频率十分稳定。采用温补晶振锁相环控制调制频率，能满足高 Q 选频放大窄带宽的要求。为了解决 $500 \sim 1800{}^\circ\!C$ 测温范围内光功率动态范围大，远超出放大器动态范围的问题，可以采用电子开关动态范围扩展技术，将测温范围分段进行。

（2）半导体光纤温度计。半导体光纤温度计是由半导体传感头、光纤、光源和包括光探测器的信号处理系统等组成。其体积小、灵敏度高、工作可靠、容易制作，且没有杂散光损耗，可以应用于高压电力装置中的温度测量。

半导体光纤温度传感器如图 5-30 所示。半导体光纤温度计工作的基本原理是利用有些半导体材料（GaAs 或 CdTe）的光吸收随着温度的变化而变化。由半导体理论可知，半导体的禁带宽度 E_g 随着温度的变化关系式为

$$E_g(t) = E_g(0) - \frac{\alpha T^2}{\beta + T} \tag{5-39}$$

式中：T 为半导体的温度，K；$E_g(0)$ 为绝对零度时半导体材料的禁带宽度，eV；α 为经验常数，eV/K；β 为经验常数，K。

对于 GaAs 材料，由实验得到 $E_g(0) = 1.522\text{eV}$，$\alpha = 5.8 \times 10^{-4}\,\text{eV/K}$，$\beta = 300\text{K}$。由式（5-39）可知，半导体材料的 E_g 随温度上升而减小，随温度下降而增大。

电子从价带跃迁到导带上去需要吸收频率为 ν_g 的光子，有

$$E_g = h\nu_g \tag{5-40}$$

式中：ν_g 为与能量差为禁带宽度 E_g 相对应的频率，称为吸收频率；h 为普朗克常数。

与其相对应的吸收波长 $\lambda_g = c/\nu_g$，c 是光速，则得

$$\lambda_g = ch/E_g \tag{5-41}$$

由式（5-41）可知，吸收波长 λ_g 随着禁带宽度 E_g 的增大而减小，而 E_g 随着温度 T 的增大而减小，所以吸收波长 λ_g 随着温度 T 的增加而增大，随着温度 T 的减小而减小。如图 5-30（a）所示，对应于半导体的透射率特性曲线的吸收波长 λ_g，它是随温度增加而向长波长方向位移的。当一个辐射光谱峰值波长与 λ_g 相一致的光源发出的光通过此半导体时，其透射光的强度随温度的增加而减少。

根据上述原理，可以制成半导体光纤温度传感器，其传感头基本结构如图 5-30（b）所

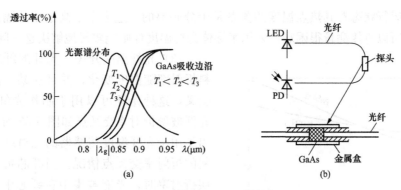

图 5-30　半导体光纤温度传感器
(a) 光吸收温度特性；(b) 结构

示。在两根光纤之间夹放着一块半导体薄片（砷化镓或碲化镉），并套入在一根细的不锈钢管之中固定紧（直径 2mm），用环氧树脂封死。

　　GaAs 光纤温度传感器系统示意图如图 5-31 所示。该系统采用双波长检测法，信号波长是由 GaAs 吸收谱而定，为 $0.89\mu m$ 附近的短波光源，参考波长选 $1.3\mu m$ 附近的长波光源，两波长的光由波分复用器耦合到入射光纤中，在检测端采用 Y 形分路器分束，信号光由硅 PIN(Si PIN) 探测，由于硅本身的光谱响应特性，使其能选择性地响应短波调制信号，同时到达 Si 探测器的长波光信号不会引起信道串扰。参考光可用锗 PIN(Ge PIN) 探测，但锗探测器接收长波光信号时，短波光信号引起强烈的信道串扰，使其失去提高测量精度的作用，解决的办法是选择一块合适的本征硅片，两面抛光并镀上 SiO_2 增透膜，真空密封在锗光敏面探测器的光窗内部，这样短波长信号就被 Si 强烈吸收而全部滤掉。这种温度传感器测量范围为 $0\sim200℃$，精度为 $\pm1℃$。

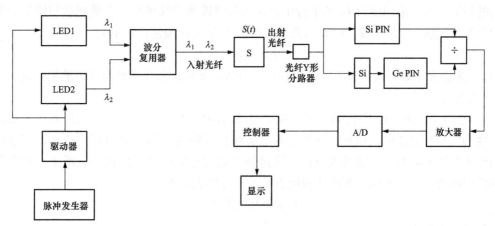

图 5-31　GaAs 光纤温度传感器系统示意图

　　这类温度计在电力系统中可以用于高压及超高压电力变压器中热点温度的直接测量。这种测量对变压器的安全、经济运行和延长使用寿命有着决定性的作用。变压器线圈的最热点的绝缘由于过热而容易老化，有可能发展成整个变压器损坏，酿成重大事故。反之，若线圈最热点的温度过低，变压器的能力就没得到充分利用，降低了经济效益。因此，寻求一种最佳运行状态对其热点温度的测量是十分必要的。过去由于高电压的隔离问题不能很好解决，所以直接测量很困难。采用半导体光纤温度计则能较好地解决这一问题。

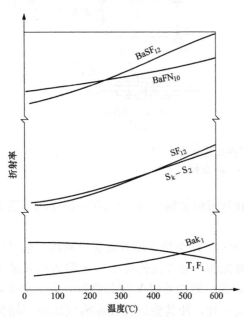

图 5-32　光纤玻璃折射率交叉点

（3）光纤温度开关。光纤的纤芯和包层材料折射率随温度变化，并且在某一温度下出现交叉，这种光纤可以用于制作光纤温度开关。光纤玻璃折射率交叉点如图 5-32 所示，图中给出了用于光纤温度传感器的三对纤芯和包层材料的折射率交叉点情况。当纤芯折射率大于包层折射率时，光能被集中在纤芯中。当温度升高到两折射率曲线的交叉点时，因纤芯、包层折射率相等，光能进入包层。温度再升高时，纤芯中光能量传输中断，传感器便发出警报信号。由于这种传感器能抗强电磁干扰，所以可以用于大型发电机、电动机及变压器中进行温度监控。

4. 光纤灰尘传感器

用光学的方法测量悬浮于气相介质或液相介质中的微小颗粒特性的技术已被广泛采用。这种方法具有非接触式测量、不扰动被测对象、测量速度快、实时性好等优点。光纤灰尘传感器可用于测量烟气中灰尘的相对浓度，尤其适用于恶劣和危险环境中的测量。

（1）工作原理。微粒在光的照射下，会产生光的散射现象，与此同时，还吸收部分照射光的能量。当一束强度为 I_0 的平行单色光入射到被测颗粒场时，会受到颗粒团散射和吸收的影响，光强将衰减为 I，两者的关系由朗伯-比尔定律确定，表示为

$$I = I_0 e^{-cl} \tag{5-42}$$

式中：c 为消光系数，与颗粒直径、颗粒尺寸分布、光源波长及颗粒与环境的相对折射率有关；l 为光程。

由式（5-42）可知，在已知光源光强 I_0 衰减后的光强 I 后，就可以求得入射光通过待测浓度场的相对衰减率，相对衰减率基本上能线性反映待测场灰尘的相对浓度。光强的大小与经光电转换的电信号强弱成正比，通过测得电信号就可以求得相对衰减率。通常相对衰减率可由透过率、光密度和比光密度表示。透过率表示为

$$T\% = 100(I/I_0) \tag{5-43}$$

光密度表示为

$$D = 10\log(I_0/I) \tag{5-44}$$

比光密度（又称能见度）表示为

$$D_L = (10/L)\lg(I_0/I) \tag{5-45}$$

（2）光纤灰尘传感器的结构。光纤灰尘传感器的结构如图 5-33 所示。光源采用波长为 $0.565\mu m$ 的绿光，绿光耦合进光纤，经分路器分为光强相等的两路光。一路作为参考光源

直接与硅兰光伏探测器连接；另一路与透镜耦合，经被测浓度场后再与另一硅兰光伏探测器连接，两路光经硅兰光伏探测器后转接为 0～300mV 的电压信号，送给差动放大器放大为 0～5V 的电压信号，该信号经 A/D 转换后送给单片机系统，以供显示、报警、打印之用。

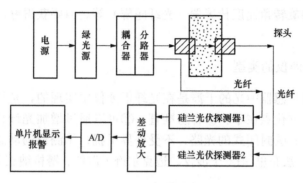

图 5-33　光纤灰尘传感器的结构

5.3　相位调制型光纤传感器

5.3.1　相位调制型光纤传感器的基本原理及特点

相位调制型光纤传感器是利用外界因素改变光纤中的相位，通过检测相位的变化来测量外界被测参量。相位调制型光纤传感器的工作原理如图 5-34 所示。

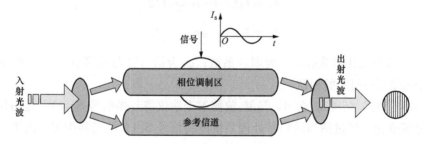

图 5-34　相位调制型光纤传感器的工作原理

光纤中光的相位由光纤波导的物理长度、折射率及其分布、波导横向几何尺寸所决定，可以表示为 $k_0 nL$，其中 k_0 为光在真空中的波数，n 为传播路径上的折射率，L 为传播路径的长度。一般来说，应力、应变、温度等外界物理量能直接改变上述三个波导参数，产生相位变化，实现光纤的相位调制。但是，目前的各类光探测器对光的相位变化不敏感，必须采用某种技术使相位变化转化为强度变化，才能实现对外界物理量的检测，这种转换技术就是干涉技术。光纤传感器中光的干涉技术是在光纤干涉仪中实现的。

与其他调制方式相比，相位调制技术由于采用干涉技术而具有很高的检测灵敏度。如果信号检测系统可以检测微弧度的相位移，那么每米光纤的检测灵敏度对温度为 10^{-8}℃，

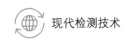

对压力为 10^{-7}Pa，对应变为 10^{-7} 微应变。动态范围可达 10^{10}，且探头形式灵活多样，适用于不同的测试环境。

相位调制型光纤传感器通常分为以下几种：①利用光弹效应的声、压力或振动传感器；②利用磁致伸缩效应的电流、磁场传感器；③利用电致伸缩的电场、电压传感器；④利用光纤萨格纳克效应的旋转角速度传感器（光纤陀螺）等。但要获得好的干涉效果，需用保偏光纤。

5.3.2 光纤干涉仪的类型

相位调制型光纤传感器中光的干涉是在光纤干涉仪中实现的，光纤干涉仪与传统的分离元件干涉仪相比，其优点在于：①容易准直；②可以通过增加光纤长度来增加光程，以提高干涉仪的灵敏度；③封闭式的光路，不受外界干扰；④测量的动态范围大等。传统的马赫-曾德尔干涉仪、法布里-珀罗干涉仪、迈克尔逊干涉仪、赛格纳克干涉仪都能制成全光纤型的干涉仪。

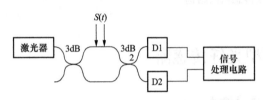

图 5-35 光纤马赫-曾德尔干涉仪的结构

光纤马赫-曾德尔干涉仪的结构如图 5-35 所示，激光器发出的相干光通过一个 3dB 耦合器分成两个相等的光束，一束在信号臂光纤 S 中传输，另一束在参考臂光纤 R 中传输，外界信号 $S_0(t)$ 作用于信号臂，第二个 3dB 耦合器把两束光再耦合，并又分成两束光经光纤传送到两个探测器中。根据双光束相干原理，两个光探测器收到的光强分别为

$$I_1 = I_0(1 + \alpha\cos\varphi_s)/2 \tag{5-46}$$

$$I_2 = I_0(1 - \alpha\cos\varphi_s)/2 \tag{5-47}$$

式中：I_0 为激光器发出的光强；α 为耦合系数；φ_s 为信号臂与参考臂之间的相位差，其中包括外界信号 $S_0(t)$ 引起的相位差。

式（5-46）和式（5-47）表明，马赫-曾德尔干涉仪将外界信号 $S_0(t)$ 引起的相位变化变换成了光强度变化，经过适当的信号处理系统能将信号 $S_0(t)$ 从光强中解调出来。

5.3.3 干涉仪的信号解调技术

信号解调技术有很多种。根据参考臂中光频率是否改变，可将这些解调技术分成零差方式和外差方式两大类。

在零差方式下，解调电路直接将干涉仪中的相位变化转变为电信号。在外差方式下，首先通过在干涉仪的一臂中对光进行频移，产生一个拍频信号，干涉仪中的相位变化再对这个拍频信号进行调制，最后采用电子技术解调出这个调制的拍频信号。一般情况下，和零差法相比，外差法的相位解调范围要大很多，但是解调电路也要复杂得多。

具体来说，相位调制型光纤传感器中的相位检测方法有被动零差检测法、直流相位跟踪零差检测法、交流相位跟踪零差检测法、外差检测法和合成外差检测法等。下面主要介绍马赫-曾德尔干涉仪的被动零差调解方法，被动零差检测系统如图 5-36 所示。

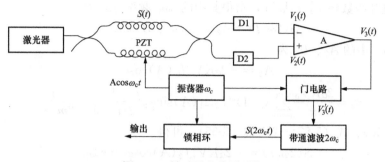

图 5-36 被动零差检测系统

探测器 D1、D2 接收的光强变换成电压信号 $V_1(t)$ 和 $V_2(t)$，根据干涉原理有

$$V_1(t) = V_0[1 + \alpha \cos(\varphi_S + \varphi_S' - \varphi_R - \varphi_R')] \tag{5-48}$$

$$V_2(t) = V_0[1 - \alpha \cos(\varphi_S + \varphi_S' - \varphi_R - \varphi_R')] \tag{5-49}$$

式中：V_0 正比于光的输入光强；α 为混频效率，与偏振态和耦合器的分束比有关；φ_R 为参考臂 PZT 产生的相移；φ_S 是信号臂 $S(t)$ 的相移；φ_S'、φ_R' 分别为信号臂与参考臂的相位随机变化。

差分放大器的输出为

$$V_3(t) = K[V_1(t) - V_2(t)] = 2KV_0\alpha \cos(\varphi_S + \varphi_S' - \varphi_R - \varphi_R') \tag{5-50}$$

式中：K 为比例因子。

PZT 为压电陶瓷制成的压电元件，其材料一般为锆钛酸铅晶体（$PbZrO_3$-$PbTiO_3$，PZT）。压电陶瓷是一种多晶材料，它承受机械应力时会产生电荷，这种现象称为正压电效应。这种晶体在电场作用下，其尺寸也会发生变化，称为逆压电效应。光纤传感器相位检测就是利用了压电陶瓷材料的逆压电效应，将输出的电信号转变为光纤几何尺寸的变化进而实现光波相位的反馈的。

在被动零差检测中，正弦波发生器产生的信号加在 PZT 上，使 PZT 产生的相位的振幅为 A，角频率为 ω_C，经压电元件 PZT 反馈到参考臂，有 $\varphi_R = -A\cos\omega_C t$，当信号臂与参考臂的相位随机变化相等（即 $\varphi_S' + \varphi_R' = 0$）时，差分放大器的输出为

$$V_3(t) = 2\alpha KV_0 \cos(A\cos\omega_C t + \varphi_S) \tag{5-51}$$

将 $V_3(t)$ 展开成傅里叶-贝塞尔级数为

$$V_3(t) = 2\alpha KV_0 \left\{ \left[J_0(A) + 2\sum_{m=1}^{\infty} (-1)^m J_{2m}(A) \cos 2m\omega_C t \right] \cos\varphi_S \right.$$

$$\left. - \left[2\sum_{m=1}^{\infty} (-1)^m J_{2m+1}(A) \cos(2m+1)\omega_C t \right] \sin\varphi_S \right\} \tag{5-52}$$

模拟门电路由正弦波发生器控制，对信号实现方波采样，其开关函数为

$$F = \begin{cases} 1 & 0 < t < T/2 \\ 0 & T/2 < t < T \end{cases} \tag{5-53}$$

式中：$T = 2\pi/\omega_C$。

模拟门的输出为

$$V_3'(t) = FV_3(t) \tag{5-54}$$

利用傅里叶级数将 $V'_3(t)$ 展开，求得其中的 $2\omega_C$ 频率分量为

$$S(2\omega_C t) = A_2 \cos 2\omega_C t + B_2 \sin 2\omega_C t \tag{5-55}$$

式（5-55）中的 A_2、B_2 为

$$A_2 = -2\alpha K V_0 J_2(A) \cos\varphi_S \tag{5-56}$$

$$B_2 = \frac{2\alpha K V_0}{\pi} \sum_{m=0}^{\infty} (-1)^m J_{2m+1}(A) \sin\varphi_S \left(\frac{1}{2m+3} - \frac{1}{2m-1} \right) \tag{5-57}$$

将式（5-56）、式（5-57）代入式（5-55），可得

$$S(2\omega_C t) = -2\alpha K V_0 J_2(A) \cos\varphi_S \cos 2\omega_C t$$

$$+ \frac{2\alpha K V_0}{\pi} \sum_{m=0}^{\infty} (-1)^m J_{2m+1}(A) \sin\varphi_S \left(\frac{1}{2m+3} - \frac{1}{2m-1} \right) \sin 2\omega_C t \tag{5-58}$$

调节 A，使

$$-2\alpha K V_0 J_2(A) = \frac{2\alpha K V_0}{\pi} \sum_{m=0}^{\infty} (-1)^m J_{2m+1}(A) \left(\frac{1}{2m+3} - \frac{1}{2m-1} \right) - C \tag{5-59}$$

若式（5-59）中 C 为常数，则

$$S(2\omega_C t) = C(\cos 2\omega_C t \cos\varphi_S + \sin 2\omega_C t \sin\varphi_S) = C\cos(2\omega_C t - \varphi_S) \tag{5-60}$$

由式（5-60）可得，经过模拟门电路以后的信号，其 $2\omega_C$ 的频率分量为 $C\cos(2\omega_C t - \varphi_S)$，将这一信号送到锁相环进行相位检测，即可获得待测信号的相位。锁相环测量相位原理如图 5-37 所示，锁相环是由一个鉴相器、一个环路低通滤波器和一个电压控制振荡器组成的一个闭合环路。鉴相器通过比较输入信号和电压控制振荡器输出信号的相位，输出一个代表两信号相位差的误差电压，这个电压经过环路低通滤波器的滤波作用后加到电压控制振荡器上，朝着减小两信号相位差的方向改变电压控制振荡器的振荡频率。当环路锁定时，输出信号的频率等于输入信号的频率，而且两者的稳定相位差也可做得很小。

图 5-37 锁相环测量相位原理

5.3.4 相位调制型光纤传感器的应用

目前利用各种类型的光纤干涉仪已研制出测量压力（包括水声）、温度、加速度、电流、磁场、液体成分等物理量的光纤传感器。下面介绍磁致伸缩效应的光纤磁场传感器。

马赫-曾德尔干涉仪中以被涂敷或黏合磁致伸缩材料的光纤作为测量臂。在被测磁场作用下，被敷材料产生磁致伸缩现象，相应地测量臂上的光纤会产生纵向应变、横向应变和体应变。若加在光纤被敷材料上的磁场强度为 H，引起的光纤纵向应变为

$$S_3 = \Delta l / l = K H^{1/2} \tag{5-61}$$

式中：l 是被敷材料的长度；K 是与被敷材料有关的常数，镍的 $K \approx -8.9 \times 10^{-5}$（A/cm）$^{1/2}$。

外加总磁场强度 H 包括两个部分：①做偏置用的直流恒定磁场强度 H_0，H_0 应使应变随磁场的变化率为最大值，传感器工作在最灵敏的区域内；②待测的随时间在 H_0 附近变化的磁场强度 H_1。因此，$H = H_0 + H_1$，且 $H_0 \gg H_1$，则

$$S_3 = \Delta l / l = KH_0^{1/2} + KH_1 / (2H_0^{1/2}) \tag{5-62}$$

取 $H_0 = 3 \times 10^{-4} \mathrm{T}$ 时，式（5-62）中的第二项可写成

$$S_3' = KH_1 / (2H_0^{1/2}) = -2.57 \times 10^{-3} H_1 \tag{5-63}$$

光纤在磁致伸缩效应的作用下，除发生纵向应变 S_3 以外，还发生横向应变 S_1 和 S_2。在各向同性的介质中，$S_1 = S_2$，且介质的体积保持不变，则

$$2S_1 + S_3 = 0 \tag{5-64}$$

根据弹光效应可得光纤折射率变化与应变之间的关系。由于光纤中光的传播沿横向偏振，故只考虑横向折射率的变化，即

$$\Delta n_1 = \Delta n_2 = -(n^3/2)\left[(p_{11} + p_{12})S_1 + p_{12}S_3\right] \tag{5-65}$$

式中：n 为折射率；p_{11}、p_{12} 为弹光张量元素。

磁场的磁致伸缩效应引起光纤中光的相位变化 $\Delta \varphi$。若忽略模间色散的影响，则长度为 L 的光纤中光的相位变化为

$$\Delta \varphi \approx K_0 \Delta (nl) = (2\pi n L / \lambda)\{S_3 - (n^3/2)[(p_{11} + p_{12})S_1 + p_{12}S_3]\} \tag{5-66}$$

磁致伸缩材料分为结晶金属和金属玻璃两大类。金属类的磁致伸缩材料有铁、钴、镍及这三种元素的金属化合物，纯镍的磁致伸缩系数（负值）最大，且制造简单和耐腐蚀，因此可采用纯镍作光纤的被敷层。

1. 交流磁场光纤磁场传感器

磁致伸缩材料被敷或黏合光纤作为光纤磁场传感器的敏感元件有三种典型结构，光纤磁场传感器敏感元件的基本结构如图 5-38 所示，心轮式是在磁致伸缩圆柱体做成的心轴圆周上粘上光纤；被覆式是在光纤表面被敷上一层均匀的金属层或护套；带式是在金属带上粘上光纤。镍被敷光纤可制成两种结构：①把经退火的体状镍薄臂管（厚度 $t = 0.1 \mathrm{cm}$）粘接到芯径为 $80 \mu m$ 的单模光纤，薄臂管可把涡流效应降至最低程度，这种镍被敷光纤长度 10cm。②采用电子束蒸发，使薄膜直接沉积在裸光纤上，其薄膜厚度为 $0.6 \sim 2 \mu m$。在 $80 \mu m$ 芯径的光纤上可沉积 $1.5 \mu m$ 厚的镍被敷层，在 $900 ℃$ 的氢气中退火，以消除磁致伸缩护层材料的残余应变。

可利用镍被敷光纤作为全光纤马赫-曾德尔干涉仪的测量臂，从而制成光纤磁场传感器，光纤磁场传感器如图 5-39 所示。He-Ne 激光经光纤耦合器进入干涉仪双臂，测量臂的磁致伸缩传感元件置于交变磁场中，使测量臂的光波相位受磁场调制。为获得最大的磁致伸缩灵敏度，用亥姆霍兹（Helmholtz）线圈产生恒定的偏置磁场 H_0，叠加随时间变化的待测信号磁场 H_1。纯镍金属的最佳偏置磁场 $H_0 = 240 \mathrm{A/m}$，镍被敷光纤的磁致伸缩灵敏度为 $1.27 \times 10^{-7} \mathrm{A/m^2}$。实验表明，磁场 H_1 的频率 f 越高，镍被敷层越厚，磁致伸缩光纤磁场传感器的测量灵敏度越高。

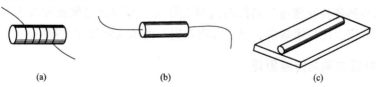

图 5-38　光纤磁场传感器敏感元件的基本结构

(a) 心轮式；(b) 被覆式；(c) 带式

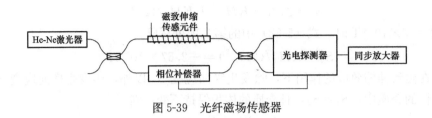

图 5-39　光纤磁场传感器

2. 闭路直流磁场光纤磁场传感器

闭路直流磁场光纤磁场传感器利用交变磁致伸缩响应度与直流偏置磁场的依赖关系测量直流磁场和低频磁场。被测的直流磁场作为偏置磁场，再叠加恒定的小高频磁校对信号，然后加在磁致伸缩传感元件上，测取与被测直流偏置磁场对应的磁致伸缩响应度信号，得直流（或低频）偏置磁场。闭路直流磁场光纤磁场传感器如图 5-40 所示，He-Ne 激光束经分束器分成两束，分别进入干涉仪的测量臂和参考臂，通过两臂的光输出后产生干涉条纹，其强度由两只 PIN 光电二极管检测。测量臂中 50cm 长的光纤夹在金属玻璃带间，金属玻璃带在产生磁场的螺旋线圈中，从而构成磁致伸缩的光纤敏感区域。干涉仪的参考臂由PZT 提供相位补偿，以消除低频热扰动等因素对系统的影响。另外，锁定放大器输出端引回的反馈信号给偏置磁场线圈提供反馈回路，从而形成闭路系统，以补偿环境磁场变化给系统带来的误差。被测直流磁场和交流校准磁场信号从线圈加入之后，可由差分光电检测器检测出与被测直流磁场有关的电信号，从而通过锁定放大器得到输出结果。

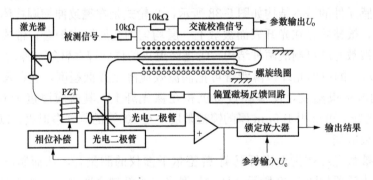

图 5-40　闭路直流磁场光纤磁场传感器

5.4　偏振态调制型光纤传感器

光纤传感器中偏振态调制的原理是利用外界因素改变光的偏振状态，通过检测光的偏振态的变化来检测各种物理量。偏振态调制主要基于人为旋光现象和人为双折射，最典型的偏振态调制效应有法拉第效应、泡克耳斯效应、克尔效应及弹光效应。

5.4.1　偏振态调制传感原理

1. 法拉第效应

线偏振光经过某些媒质后其振动方向发生了旋转，这就是媒质的旋光性。物质在磁场的作用下使通过的平面偏振光的偏振方向发生旋转，这种现象称为磁致旋光效应或法拉第效应。

法拉第效应典型实验装置如图 5-41 所示。当从起偏器出来的平面偏振光沿磁场方向（平行或反平行）通过法拉第装置时，光矢量旋转的角度 θ 表示为

$$\theta = VHL \tag{5-67}$$

式中：V 为物质的费尔德常数；L 为光在物质中通过的距离；H 为磁场强度。

法拉第效应导致平面偏振光的偏振面旋转，这种磁致偏振面的旋转方向仅由外磁场方向决定，而与光线的传播方向无关。法拉第旋转是非互易的光学过程，即平面偏振光第一次通过法拉第材料旋转 θ，而沿相反方向返回时将再次旋转相同的角度 θ，使总旋转量为 2θ。这样，为了获得大的法拉第效应，可以将放在磁场中的法拉第材料做成平行六面体，使通光面对光线方向稍偏离垂直位置，并将两面镀高反射膜，只留入射和出射窗口。若光束在其间反射 N 次后出射，偏振面的旋转角度就提高 N 倍。法拉第效应是偏振调制器的基础，利用法拉第效应可制作光纤电流传感器。

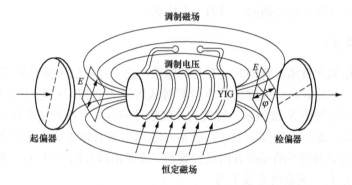

图 5-41　法拉第效应典型实验装置

2. 泡克耳斯效应

当强电场施加于光正在穿行的各向异性晶体时所引起的感生双折射正比于所加电场的一次方，此现象称为线性电光效应，或泡克耳斯效应。

泡克耳斯效应使晶体的双折射性质发生改变，晶体的折射率可用折射率椭球方程表示，具体为

$$\frac{x^2}{n_1^2} + \frac{y^2}{n_2^2} + \frac{z^2}{n_3^2} = 1 \tag{5-68}$$

对于双轴晶体，主折射率 $n_1 \neq n_2 \neq n_3$，对于单轴晶体，主折射率 $n_1 = n_2 = n_0$，$n_3 = n_e$。其中，n_0 称为寻常光折射率，n_e 称为非常光折射率。

（1）纵向调制。晶体的两端设有电极，并在两极间加一个高压电场，外加电场平行于通光方向，这种工作方式称为纵向运用，或称为纵向调制。晶体折射率的变化 Δn 与电场 E 的关系为

$$\Delta n = n_0^3 \gamma E \tag{5-69}$$

式中：γ 为晶体的纵向运用的电光系数。

两正交的平面偏振光穿过厚度为 l 的晶体后，光程差为

$$\Delta L = \Delta n l = n_0^3 \gamma E l = n_0^3 \gamma U \tag{5-70}$$

式中：$U=El$，为加在晶体上的纵向电压。

由折射率变化所引起的相位变化为

$$\Delta \varphi = 2\pi n_0^3 \gamma U / \lambda_0 \tag{5-71}$$

（2）横向电光效应。晶体的通光方向垂直于外加电场时产生的电光效应称为横向电光效应。晶体中两正交的平面偏振光由于电光效应产生的相位差为

$$\Delta \varphi = \frac{2\pi n_0^3 \gamma_c U}{\lambda_0} \times \frac{d}{l} \tag{5-72}$$

式中：γ_c 为有效电光系数；l 为光传播方向的晶体长度；d 为电场方向晶体的厚度。

晶体的半波电压 $U_{\lambda/2}$ 为

$$U_{\lambda/2} = \frac{\lambda_0}{2n_0^3 \gamma_c} \times \frac{l}{d} \tag{5-73}$$

晶体的半波电压 $U_{\lambda/2}$ 与晶体的几何尺寸有关。通过适当地调整电光晶体的 d/l（纵横比）可以降低半波电压，这是横向调制的一大优点。

5.4.2　解调方法

相应于光偏振调制技术，解调方法有其特殊性。由于探测器不能直接探测光的偏振态，需要将光偏振态的变化转换为光强信号直接测量或转换为光相位移利用干涉法测量。光偏振态检测系统示意图如图 5-42 所示。转换为光强信号的办法有单光路法和双光路法两种。

（1）单光路法。即正交偏振鉴别法，就是在输出端加置偏振方向与起偏器的偏振方向正交的检偏器对输出偏振光的偏振方向进行鉴别，系统组成如图 5-42（a）所示。

设输入光强为 I_0，则输出光强 I 为

$$I = I_0 \sin^2\theta \tag{5-74}$$

式中：θ 为偏振面偏转角。

从检测方法看，这种方法与光强调制相似，有文献将这种偏振调制方法归类为偏振式光强调制。

（2）双光路法。即用沃拉斯顿棱镜（Wollaston prism，WP）将偏振器 P2 输出的正交偏振分量分开两路输出，分别为探测器 D1 和 D2 接收。如图 5-42（b）所示，使沃拉斯顿棱镜主轴与入射光的偏振方向呈 45°角度设置。若法拉第转角为 θ，则由沃拉斯顿棱镜射出的二垂直偏振的光信号分量经两个探测器 D1 和 D2 解调的电信号分别为

$$I_1 = I_0 \cos^2\left(\theta - \frac{\pi}{4}\right) \tag{5-75}$$

$$I_2 = I_0 \cos^2\left(\theta + \frac{\pi}{4}\right) \tag{5-76}$$

经信号处理电路处理后的输出电压 V 为

$$V = \frac{I_1 - I_2}{I_1 + I_2} = \sin(2\theta) \approx 2\theta \tag{5-77}$$

即输出电压正比于法拉第转角 θ。进一步，由 θ 可推知需要传感的物理量。

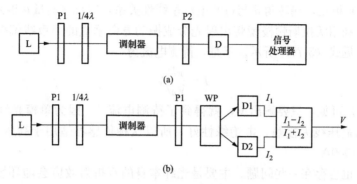

图 5-42　光偏振态检测系统示意图

（a）单光路法；（b）双光路法

5.4.3　偏振态调制型光纤传感器的应用

1. 光纤电流传感器

利用法拉第效应，由电流所形成的磁场会引起光纤中线偏振光的偏转，检测偏振角的大小可以得到相应的电流。

典型光纤电流传感器的实验装置如图 5-43 所示，该装置可用于高压输电线电流测量。其中高折射率油盒是为了消除光纤中的包层膜，单模光纤缠绕在高压载流导线上。若导线中的电流为 I，由安培环路定律，导线周围的磁场 H 为

$$H = \frac{I}{2\pi R} \tag{5-78}$$

式中：R 为光纤线圈的半径。

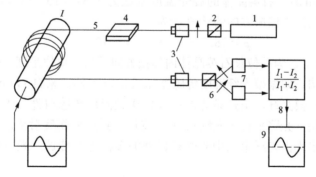

图 5-43　典型光纤电流传感器的实验装置

1—激光器；2—起偏器；3—显微物镜；4—高折射率油盒；5—光纤；

6—沃拉斯顿棱镜；7—光探测器；8—信号处理；9—记录仪

磁场 H 对光纤作用将产生法拉第效应，使光纤中的线偏振光偏振方向产生一个偏转角 θ，且

$$\theta = V_{\mathrm{d}} H l = \frac{V_{\mathrm{d}} l}{2\pi R} I \tag{5-79}$$

式中：V_{d} 为费尔德常数；l 为光纤长度。

由式（5-79）可见，偏转角 θ 与待测电流呈线性关系，但直接测量 θ 很困难。为此，可采用双光路法，利用沃拉斯顿棱镜将出射光分成振动方向垂直的两束线偏振光，信号处理系统的输出电压见式（5-77）所示。于是，待测电流为

$$I = \frac{\pi R}{V_d l} V \qquad (5-80)$$

由式（5-80）可见，只要测出 V，就得到了待测电流 I。因为单模光纤的费尔德常数 V_d 很小，并且与高压线无接触，电绝缘性好，所以这种传感器适用于高压大电流的测量，测量范围为 $0 \sim 1000A$。

实际测量中也会存在一些问题。主要是光纤本身的双折射效应会随环境、压力等因素而改变，因而会引起额外的偏振面旋转，从而影响测量准确性和灵敏度。为了改进这种传感器的性能，首先需要增强光纤的法拉第效应，降低光纤固有的双折射，同时保持光纤的其他光学特性。一般减少双折射的方法有两种，一是降低纤芯的非圆率，二是选择热膨胀系数相等的材料，以减少不对称的应力。现在也有采用"自旋"光纤结构降低光纤固有的双折射。这种光纤在拉制过程中迅速自旋，以致这个椭圆大约每厘米旋转一次。因此，在任何给定的 1cm 长度上，不存在"优先轴"。于是在这个长度上净双折射为零。这样一来，在任何给定的光纤长度上，总的双折射在数量级上等于经过旋转"涂抹过程"之后残余的双折射。

2. 光纤温度传感器

（1）原理。当线偏振光沿光轴通过石英晶体时，出射光仍为线偏振光。但是，由于石英晶体的自然旋光性，光的偏振方向发生转动，结晶的石英以两种对应结构体的形式存在。偏振态的转动方向取决于左、右旋石英；转动角依赖于光程、波长和温度。在给定光程、波长情况下，转动角与温度呈线性关系。

在 $\lambda = 0.6328 \mu m$ 时，石英晶体的旋光温度系数为 $1.34 \times 10^{-4}/℃$，在 $18 \sim 180℃$ 范围内，每毫米长石英晶体内偏振方向的转角 φ 为

$$\varphi = 18.7 \times (1 + 1.34 \times 10^{-4} t) \qquad (5-81)$$

式中：t 为摄氏温度，φ 为单位长石英晶体内偏振方向转角，单位是度·毫米$^{-1}$（$°/mm$）。

（2）传感器结构。偏振型光纤温度传感器如图 5-44 所示。来自 He-Ne 激光器的光射入光纤束的中心单根多模光纤，由这条光纤把光传送到温度传感组件。入射光通过透镜、偏振棱镜、石英晶体块（光路平行于光轴）、1/4 波片，到达平面反射镜。反射光按相反顺序通过上述元件。输出光由光纤束的中心光纤以外的多模光纤传送。光电探测器把接收的光信号转变为电信号。

温度变化时，传感组件中各单元的位置稳定性非常关键。为了确保位置稳定，把各单元装在精密的硼硅酸玻璃套管内。

该传感器的输出光强与温度之间的关系为

$$(I_T - I_{T0})/I_0 = K_T(T - T_0)L \qquad (5-82)$$

式中：I_T、I_{T0} 分别为温度 T、T_0 的输出光强；I_0 为入射光的强度；K_T 为比例系数；L 为石英晶体块的长度。

由式（5-82）可知，相对输出信号不受激光器功率涨落的影响是偏振型光纤温度传感器的一个特点。

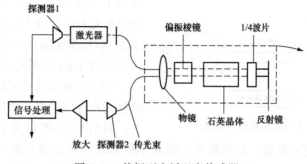

图 5-44　偏振型光纤温度传感器

5.5　频率调制型光纤传感器

5.5.1　频率调制型光纤传感器的原理及频差检测方法

光纤传感器中的频率调制就是利用外界因素改变光纤中光的频率，通过测量光频率的变化来测量外界被测参数。光的频率调制是由多普勒效应引起的。多普勒效应可见 2.3。这里介绍测量频差的两种方法，即零差检测和外差检测。

1. 零差检测

频率调制零差检测原理如图 5-45 所示。He-Ne 激光器发出的频率为 f 的单色光入射到分束器上，分束器将输入光分成两束，一束由反射镜 M 送到探测器 D 上作为参考光；另一束注入光纤，光经光纤传输到运动粒子上，运动粒子产生的后向散射光将部分地被同一光纤接收，经分束器后再到达探测器，这就是信号光。在探测器上信号光和参考光混频产生频差信号。如果参考光为

$$E_R(t) = E_0 e^{-i\omega_0 t} \tag{5-83}$$

信号光为

$$E_s(t) = E_0 e^{-i\omega_s t} \tag{5-84}$$

式中：ω_0 为输入光角频率；ω_s 为散射光角频率。

在探测器上，两束光叠加，其振幅为

$$E(t) = E_R(t) + E_s(t) \tag{5-85}$$

因此，探测器测得的光强为

$$I(t) = E(t) \cdot E^*(t) = E_0^2[1 + \cos(\omega_s - \omega_0)t] = I_0(1 + \cos\Delta\omega t) \tag{5-86}$$

式中：$\Delta\omega = \omega_s - \omega_0$，为待测角频率；$I_0 = E_0^2$，为入射光强。

综上，探测器输出的是频率为 $\Delta f = f_s - f_0 = (\omega_s - \omega_0)/2\pi$ 的电信号，将这一信号送入频谱分析仪即可求得 Δf，进而得到被测物体的运动速度。

这里需要指出的是，信号频率 f_s 可能大于也可能小于 f_0，这主要取决于运动物体的运动方向，但常用的频谱分析仪只能显示正频率，对负频率没有意义，因而采用零差检测法测出的 Δf 只能测量物体的运动速度，不能获得物体运动方向的信息。

2. 外差检测

频率调制外差检测系统如图 5-46 所示。He-Ne 激光器输出的频率为 f_0 的光经第一分

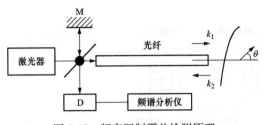

图 5-45 频率调制零差检测原理

束器 BS1 分成信号光和参考光,参考光经布拉格盒和反射镜 M2 后到达第二个分束器 BS2,布拉格盒引入一个固定频移 f_1,使到达探测器上的参考光的频率为 $f_R = f_0 - f_1$。BS1 出来的信号经反射镜 M1 和 BS2 后耦合到光纤中,光纤把信号光引到待测物体上,同时接收被待测物体散射的频率为 $f_0 + \Delta f_s$(Δf_s 为多普勒频移)的散射光,散射光经 BS2 后到达探测器,在探测器上,频率为 $f_0 - f_1$ 的参考光与频率为 $f_0 + \Delta f_s$ 的信号光混频后,出来的电信号的频率为

$$\Delta f = (f_0 + \Delta f_s) - (f_0 - f_1) = \Delta f_s + f_1 \tag{5-87}$$

式中:Δf_s 为多普勒频移;f_1 为布拉格盒的频移。

将 Δf 这一频率信号送入频谱分析仪中即可得到 Δf_s。固定频率 f_1 的引入能够识别被测物体的运动方向,对与输入光同向运动的物体,Δf_s 为正,Δf 在 f_1 之右;对与输入光反向运动的物体 Δf_s 为负,Δf 在 f_1 之左。

外差检测不仅能获得物体运动的全信息(速度的大小和方向),而且避开了噪声区域,使检测灵敏度提高。但是理想的外差检测要求系统满足信号光和参考光是理想的单色光,即频率、相位稳定,振动方向基本一致,完全实现理想的系统是困难的。

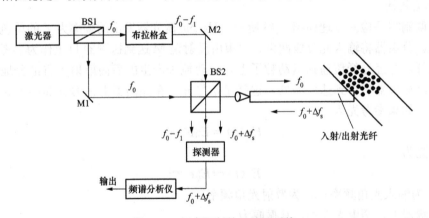

图 5-46 频率调制外差检测系统

5.5.2 应用举例

光纤多普勒测速计如图 5-47 所示,该系统采用零差检测法。图 5-47 中的激光器为偏振 He-Ne 激光器,它发出的线偏振光的振动方向与偏振分束器的振动方向一致,偏振分束器出来的光耦合到普通的多模光纤中。由于多模光纤具有较大的双折射,在几厘米距离范围内将输入的偏振退偏,光纤的另一端置入待测流体中。信号光被流体散射并由同一根光纤接收。由于散射光是随机偏振的,所以返回的光经偏振分束后,只有一半能耦合到探测器。参考光必须从一个相对于流体固定的点引出,唯一满足这个条件的是从光纤端面 A 面的反射光,此反射光的强度取决于光纤和媒质的相对折射率,且总是小于 4%(光在玻璃-真空界面上的反射率)。这个强度在系统其余部分的反射非常小的情况下是足够的,其偏振也是

随机的。同样只有强度的一半能经过分束器到达探测器。

除了 A 面外，系统中其余部分的反射主要来自 B 面，但 B 面的反射光不能到达探测器，因为它们的偏振方向与分束器的偏振方向一致，能透过分束器导向激光器。系统中的透镜用于准直，而起偏器的作用是为了抑制由于偏振分束器消光比（通常小于 60dB）和透镜的双折射等因素引起的杂散光对干涉条纹对比度的影响。

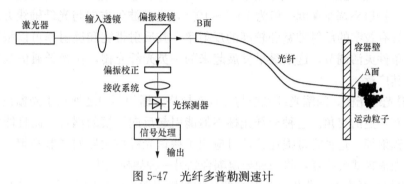

图 5-47　光纤多普勒测速计

5.6　光纤光栅传感器

5.6.1　光纤光栅传感器概述

自 1989 年 Morey 等人首次进行光纤光栅的应变与温度传感器研究以来，光纤光栅传感器受到了广泛重视，并得到了持续快速的发展。

1. 光纤光栅

光纤光栅是一种通过一定方法使光纤纤芯的折射率发生轴向周期性调制而形成的衍射光栅，是一种无源滤波器件。利用光纤的光敏性和弹光效应可形成光纤光栅。光纤的光敏性通常是指光纤纤芯折射率在外部光源照射时发生改变的特性。在一定条件下，纤芯折射率变化的大小与光强呈线性关系，并可保存下来。利用石英光纤的紫外光敏特性，可以将光波导结构直接做在光纤上形成光纤光栅。

光纤光栅的种类繁多，特性各异。人们从不同的出发点给出了多种分类方法，各种分类方法虽不完全相同，但归结起来主要可以从光纤光栅的周期、折射率变化和写入方法等几方面对光纤光栅进行分类。

（1）按光纤光栅的周期长短不同分类。根据光纤光栅的周期长短，通常把周期小于 $1\mu m$ 的光纤光栅称为短周期光纤光栅，又称为光纤布拉格光栅或反射光栅；而把周期为几十至几百微米的光纤光栅称为长周期光纤光栅，又称为透射光栅。短周期光纤光栅的特点是传输方向相反的模式之间发生耦合，属于反射型带通滤波器。长周期光纤光栅的特点是同向传输的纤芯基模和包层模之间的耦合，无后向反射，属于透射型带阻滤波器。

（2）根据折射率变化结构的差异分类。根据光纤光栅空间周期分布及折射率调制深度分布是否均匀，将其分为均匀光纤光栅和非均匀光纤光栅两大基本类型。在此基础上，考虑到光栅周期的大小、折射率分布特性及波矢方向等因素，可以衍生出结构多变、性能各

异的光纤光栅之变形或组合。

1）均匀光纤光栅。均匀光纤光栅是指栅格周期沿纤芯轴向均匀且折射率调制深度为常数的一类光纤光栅。根据光栅周期的长短及波矢方向的差异，这类光纤光栅的典型代表有光纤布拉格光栅、闪耀光纤光栅等。

a）光纤布拉格光栅。光纤布拉格光栅（fiber bragg grating，FBG）的栅格周期一般为 10^2 nm 量级，折射率调制深度一般为 $10^{-5} \sim 10^{-3}$，光栅波矢方向与光纤轴线方向一致。这种光纤光栅具有较窄的反射带宽和较高的反射率，其反射带宽和反射率可以根据需要，通过改变写入条件灵活调节。这是最早发展起来的一类光纤光栅，在光纤通信及光纤传感领域中应用极其广泛。

b）闪耀光纤光栅。闪耀光纤光栅与光纤布拉格光栅的不同之处在于光栅波矢方向与光纤轴线方向有一定的交角。这种光纤光栅不但能引起反向导模的耦合，而且能将基模耦合到包层模中辐射掉。这种宽带损耗特性可应用于掺饵光纤放大器的增益平坦。对交角很小的闪耀，可做成模式转换器，将一种导模耦合到另一种导模之中。

2）非均匀光纤光栅。非均匀光纤光栅是指栅格周期沿纤芯轴向不均匀或折射率调制深度不为常数（二者必有一不为常数）的光纤光栅。从栅格周期与折射率调制深度等因素考虑，这类光纤光栅的典型代表有啁啾光纤光栅、相移光纤光栅、变迹光纤光栅、超结构光纤光栅等。

a）啁啾光纤光栅。其特点是光栅的周期沿轴向逐渐变化，由于不同的栅格周期对应不同的反射波长，所以啁啾光纤光栅能够产生较宽的反射谱。常用的啁啾光纤光栅是线性啁啾光栅，该光栅能产生较大的反射带宽和稳定的色散，因此被广泛地应用于光纤通信系统的色散补偿，也可用于宽带滤波器和光纤布拉格光栅解调系统。

b）相移光纤光栅。其特点是光栅在某些位置发生位移跳变，通常是 π 相位跳变，从而改变光谱的分布。相移光纤光栅可用来制作窄带通滤波器，也可用于分布反馈式（DFB）光纤激光器。

c）变迹光纤光栅。其特点是光致折射率变化大小沿光纤轴向为变迹函数。常用的变迹函数有高斯函数、双曲正切函数和升余弦函数等。这种光栅在密集波分复用（DWDM）中有很重要的应用。

d）超结构光纤光栅。其特点是光栅由许多小段光栅构成，折变区域不连续。这种光栅的反射谱具有多个反射峰，可作为梳状滤波器，在光纤通信领域内可用于多通道色散补偿，同时因其多个反射峰对外界参量的不同响应，故也可作为一种多参量的传感元件。

此外，按照光纤光栅的形成机理，可分为利用光敏性形成的光纤光栅和利用弹光效应形成的光纤光栅。根据折射率调制的强弱，光敏性光纤光栅又可分为Ⅰ型、Ⅱ型和ⅡA型（也叫Ⅲ型）光纤光栅。按照光纤光栅的材料，可分为硅玻璃光纤光栅和塑料光纤光栅。

2. 光纤光栅传感器

光纤光栅传感器是光纤传感器的一种，通过其自身特性，将非光学的被测量数据与离散光的信息相联系。这些信息可以通过光载波的幅度（强度）、相位（由干涉仪转化为强度）、偏振态（由检偏器转化为强度）或光谱分布（由光谱仪转化为强度）等形式来调制或编码。

光纤光栅作为传感器有两个最大的优点：一是信息对波长绝对编码；二是一种本征型传感器。因此光纤光栅传感器除具有比普通光纤传感器抗干扰性强、可靠性高、可植入性强等优点外，还具有一些普通光纤传感器不具有的优点：①因测量信息是波长绝对编码的，故测量信号不受光源起伏、光纤弯曲损耗、连接损耗和探测器老化等因素的影响，有较强的抗干扰能力，同时也避免了一般干涉型传感器中相位测量不清晰和对固有参考点的需要；②制作时对光纤无机械操作，是一种本征传感器，可靠性高；③能方便地使用波分复用技术，在一根光纤中串联多个布拉格光纤光栅传感器进行分布式测量；④长度仅几毫米，空间分辨率高，其结构小巧紧凑，易于埋入材料内部，是智能结构中的首选应变传感器。

光纤光栅传感器应用十分广泛，特别适合于强电磁场、腐蚀等恶劣或特殊的环境中。其主要应用范围如下：①土木工程：如桥梁、大坝、岸堤、大型钢结构等的健康安全监控；②航天工业：如飞机上压力、温度、振动、燃料液位等指标的监测；③船舶航运业：如船舶的损伤评估及早期报警；④电力工业：由于光纤光栅传感器根本不受电磁场的影响，所以特别适合于电力系统中的温度监控；⑤石油化学工业：光纤光栅本质安全，特别适合于石化厂、油田中的温度、液位等的监控；⑥核业中的应用：监视废料站的情况，监测反应堆建筑的情况等；⑦光纤光栅还可以应用于水听器、机器人手臂传感、安全识别系统等。

5.6.2　光纤光栅传感器的原理

以光纤布拉格光栅（FBG）传感器为例来说明。FBG 传感器是利用光纤材料的光敏性，通过紫外光曝光的方法将入射光的相干场图形写入纤芯，在纤芯内产生沿纤芯轴向的折射率周期性变化，从而形成永久性空间的相位光栅，其作用实质上是在纤芯内形成一个窄带的（透射或反射）滤波器或反射镜。当一束宽光谱光经过光纤光栅时，满足光纤布拉格光栅条件的波长将产生反射，其余的波长将透过光纤光栅继续往前传输。而光纤光栅的反射或透射波长光谱主要取决于光栅的栅距 Λ_{neff} 和有效折射率 n_{eff}。任何使这两个参量发生改变的物理过程都将引起光栅波长的漂移。利用光纤光栅这一特性可制成许多性能独特的光电子器件。

由耦合波理论可得，当满足相位匹配条件时，光栅的布拉格波长为

$$\lambda_{\mathrm{B}} = 2n_{\mathrm{eff}}\Lambda \tag{5-88}$$

式中：λ_{B} 为布拉格波长；n_{eff} 为光纤传播模式的有效折射率；Λ 为相位掩模光栅的周期。

布拉格波长的峰值反射率 R 和透射率 T 分别为

$$R = \tanh^2\left(\frac{\pi \Delta n_{\max}}{\lambda_{\mathrm{B}}} L\right) \tag{5-89}$$

$$T = \cosh^2\left(\frac{\pi \Delta n_{\max}}{\lambda_{\mathrm{B}}} L\right) \tag{5-90}$$

式中：$\Delta n_{\max}$ 为折射率最大变化量；L 为光栅长度。

由式（5-90）可知，$\Delta n_{\max}$ 越大，反射率越高，反射谱宽越宽；L 越大，反射率越高，反射谱宽越窄。

光纤光栅传感器的原理如图 5-48 所示。当一宽谱光源［如边发射 LED（edge emission LED，ELED）、超辐射发光二极管（SLD）或超荧光光纤光源甚至氙灯或弧灯等］入射进入光纤后，经过光纤光栅会有波长为 λ_b 的光返回，其他的光将透过。外界的被测量引起光纤光栅温度、应力改变等都会导致反射的中心波长的变化。也就是说，光纤光栅反射光中

心波长的变化反映了外界被测信号的变化情况。

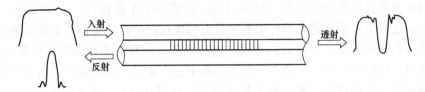

图 5-48　光纤光栅传感器的原理

光纤光栅传感器的关键技术是测量其波长的移动。通常测量光波长都是用光谱分析仪。光谱分析仪的波长测量范围宽、分辨率高，用于分布式测量也极为简便，但其体积大、价格昂贵，一般都用于实验室中，不宜实际现场使用。也可以使用波分复用（WDM）、空分复用（SDM）及两者的组合，将多个光栅复用成传感器网络。因此复用光纤光栅网络中的各个光栅的波长移动解调也就成为传感器网络的关键，但这一技术都是以单个光纤光栅的波长移动解调为基础的。

5.6.3　光纤光栅传感器的相关技术

1. 光纤光栅传感器的解调技术

光纤光栅传感器是以波长编码的方式进行信号传感的，其信号解调技术正是将传感信号从波长编码中解调出来，转换为电信号，以进行显示和计算的技术，它是各种光纤光栅传感系统中核心的部分。依照待测物理量的类型不同可分为两大类，即静态解调方法和动态解调方法。

静态解调方法主要采用光滤波器，使指定的波长信号通过，达到解调的目的。根据所采用的光滤波器的不同，静态解调方法又可分为匹配光纤光栅滤波解调法、可调谐光纤 F-P(Fabry-Perot) 滤波器检测法及可调窄带光源检测法等。该方法具有易于控制、稳定性好、实用性强等特点，但解调速度较慢，无法解调频繁变化传感信号，适用于对传感信号变化缓慢的被测量进行检测。

动态解调方法主要有干涉解调法、边沿滤波法、光谱成像法和啁啾光纤光栅解调法等。动态解调方法一般解调速度快，但稳定性差，适用于传感信号变化较快的测量系统。

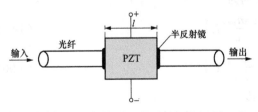

图 5-49　可调谐光纤 F-P 滤波器原理示意图

下面对可调谐光纤 F-P 滤波器检测法做一介绍。可调谐光纤 F-P 滤波器主要由两段镀有半反射膜的光纤和压电晶体组成。两段光纤形成 F-P 干涉仪，压电晶体在外界信号的驱动下用以改变干涉腔的腔长，达到调谐滤波的作用，可调谐光纤 F-P 滤波器原理示意图如图 5-49 所示。

对于长度为 l 的 F-P 干涉腔，当腔镜的反射率为 R_m 时，其谐振腔的透射率可表示为

$$T_\mathrm{R} = \frac{(1-R_\mathrm{m})^2}{(1-R_\mathrm{m})^2 + 4R_\mathrm{m}\sin^2\frac{\delta}{2}} \tag{5-91}$$

式中：δ 为谐振腔中相邻光线间的相位差，可表示为

$$\delta = \frac{4\pi nl}{\lambda}\cos\theta_t + 2\varphi \tag{5-92}$$

式中：θ_t 为光线在 FBG 上的入射角，对于垂直入射的光束，$\theta_t = 0$；φ 为光线在腔内反射时的附加相移，常可以忽略。

因此，当光线垂直入射时，透射率可表示为

$$T_R = \frac{(1-R_m)^2}{(1-R_m)^2 + 4R_m\sin^2\dfrac{2\pi nl}{\lambda}} \tag{5-93}$$

光纤 F-P 滤波器输出的波长为

$$\lambda = \frac{2nl}{K}, K = 1,2,3,\cdots \tag{5-94}$$

由式（5-94）可以看出，可调谐光纤 F-P 滤波器对波长选择的大小与腔长 l 成正比。因此，可以通过调节腔长来选择不同的透过波长。一般由压电陶瓷驱动，用以周期性地改变腔长，故施加周期性的电压可实现对确定区域的波长进行周期性地滤波。

可调谐光纤 F-P 滤波器解调系统如图 5-50 所示，图中为使用可调谐光纤 F-P 滤波器检测法实现光纤光栅波长检测的系统方案。宽带光源发出的光经隔离器输入到可调谐光纤 F-P 滤波器，可调谐光纤 F-P 滤波器由三角波信号发生器驱动进行波长调谐，滤波器输出的调谐光通过耦合器进入光纤光栅传感器和波长参考装置，当调谐光与光纤光栅的反射谱相匹配时，传感信号光将反射回耦合器并输入到光电探测器中，最后由低噪声放大器和数据采集装置将信号送到计算机进行处理。

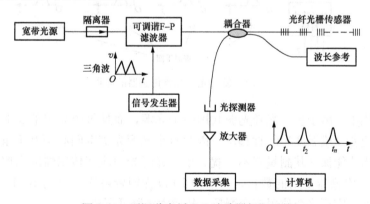

图 5-50　可调谐光纤 F-P 滤波器解调系统

该解调方法具有解调波长范围广、易于集成化等优点，但该方法一般采用 PZT 作为驱动器，导致解调系统有一定的滞后性，线性度不够好，不适合用于高频解调。由于可调谐光纤 F-P 滤波器对环境温度比较敏感，同时 PZT 的非线性和滞后性都将影响波长解调的精度，因此系统中一般都要加入波长参考装置，用以校准解调的波长。

2. 光纤光栅传感器网络的复用技术

将光纤光栅用于光纤传感的另一个优点是便于构成分布式传感网络。由光纤光栅传感器件（包括 FBG、LPG 等）经过某些特定的连接方式组合而成的传感网络，就是光纤光栅

传感网络。将光纤光栅传感器网络化后，多个不同类型的光纤光栅传感器可以在一条光纤上串接复用，构成传感器阵列，可以方便地实现多参量的准分布式实时测量。光纤光栅本身的成本相当低，主要的设备成本集中在配套的光源和相应的测量信息解调装置上。构成光纤光栅传感器网络后，多个光纤光栅传感器使用单一的光源和单一的解调装置，这样可以大大降低设备成本。

光纤光栅传感网络中最核心的部分是光纤光栅的解调系统，最关键的技术是多个传感光栅的复用定位技术。光纤光栅解调系统的成本通常占整个光纤光栅传感系统成本的绝大部分，它的检测精度也往往决定着整个系统的传感精度，所以可以说解调系统是光纤光栅传感系统的核心。光纤光栅的复用技术使得多个传感光栅共用一个光源和一个解调系统，它不但可以减少每个传感头上花费的成本，也可以大大减小整个传感系统的体积。

由于光纤光栅传感器测量的是特征布拉格反射波长或者透射波长的移动量，因此其传感网络主要结构是波分复用（WDM），其次是时分复用（TDM）和空分复用（SDM）。

复用光纤光栅传感器的原理如图 5-51 所示。每个光纤光栅的工作波长互相分开，反射光经 3dB 耦合器后，再用波长探测解调技术测出每个光栅的波长（或波长移动），从而确定各光栅所在位置所受外界的扰动。

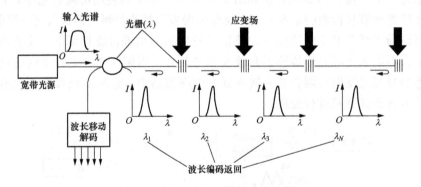

图 5-51　复用光纤光栅传感器的原理

在波分复用中，由于多个光纤光栅共用一个光源，而且每个光栅的反射光波长在一定光谱范围内随应变（或温度）线性移动，因此每个光栅光谱空间必须互不重叠，且皆在光源的光谱范围内才能保证其测量互不干扰。单个光纤光栅应变传感器的光谱空间与光源的光谱范围决定了传感器复用的数目，一般的 LED 光源皆可容许复用 10 个光纤光栅以上。这样一套系统便可实现多个位置应变测量，从而大大降低了成本。

如需进一步扩展光纤光栅的复用数目，可以将波分复用与时分复用结合，沿光纤方向大区域用时分复用，每个区域内的光栅用波分复用。还可以将波分复用与空分复用结合，甚至将波分复用与时分复用和空分复用结合起来，这样复用的光纤光栅的数目可以很多。

（1）光纤光栅传感网络的波分复用技术。波分复用（WDM）技术实质上就是通过波长的区分来识别传感器的空间位置。光纤光栅是以波长编码进行传感的，这就要求各个传感光栅的波长移动范围具有独立性，不能相互重合，而且在传感网络中，不能在不同位置上出现两个相同的光栅，这样才能保证波分复用系统的正确性。

光纤光栅波分复用系统结构如图 5-52 所示。传感网络由 n 个具有不同工作波长的光纤光栅串接（也可并联）而成。宽带光源发出的光经耦合器输入到传感光栅网络，含有多个波长信息的反射光反射回耦合器，由可调谐滤波器进行波长查询及解调。最后经光电探测器探测后进行数据处理，即得到所测量物理量的分布式传感信息。

光纤光栅波分复用系统中，各个传感光纤光栅工作波长互不重合，波分复用的 n 个光栅布拉格波长工作范围示意图如图 5-53 所示。可调谐滤波器的作用主要是进行波长扫描，把多个波长复用的光信号逐一解调为单个波长信号，每个单波长信号除了对应着光栅的传感信息，还对应着光栅的位置。例如，解调出其中的某一信号波长为 λ'_i，由于每个光栅波长移动区域独立，所以可得到该信号对应中心波长为 λ_i、工作区间在 $\Delta\lambda_i$ 范围内的第 i 个光栅的传感信号。可用于波分复用系统的可调谐滤波器主要有可调谐光纤 F-P 滤波器、匹配光纤光栅滤波器、可调谐窄带光源等。

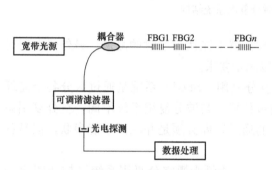

图 5-52　光纤光栅波分复用系统结构

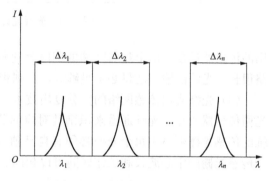

图 5-53　波分复用的 n 个光栅布拉格波长工作范围示意图

波分复用的波长编码方式比较简单，可靠性高，对于光纤光栅网络信号的检测简便可行。由于系统要求光栅的工作区间独立，光源的带宽和光纤的通光窗口限制了分布式传感系统中的传感点数。使用串接方式时，带宽光源每经过一个光栅后光源功率会降低，所以光源功率也影响了传感光栅的数目。一般的超辐射发光二极管（super luminescent light emitting diode，SLD）光源可允许的传感点数为几个到几十个。

（2）光纤光栅传感网络的时分复用技术。时分复用系统是通过各个传感光栅反射信号光的延时来进行光栅位置区分的。光纤光栅时分复用系统结构如图 5-54 所示。该系统的传感阵列由一路串联的 n 个传感光栅组成，每个光栅前有一段光纤延迟线 τ；脉冲发生器控制着激光二极管（laser diode，LD）的驱动电源，其脉冲周期由计算机通过延时器来控制，周期的大小与延时线 τ 的总长度有关。

光纤光栅时分复用系统工作时，脉冲激光器发出一个光脉冲，光脉冲经过耦合器进入传感器阵列，各个传感光栅分别反射回相应的信号光。由于各个传感光栅的光纤延迟线各不相同，所以光电探测器接收的各个反射光信号在时间上产生区别，因此，这些信号光不再用波长编码，而是用延时时间编码。

这种方案中使用的各个光栅理论上可以具有相同的布拉格波长。但其要求脉冲发生器两次脉冲的时间间隔要大于最远处光栅（FBGn）的光延迟时间，否则 FBGn 反射的第 i 个脉冲的信号将与 FBG1 反射的第 $i+1$ 个脉冲的信号在时域上重叠，产生干扰。而且如果复

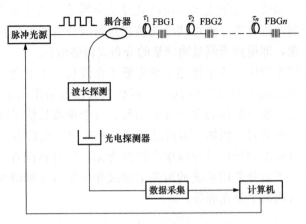

图 5-54   光纤光栅时分复用系统结构

用的传感器过多，两个相邻脉冲的间隔就比较长，就不能达到实时的测量。另外，由于光路很长，光源的输出能量必须足够大，否则难以满足要求。

（3）光纤光栅传感网络的空分复用技术。空分复用（SDM）系统是通过区分各个光纤光栅传感器所在的光纤通道来识别其对应的测量位置。与波分复用系统不同，空分复用系统的传感光栅网络中每个光栅必须有自己独立的通道，即必须是并联而不能串联，但是各个传感光栅的中心波长和工作区间可以相同。

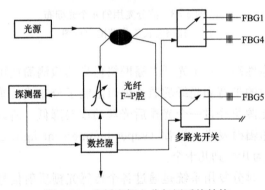

图 5-55   光纤光栅空分复用系统结构

光纤光栅空分复用系统结构如图 5-55 所示。每个传感光栅都单独分配一个传输通道，利用光开关，每次选通一个通道。需测量哪个光栅的特性，就将相应的通道接通。在 SDM 网络中，由于所有的传感器都共享一套后端解调设备，所有的传感器都应具有相同或相似的特征。SDM 网络采用并行拓扑结构，相对于 TDM 和 WDM 这样的串联拓扑结构，能够轻易地实现传感器的独立工作和可互换性，并且能够获得更好的信噪比。

光纤光栅空分复用系统由于采用并行拓扑，各传感器相互独立工作，互不影响，因此串音效应很小，信噪比较高；同时，复用能力不受系统频带资源的限制。若采用合适的波长探测方案，例如电荷耦合（CCD）并行探测技术，则网络规模可以很大，且采样速率高于串联拓扑网络。但其功率利用率较低。

（4）光学低相干反射计（OLCR）用于 FBG 分布式传感阵列。在这个方案中，传感器阵列由几个相同的 FBG 组成的，阵列中第一个 FBG 作为参考 FBG，其他的作为传感 FBG，所有的传感 FBG 共用一个参考 FBG。每个传感 FBG 和参考 FBG 形成一个具有特定腔长度的法布里-珀罗（F-P）干涉计。OLCR 用于 FBG 传感网络的原理如图 5-56 所示，OLCR 实际上是一个扫描迈克逊干涉仪，其中一个臂缠绕在可调谐光纤延迟线（TODL）上，通过扫描 OLCR 中的 TODL，对应于不同传感 FBG 的信号能被获得，并很好地区分。

图 5-56 中光源使用中心波长约 1550nm、带宽约 80nm 的超辐射发光二极管（SLD），光隔离器用来避免反射光损坏光源。传感阵列反射的光进入 OLCR，OLCR 由一个 2×2 耦合器、两个光纤环形镜（用作全反射镜）、一个计算机控制的电动 TODL、一个偏极控制器（PC，用来控制两个臂中传输的光具有同样的偏振状态）、一个探测器、一个数据接收装置（DAQ）和一个计算机组成。最后，光信号由探测器转化为电信号且被安装在计算机上的 DAQ 接收，以稳定的速度扫描 OLCR，对应于所有 FBG 的干涉图样被获得并被很好地区分。随着参考 FBG 和传感 FBG 光谱不匹配的增加（由被测量引起的），相应干涉图样的强度将迅速减小，因此干涉强度能从干涉图样中提取，从而确定传感 FBG 周围的被测量。

此方案能够容易地实现 FBG 的复用，复用的 FBG 数量受参考 FBG 和第一个传感 FBG 的间距 l 及任意两个相邻传感 FBG 的间距 l_{cc} 限制。为了避免参考 FBG 和传感 FBG 形成的 F-P 干涉计与两个传感 FBG 形成的 F-P 干涉计混淆，应确保 l 大于第一个传感 FBG 和最后一个传感 FBG 的间距。因此可以通过增加 l 减小 l_{cc} 来增加复用数量。然而，为了很好地区分干涉信号，任两个相邻传感 FBG 的间距不应小于几毫米，最大间距主要受 TODL 的可调谐范围限制。为了获得所有传感 FBG 的最大干涉强度，第一个和最后一个传感 FBG 的距离不应大于 TODL 的可调谐范围。

在 WDM 中，需要一个宽带光源，而在 TDM 中需要一个窄带脉冲光源，对比 WDM 和 TDM，此方案中的光源是连续发送的且带宽相对较窄（只需覆盖所有 FBG 的光谱即可），更重要的是由于所有的 FBG 都相同，大大降低了 FBG 制作的复杂性。

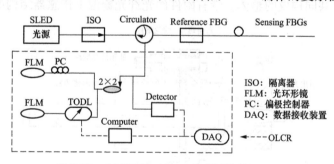

图 5-56　OLCR 用于 FBG 传感网络的原理图

5.6.4　光纤光栅传感器的应用

1. 光纤光栅温度传感器

下面介绍光纤光栅温度传感器在变压器油温测量中的应用。

传统变压器使用的油面温控器是利用某种温度介质热胀冷缩来显示变压器内顶层油温度的仪表，它可带有电气触点和远传信号装置，存在着寿命短、可靠性不足、易受干扰等缺点。而光纤光栅温度传感器具有寿命长、可靠性高、不易受干扰等优点，适于变压器油温测量。

（1）测温原理。由前所知，光纤光栅的中心波长 λ_B 与有效折射率 n_{eff} 和光栅周期 Λ 满足如下的关系

$$\lambda_B = 2n_{eff}\Lambda \tag{5-95}$$

式中：λ_B 为布拉格波长；n_{eff} 为光纤传播模式的有效折射率；Λ 为相位掩模光栅的周期。

光纤光栅的中心波长与温度和应变的关系为

$$\frac{\Delta\lambda_B}{\lambda_B} = (\alpha_f + \xi)\Delta T + (1 - P_e)\Delta\varepsilon \tag{5-96}$$

式中：$\alpha_f = \dfrac{1}{\Lambda} \times \dfrac{d\Lambda}{dT}$ 为光纤的热膨胀系数；$\xi = \dfrac{1}{n_{eff}} \times \dfrac{dn_{eff}}{dT}$ 为光纤材料的热光系数；$P_e = -\dfrac{1}{n_{eff}} \times \dfrac{dn_{eff}}{d\varepsilon}$ 为光纤材料的弹光系数。

对于光纤光栅温度传感器，不考虑波导效应，可得

$$\Delta\lambda_B = \lambda_B(\alpha_f + \xi)\Delta T \tag{5-97}$$

令 $\lambda_B(\alpha_f + \xi) = K_T$，即为光纤光栅温度传感器的温度灵敏度系数，则有

$$\Delta\lambda_B = K_T\Delta T \tag{5-98}$$

式（5-98）为光纤光栅仅受温度作用时光栅波长与温度的关系式。由式（5-98）可以看出，光纤光栅波长变化量与温度变化量呈线性关系。

（2）光纤光栅温度传感器结构与安装。光纤光栅的波长变化同时受温度和应变的影响，在设计光纤光栅温度传感器时应消除应变的影响。另外，光纤本身的直径非常小，异常脆弱，其抗应力能力非常差，在恶劣的工程环境中极易损伤，为此采用不锈钢管对光纤光栅温度传感器进行了封装。封装后的光纤光栅温度传感器可以看作是一个由传感光纤、光纤光栅、封装部分等共同构成的整体。带有附件的光纤光栅温度传感器结构如图 5-57 所示。

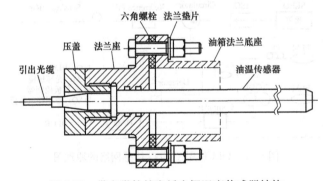

图 5-57　带有附件的光纤光栅温度传感器结构

安装时，将光纤光栅温度传感器安装于温度测点，如变压器油箱的法兰底座等，密封圈预先安装在法兰座内，并涂上硅脂，便于安装传感器。在传感器的安装过程中，要保护好引出光缆、塑胶套管和传感器端盖，防止损坏传感器。再将法兰座通过六角螺栓、平垫、弹垫及六角螺母组合进行连接紧固于油箱法兰底座上，并通过丁腈橡胶密封垫片进行密封。传感器安装完毕后，将传感器尾缆引至变压器下方端子箱光纤保护盒与通信光缆熔接。

通过测试，该结构的光纤光栅温度传感器具有良好的重复性、线性度和灵敏度，通过了高温老化试验、变压器油腐蚀试验和油流冲击试验，满足长时间可靠运行要求。

2. 光纤光栅应变传感器

光纤光栅应变传感器结构简图如图 5-58 所示，当一宽谱光源人射进入光纤后，外界的

被测量引起光纤光栅温度、应力改变都会导致反射光的中心波长的变化。也就是说，光纤光栅反射光中心波长的变化反映了外界被测信号的变化情况。光纤光栅的中心波长与温度和应变的关系见式（5-96）。在不考虑其他外界因素的影响，只对 FBG 施加轴向应变时，光纤光栅的中心波长与应变的关系为

$$\frac{\Delta\lambda_B}{\lambda_B}=(1-P_e)\Delta\varepsilon \tag{5-99}$$

式中：$\Delta\varepsilon$ 为 FBG 测点处的轴向应变。

令 $\lambda_B(1-P_e)=K_\varepsilon$，即为光纤光栅应变传感器的应变灵敏度系数，则有

$$\Delta\lambda_B=K_\varepsilon\Delta\varepsilon \tag{5-100}$$

图 5-58 中采用宽带发光二极管作为系统光源，利用光谱分析仪进行布拉格波长漂移检测。

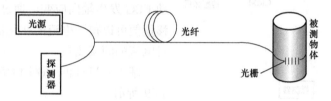

图 5-58　光纤光栅应变传感器结构简图

3. 光纤光栅电流传感器

基于光纤光栅的电流电压传感技术具有灵敏度高、电磁兼容特性好、适合远距离探测等优点。光学电流互感器具有抗电磁干扰、频带宽和动态范围大等优点，成为电流互感器领域研究的热点。将光纤光栅（FBG）与超磁致伸缩材料（GMM）进行固性连接，并置于电流线圈产生的变化磁场中，则 GMM 在磁场中产生的轴向应变与黏贴于其上的 FBG 波长漂移相关联，通过解调 FBG 波长漂移量就可以获得电流的相关信息。这种类型的传感器不仅体积小，而且不受线性双折射问题的影响。

超磁致伸缩材料（GMM）是一种在常温和低场（$\mu_0 H_s<0.3\text{T}$）下具有很大磁致伸缩应变的稀土合金材料，是以 TbDy(FeM)_2 化合物为基体的合金 $\text{Tb}_{0.3}\text{Dy}_{0.7}\text{Fe}_{1.95}$ 材料。与传统的压电陶瓷相比，其具有磁致伸缩系数大、响应速度快和磁致伸缩曲线性好等优点。根据磁畴转动模型，在磁场 H 作用下，磁致伸缩材料棒沿轴向方向的磁致伸缩与外加磁场的关系式为

$$\frac{\Delta L}{L}=\sum_{n=1}^{\infty}CH^{2n} \tag{5-101}$$

式中：L 为磁致伸缩材料长度；ΔL 为磁致伸缩材料长度变化；C 为磁致伸缩材料的伸缩系数。

在实际应用中略去高次项，则得到近似表达式为

$$\frac{\Delta L}{L}\approx CH^2 \tag{5-102}$$

又由纵向应变的公式知，磁致伸缩棒材料的轴向应变为

$$\varepsilon_m=\frac{\Delta L}{L}\approx CH^2 \tag{5-103}$$

可见，GMM 材料的轴向应变与外界磁场强度近似呈二次方的关系。

将通电螺线管产生的磁场作为 GMM 的驱动磁场，根据毕奥-萨伐尔定律

$$B = \mu_0 H = \mu_0 n I \tag{5-104}$$

式中：μ_0 为真空中的磁导率；n 为螺线管单位长度的匝数。

则在轴线中心处的磁场强度 H 为

$$H = nI \tag{5-105}$$

由式（5-99）、式（5-103）、式（5-105）可得

$$\frac{\Delta \lambda_B}{\lambda_B} = (1 - P_e)\,\varepsilon_m = (1 - P_e)\frac{\Delta L}{L} \approx (1 - P_e)CH^2 = (1 - P_e)Cn^2 I^2 \tag{5-106}$$

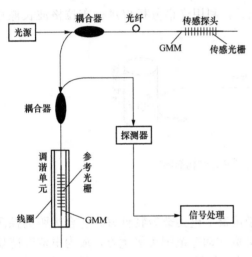

图 5-59　基于 GMM 的 FBG 电流传感器结构

将 FBG 粘贴于 GMM 上，而 GMM 在感受电流磁场变化时发生磁致伸缩应变，从而带动 FBG 发生轴向应变，通过解调 FBG 波长漂移量便可以得到电流的变化情况，从而实现了对电流的间接测量。

基于 GMM 的 FBG 电流传感器结构如图 5-59 所示。

调谐单元采用匹配参考光栅法，调谐原理和传感原理基本相同，传感信号作为入射信号传入到调谐单元，通过改变电流对匹配光栅进行调谐。当匹配光栅与传感光栅匹配（即传感光栅和参考光栅中心波长相同）时，满足波长反射条件的光达到最强，此时光电探测器接收到的调谐单元输出的光强信号最大，对应的调谐电流就能反映传感电流的变化情况。此单元的电流和波长关系已事先标定，采用的是高精度光谱分析仪（灵敏度为 0.01nm）。

FBG 具有温度与应变双敏感的传感特性，故在测量应变时应该消除温度对传感器的影响。例如，有应用直接反馈式 DFB 激光器解调 FBG 动态应变的信号，通过低通滤波获得其缓变直流分量，而这个缓变量代表的是温度的变化，由这个变化的误差信号去反馈 DFB 激光器与 FBG 构成的解调器的工作点，用自动跟踪工作点的方法消除了温度的影响。也有从传感器结构的设计方面来消除温度对测量的影响。

5.7　分布式光纤传感器

光纤传感器具有传统传感器不可比拟的优点，在军事、医疗、石油化工、核工业等领域深受人们关注。分布式光纤传感器除了具有光纤传感器的所有独特优点外，最显著的优点是无须构成回路就可以准确地测出光纤沿线任一点上的应力、温度、振动和损伤等信息，如大型桥梁、建筑物、堤坝等的应力分布，大型锅炉、变压器的温度分布等。如果将光纤纵横交错地敷设成网状，即构成具备一定规模的监测网，就可实现对监测对象的全方位监测。其中，基于光时域反射技术的分布式传感是应用较多的分布式传感技术。

分布式光纤传感器利用光纤外形上的一维特性和光纤的敏感特性，与传统的光时域反射（optical time domain reflectormetry，OTDR）技术相结合，测量物理量沿光纤路径的分布，原则上可以获得任意的空间和时间分辨率。它主要需要解决两个问题：一是要求传感元件能给出被测量沿空间位置连续变化值；二是要求能准确给出被测量所对应的空间位置。对于前者，可利用光纤中的传输损耗、模耦合、传播的相位差，以及非线性效应（如光波频移）等给出连续分布的测量结果；对于后者，可利用光时域反射技术（OTDR）、扫描干涉技术等给出被测量所对应的空间位置。

5.7.1　分布式光纤传感器中的散射原理

分布式光纤传感器将光纤既作为传感介质，又作为传输介质，利用光在光纤中的散射原理，对沿光纤分布的环境参数进行连续测量，获得被测量参数（温度、应力、振动等）随空间和时间变化的信息。光在光纤中传输时发生的散射有瑞利散射、布里渊散射和拉曼散射。

瑞利散射是光纤中最常见的一种散射，是指入射光进入光纤后，由于和光纤中粒子发生弹性作用，产生的后向散射现象。该散射为弹性散射，散射光波长等于入射光波长，没有频率的变化。发生瑞利散射的条件是入射光波长远大于光纤中粒子的大小。

布里渊散射是入射光与光纤中声子相互作用的非弹性散射。布里渊散射按照其激发机制的不同可以分为自发布里渊散射和受激布里渊散射。自发布里渊散射是指光纤中的粒子在常温下，由于粒子热运动产生了自发声波，该声波的振动使得光纤上的折射率被周期性地调制，其作用相当于"光栅"。当泵浦光射入光纤中时，由于受到"光栅"的衍射作用，而产生自发布里渊散射光。和自发布里渊散射相比，受激布里渊散射产生调制声波的机制不同，当入射进入光纤中的泵浦光超过一阈值时，光纤内会产生电致伸缩效应，该效应可以使光纤产生周期性形变或弹性振动，从而对光纤折射率产生周期性地调制，进而产生了散射现象。

拉曼散射又称拉曼效应，是入射光进入光纤后与光纤中的粒子相互作用，引起频率变化而产生的非弹性散射现象。入射光或吸收光纤中的光学声子，转换为频率较高的散射光；或发射声子，转换为频率较低的散射光。拉曼散射光含有斯托克斯光和反斯托克斯光。

分布式光纤传感器散射光分析如图 5-60 所示，图中给出了光强 I 与波长 λ 的关系。瑞利散射的波长不发生变化，而拉曼散射和布里渊散射是光与物质发生非弹性散射时所携带出的信息，散射波长相对于入射波长发生偏移。

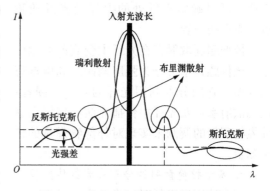

图 5-60　分布式光纤传感器散射光分析

5.7.2　光时域反射技术

散射类光纤传感主要利用光时域反射（OTDR）技术实现被测量的空间定位。OTDR 分布式测量技术于 1977 年首先由 Barnoski 提出。光时域反射技术原理如图 5-61 所示，将光脉冲注入光纤中，当光脉冲在光纤内传输时会由于光纤本身的性质、连接器、接头、弯曲或其他类似的事件而产生散射、反射，其中一部分的散射光和反射光将经过同样的路径延时返回到输入端。OTDR 根据入射信号与其返回信号的时间差 τ（或时延），利用式（5-107）就可计算出散射点（事件点）与光纤入口距离 L

$$L = \frac{c\tau}{2n} \tag{5-107}$$

式中：c 为光在真空中的速度，n 为光纤纤芯的有效折射率。

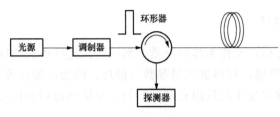

图 5-61　光时域反射技术原理

利用 OTDR 技术可以方便地从一端对光纤进行非破坏性的测量，探测、定位和测量光纤链路上任何位置的事件（指因光纤链路中熔接、连接器、弯曲等形成的缺陷），并且可以连续显示整个光纤线路距离上的损耗及其变化。在 $T=0$ 时刻，从光纤的一端发送能量为 E 的光脉冲，由于光纤本身缺陷和掺杂的不均匀性，沿光纤传播的激光会持续产生后向瑞利散射，在光的发送端可以接收到一系列的反向散射脉冲回波。返回的瑞利散射光的功率反映了光纤线路上的事件状况，从入射到返回的时间间隔反映了散射点（事件点）的距离。由于光纤中存在吸收损耗和散射损耗两种主要的损耗，光脉冲和散射脉冲回波在传播时强度均会出现衰减，因此其后向散射光功率为一衰减曲线。

5.7.3　分布式光纤传感器分类及工作原理

按照测量方法，分布式光纤传感器可以分为反射法、波长扫描法、干涉法等。反射法按其散射类型的不同可以分为基于瑞利散射的分布式光纤传感器、基于拉曼散射的分布式光纤传感器和基于布里渊散射的分布式光纤传感器。

1. 基于瑞利散射的分布式光纤传感器

基于瑞利散射的传感系统如图 5-62 所示。采用 OTDR 技术来实现被测量的空间定位，可以确定光纤处的损耗及光纤故障点、断点的位置。

依据瑞利散射光在光纤中受到的调制作用，该传感技术可分为强度调制型和偏振态调制型。它们分别利用光纤的吸收、损耗、瑞利散射系数及光纤中传播光波的偏振态受外界物理量的调制来实现对外部物理量的传感测量。

2. 基于拉曼散射的分布式光纤传感器

当光波通过光纤时，光纤中的光学光子和光学声子发生非弹性碰撞，产生拉曼散射过程。在图 5-60 中，拉曼散射频谱具有两条

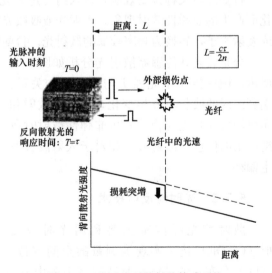

图 5-62　基于瑞利散射的传感系统

谱线，分别分布在入射光谱线的两侧。其中，波长大于入射光为斯托克斯光，波长小于入射光为反斯托克斯光。在自发拉曼散射中，斯托克斯光（Stokes）与反斯托克斯光（anti-Stokes）的强度比和温度存在一定的关系，可表示为

$$R(T)=\frac{I_{as}(T)}{I_s(T)}=\left(\frac{\lambda_{as}}{\lambda_s}\right)^4 e^{-\frac{hc\nu0}{kT}} \tag{5-108}$$

式中：λ_{as}反斯托克斯光的波长；λ_s斯托克斯光的波长；I_{as} 为反斯托克斯光光强；I_s 为斯托克斯光光强；h 为普朗克常数；c 为真空中的光速；ν_0 为入射光频率；k 为玻尔兹曼常数；T 为绝对温度。

拉曼散射式光纤传感器正是利用这一关系来实现测量的。基于拉曼散射光时域反射仪（ROTDR）的分布式光纤传感器的原理：拉曼散射光中斯托克斯光的光强与温度无关，而反斯托克斯光的光强会随温度变化。反斯托克斯光光强 I_{as} 与斯托克斯光光强 I_s 之比和温度 T 之间的关系可表示为

$$\frac{I_{as}}{I_s}=\alpha e^{-\frac{hc\nu0}{kT}} \tag{5-109}$$

式中：α 为与温度相关的系数。

则根据式（5-109）可得温度 T，表示为

$$T=\frac{hc\nu_0}{k}\cdot\frac{1}{\ln\alpha-\ln\left(\frac{I_{as}}{I_s}\right)} \tag{5-110}$$

由于 ROTDR 直接测量的是拉曼反射光中斯托克斯光与反斯托克斯光的光强之比，与其光强的绝对值无关，因此即使光纤随时间老化，光损耗增加，仍可保证测温精度。

拉曼分布式温度传感系统的基本结构如图 5-63 所示。

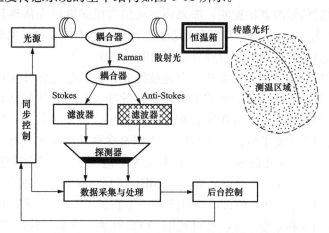

图 5-63　拉曼分布式温度传感系统的基本结构

3. 基于布里渊散射的分布式光纤传感器

在布里渊散射中，散射光的频率相对于泵浦光有一个频移，该频移通常称为布里渊频移。散射光的布里渊频移量的大小与光纤材料声子的特性有直接关系。当与散射光频率相关的光纤材料特性受温度和应变的影响时，布里渊频移大小将发生变化。因此，通过测定脉冲光的后向布里渊散射光的频移量就可以实现分布式温度和应变的测量。

大量的理论和实验研究证明,光纤中布里渊散射信号的布里渊频移和功率与光纤所处环境温度和所承受的应力在一定条件下呈线性变化关系,表示为

$$P_B = P_{B0} + cP_0 T \Delta T + cP_0 \varepsilon \Delta \varepsilon \tag{5-111}$$

$$\nu_B = \nu_{B0} + c\nu T \Delta T + c\nu \varepsilon \Delta \varepsilon \tag{5-112}$$

式中:ν_{B0}、P_{B0} 分别为参考温度、应变下的布里渊散射光的频移和功率;ΔT 和 $\Delta \varepsilon$ 分别为温度和应变变化量。

对基于布里渊散射的温度、应变传感技术的研究主要集中在以下三个方面。

(1) 基于布里渊光时域反射技术的分布式光纤传感技术。基于布里渊光时域反射(Brillouin optical time domain reflectormetry,BOTDR)技术的分布式光纤传感技术是在传统的光时域反射仪(OTDR)基础上发展起来的。在 BOTDR 中,后向的自发布里渊散射取代了瑞利散射,由于布里渊散射受温度和应变的影响,因此通过测量布里渊散射可以得到温度和应变信息,基于 BOTDR 的传感系统工作原理如图 5-64 所示。

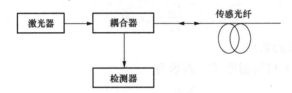

图 5-64　基于 BOTDR 的传感系统工作原理

布里渊散射极其微弱,相对于瑞利散射来说要低大约 2～3 个数量级,而且相对于拉曼散射来说,布里渊频移很小(对于一般光纤,1550nm 时约为 11GHz),检测起来较为困难。通常采用的检测方法有直接检测和相干检测两种。

对于布里渊散射信号的直接检测,需要将微弱的布里渊散射光从瑞利后向散射光中分离出来。利用马赫-曾德尔干涉仪可实现自发布里渊散射和瑞利散射光的分离,再对布里渊散射信号的频移和强度进行测量来得到分布的温度和应变信息。

相干检测是采用一台脉冲激光器和一台连续激光器分别作为脉冲光源和泵浦光源,将脉冲光和泵浦光的频差调到布里渊频移附近,这样脉冲光进入光纤后其后向布里渊散射光的频率就与泵浦光的频率相近,可用窄带相干接收机接收布里渊信号。这种方法实现较为简单,但对光源的稳定性要求较高。1994 年,人们又在脉冲探测光光路中引入了一个光移频环路,实现了一个高精度的相干自外差 BOTDR 监测系统,得到空间分辨率 100m,温度/应变探测精度 2/0.01%,动态范围 16/12dB;其后,又对该系统进行改进,采用一个BOTDR 与一个 COTDR(相干 OTDR)组成了一个新的 OTDR 系统,该系统不仅可以同时测量光纤沿线的温度和应变分布,还可利用 COTDR 测量光纤沿线的损耗分布。

(2) 基于布里渊光时域分析技术的分布式光纤传感技术。基于布里渊光时域分析(Brillouin optical time domain analysis,BOTDA)技术的分布式光纤传感器典型结构如图5-65 所示。处于光纤两端的可调谐激光器分别将一脉冲光(泵浦光)与一连续光(探测光)注入传感光纤,当泵浦光与探测光的频差与光纤中某区域的布里渊频移相等时,两者将发生受激光散射布里渊效应,从而产生能量的转移,连续光信号被放大。由于布里渊频移与温度、应变存在线性关系,因此,对两激光器的频率进行连续调节的同时,通过检测从光

纤一端耦合出连续光的光功率,就可确定光纤各小段区域上能量转移达到最大时所对应的频率差,从而得到温度、应变信息,实现分布式测量,且测量精度较高。

BOTDA 技术可以工作于增益型和损耗型两种方式。在 BOTDA 中,当泵浦光的频率高于探测光的频率时,泵浦光的能量向探测光转移,这种传感方式称为布里渊增益型;泵浦光的频率低于探测光的频率时,探测光的能量向泵浦光转移,这种传感方式称为布里渊损耗型。BOTDA 技术探测的信号可以是布里渊增益信号,也可以是布里渊损耗信号。

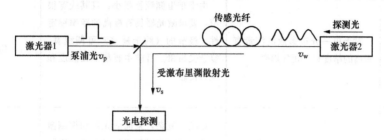

图 5-65 基于 BOTDA 技术的分布式光纤传感器典型结构

(3) 基于布里渊光频域分析技术的分布式光纤传感技术。基于布里渊光频域分析 (Brillouin optical frequency domain analysis,BOFDA) 技术的分布式光纤传感系统工作原理如图 5-66 所示。BOFDA 系统中传感光纤两端所注入的光为频率不同的连续光,其中探测光与泵浦光频差约等于光纤中的布里渊频移分量 f_B,即 $f_s - f_p = f_B$。探测光首先经过调制频率 f_m 可变的电光调制器进行幅度调制,调制强度为注入光纤的探测光和泵浦光在光纤中相互作用的边界条件。每个不同的调制信号频率 f_m 对应着一个探测光功率和泵浦光功率。调节 f_m,在耦合器的两个输出端同时检测注入光纤的探测光功率和泵浦光功率,通过和检测器相连的网络分析仪就可以确定传感光纤的基带传输函数。利用快速傅里叶逆变换 (IFFT) 由基带传输函数即可得到系统的实时冲激响应,便能得到光纤沿线的温度/应变等参数的分布信息。

在 BOFDA 系统中,系统的空间分辨率由调制信号的最大 $f_{m,max}$ 和最小 $f_{m,min}$ 调制频率决定,最大传感距离由调制信号频率变化的步长 Δf_m 决定。

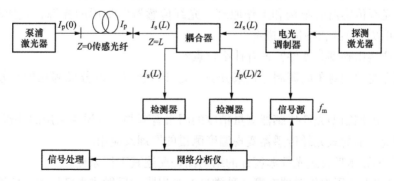

图 5-66 基于 BOFDA 技术的分布式光纤传感系统工作原理

基于 OTDR、BOTDR、BOTDA、ROTDR 的分布式光纤传感器的特点及应用场合各有不同,几种布式光纤传感器的特点及应用场合见表 5-2。

227

表 5-2　　　　　　　　　　几种布式光纤传感器的特点及应用场合

技术	优点	缺点	主要应用场合
基于 OTDR	能连续显示整个光纤线路的损耗相对于距离的变化。非破坏性测量，功能多，使用方便	在使用时始终有一段盲区。从光纤两端测出的衰减值有差别，通常取平均值	光纤损伤点检测
基于 BOFDR	对于单一分布参数的测量有很高的精度和空间分辨率	由于布里渊频移很小，且其线宽很窄，要求激光器具有极高的频率稳定性、极窄的（约千赫兹）可调线宽，复杂又昂贵。目前主要集中在温度和应力传感	应力、温度
基于 BOTDA	很高的精度和空间分辨率；大动态范围	系统较复杂，泵浦激光器和探测激光器必须放在被测光纤的两端；实际应用存在一定的困难；不能测断点，应用条件受到限制；应力和温度引起的变化比较难区分	应力、温度
基于 ROTDR	提高系统的相对灵敏度和测温精度，扩展系统的功能，降低成本	返回的信号很弱，对光源的要求较高	温度

习　题

1. 什么是全反射现象？简述光纤的结构和传光原理。

2. 光纤可以分成哪几类？其主要特性参数有哪些？

3. 光纤的数值孔径 NA 的几何含义是什么？对 NA 的取值有何要求？

4. 举例说明功能型光纤传感器和非功能型光纤传感器的异同。

5. 简述光纤传感器的结构和工作原理。光纤传感器中常用的光源、光探测器有哪些？光纤传感器可以测量的物理量有哪些？

6. 光纤连接用到哪些器件？各有什么特点？

7. 根据光受被测对象的调制方式来分类，光纤传感器可以分成哪几种？分别举例加以说明。

8. 影响强度调制型光纤传感器测量精度的因素有哪些？试说明采用的补偿方法的原理。

9. 举例说明辐射式光纤传感器实现温度测量的原理及应用。

10. 画出半导体吸收式光纤温度计的结构图，简述其工作原理。

11. 常用的光纤压力传感器有哪几种类型？画出膜片反射式光纤压力传感器的结构示意图，说明其工作原理和优缺点。

12. 说明相位调制型光纤传感器的基本原理及应用。

13. 画出光纤电流传感器的原理示意图，简述其测量原理。

14. 在频率调制型光纤传感器技术中，最常用的频率调制方法是基于什么物理效应原理来实现的？基于这种物理效应原理的光纤传感器常用来对哪些物理量进行测量？

15. 光纤光栅可以分为哪几类？光纤光栅传感器有什么优点？

16. 光纤布拉格光栅用于传感的主要原理是什么？应用时主要应考虑哪些问题？为什么？

17. 说明光纤光栅传感网络的波分复用技术、时分复用技术和空分复用技术。

18. 光纤光栅同时对应力和温度两个参量敏感，欲用光纤光栅只测一个参量时，如何对另一个参量去敏？

19. 分布式光纤传感器技术与基于不同调制方式的光纤传感器有何明显的不同？

20. 分布式光纤传感器有哪些类型？基于光纤光栅的分布式光纤传感器与其他类型的分布式光纤传感器相比，有哪些不同？基于光纤光栅的分布式光纤传感器有哪些独特的优点？

21. 利用光纤传感器设计一个检测微振动的方案。

22. 试设计一个用光纤光栅同时进行双参量测量的光纤传感系统。

23. 已知：光纤纤芯的折射率 $n_1=1.46$，包层的折射率 $n_2=1.45$，空气的折射率 $n_0=1$。求：①数值孔径 NA；②光纤的临界入射角 θ_{i0}。

24. 有一光纤长 3.5km，现测得其输出功率与输入功率分别为 1mW 和 30mW，试计算该光纤的损耗值（dB/km）。

25. 已知某光纤布拉格光栅采用石英光纤制成，其热膨胀系数 $\alpha_f=0.55\times10^{-6}/℃$，热光系数 $\xi=6.67\times10^{-6}/℃$，如果光栅的中心波长为 1550nm，计算该光栅的温度灵敏度。

第6章 层析成像可视化检测技术

过程层析成像（process tomography，PT）技术是一种将计算机层析成像（computerized tomography，CT）技术的思想移植到工业中而产生的可视化检测技术。随着现代工业对生产过程检测及控制要求的不断提高，封闭容器内的多相流可视化信息已成为现代工业闭环控制的重要参量，各工业领域对其需求日益增加。PT技术以其非侵入或非接触测量，可实现过程参数在二维/三维空间分布的实时监测，作为以多相流为主要检测对象的可视化实时检测技术，正迅速发展成为一种重要的工业过程控制配套技术。

6.1 过程层析成像技术概述

6.1.1 应用背景及系统组成

工业过程中存在着大量的两相流及多相流测量问题。例如，油田产出的原油，通常夹杂着天然气、水及泥沙等多种组分。为了能及时了解原油中各组分含量，即分相含率，需要对多相流进行实时测量。又如在化工、冶金、能源、动力等工业部门，常使用管道输送系统，即利用空气或液体作为载体传送固体颗粒或粉料，了解管道传输过程中的各组分浓度分布情况，对管道传输的安全运行和提高传输效率很重要。因此，两相流及多相流参数的检测受到各国科技工作者的高度重视。

与单相流相比，多相流动体系由于各相间存在界面效应及相对速度，而且相界面在时间和空间上是随机可变的，因此多相流动体系具有更复杂的流动特性，描述多相流动的参数测量也比单相流动复杂，且具有区别于单相流的新参数（如流型、分相含率等），因此其参数检测的难度很大。由于多相流相界面相互作用变化速度快，常规接触式传感器因其本身惰性及对流场的干扰，已不能满足某些测量（如流型）的需要。并且常规接触式的过程参数测量基本为离散点测量或局部平均值测量，无法反映被测区域的二维/三维场分布信息。PT技术就是在这种背景下发展起来的，PT技术的出现提供了一种低成本、非侵入的参数检测手段，目前的研究已显示出该技术在解决多相流参数测量问题中的巨大潜力。

1895年，德国物理学家伦琴在实验室发现了X射线，并拍下了人类第一张X射线照片，获得了1901年的诺贝尔物理学奖，开创了无损检测新时代。1971年，英国工程师汉斯菲尔德（G. N. Hounsfield）构造了世界第一台用于扫描人脑的CT机，将可视化测量技术提高至计算机断层成像的水平。层析（tomography）的含义源于希腊语tomos，意为切片，层析成像意味着分层（片）式的成像技术。层析成像技术的出现为工业生产及科学研究提供了新的可视化无损检测手段。

CT 技术已广泛应用于医学研究中，如人们熟知的 CT 和核磁共振等医学设备，用它能探测人体内部某截面处的组织图像，从而为发现病变提供有效的"视觉"手段。PT 技术是从医学 CT 技术移植而来的，它采用空间敏感阵列电极，以非接触或非侵入方式获取被测对象的流场信息，进而通过图像重建算法获得两相/多相流体在管道内或反应装置内部二维/三维分布状况的图像，从而得到多相流中离散相浓度的分布及其随时间的变化规律，实现被测流体二维/三维分布的可视化测量及特征参数的提取。

经过 30 多年的不断发展，现已发展出数十种基于不同敏感机理的 PT 技术。PT 系统一般可划分为三个部分，即传感器、数据采集系统和图像重建计算机，PT 系统结构如图 6-1 所示。

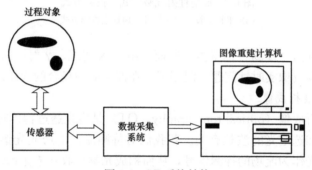

图 6-1　PT 系统结构

基于不同敏感机理的 PT 具有专门设计的传感器，由传感器对被测区域进行扫描测量，获得物体横截面处的信息，然后由数据采集系统进行信号处理，并将信号转变为数字量，以一定的格式送给计算机，计算机根据一定的图像重建算法，重建出横截面的图像。其图像重建的数学基础为奥地利数学家于 1917 年建立的拉东（Radon）变换理论。

6.1.2　过程层析成像技术的分类

1. 放射性射线层析成像

放射性射线（如 X 射线、γ 射线）穿过物体时，射线强度会发生衰减。利用这一特点来进行流场内部的探测。在管道的横截面上，一端设有 X 射线源，它发射 X 射线，在管道的另一端装有一个或多个 X 射线接收传感器。由发射源发射 X 射线，由接收传感器接收 X 射线的过程，称为投影。按投影方式不同其可分为平行束和扇形束投影。放射性射线吸收式的投影方式如图 6-2 所示。

在图 6-2（a）中，在管道横截面的两端均有一组平行的发射/接收装置，一次投影可提供 N 条射线的测量。一般来说，只有一个角度的投影是不够的，因此，整套发射/接收装置每检测一个方向，就旋转一个角度再投影，共需移动 M 次。图像重建的质量在很大程度上取决于 M 和 N。在图 6-2（b）中，管道横截面一端有一个发射源，另一边沿管壁分布着另一组接收器，发射源以扇形束的方式发射 X 射线。它也可以提供 N 个测量和 M 个方向的投影。由于扇形束投影方式传感器的安装比较简单，因此被普遍采用。

对于放射性射线吸收式，传感器发射的射线总是沿着直线传播的，不会被物体扭曲，

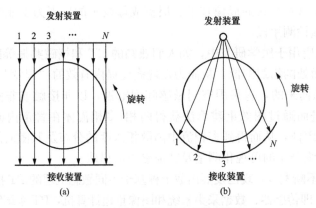

图 6-2 放射性射线吸收式的投影方式
(a) 平行束投影方式；(b) 扇形束投影方式

因此这种传感器被称为"硬场"传感器。然而，由于 X 射线、γ 射线需要有可靠的放射性保护措施，造价高及成像实时性问题，限制了它在许多应用场合的使用。

2. 光学吸收式层析成像

光学吸收式层析成像（optical tomography，OT）是指光透过物体时会发生衰减，这种衰减与物体的性质和选定光的波长有关。若我们对待测流体的透光光谱有全面的了解，则可用某种波长段的光作为流场的探测信号，从而构成光学吸收式成像系统。

3. 超声层析成像

超声层析成像（ultrasonic tomography，UT）是利用被成像对象中不同介质声学特性间的差异对超声波传播产生的影响而成像的。当流体中非均匀化物体的尺寸比超声波波长大许多时，超声波传感器的特性可按"硬场"传感器来对待。超声法一般分为透射式和反射式两种，超声层析成像方式如图 6-3 所示。透射式方法既可测量超声波的传播延迟，又可测量其幅度衰减；反射式方法中，传感器既作发射传感器又作接收传感器。

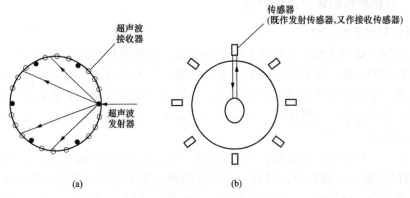

图 6-3 超声层析成像方式
（a）透射方式；（b）反射方式

4. 电学层析成像技术

电学层析成像（electrical tomography，ET）技术是 PT 技术的一大类，包括电容层析成像（electrical capacitance tomography，ECT）、电阻层析成像（electrical resistance tomography，ERT）、电阻抗层析成像（electrical impedance tomography，EIT）及电磁层析成像（electromagnetic tomography，EMT）。

（1）电学层析成像（ET）系统。ET系统一般由传感器（通常为空间敏感阵列电极）、数据采集系统及图像重建计算机三部分组成。由传感器获取被测对象的信息（电容、电阻、电阻抗、磁导率等），然后由数据采集系统进行信号处理，并将信号转变为数字量，送往计算机，计算机根据一定的图像重建算法，重建出被测对象某一截面的图像。对重建图像作进一步分析处理，提取特征参数，以完成多相流其他参数的测量，ET系统工作原理如图 6-4 所示。

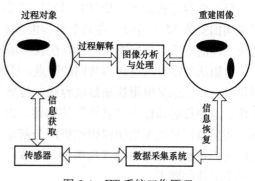

图 6-4　ET 系统工作原理

（2）电磁层析成像（EMT）。EMT 是 20 世纪 90 年代开始发展起来的一种基于电磁感应原理的新型层析成像技术，它适用于不同介质间有不同的电阻率或磁导率的场所。典型 EMT 系统如图 6-5 所示，它包括传感器阵列、控制和数据处理电路、主机及图像重建单元、图像特征参数提取单元。

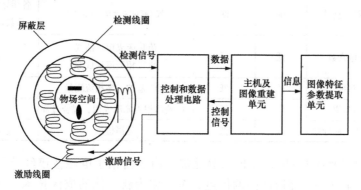

图 6-5　典型 EMT 系统

EMT 系统工作过程：在扫描和数据采集单元的控制下，传感器的激励线圈中分别施加一定大小的交流电流，从而在传感器所在空间内形成一定方向的交变磁场，磁场在检测线圈上感应出的信号受传感器敏感空间内的导电或导磁介质的空间分布影响，这些信息可反映被检测区域内介质的分布情况，经电路处理后，由图像重建算法估计出介质的分布，最后经图像特征参数提取单元获得介质分布的参数。

（3）电阻层析成像（ERT）。ERT 主要用于连续相为导电介质的两相流系统，其在管道内壁均匀嵌入 N 个电极，这些电极应保证与流体有良好的电接触。在某两个电极上注入交流电流，在其余相邻电极上测量电压，获得边界电压的变化值，再经图像重建算法获得场域内电阻率分布，从而得知流体中不同组分的分布。

（4）电阻抗层析成像（EIT）。EIT 是基于阻抗敏感机理的过程层析成像技术，EIT 可应用于生物医学领域，也可应用于工业过程多相流测量。它在被测对象上安装具有良好电接触的阵列电极，通过选取不同的电极进行交流电流激励，从不同的观测视角进行扫描，从而获得相邻电极的电动势差，再运用相应的成像算法，便可重建出对象的电阻抗分布。

（5）电容层析成像（ECT）。ECT主要用于连续相为非导电介质的两相流系统，其在管道周围安装M个电极，在某个电容极板上注入交流激励电压，同时测量激励极板与其余电极之间的电容，再经图像重建算法获得场域内介电常数分布，从而获得流体分布。

电阻法与电容法有许多共同的特点：①对N个电极来说，可提供$N(N-1)/2$个独立测量值；②无论是电阻法还是电容法，传感器形成的电场形状会由于场域内物体的变化而变化，这种传感器称为"软场"传感器。由"软场"传感器得到的数据重建的图像与"硬场"传感器得到的重建图像相比空间分辨率相对较低，这是电阻抗法的一个缺点。但电阻抗法可以在很短的时间内（几毫秒）完成一帧图像所需数据的采集。因此，它的速度可以满足实时性的要求。

几种常见PT技术比较见表6-1。

表6-1　　　　　　　　　　　　　　几种常见PT技术比较

类别	检测参数	分辨率	结构复杂性	应用场合	被测对象的要求
X、γ射线	衰减	高	高	多相流成像、相含率测量	—
光学	干涉、散射、衰减	高	中	燃烧诊断、火焰检测	光透明
超声	反射、衰减	中	低	气/液两相泡状流成像	各相介质具有不同的衰减系数，存在明显的界面
电容	介电常数	低	低	流化床成像、油气水三相流流动成像	连续相非导电
电阻抗	阻抗	低	低	医学监护、多相流测量	连续相导电
电阻	电导率	低	低	气/液两相流流动成像、混合过程	连续相导电
电磁	电导率、磁导率	低	低	无损检测	连续相导电或导磁

近年来，频率为$0.1 \sim 10 \mathrm{THz}$的太赫兹波，由于占据了电磁波谱红外与微波的大部分频段，并具有安全性好、穿透性强的优点，有望成为新一代的成像技术，在物理学、材料科学、生命科学、天文科学、信息技术和国防科技等方面具有巨大的应用潜力。但与已有的微波及光学波段的医学成像技术相比，太赫兹波的发生器与接收器尚未完备，科研前景广阔但实际的技术应用有限。

电容层析成像技术是研究较早的PT技术之一，适用于管内连续流动相为非导电介质的测量。电容层析成像技术以其非侵入性、成本低、响应速度快等优势，作为一种多相流可视化测量手段，受到国内外广泛关注。电容层析成像等可视化技术可使得测量信息二维化、立体化、四维化（包含时间项），界面更加友好，进一步促进了过程参数检测技术的发展。本章将以电容层析成像技术为例，叙述其理论建模、传感器设计与优化、测量电路设计及应用实例。

6.2　电容层析成像技术的基本原理

6.2.1　ECT 系统的结构及测量原理

在 ECT 系统中，电容传感器将被测管道或容器敏感空间内两相/多相流体的介电常数分布转换为各电极对之间的电容。从 ECT 技术出现至今，出现了许多不同的传感器结构，其中最常使用的是 12 电极 ECT 传感器结构，12 电极 ECT 传感器结构如图 6-6 所示。

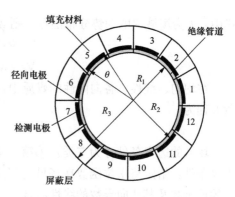

图 6-6　12 电极 ECT 传感器结构

12 电极 ECT 传感器主要由绝缘管道、检测电极和屏蔽电极三部分构成。绝缘管道一般采用有机玻璃材质，既可以绝缘，又便于观察管内流体流型；检测电极由金属构成；屏蔽电极主要由外屏蔽层和径向电极组成，屏蔽层用以抑制外界电磁场的干扰，径向电极与屏蔽层相连且指向圆心，用于隔离检测电极。

如图 6-6 所示，对于 12 电极 ECT 传感器，其扫描测量过程如下：首先选择电极 1 作为激励电极，电极 2、3、…、12 作为测量电极，并同时测量电极 1 和 2、1 和 3、…、1 和 12 之间的电容。由于测量电路的输入端处于虚地状态，其测量互不影响。下一次测量选中电极 2 作为激励电极，电极 3、4、…、12 作为测量电极，以此类推，直至电极 11 作为激励电极，电极 12 成为测量电极。对于具有 N 个电极的 ECT 传感器，根据互易原理，可以得到 $N(N-1)/2$ 个独立测量值，因此对于 12 电极传感器，可得 66 个独立的测量电容值。ECT 就是通过这组相互独立的电容数据反演管内介质的介电常数分布图像。

6.2.2　ECT 敏感场的数学描述

对于某些物理过程或现象，若已知该物理过程的分布，可根据系统状态变量的某些特定条件（如初始条件或边界条件等）确定整个系统状态变量的变化规律，称为正问题（forward problem），而与之相反的过程则称为逆问题（inverse problem）。

ECT 系统实质上是实现电磁场的分析从而进行正问题求解，同时通过求解逆问题完成图像重建。

ECT 系统采用交流电压激励，其激励频率一般小于 500kHz，其波长远大于被测两相流管道直径，因此，可以视为静电场来处理，它满足麦克斯韦方程，表示为

$$\nabla \cdot D = \rho \tag{6-1}$$

式中：D 为电感应强度；ρ 为电荷密度。

在各向同性的媒质中有

$$D = \varepsilon E \tag{6-2}$$

式中：E 为电场强度；ε 为介电常数。

由式（6-1）及式（6-2）得

$$\nabla \cdot \varepsilon E = \rho \tag{6-3}$$

由于 ECT 系统采用低频率激励且场域内没有孤立电荷存在，则有

$$\nabla \cdot \varepsilon E = 0 \tag{6-4}$$

$$E = -\nabla \phi \tag{6-5}$$

式中：ϕ 为场域内电动势分布函数，则 ϕ 满足

$$\nabla \cdot (\varepsilon \cdot \nabla \phi) = 0 \tag{6-6}$$

$$\nabla \varepsilon \cdot \nabla \phi + \varepsilon \cdot \nabla^2 \phi = 0 \tag{6-7}$$

在均匀、线性、各向同性的媒质中，ε 为常数，则 $\nabla \varepsilon = 0$，于是式（6-7）简化为拉普拉斯方程为

$$\nabla^2 \phi = 0 \tag{6-8}$$

场域的边界条件分为三类：①第一类边界条件：给定场域边界上的位函数；②第二类边界条件：给定待求位函数在场域边界上的法向导数；③第三类边界条件：给定场域边界上的位函数及其法向导数的线性组合。

ECT 系统的边界条件为激励电极上的电压为已知的激励电压，其他电极上的电压为零，该边界条件即为第一类边界条件。ECT 系统实质上是实现电磁场的分析与求逆问题，根据电磁场理论，可以进行以下假设，简化求解过程：①ECT 系统的敏感场为似稳场，即电流场的波长远大于场域的最大尺寸，可以认为电流在电场各处是同时变化的，实际应用中，在 ECT 系统的激励源的频率范围内，可满足似稳场假设；②对于 ECT 系统，场域内无孤立电荷存在。

6.2.3　ECT 系统正问题求解

1. 概述

ECT 系统的正问题是指已知被测物场的介电常数分布及敏感场的边界条件，求取场域内电磁场分布，进而可求得边界上各测量电极之间的电容。求解 ECT 系统正问题的方法主要有解析法及数值计算法。解析法需建立准确的场模型，从而进行理论推导，求取场域内电动势分布的解析表达式，这种方法推导过程复杂，仅适用于场域的几何形状和介质分布非常均匀的情况，很难在一些非均匀场及复杂的三维场中获得应用，因此实际中使用较少。

实际使用中，经常使用数值计算法，常用的方法分为有限差分法（finite difference method，FDM）和有限单元法（finite element method，FEM），其他方法如边界元法（boundary element method，BEM）和无网格法（element-free method，EFM）正在不断发展完善。有限差分法比较简单，其原理为在场域中选取有限的点，并用有限差分方程近似代替偏微分方程，求取场函数在各离散点的值，该法适用于任何静态场和时变场问题的求解。有限单元法是一种使用非常广泛的方法，它基于变分原理，将连续场分为很多的小区域（单元或元素），用这些单元的集合体代表原来的场，然后对每个单元进行分析，建立单元方程，再组合起来构成整体方程，对其求解便得到连续场的离散解。有限单元法适合非线性场求解及分层介质中的电磁场求解，且不受场域边界形状的限制，是目前 ECT 系统正问题求解最常用的方法，在此简要介绍该方法用于求解 ECT 系统正问题的过程。

2. ECT 正问题的等价变分问题

对于 ECT 问题,其定解条件为第一类边界条件(有限元方法中属于强制边界条件),即

$$\phi^{(i)}(x,y)=\begin{cases} U, & (x,y)\subseteq\Gamma_i \\ 0, & (x,y)\subseteq\Gamma_k+\Gamma_s+\Gamma_g \end{cases} \quad (k=1,2,\cdots,12;k\neq i) \quad (6\text{-}9)$$

式中:Γ_i、Γ_s 和 Γ_g 分别为电极 $i(i=1,2,\cdots,11)$ 上的点、屏蔽层上的点及径向电极上的点所构成的集合,其等价变分问题为

$$F(\phi)=\frac{1}{2}\int_V\varepsilon\,|\nabla\phi|^2\mathrm{d}V-\int_V\rho\phi\mathrm{d}V=\min \quad (6\text{-}10)$$

利用有限元方法将场域剖分为 m 个单元,则

$$F(\phi)=\sum_{e=1}^m F_e(\phi)=\sum_{e=1}^m\left(\frac{1}{2}\int_{V_e}\varepsilon\,|\nabla\phi|^2\mathrm{d}V-\int_{V_e}\rho_e\phi\mathrm{d}V\right)=\min \quad (6\text{-}11)$$

3. 有限单元剖分、分片插值与基函数

在二维有限元法中,剖分单元常采用三角形或四边形单元,以三角形单元为例,说明有限元法求解正问题的过程。二维 FEM 中的三角形单元如图 6-7 所示,其节点编号按逆时针顺序为 1、2、3,坐标分别为 (x_1,y_1),(x_2,y_2),(x_3,y_3)。

选择线性插值函数为

$$\phi(x,y)=\alpha+\beta x+\gamma y \quad (6\text{-}12)$$

三角形各顶点的电位为

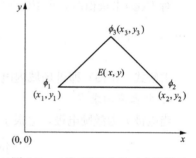

图 6-7　二维 FEM 中的三角形单元

$$\begin{cases} \phi_1=\phi(x_1,y_1)=\alpha+\beta x_1+\gamma y_1 \\ \phi_2=\phi(x_2,y_2)=\alpha+\beta x_2+\gamma y_2 \\ \phi_3=\phi(x_3,y_3)=\alpha+\beta x_3+\gamma y_3 \end{cases} \quad (6\text{-}13)$$

求得系数为

$$\alpha=\frac{a_1\phi_1+a_2\phi_2+a_3\phi_3}{2\Delta}$$

$$\beta=\frac{b_1\phi_1+b_2\phi_2+b_3\phi_3}{2\Delta}$$

$$\gamma=\frac{c_1\phi_1+c_2\phi_2+c_3\phi_3}{2\Delta} \quad (6\text{-}14)$$

式中:Δ 为三角形面积;$a_1=x_2y_3-x_3y_2$,$b_1=y_2-y_3$,$c_1=x_3-x_2$;$a_2=x_3y_1-x_1y_3$,$b_2=y_3-y_1$,$c_2=x_1-x_3$;$a_3=x_1y_2-x_2y_1$,$b_3=y_1-y_2$,$c_3=x_2-x_1$。

单元电位分布函数可表示为

$$\phi_e(x,y)=\vec{f}(x,y)\widetilde{\boldsymbol{\phi}}^T \quad (6\text{-}15)$$

式中:$f_1=(a_1+b_1x+c_1y)/2\Delta$,$f_2=(a_2+b_2x+c_2y)/2\Delta$,$f_3=(a_3+b_3x+c_3y)/2\Delta$。

根据式(6-15),可得

$$\nabla\phi_e=\frac{1}{2\Delta}\begin{bmatrix} b_1 & b_2 & b_3 \\ c_1 & c_2 & c_3 \end{bmatrix}\widetilde{\boldsymbol{\phi}}^T \quad (6\text{-}16)$$

若令 $\boldsymbol{B}_e = \dfrac{1}{2\Delta}\begin{bmatrix} b_1 & b_2 & b_3 \\ c_1 & c_2 & c_3 \end{bmatrix}$，则三角形单元内的泛函可表示为

$$F_e(\boldsymbol{\phi}) = \frac{1}{2}\widetilde{\boldsymbol{\phi}}_e^{\mathrm{T}} K_e \widetilde{\boldsymbol{\phi}}_e - \widetilde{\boldsymbol{\phi}}_e^{\mathrm{T}}\rho_e \tag{6-17}$$

式中：$K_e = \displaystyle\int_{V_e} \varepsilon_e \boldsymbol{B}_e^{\mathrm{T}} \boldsymbol{B}_e \mathrm{d}\upsilon$。

场域内的总体泛函可表示为

$$F(\boldsymbol{\phi}) = \frac{1}{2}\boldsymbol{\phi}^{\mathrm{T}} K \boldsymbol{\phi} - \boldsymbol{\phi}^{\mathrm{T}}\boldsymbol{B} \tag{6-18}$$

式中：$\boldsymbol{\phi} = \begin{bmatrix} \phi_1 & \phi_2 & \cdots & \phi_k & \cdots & \phi_n \end{bmatrix}$，$n$ 为节点数，ϕ_k 为节点 k 的电位；$\boldsymbol{B} = \begin{bmatrix} \rho_1 & \rho_2 & \cdots & \rho_k & \cdots & \rho_n \end{bmatrix}$，若剖分三角形单元较小，可认为 $\rho_k = \rho_e$。如果单元 e 内没有孤立电荷，则 $\rho_k = 0$；K 为总系数矩阵。

对 $F(\boldsymbol{\phi})$ 求极值时，令 F($\boldsymbol{\phi}$) 对每个节点电位的一阶偏导数为零，即 $\dfrac{\partial F(\boldsymbol{\phi})}{\partial \phi_k} = 0 (k = 1、2、3、\cdots、n)$，可得

$$[K][\boldsymbol{\phi}] = [B] \tag{6-19}$$

求解式（6-19）即得场域内电动势分布。

4. 电容值的求取

当电极 i 为激励电极，电极 j 为测量电极时，电极对 i、j 之间的电容值 $C_{i,j}$ 表示为

$$C_{i,j} = \frac{Q}{\phi_i - \phi_j} = \frac{\oiint_A \varepsilon(x,y) E \mathrm{d}A}{\phi_i - \phi_j} = -\frac{\oiint_A \varepsilon(x,y)\nabla\phi(x,y)\mathrm{d}A}{\phi_i - \phi_j} \tag{6-20}$$

式中：$\phi_i - \phi_j$ 为激励电极 i 与测量电极 j 的电位差；A 为包围电极 j 的封闭曲面；Q 为电极 j 上的感应电荷量。

有限元法的作用是求解管道截面上的电位分布 $\phi(x,y)$。电荷量的计算由后处理程序通过数值积分的方法来完成。

5. ECT 正问题有限元求解方法

要实现基于有限元法的 ECT 系统正问题求解，需要编制相应的程序。由于有限单元的划分、大型矩阵的求解及求解结果的后处理较为复杂，个人编制程序只能在一定精度上基本实现 ECT 系统正问题求解。若想获取精度更高、后处理功能更为强大的结果，则可采用专业的有限元计算软件来完成。常用的商用有限元软件有 Ansys 和 Comsol，其中 Comsol 软件由于其功能强大、操作简单，可与 Matlab 软件配合进行联合编程，受到研究者的广泛关注。

应用 Comsol 软件进行 ECT 系统传感器模型及正问题求解的流程如图 6-8 所示。其具体步骤如下：

（1）在多物理耦合软件 Comsol 界面空间维度选择 "2D" 选项，增加物理场，应用模式选择 "AC/DC 模块" 中的 "静态/电" 下的 "静电场" 选项，二维物理场设置完成。

（2）绘制如图 6-6 所示的 ECT 传感器几何模型，包括电极板、屏蔽层及管道。

（3）场域设置：点击 "物理量" 中的 "求解域设定" 选项，定义场域中各个材料的相

对介电常数，包括电极板、管壁、屏蔽层及管道中的介质等。

（4）边界设置：点击"物理量"中的"边界设定"选项，定义屏蔽层为"零电荷对称"，设定其中一块极板为激励电极，激励电压为"1V"，其余极板均设定为"接地"。

（5）生成自由剖分网格：点击"初始化网格"，对二维 ECT 传感器模型自由生成三角网格剖分，对三维 ECT 传感器模型自由生成四面体网格剖分。

（6）求解：点击"＝"键来求解有限元方程，获得节点电位分布，可以自动计算电容值与电场强度分布，求解完成后，可在"后处理"选项中可以自由绘制"切面图""等表面图""边界图""流线图"等。

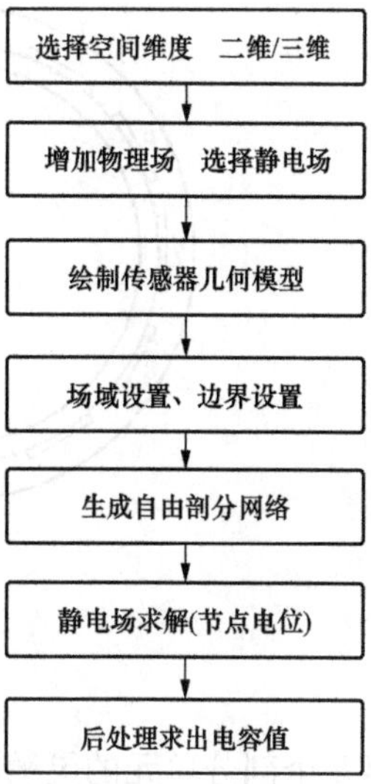

6.2.4　ECT 系统逆问题

ECT 系统逆问题是指通过测量不同极板对之间的电容值，再结合正问题求解中计算所得灵敏度矩阵，依据某种图像重建算法完成场域内介电常数分布的重建。

1. ECT 系统灵敏度矩阵

对于 ECT 系统，同一频率下测得的不同电极对之间的电容信息由敏感场内物质的介电常数分布唯一确定，即有

$$C = F(\varepsilon) \tag{6-21}$$

考虑式（6-21）在局部一点的泰勒展开，可得

$$C = C_0 + \frac{\mathrm{d}F(\varepsilon)}{\mathrm{d}\varepsilon}\bigg|_{\varepsilon=\varepsilon_0}(\varepsilon - \varepsilon_0) + O[(\varepsilon - \varepsilon_0)^2] \tag{6-22}$$

对式（6-22）进行局部线性化，则有

$$\Delta C = C - C_0 = \frac{\mathrm{d}F(\varepsilon)}{\mathrm{d}\varepsilon}\bigg|_{\varepsilon=\varepsilon_0}(\varepsilon - \varepsilon_0) = \frac{\mathrm{d}F(\varepsilon)}{\mathrm{d}\varepsilon}\bigg|_{\varepsilon=\varepsilon_0}\Delta\varepsilon \tag{6-23}$$

令 $J(\varepsilon) = \dfrac{\mathrm{d}F(\varepsilon)}{\mathrm{d}\varepsilon}\bigg|_{\varepsilon=\varepsilon_0}$，对其进行离散化，即得灵敏度矩阵 $\mathbf{S}$，对于局部线性近似，满足

$$\Delta C = \mathbf{S}(\varepsilon)\Delta\varepsilon \tag{6-24}$$

灵敏度矩阵随着敏感场内介电常数的分布而改变，在某点的局部线性化，只适合该点附近的区域，通常我们假定场域内介电常数分布变化不大，则灵敏度取为均匀物场（参考物场分布）对应的灵敏度矩阵 $\mathbf{S}$，则式（6-24）可写为

$$\Delta C = \mathbf{S}\Delta\varepsilon \tag{6-25}$$

可见，ECT 灵敏度矩阵反映了当场域内介电常数分布发生变化时，不同电极对之间测量电容值的变化。当采用有限元法求解 ECT 正问题时，需要对敏感场进行剖分，12 电极 ECT 传感器剖分网格图如图 6-9 所示，图中的三角单元剖分只是众多剖分形式的一种。

图 6-8　应用 Comsol 求解 ECT 系统传感器模型及正问题求解的流程

選擇空間維度　二维/三维

↓

增加物理场　选择静电场

↓

绘制传感器几何模型

↓

场域设置、边界设置

↓

生成自由剖分网络

↓

静电场求解(节点电位)

↓

后处理求出电容值

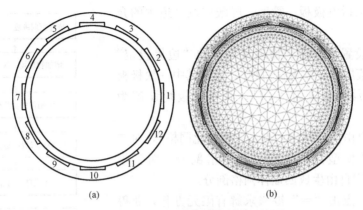

图 6-9　12 电极 ECT 传感器剖分网格图

(a) 12 电极 ECT 传感器；(b) 剖分网格

第 k 个剖分单元的灵敏度计算如下

$$S_{ij}(k) = \mu(k) \cdot \frac{C_{ij}^m(k) - C_{ij}^l}{C_{ij}^h - C_{ij}^l} \cdot \frac{1}{\varepsilon_h - \varepsilon_l} \qquad (6\text{-}26)$$

式中：$\mu(k)$ 为由剖分单元 k 面积决定的系数，并定义为管道截面总面积与该剖分单元面积之比；C_{ij}^l、C_{ij}^h 分别为管内充满低介电常数相（介电常数为 ε_l）和高介电常数相（介电常数为 ε_h）时 i-j 电极对的测量电容值；C_{ij}^m 为管内充满两相混合介质时 i-j 电极对的测量电容值。

当电极 1 选作激励电极时，依据传感器结构的对称性质，可得 6 个典型的灵敏度分布，电极 1 为激励电极时的 6 个典型灵敏度分布如图 6-10 所示。

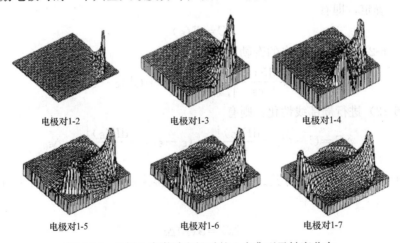

电极对1-2　　　　　电极对1-3　　　　　电极对1-4

电极对1-5　　　　　电极对1-6　　　　　电极对1-7

图 6-10　电极 1 为激励电极时的 6 个典型灵敏度分布

由图 6-10 可见，灵敏度的分布具有较强的非线性，管道中心处灵敏度明显偏低，而靠近电极处灵敏度高，导致管道中心处物体的重建图像质量较差。

2. ECT 图像重建

ECT 系统逆问题为根据电磁场的分布及边界条件求取物场的分布，即通过测量不同电极对之间的电容数据，重建出场域内介电常数的分布图像。由于 ECT 传感器敏感场为"软场"，且投影数据较少，求解方程严重病态，因而图像重建难度较大，目前主要的重建算法可分为迭代类与非迭代类算法，且 ECT 图像重建算法的研究一直是 ECT 技术研究的重要方向之一。对 ECT 图像重建具体内容见 6.4。

6.3　ECT 传感器及测量系统设计

6.3.1　ECT 传感器设计

ECT 传感器主要为阵列电极结构，需要根据实际的应用场合设计不同的结构，同时每个电极的长度、宽度、高度及布置方式均应做相应的优化，使得测量的不同电极对之间的电容值能更好地反映场域内介电常数的分布。不同场合的 ECT 传感器如图 6-11 所示。

图 6-11（a）为适用于实验室研究使用的 ECT 传感器，这种传感器一般采用有机玻璃管制作，不能在高温高压下使用，在其周围均匀布置电极，电极材料可选用不锈钢或铜片，实验过程中有利于实时观察对象分布。图 6-11（b）为工业现场使用的 ECT 传感器，内部管道材料为聚氟乙烯，电极外部加以金属屏蔽，可靠性较好；图 6-11（c）为适用于高压情况下的 ECT 传感器，其传感器管道厚度及电极封装根据所要求承压范围而确定；图 6-11（d）为适用于高温测量的 ECT 传感器，其管道采用耐高温陶瓷材料，电极为不锈钢。

（a）　　　　　　　（b）　　　　　　　（c）　　　　　　　（d）

图 6-11　ECT 传感器

（a）实验室；（b）工业现场；（c）耐高压；（d）耐高温

6.3.2　ECT 系统基本结构

ECT 测量系统的控制单元可采用单片机、数字信号处理器（DSP）、现场可编程门阵列（FPGA）或数据采集卡，因此可开发出不同结构的 ECT 测量系统。各种控制单元具有不同的特点，可以根据需要选择，采用数据采集卡完成整个测量系统的控制及数据的采集与传输，其开发时间短，测量稳定可靠，典型 ECT 系统结构如图 6-12 所示，图中为一个典型的采用数据采集卡的 N 电极 ECT 测量系统。

阵列电极将管道中被测介质的相分布转化为不同电极对之间的电容值，通过电容测量电路进行测量并得到与其成比例的直流信号。由于图像重建需要的是一个动态信号，因此必须将空管电容值从所测信号中平衡对消，补偿信号由数据采集卡的数模转换器产生。各自独立的并行电容测量电路产生的直流测量信号经多路开关选择后同上述直流补偿信号一并进入差分运算放大器。直流可编程增益放大器满足不同电容变化量的测量要求。数据采集卡采集电压信号送至 PC 机，PC 机将采集到的电压数据转化为一定的投影数据，并由图

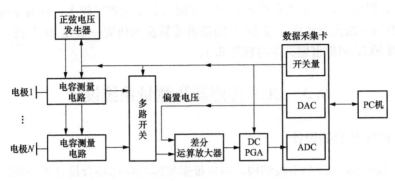

图 6-12 典型 ECT 系统结构

像重建单元进行图像重建，通过阴极射线管（CRT）显示器进行显示。

6.3.3 ECT 测量系统设计

ECT 测量系统主要包括正弦电压发生器、电容测量电路（包括电容/电压转换电路、交流可编程增益放大电路、乘法解调电路、低通滤波电路）和数据采集卡控制采集电路。

1. ECT 测量系统设计的难点

在许多领域都涉及电容测量问题，但不同领域要求往往不同。ECT 系统对电容测量提出了相当苛刻的要求，是 ECT 技术实用化过程中的一个主要难题，对微弱电容检测的困难主要在于以下几个方面：

（1）实时性要求高。由于多相流体的运动速度往往可达每秒几米甚至更高，这就要求检测系统必须具有较高的数据采集和处理速度。

（2）测量动态范围大。不同电极对之间的静态电容和电容变化范围往往相差几个数量级，相邻电极对与相对电极对之间的电容值可相差几十倍，这要求数据采集系统必须能动态调整其测量范围与之相适应。

（3）具有很高的抗杂散电容干扰能力。系统中存在大量的杂散电容，并且这些电容往往比电极间电容大得多。它们主要来自：①作为电极引线的屏蔽电缆芯线与屏蔽层间的电容（大约 100pF/m）；②系统中互补金属氧化物半导体（complementary metal oxide semi-conductor，CMOS）电子开关输入引脚的电容，其典型值为 8pF；③检测电极与屏蔽层之间的电容。

2. 正弦电压发生器

正弦电压发生器是测量系统的重要环节之一。对正弦电压发生器电路的要求有：①正弦波失真小；②正弦波幅值稳定；③正弦波频率、幅值可调。

正弦电压发生器可分为模拟式和数字式两种。模拟方法主要以设计文氏桥电路为主，其优点是电路结构简单、成本较低和输出信号失真小，但电路的频率及幅值调整困难。早期的数字式信号发生器是向可擦编程只读存储器（erasable programmable read only memory，EPROM）中写入数字化的正弦波信号值，每个周期存入的样本个数可以根据重建信号的精度要求确定，计数器不断产生 EPROM 地址选通信号，将所选信号进行数模转换，存入的阶梯波输出后经低通滤波产生平滑的正弦波电压信号。此方法产生的正弦波稳定可靠，其频率、幅值改变灵活，相移补偿方便，与计算机接口控制简单，但电路结构复杂、造价高。

近年来迅速发展起来的直接数字合成（direct digital synthesize，DDS）技术是将先进的数字处理方法引入信号合成领域的一项新技术，它不仅能实现高稳定度、高精度、高分辨率的要求，且具有体积小，频率、幅值、相位调节方便，输出频率范围宽等特点，是现代频率合成技术的佼佼者。以采用 DDS 芯片 AD7008 为例，其具有 50MHz 时钟频率，由计算机通过数据采集卡对其进行控制，通过相应的接口电路及放大、滤波，可实现两组正弦电压的输出，且这两组正弦电压之间可通过设定各自的相位而保持任意相位差，其相位分辨率优于 0.1°；可设定各自的幅值；输出频率范围为 0.005～10MHz。

（1）AD7008 芯片的结构与原理。AD7008 芯片内部结构如图 6-13 所示，其内部集成有32 位相位累加器、SIN/COS 查询表、10 位 D/A 转换器及调制和控制电路，集相位调制、频率调制、I/Q 幅度调制等多种功能于一体。

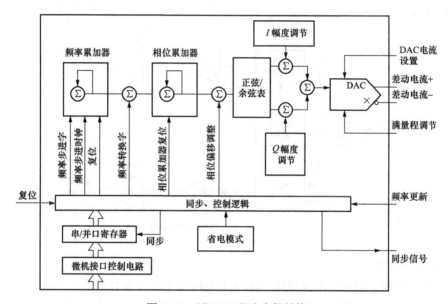

图 6-13　AD7008 芯片内部结构

AD7008 的主要组成部分是一个 32 位的相位累加器，它累加每个时钟周期的相位步距，与传统的 DDS 一样，其输出频率为

$$f_{out} = \frac{\Delta \text{Phase} \times f_{clk}}{2^{32}} \tag{6-27}$$

式中：ΔPhase 是 32 位的频率控制字，可通过 AD7008 的并行接口（D0-D15）或串行引脚 SCLK 和 SDATA 送入内部寄存器。

输出正弦信号的幅值为

$$C_s = \frac{\sin \frac{\pi}{N}}{\frac{\pi}{N}} \left\{ \sin x + \sum_{k=1}^{\infty} (-1)^k \left[\frac{\sin(kN-1)x}{kN-1} + \frac{\sin(kN+1)x}{kN+1} \right] \right\} \tag{6-28}$$

式中：$N = f_{clk}/f_{out}$。

由式（6-28）可知，输出最大谐波出现在 $N-1$ 倍频处。AD7008 的时钟频率为 50MHz，一般 ECT 测量系统中要求的正弦电压频率为 100～500kHz，因此，可采用低通滤波器滤除高次谐波。

（2）正弦电压发生器的构建。正弦电压发生器结构如图 6-14 所示。计算机通过数据采集卡控制数据和地址，对两片 AD7008 进行正弦电压信号的设置，包括信号的频率、幅值、相位，经低通滤波和缓冲后分别产生激励信号和参考信号。参考信号用于相敏解调，要求该信号必须以激励信号为基准保持，故精确控制 AD7008 同时输出信号是设计信号发生器的一个关键。

正弦电压的控制由 AD7008 芯片内部的四组寄存器完成，分别为并行装载寄存器（parallel assembly register）、串行装载寄存器（serial assembly register）、控制寄存器组（命令寄存器、频率 1 寄存器、频率 2 寄存器、相位寄存器，正交调幅寄存器）和传输控制引脚（TC3-TC0）。

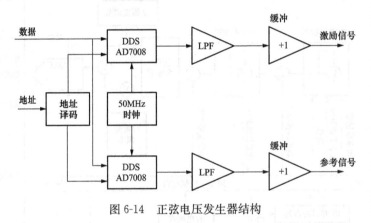

图 6-14　正弦电压发生器结构

3．电容测量电路

在 ECT 系统中采用并行测量结构，即每个电极分别对应各自的电容测量电路，它主要包括电容/电压（C/V）转换电路、交流可编程增益放大电路、相敏解调和低通滤波电路，电容测量电路原理如图 6-15 所示。

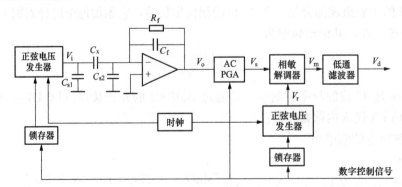

图 6-15　电容测量电路原理

（1）C/V 转换电路。C/V 转换电路是将传感器的输出转换为电压信号，其转换速度、稳定性和精度等指标对整个系统的性能好坏起着至关重要的作用，是测量系统的核心部分。

交流法 C/V 转换电路原理如图 6-16 所示。图 6-16 中，C_x 为待测电容，C_{s1}、C_{s2} 分别为激励电极、检测电极与地之间的杂散电容，$V_i(t)$ 为施加的正弦电压激励信号，电路的输出电压为

$$V_o = -\frac{j\omega C_x R_f}{1 + j\omega C_f R_f} V_i \qquad (6\text{-}29)$$

选择 R_f，使得 $\| j\omega C_f R_f \| \gg 1$，则

$$V_o = -\frac{C_x}{C_f} V_i \qquad (6\text{-}30)$$

在该电路中，C_{s1} 与正弦电压激励信号源 $V_i(t)$ 并联，它的存在并不产生通过 C_x 流向运算放大器的电流，因此它的存在对输出的影响可忽略；C_{s2} 与运算放大器的反相输入端相连，处于虚地状态，它的存在也不会对输出产生影响，所以本电路可抑制杂散电容的干扰。

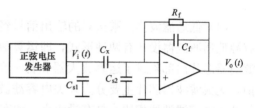

图 6-16　交流法 C/V 转换电路原理

（2）交流可编程增益放大电路。由于被测电容的动态范围较大，因此在电容测量电路中必须设计可编程增益放大电路，该电路可以通过开关芯片与不同放大倍数的模拟放大电路组合构成，也可直接选用相应的芯片来完成。

（3）相敏解调。解调的方法主要有开关解调、乘法解调及数字解调。数字解调方法对模数转换（A/D）和 CPU 的要求很高，处理也相对复杂，故目前大部分 ECT 系统均采用开关和乘法解调方法。而开关解调方法在运算放大器增益切换过程中，不可避免地要引入干扰，且参考信号不是理想的方波，当激励频率提高，其影响也越大。因此，通常选择乘法解调方案。乘法解调示意图如图 6-17 所示。

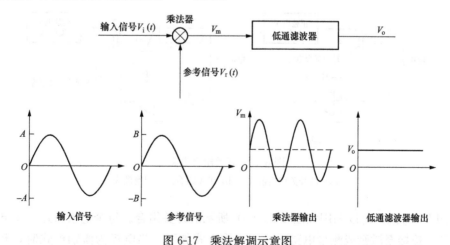

图 6-17　乘法解调示意图

乘法解调是利用与正弦电压激励信号同相的正弦信号作为参考信号对测量电压信号进行解调，主要包含乘法器和低通滤波器两部分，低通滤波器从乘法器输出信号中提取直流

成分，该直流成分与输入信号和参考信号的相位差成比例关系。

设输入信号为

$$V_i(t) = A\sin(\omega t + \varphi) \tag{6-31}$$

参考信号为

$$V_r(t) = B\sin(\omega t) \tag{6-32}$$

乘法器的输出信号为

$$V_m = A\sin(\omega t + \varphi)B\sin(\omega t) = \frac{AB}{2}\left[\cos\varphi - \cos(2\omega t + \varphi)\right] \tag{6-33}$$

选择截止频率远小于 2ω 的低通滤波器，得到与相移成比例的直流分量

$$V_o = \frac{AB}{2}\cos\varphi \tag{6-34}$$

（4）低通滤波器。乘法器的输出信号经过低通滤波器，获得所需的直流成分。常用的有源低通滤波器设计有两种形式，即运算放大器加阻容元件和采用集成滤波器芯片。集成滤波器芯片内部集成了运算放大器和若干高精度、低漂移的电容和电阻，其性能更佳。目前，集成滤波器芯片主要分为开关电容滤波器和连续时间滤波器两大类。连续时间滤波器与开关电容滤波器相比，具有噪声小、动态特性优良等优点。

（5）开关组合方案。对于 N 个电极的 ECT 系统，除第 1 电极只作为激励电极，第 N 个电极只作为检测电极外，第 $2\sim N-1$ 电极既可作为激励电极又可作检测电极，通过 CMOS 电子开关选择电极的不同工作模式。从原理上讲只需两个开关即可完成电极工作模式的选择，但这种开关组合所引入的耦合电容会影响被测电容，开关组合方案如图 6-18 所示。对于图 6-18（a），当电极作为激励电极时，开关 1 闭合，开关 2 断开，正弦电压发生器产生正弦电压激励信号通过开关 1 施加于电极；当电极作为检测电极时，开关 1 断开，开关 2 闭合，电极通过开关 2 与电容测量电路相连。但此时开关 1 引入的耦合电容与被测电容相当于并联，且耦合电容典型值为 0.5pF，远大于被测电容，从而导致测量精度严重下降。

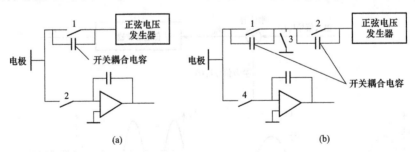

图 6-18　开关组合方案

（a）两开关切换模式；（b）T 型组合开关切换模式

基于以上考虑，可以采用如图 6-18（b）所示的开关组合。每个电极通过 4 个开关组成的 T 形开关连接至激励或测量电路。具体工作方式如下：当电极为激励模式时，开关 1 和 2 闭合，而开关 3 和 4 断开；当电极为检测模式时，开关 1 和 2 断开，开关 3 和 4 闭合，开关 1 和 2 所引入的耦合电容通过开关 3 接地，从而减小了其对被测电容的影响。这种 T 形开关组合能有效地减小开关耦合电容对被测电容的影响。

（6）数据采集卡。数据采集是指对设备被测的模拟或数字信号，自动采集并送到上位机中进行分析、处理。数据采集卡即实现数据采集功能的计算机扩展卡，可以通过 USB、PCI、以太网等总线接入计算机。按照板卡处理信号的不同可以分为模拟量输入板卡（A/D卡）、模拟量输出板卡（D/A 卡）、开关量输入板卡、开关量输出板卡、脉冲量输入板卡、多功能板卡等。其中多功能板卡可以集成多个功能，如数字量输入/输出板卡将模拟量输入和数字量输入/输出集成在同一张卡上。

数据采集卡主要技术参数有如下几个指标：

1）通道数。即板卡可以采集几路信号，分为单端和双端（差分）。

2）采样频率。单位时间采集的数据点数，由选用的 A/D 芯片确定。

3）分辨率。采样数据最低位所代表的模拟量的值，常有 12、14、16 位。

4）精度。测量值和真实值之间的误差，即测量准确度。

5）量程。输入信号的幅度，常用的有 ±5、±10、0～5V、0～10V。

因此，ECT 测量系统设计时，对于数据采集卡的选择主要考虑以下几点：①采样频率，较高的采样频率可以保证良好的实时性；②精度；③通道数，根据实际所用电极数，选择相应的通道数。

6.4　电容层析成像图像重建算法

电容层析成像的逆问题是指根据电磁场的分布及边界测量信号（也称投影数据）求取物场的介电常数分布，并以图像的形式表达出来，也称为图像重建。投影数据和重建图像通过积分方程相联系，拉东（Radon）变换在数学上属于积分几何范畴，电容层析成像的逆问题相当于积分方程的求解问题，而积分方程的求解为非线性问题，因此电容层析成像的逆问题为非线性问题。

对于电容层析成像图像重建而言，由于被测对象是客观存在的，通常假定问题的解存在，主要考虑解的唯一性和稳定性。

电容层析成像的逆问题求解存在以下难点：

（1）由于客观条件的限制，电容层析成像系统所能获得的独立电容测量值数目远小于未知变量（即图像像素）个数，为不完备投影条件下进行图像重建的问题，此时图像重建为欠定问题，其解不唯一。

（2）"软场"特性。即场域内的电动势分布受介质分布的影响，二者为非线性关系，增加了求解的难度。

（3）解的不稳定性。即边界测量信号的微小扰动将导致重建图像灰度估计值的较大变化，解的不稳定性问题在图像重建过程中是不可避免的，是电容层析成像逆问题不适定性的主要表现。

对电容层析成像图像重建算法的研究始于电容层析成像技术的诞生，并一直处于不断研究中。电容层析成像图像重建算法通常可分为非迭代类和迭代类两类。考虑到电容层析成像技术的工业应用背景，要求较高的成像速度和鲁棒性。通常迭代类算法的图像结果更精确，但难以满足实时性要求。本节主要介绍几种较为成熟的适合工业应用图像重建算法。

6.4.1 线性反投影算法

线性反投影算法（linear back projection，LBP）是 ECT 中最早使用的一种成像算法。由于早期的算法基于较多与实际不相符的假设，因而所得图像失真较大。对此算法进行改进，改进的算法考虑到了灵敏度分布的不均匀性，图像质量有所改善。

设介质分布的变化对灵敏场的影响可忽略，考虑 A、B 相介质混合的两相流，假设 $\varepsilon_A < \varepsilon_B$，电极数为 N，在进行图像重建之前，电容测量系统需要进行空场及满场标定，即被测管道分别充满 A 相及 B 相时，测量电极对 $i-j$ 之间的电容值，并记为 C_{ij}^e 及 C_{ij}^f，当管内充满 A 相和 B 相混合介质时，测量值为 C_{ij}^m，并按式（6-35）进行归一化

$$\lambda_{ij} = \frac{C_{ij}^m - C_{ij}^e}{C_{ij}^f - C_{ij}^e} \tag{6-35}$$

对电容测量数据进行归一化处理的优点有：①可使测量数据无量纲化，便于数学处理并与数字图像相联系；②可减少测量误差。对同一组电容测量值，不同的归一化模型将影响重建图像的质量。

线性反投影算法重建图像中第 k 个像素的灰度 $g(k)$ 可表示为

$$g(k) = \frac{\sum\limits_{i=1}^{N-1} \sum\limits_{j=i+1}^{N} \lambda_{ij} S_{ij}(k)}{\sum\limits_{i=1}^{N-1} \sum\limits_{j=i+1}^{N} S_{ij}(k)} \tag{6-36}$$

式中：$S_{ij}(k)$ 为像素 k 的灵敏度系数。

由 LBP 算法重建的图像较模糊，实际应用中经常采用滤波反投影（filter linear back projection，FLBP）算法以减小图像的模糊性。首先由线性反投影算法得到重建图像各像素灰度值，则在滤波反投影算法中，重建图像第 k 个像素的灰度 $g(k)$ 可表示为

$$g(k) = \begin{cases} 1 & \text{if } g(k) \geqslant \eta \\ 0 & \text{otherwise} \end{cases} \tag{6-37}$$

式中：η 为像素的灰度阈值。

6.4.2 Tikhonov 正则化算法

Tikhonov 正则化算法是普遍采用的求解病态问题的有效方法，已获得许多成功应用，该算法本质上为求解如下的目标泛函

$$\min J(\boldsymbol{G}) = \|\boldsymbol{SG} - \boldsymbol{\lambda}\|^2 + \mu \|\boldsymbol{G} - \overline{\boldsymbol{G}}\|^2 \tag{6-38}$$

式中：$\boldsymbol{G}$、$\boldsymbol{\lambda}$、$\boldsymbol{S}$ 分别为图像灰度矩阵、归一化电容测量值矩阵及灵敏度矩阵；$\overline{\boldsymbol{G}}$ 为图像灰度的初始估计值，一般设为 0；μ 为正则化参数。

式（6-38）的目的是在偏差最小的同时将原不适定逆问题变为适定的最小化问题求解。求解方程（6-38），可得标准 Tikhonov 正则化算法的解为

$$\boldsymbol{G} = (\boldsymbol{S}^{\mathrm{T}}\boldsymbol{S} + \mu \boldsymbol{I})^{-1}\boldsymbol{S\lambda} \tag{6-39}$$

Tikhonov 正则化算法的图像重建质量依赖于正则化参数的选取，这是该算法的关键问题。正则化参数取得较小，可对原始问题进行较好的近似，但正则化参数不能过小，否则将"继承"原问题的不适定性。正则化参数取得较大，可减少对误差的敏感性，但其解通

常将偏离真实值，甚至可能导致所求解无意义。

通常，正则化参数的选择有先验策略和后验策略两种策略。先验策略为在求出正则解之前确定多值的正则化参数，最后从多值的正则化参数中选取最优值，先验策略便于理论分析，但在实际中难以应用。因此，后验策略的研究较多且比较实用，其基本思想为在求解过程中，按照一定的原则，对待求解施加定性或定量信息，以使正则化参数与原始数据的误差水平相匹配。常用的正则化参数确定方法有 Tikhonov 先验估计、Morozov 偏差原理、Arcangeli 准则、广义 Arcangeli 准则、L-曲线准则等。由于电学层析成像图像重建的实时性要求较高，而按上述策略选择正则化参数的计算开销大，实际应用中正则化参数主要通过经验选取。

6.4.3　Landweber 迭代算法

Landweber 迭代算法是最速下降法的一种变形，在优化问题中得到广泛应用。Landweber 迭代算法的目标是最小化如下目标泛函

$$f(\boldsymbol{G}) = \frac{1}{2} \parallel \boldsymbol{SG} - \boldsymbol{\lambda} \parallel^2 = \frac{1}{2} (\boldsymbol{SG} - \boldsymbol{\lambda})^{\mathrm{T}} (\boldsymbol{SG} - \boldsymbol{\lambda}) \tag{6-40}$$

其中梯度表示为

$$\nabla f(\boldsymbol{G}) = \boldsymbol{S}^{\mathrm{T}} (\boldsymbol{SG} - \boldsymbol{\lambda}) \tag{6-41}$$

则 Landweber 迭代算法表示为

$$\begin{cases} \boldsymbol{G}_{k+1} = \boldsymbol{G}_k + \eta_k \boldsymbol{S}^{\mathrm{T}} (\boldsymbol{\lambda} - \boldsymbol{SG}_k) \\ \boldsymbol{G}_0 = \boldsymbol{S}^{\mathrm{T}} \boldsymbol{\lambda} \\ \eta_k = \parallel \boldsymbol{S}^{\mathrm{T}} \boldsymbol{e}_k \parallel^2 / \parallel \boldsymbol{SS}^{\mathrm{T}} \boldsymbol{e}_k \parallel^2 \end{cases} \tag{6-42}$$

式中：$\boldsymbol{e}_k = \boldsymbol{\lambda} - \boldsymbol{SG}_k$；$\eta_k$ 为第 k 步的迭代因子；$\boldsymbol{G}_k$ 为第 k 步迭代的图像灰度矩阵。

该算法根据每次计算的归一化电容测量值更新每次的迭代因子，可使迭代次数减少，该算法所得重建图像质量较好，但其存在陷入局部极小值风险。

6.5　电容层析成像技术的应用

ECT 技术是一种比较成熟的 PT 技术，已被成功应用于众多科研及工业领域。ECT 技术以在线可视化方式呈现被测工业过程装置内介质的介电常数分布，更进一步利用其提供的介质分布图像，可获其他参数的测量。目前，ECT 的主要应用对象为油/气两相流及气/固两相流，本节简要介绍两个应用实例。

6.5.1　基于 ECT 的小尺寸管内油膜厚度在线测量

机械制造业中的可动部件，如轴承、滑轨等涉及润滑技术。机械产品的高速、高效和节能，对润滑效果的要求也越来越高。油气润滑集气、液两种流体润滑特点于一体，既起到冷却降温作用，又兼顾润滑效果，能实现连续、定量、缓慢、均匀地向润滑点供油，可最大限度提高被润滑元件的使用寿命。同时，油气润滑还具有润滑介质消耗量极低、对环境污染小及自动化程度高等优点，已应用于多个工业领域，并取得了良好的经济效益和环

境效益。

正常工况下，由于压缩空气的推动作用和油/气物理特性的区别，油/气呈环状流分布，即形成贴伏于管壁内侧的薄油膜和中心气芯。若油膜厚度过大，润滑油消耗大；油膜厚度过小，润滑点欠润滑，机械磨损大。油膜/气芯结构仅在动态过程中产生，因此需要对管内油/气流型、油膜厚度进行在线检测。

润滑油与空气的相对介电常数有差异，可通过 ECT 技术进行成像检测。管道尺寸较小，其内径为 4～10mm，将给电容传感器的设计制造、电容测量及油膜厚度计量带来了诸多挑战。油/气润滑实验装置示意图如图 6-19 所示。

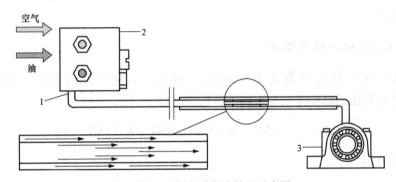

图 6-19　油/气润滑实验装置示意图
1—管路；2—油/气分配模块；3—轴承润滑点

压缩空气、实验用润滑油经油/气分配模块后，连接长约 2m 的 PU 材质管路，最终接入轴承润滑点。空气压缩机连续供气，计算机控制电磁阀间歇供油。

为不影响流型与传感器安装灵活性，将电极安置于管路外壁。设计了 8 电极 ECT 传感器，电极材料采用柔性印刷电路板，既保证了精确的几何尺寸，又具有柔韧性好、易弯曲的优点。ECT 电极如图 6-20 所示，ECT 电极分为两部分，各含 4 个电极，受空间限制，未设计径向隔离电极。传感器外壳由铝合金制成，金属壳体同时作为外屏蔽，ECT 传感器实物如图 6-21 所示。

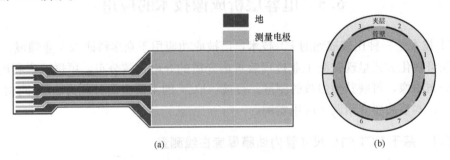

图 6-20　ECT 电极
（a）单侧 ECT；（b）电极横截面示意图

ECT 图像像素的灰度值 g_i 表示归一化后的介电常数，表征该像素处的含油率。整个截

面的含油率 ρ 表示为

$$\rho = \frac{1}{N}\sum_{i=1}^{M} g_i \tag{6-43}$$

式中：M 为重建图像像素总数。

典型工况油膜处于环状流流型时，可得管道截面含油率与油膜厚度 d 的关系，管内油膜结构如图 6-22 所示。

图 6-21　ECT 传感器实物

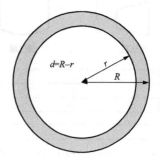

图 6-22　管内油膜结构

经推导可得管道截面含油率与油膜厚度 d 的关系为

$$d = R(1-\sqrt{1-\rho}) \tag{6-44}$$

6.5.2　基于 ECT 的气力输送气/固两相流检测

气力输送过程为典型气/固两相流问题，其广泛存在于冶金、发电、采矿等工业生产领域。气力输送又可分为稀相和密相输送。密相输送效率高，但流动形态更复杂，且伴随阻塞、沉积等现象。在密相气力输送过程中，也可能出现由于压力下降导致气体速度上升，从而使密相转为稀相输送，极大增加了物料和管道的磨损和能源损失，而对这种流态的转变，目前还难以准确监控。在此背景下，可尝试采用 ECT 系统监测管内密相输送过程。

气力输送实验装置示意图如图 6-23 所示，该装置包括固体储料罐、电子秤混合器、罗茨空气压缩机及长约 1000m 的实验管道。实验用固体介质为粉煤灰，粒径为 $2\mu m \sim 2mm$。混合器安装于储料罐下方。通过调节气速，使气/固在混合器中充分混合、流体化后，送入实验管道，可调气速范围为 $0\sim25m/s$。实验管段围成 5 个环路，管道直径从 100、125mm 到 150mm 次递增。直管段部分长 100m，弯管部分直径 2.5m。在管道直径为 100mm 和 125mm 的管段上各布置一套 ECT 传感器，用以监测粉煤灰输送过程。

每次实验前先使用空气对管道进行吹扫 15min，然后开始进行粉煤灰输送实验，一次实验耗时 $10\sim15min$，输送粉煤灰 1900kg。两套 ECT 传感器同时工作，实验运行软件界面如图 6-24 所示。

从图 6-24 可见，该软件可实时显示 ECT 传感器界面介电常数分布图像，从而可实时看到粉煤灰的输送情况，图 6-24 中左上角两个图像分别对应实验管路中安装的两套 ECT 传感器（分别表示为截面♯1 和截面♯2）所获得的实时截面粉煤灰分布图像。右上角的三维图为对截面♯1 的图像进行了 500000 帧堆叠之后绘制的伪三维成像图，可以更直观地看到一段时间内粉煤灰的空间输送情况。图 6-24 中左下角的两个图分别表示截面♯1 和截面♯2

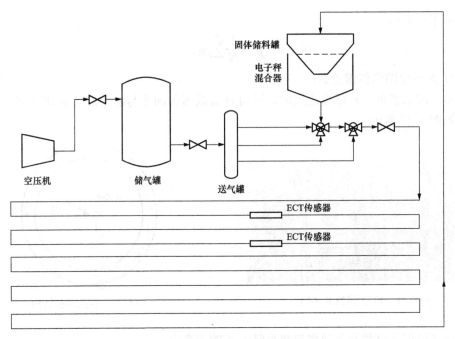

图 6-23　气力输送实验装置示意图

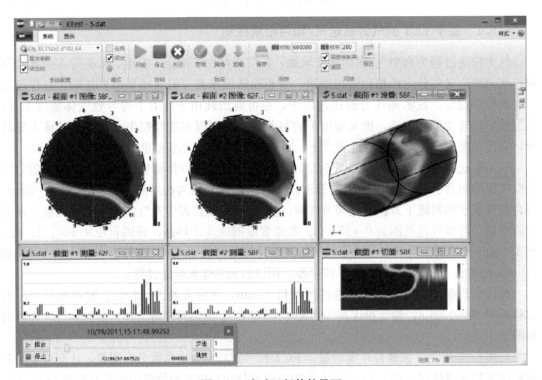

图 6-24　实验运行软件界面

的 ECT 传感器测量得到的电容测量值，左下角的切片图可以看到管道某个纵切面的粉煤灰分布情况。

基于 ECT 可视化测量技术，可研究不同风粉配比、不同管径管道输送、不同位置时，粉煤灰的输送情况，可优化输送，防止出现管道过度磨损，形成气塞阻止粉煤灰输送等情况发生。

习　　题

1. 请列举过程层析成像技术与计算机层析成像技术的区别。
2. 请说明几种常用的过程层析成像技术及其应用场合。
3. 请说明电学层析成像技术的具体分类及其应用场合。
4. 请推导电容层析成像敏感场的数学模型，并推导其灵敏度计算公式。
5. 何为电容层析成像的"软场"特性？
6. 试分析电容层析成像图像重建存在的难点问题。
7. 请说出电容层析成像数据采集系统的设计难点。
8. 画图说明电容测量电路中 T 形开关策略的优点。
9. 请基于 Matlab 编程完成乘法解调的仿真。

第7章 软测量技术

由于技术、经济等原因，许多工业生产过程存在着大量尚难以或暂时无法通过传感器直接进行检测的变量。这些变量对于提高产品质量和保证生产安全起着重要的作用，是在工业生产过程中必须加以严格监控的过程参数，如多相流流量、精馏塔塔顶和塔底的产品某些组分浓度、发酵过程的转化率及高炉铁水的含硅量等。为解决该类变量的检测与控制，一方面可以通过开发和使用新型检测仪表或传感器来解决，另一方面可以应用软测量技术构造软仪表来解决，且这项技术在近年来取得了重大进步。

7.1 概　　述

7.1.1 软测量的概念

软测量就是一种利用较易在线测量的辅助变量和离线分析信息去估计不可测或难测变量的方法，采集过程中比较容易测量的变量称为辅助变量，难以直接检测或控制的待测过程变量称为主导变量。软测量的基本思想：依据某种最优准则，选择一组既与主导变量有密切联系又容易测量的变量作为辅助变量，通过构造某种数学关系，实现对主导变量的在线估计。

软测量技术的原理结构如图 7-1 所示。软测量建模就是设法由可测变量得到无法直接测量的主导变量的估计值，即

$$\hat{X} = f(d_2, u, y, X^*, t) \tag{7-1}$$

式中：$\hat{X}$ 为被估计变量；d_2 为可测扰动；u 为对象的控制输入；y 为对象可测输出变量；X^* 为可能有的人工离线分析计算值或大采样间隔的分析仪表输出值；t 为时间。

式 (7-1) 反映了主导变量 $\hat{X}$ 与 d_1、u 及辅助变量 y 的关系，且离线采样值 X^* 常被用于软测量模型的校正。软测量的目的是利用所有可获得的辅助变量求取主导变量的"最优"估计值 $\hat{X}$。$\hat{X}$ 的性能将依赖于过程的描述、噪声和扰动的特性、辅助变量的选取及"最优"的含义，即给定的某种准则。

软测量技术是一种间接测量技术，它以易测的辅助变量为基础，利用易测的辅助变量和待测的主导变量之间的数学关系（也称软测量模型），通过各种数学计算和估计，采用软件编程，以计算机程序的形式实现对待测过程变量的测量。以软测量技术为基础，实现软

测量功能的实体可称为软仪表。

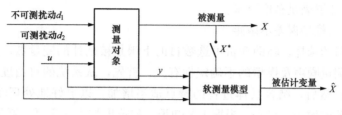

图 7-1 软测量技术的原理结构

7.1.2 软测量技术的特点

软测量的基本思想在许多检测系统中已得到应用。例如，针对复杂流动的相关式流量测量仪表，其基本原理是在流体流动管道上、下游分别安装两个传感器获取流动噪声信号，通过计算两个信号的相关函数并由其峰值位置获得流体流经两个传感器所需时间，根据两个传感器之间的安装距离和管道有关参数即可进一步推算出流体流速和流量。近年来，软测量技术在许多工业实际装置上得到了成功的应用，正逐渐成为针对复杂工业过程检测和控制的一种新的测量技术。

相对于传统的测量技术，软测量技术具有动态响应快、功能强、通用性好、灵活性强、性价比高、适用范围宽等特点，而且硬件配置较灵活、开发成本低、维护相对容易，各种变量检测可以集中于一台工业控制计算机上，无须再为每个待测变量配置新的硬件。软测量能够解决许多用传统仪表和检测手段无法解决的难题，是对传统测量手段的重要补充。

在工业控制领域，DCS 技术已得到广泛使用。各种反映生产过程工况的过程参数由传感器测量，并传送给监控计算机进行集中的监控和存储，这就为软测量的实现提供了坚实的物质基础。软测量技术可以利用 DCS 这一硬件平台，仅须找到各种数学模型，通过软件技术达到对难测信号的检测和控制，而不必增加硬件成本。

7.1.3 软测量技术的主要内容

1. 辅助变量的选择

辅助变量的选择就是从可测变量集中确定适当数目的变量构成辅助变量集，它是建立软测量模型的第一步，对于软测量的成功与否相当重要。辅助变量的选择一般是从机理分析入手，若缺乏机理知识，则可利用回归分析、主元分析等方法找出影响被测主导变量的各种因素，但这需要大量的观测数据。辅助变量的选择包括变量类型、变量数目和检测点的选择，这三个方面是互相关联、互相影响的，由被测过程的特性决定。此外，辅助变量的选择还受设备价格和可靠性、安装和维护的难易程度等外部因素制约。

（1）变量类型的选择。变量类型的选择要考虑到变量的灵敏性、过程适用性、特异性、准确性和鲁棒性等特性。针对一个具体过程，选择范围就是对象的可测变量集，通常是有限的。

1）灵敏性：对过程输出或不可测扰动能快速反应。

2）过程适用性：工程上易于获取并具有一定的测量精度。

3）特异性：对过程输出或不可测扰动之外的干扰不敏感。

4）准确性：能够满足精度要求。

5）鲁棒性：对模型误差不敏感。

（2）变量数目的选择。辅助变量可选数目的下限是被估计的变量数。而最佳数目则与过程的自由度、测量噪声及模型的不确定性有关。首先，从系统的自由度出发，确定二次变量的最小数目；然后，结合具体过程的特点适当增加，以更好地处理动态性质等问题。选择辅助变量一般的做法：首先，根据工艺知识，初选出与主导变量关系最为密切的变量；然后，通过相关分析与工艺专家知识相结合；最后，筛选出数量上比较合适的辅助变量。根据具体情况还可以进行适当的降维处理，以减少变量个数。

（3）检测点位置的选择。检测点位置的选择方案很多，十分灵活。主要根据工作过程的特点选择检测精度高且能反映过程参数变化的位置作为检测点的位置。

2．测量数据的处理

从现场采集的测量数据，由于受到仪表精确度的影响，一般不可避免地带有误差；同时，这些数据在传输过程中还会受到外部因素干扰的影响。若将这些测量数据直接用于软测量，可能导致软仪表测量性能大幅度下降，严重时甚至导致软测量失败。

输入数据的正确性和可靠性直接关系到软仪表的精度，因此输入数据的预处理成为软测量技术中必不可少的一步。测量数据的处理主要包括数据变换和误差处理两部分内容。

（1）数据变换。指对传感器测量的数据进行标度变换、线性化处理、权函数等方面的工作。其中，标度变换可以改善算法的精度和稳定性；线性化处理可以有效地降低被测对象的非线性特性；权函数可实现对变量动态特性的补偿。数据变换可以直接影响过程模型的精度和非线性映射能力，以及数值优化算法的运行结果。

数据变换包括直接转换和寻找新变量代替原变量两种方法。例如，对工业过程中常出现的在数值上相差几个数量级的测量数据，就应利用合适的因子进行变换，这样可以有效地利用各种测量数据和信息。对于原测量对象的非线性特性，可以采用诸如对数转换的方法，从而有效地降低测量对象的非线性。

（2）误差处理。对测量数据进行误差处理主要是对随机误差和粗大误差的处理。

1）随机误差处理。随机误差主要受随机因素的影响，如操作过程的微小波动或检测信号的噪声等。它的处理通常采用数字滤波的方法，如中值滤波、算术平均值滤波、高低通滤波、带通滤波和一阶惯性滤波等。随着对系统精度要求的提高，又出现了数据协调技术。数据协调技术的实现方法有主元分析法、正交分解法等。

2）粗大误差处理。粗大误差主要是由于传感器失灵及其他操作失误带来的误差，它的特点是数据偏离比较严重。粗大误差的出现概率很小，但它的存在会严重恶化数据的品质，可能导致软测量甚至整个过程优化的失效。对粗大误差常用的处理方法有统计假设检验法（如残差分析法、校正量分析法等）、广义似然比法和贝叶斯法等。对于特别重要的过程变量还可采用硬件冗余的方法以提高测量数据的安全性。

3．软测量模型的建立

软测量模型是软测量技术的核心，它不同于一般意义上的数学模型，它强调的是通过二次变量来获得对主导变量的最佳估计。常用的方法有工艺机理分析、回归分析、状态估计、模式识别、人工神经网络、模糊数学、过程层析成像、相关分析、支持向量机等。

4. 测量模型的在线校正

任何软测量模型的适应能力都是有限的，它不可能适应所有的工况。工业实际装置在运行过程中，随着操作条件的变化，其过程对象特性和工作点不可避免地要发生变化和漂移，因此在软仪表的应用过程中，必须对软测量模型进行在线校正才能适应新的工况。

软测量模型在线校正包括模型结构的优化和模型参数的修正两方面。具体方法有卡尔曼（Kalman）滤波技术在线修正模型参数，其利用分析仪表的离线测量值进行在线校正。为解决软仪表模型结构在线校正和实时性两方面的矛盾，有人提出了短期学习和长期学习的校正方法。短期学习是在不改变模型结构的情况下，根据新采集的数据对模型中的有关系数进行更新；长期学习则是在原料、工况等发生较大变化时，利用新采集的较多数据重新建立模型。在线校正有自适应法、增量法和多时标法。根据实际过程的要求，多采用模型参数自校正方法。但是，尽管在线校正如此重要，目前在软测量技术中，有效的在线校正方法仍不够多，今后必须加强这方面的研究以适应实际的需要。

7.1.4 软测量技术的设计步骤

一般地，软测量技术的开发设计流程包括 6 个步骤，软测量技术的设计流程如图 7-2 所示。

（1）步骤 1：机理分析、选择辅助变量。首先要了解和熟悉软测量对象及整个系统的工艺流程，明确任务。大多数软测量属于灰箱系统，通过机理分析可以确定影响软测量目标的相关变量，并通过分析各变量的可观性、可控性初步选择辅助变量。

（2）步骤 2：建立软测量模型。建立准确的测量模型是软测量中最为重要的环节。

（3）步骤 3：数据采集和预处理。在软测量应用的实践中，必须采集大量的数据并对这些数据进行处理，以使所建立的软测量模型和对主变量的估计值更准确。这些数据包含用于软测量建模的数据和对模型校验的数据，以及辅助变量的测量采集的数据等。

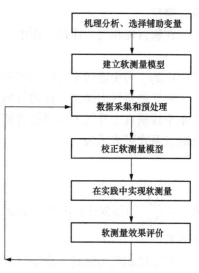

图 7-2 软测量技术的设计流程

（4）步骤 4：校正软测量模型。模型的校正模块可以对所设计的软测量模型进行短期和长期校正，以适应不同的需求。为避免突变数据对模型校正的不利影响，短期校正时还将附加一些限制条件。

（5）步骤 5：在实践中实现软测量。将离线得到的软测量模型、数据采集和预处理模块、模型校正模块以软件的形式嵌入控制系统中。可以考虑设计安全报警模块和易于操作的用户界面。

（6）步骤 6：软测量效果评价。在软测量运行期间，采集软测量对象的实际值和模型估计值，根据比较结果评价该软测量模型能否满足工艺要求。

7.2 常用的软测量模型建立方法

常用的软测量方法实质上是建立软测量模型的方法，以下就几种主要的软测量方法进行介绍。

7.2.1 基于工艺机理分析方法

基于工艺机理分析的软测量建模主要是运用质量平衡方程和物理、化学方程，如物料平衡方程、能量平衡方程、传热方程、化学反应动力学方程、热力学方程和流体力学方程等，通过对过程对象的机理分析，经过合理简化确定不可测主导变量与可测辅助变量（即各可测过程变量）之间的数学关系，建立起估计主导变量的数学模型，这种模型通常称为机理模型。下面介绍基于工艺机理分析方法建立软测量模型的典型案例。

物料的气力输送系统中固相物料质量流量的在线测量对气力输送实际工业应用系统的计量、控制及运行的可靠性等均具有重要意义。基于气力输送过程中压损比与混合比之间的经典比例关系式，通过一定的简化假设，可以实现针对粉料稀相气力输送过程的固相流量软测量。

在物料稀相气力输送过程中，气固两相管程总压降 Δp_t 由两部分叠加而成，即

$$\Delta p_t = \Delta p_g + \Delta p_s \tag{7-2}$$

式中：Δp_g 为由输送空气流动产生的压降；Δp_s 为由固相颗粒群流动产生的压降。

假设物料气力输送为稀相气固两相流动系统，输送气流为充分发展的湍流，检测管段为水平或垂直上升气力输送的等速段，即忽略加速、入口及出口等效应，则压损比与混合比的关系式可表示为

$$\frac{\Delta p_t}{\Delta p_g} = 1 + Km \tag{7-3}$$

式中：$\dfrac{\Delta p_t}{\Delta p_g}$ 为压损比；m 为混合比，即固相流量 m_s 和气相流量 m_g 之比，$m = \dfrac{m_s}{m_g}$；K 为比例系数。

对于稀相气力输送，由空气流动产生的压力损失 Δp_g 可用同等条件下纯空气流动产生的压降来表示，同时对于垂直上升流动可进一步忽略空气流动的重力压降，则

$$\Delta p_g = \lambda_g \frac{L}{D} \rho_g \frac{v_g^2}{2} \tag{7-4}$$

式中：L 为管道长度；D 为管直径；ρ_g 为输送气流密度；v_g 为输送空气速度；λ_g 为空气摩擦系数。

空气摩擦系数 λ_g 可表示为

$$\lambda_g = \frac{0.3164}{R_e^{0.25}}$$

$$R_e = \frac{\rho_g v_g D}{\mu} \tag{7-5}$$

式中：μ 为空气黏度。

式（7-3）中比例系数 K 为变系数，K 的一般表达式为

$$K = \frac{1}{\lambda_g}\left[\lambda_s\varphi + \frac{2}{F_r^2}\left(\frac{u_t}{\varphi v_g} + \frac{H}{L}\right)\right] \tag{7-6}$$

式中：λ_s 为固相颗粒群摩擦系数；φ 为固相速度 v_s 和气相速度 v_g 之比，$\varphi = \dfrac{v_s}{v_g}$；$F_r$ 为输送气流弗劳德准数，$F_r = \dfrac{v_g}{\sqrt{gD}}$；$u_t$ 为固相颗粒群悬浮速度；H 为垂直上升高度，若检测管段为水平管，则 $H=0$，若为垂直上升管，$H=L$。

对于粉料的稀相气力输送，比例系数 K 可采用集总参数的方法进行简化，K 可表示为

$$K = \frac{\lambda_z}{\lambda_g} \tag{7-7}$$

式中：λ_g 为集总参数形式的固相颗粒群的摩擦系数。

粉料稀相气力输送时固相颗粒群的摩擦系数 λ_z 可简化表示为输送气流弗劳德准数（F_r）的函数，其基本形式为

$$\lambda_z = \frac{a}{F_r^b} \tag{7-8}$$

式中：a、b 为常数，其值由实验标定。

根据式（7-7）、式（7-8），比例系数 K 可表示为

$$K = \frac{1}{\lambda_g} \times \frac{a}{F_r^b} \tag{7-9}$$

根据上述分析，可以利用差压-速度法实现粉料气力输送中固相流量的软测量。此时选定的辅助变量有两个，即气固两相管程总压降 Δp_t 和输送气流速度 v_g，主导变量为粉料的质量流量。利用前述关系式得到的软测量模型为

$$\begin{cases} m_s = \dfrac{\pi}{2}\,k_c D^3\,\dfrac{\Delta p_t - \lambda_g \dfrac{L}{D}\rho_g \dfrac{v_g^2}{2}}{K\lambda_g L v_g} \\[4mm] \lambda_g = \dfrac{0.3164}{R_e^{0.25}} \\[4mm] K = \dfrac{1}{\lambda_g} \times \dfrac{a}{F_r^b} \end{cases} \tag{7-10}$$

式中：k_c 为流量校正因子。

差压-速度法中的差压信号 Δp_t 可方便地由差压变送器测得，但输送气流速度 v_g 不能在线获取。其获取方法是首先在气源管段用气体流量计获得输送气体的质量流量（若采用的是体积式气体流量计还需进行温压补偿校正），然后通过一定时延折算成检测管段的输送气流速度。由于时延估计不准可能会造成较大误差，因此该方法一般适用于检测管段与气源管段间距离较短的场合。

由于这类模型一般比较复杂，模型中需要确定的系数较多，并且由于对实际工业生产过程机理的认识还不够，要建立机理模型来估计一些过程变量还有一定的困难，因此这种方法多与其他方法配合使用。

7.2.2　基于回归分析方法

基于回归分析方法是根据大量的历史操作数据即生产记录数据，做数学回归分析，得到操作变量之间的统计规律，此类模型形式简单、求解方便。但要建立一个精度较高的统计模型，首先要有准确的、足够多的基础数据，或通过专门的实验，取得所需的基础数据；另外还要选择合理的模型结果。这种建模的优点是不必考虑过程机理，只应用统计回归分析建立系统输入、输出关系；缺点是由于不必深究机理，有时所建立的函数关系不能反映复杂的内在机理。

经典的回归分析方法是最小二乘（least squares，LS）法，为了避免矩阵求逆运算可以采用递推最小二乘（recursive least squares，RLS）法，为了防止数据饱和还可采用带遗忘因子的最小二乘法。在多元回归（multiple regression）方法的基础上又出现了许多改进算法，如逐步回归（stepwise regression）等。主元分析（principal component analysis，PCA）、主元回归（principal component regression，PCR）、部分最小二乘（partial least square，PLS，也称为偏最小二乘）多元统计方法，还可以从生产过程相关的历史数据中提炼统计信息，建立统计模型（如 PCR 型、PLS 模型），并根据统计模型将存在相关关系的多个过程变量投影到有少量隐变量定义的低维空间中去，用少量变量反映多个变量的综合信息，实现对模型的输入简化。

1．相关分析

在对过程系统进行分析时，需要收集大量表现系统特征和运行状态的数据信息。这些原始数据往往样本点数量巨大。相关分析就是对两个随机变量之间的关系给出数值上的量度，两个样本之间的这种数值上的量度就定义为相关系数 r。相关系数的大小反映了所研究的变量间相互影响关系的强弱。

设有两个随机变量 x、y，$\{x_i\}$、$\{y_i\}$ 分别为 x、y 的观察值，则皮尔逊相关系数 r 表示为

$$r = \frac{S_{xy}}{\sqrt{S_{xx}S_{yy}}} \tag{7-11}$$

式中：S_{xx} 为变量 x 对其均值 $\bar{x}$ 的偏差平方和；S_{yy} 为变量 y 对其均值 $\bar{y}$ 的偏差平方和；S_{xy} 为 x、y 的偏差平方和。

式（7-11）中的 S_{xy}、S_{xx}、S_{yy} 分别表示为

$$S_{xx} = \sum_{i=1}^{n}(x_i - \bar{x})^2 \tag{7-12}$$

$$S_{yy} = \sum_{i=1}^{n}(y_i - \bar{y})^2 \tag{7-13}$$

$$S_{xy} = \sum_{i=1}^{n}(x_i - \bar{x})(y_i - \bar{y}) \tag{7-14}$$

根据式（7-11），r 称为变量 x 对 y（或变量 y 对 x）的单相关系数（coefficient of simple correlation），也可简称为相关系数。

需要说明的是，r 既可以是正数，也可以是负数，$0 \leqslant |r| \leqslant 1$。根据相关系数 r 判断变量间的相关程度时，依据原则如下：

（1）相关系数 r 的绝对值越接近 1，变量间的相关程度越高；相关系数 r 的绝对值越接

近 0，变量间的相关程度越低。

（2）相关系数 r 的符号代表两个变量数值相关变化的方向。当两个变量显著相关，r 为正时，表明变量是正相关的，即 x 变大或变小时，y 也相应变大或变小；r 为负数时，表明变量是负相关的，即 x 变大或变小时，y 相应变小或变大。

2. 多元线性回归分析

回归分析可以分为线性回归和非线性回归，一元回归和多元回归。这里只介绍多元线性回归问题。

假设变量 y 是 x_1、x_2、$\cdots$、x_N 的函数，且满足以下关系

$$y = f(x_1, x_2, \cdots, x_N) = a_0 + a_1 x_1 + a_2 x_2 + \cdots + a_N x_N \tag{7-15}$$

式中：a_0、a_1、$\cdots$、a_N 为待定系数，称为 N 元线性回归系数。

将式（7-15）写为矩阵形式为

$$y = \boldsymbol{a}^{\mathrm{T}} \boldsymbol{x} \tag{7-16}$$

式中：$\boldsymbol{a}^{\mathrm{T}} = (a_0, a_1, \cdots, a_N)$，$\boldsymbol{x} = (1, x_1, x_2, \cdots, x_N)^{\mathrm{T}}$。

回归分析的过程实际上就是求取回归系数的过程。具体做法是利用获得的 M 次实验的观测数据（y_i，x_i），其中，$i = 1$、2、$\cdots$、M，通常 $M \geqslant N$，将获得的观测数据代入式（7-17），可求得回归系数。

$$\boldsymbol{y} = \boldsymbol{X} \boldsymbol{a} \tag{7-17}$$

式中：$\boldsymbol{y} = (y_1, y_2, \cdots, y_M)^{\mathrm{T}}$；$\boldsymbol{X} = \begin{bmatrix} 1 & x_{11} & x_{12} & \cdots & x_{1N} \\ 1 & x_{21} & x_{22} & \cdots & x_{2N} \\ \vdots & \vdots & \vdots & \vdots & \vdots \\ 1 & x_{M1} & x_{M2} & \cdots & x_{MN} \end{bmatrix}$。

采用最小二乘法求解以上矩阵，可得 N 元线性回归系数的估计值为

$$\hat{a} = (\boldsymbol{X}^{\mathrm{T}} \cdot \boldsymbol{X})^{-1} \boldsymbol{X}^{\mathrm{T}} \boldsymbol{y} \tag{7-18}$$

为了衡量回归效果，可以计算下面这些参数。

（1）残差平方和 Q。计算如下

$$Q = \sum_{i=1}^{M} (y_i - a_0 - a_1 x_{i1} - \cdots - a_N x_{iN})^2 \tag{7-19}$$

（2）平均标准偏差 S。计算如下

$$S = \sqrt{Q/M} \tag{7-20}$$

式中：M 为实验次数。

（3）复相关系数 R。计算如下

$$R = \sqrt{1 - Q/t} \tag{7-21}$$

式中：t 为总偏差平方和，可表示为

$$t = \sum_{i=1}^{M} (y_i - \overline{y})^2 \tag{7-22}$$

式（7-22）中的 $\overline{y}$ 可表示为

$$\overline{y} = \sum_{i=1}^{M} \frac{y_i}{M} \tag{7-23}$$

根据式（7-21）～式（7-23）可知，当 R 接近 1 时，说明相对误差 Q/t 接近于零，线性回归效果好。

（4）偏相关系数 v_j。计算如下

$$v_j = \sqrt{1 - Q/Q_j}, j = 1、2、\cdots、N \tag{7-24}$$

式（7-24）中的 Q_j 表示为

$$Q_j = \sum_{i=1}^{M} \left[y_i - \left(a_0 + \sum_{k=1, k \neq j}^{N} a_k x_{ik} \right) \right]^2 \tag{7-25}$$

v_j 越大说明 x_j 对 y 的作用越显著，此时不可把 x_j 剔除。

（5）回归平方和 U。计算如下

$$U = \sum_{i=1}^{M} (\overline{y} - a_0 - a_1 x_{i1} - \cdots - a_N x_{iN})^2 \tag{7-26}$$

在实际应用过程中，几个变量间的关系并不限于线性相关，更广泛地存在着非线性的相关关系。在解决非线性相关的问题中，可以通过变量变换方法，把非线性关系转换成线性关系。为此，首先要确定曲线的函数类型，曲线函数类型可以根据机理、专业经验或实验数据的"散点图"决定，然后将它转化为线性回归问题求解。如果实际问题的曲线类型不易判断，可采用多项式进行逼近，这是因为任意曲线都可以近似地用多项式表示（如切比雪夫多项式等），这样就可以将非线性问题转化为线性化问题。

多元线性逐步回归是从与 y 有关的变量中选取对 y 有显著影响的变量，来建立回归方程的一种常用算法。多元线性逐步回归的基本思路：对全部自变量按其对因变量影响程度的大小，从大到小依次逐个引入回归方程（不显著者自始至终不会引入），而且随时对回归方程当前所含的全部自变量进行检验，看其对因变量的作用是否显著。一旦发现作用不显著的自变量就立即剔除。只有在回归方程中所含的所有因子对因变量作用都显著时，才考虑引入新的因子，继而对它加以检验。如此反复引入、剔除，直至无法引入新变量或剔除老变量为止。

3. 主元分析方法

主元分析是一种将多个相关变量转化为少数几个相互独立变量的有效的分析方法，在力保数据信息损失最小的原则下，对高维变量空间进行降维处理。主元分析可以用来实现数据简化、数据压缩、建模、奇异值的检测、变量选择、分类和预报。

假设 X 是一个 $n \times m$ 的数据矩阵，其中的每一列对应于一个变量，每一行对应于一个样本。矩阵 X 可以分解为 m 个向量的外积之和，即

$$X = t_1 p_1^{\mathrm{T}} + t_2 p_2^{\mathrm{T}} + \cdots + t_m p_m^{\mathrm{T}} \tag{7-27}$$

式（7-27）中，$t_i \in \mathbf{R}^n$，被称为得分（score）向量；$p_i \in \mathbf{R}^m$ 称为负荷（loading）向量。X 的得分向量也叫作 X 的主元。式（7-27）也可写为下列矩阵形式

$$X = TP^{\mathrm{T}} \tag{7-28}$$

式中：$T = [t_1 \ t_2 \cdots t_n]$，称为得分矩阵；$P = [p_1 \ p_2 \cdots p_m]$，称为负荷矩阵。

各个得分向量之间是正交的，即对任何 i 和 j，当 $i \neq j$ 时，满足 $t_i^{\mathrm{T}} t_j = 0$。各个负荷向量之间也是正交的，同时每个负荷向量的长度都为 1，即

$$p_i^{\mathrm{T}} p_j = 0, i \neq j \tag{7-29}$$

$$p_i^T p_j = 1, i = j \tag{7-30}$$

将式（7-27）两侧同时右乘 p_i，可以得到

$$Xp_i = t_1 p_1^T p_1 + t_2 p_2^T p_2 + \cdots + t_m p_m^T p_m \tag{7-31}$$

将式（7-29）和式（7-30）代入式（7-31），可以得到

$$t_i = Xp_i \tag{7-32}$$

式（7-32）说明每一个得分向量实际上是数据矩阵 X 在和这个得分向量相对应的负荷向量方向上的投影。向量 t_i 的长度反映了数据矩阵 X 在 p_i 方向上的覆盖程度，其长度越大，X 在 p_i 方向上的覆盖程度或变化范围越大。如果将得分向量按其长度做 $\|t_1\| > \|t_2\| > \cdots > \|t_m\|$ 排列，那么负荷向量 p_1 将代表数据 X 变化最大的方向，p_2 与 p_1 垂直并代表数据矩阵 X 变化的第二大方向，p_m 将代表数据矩阵 X 变化最小的方向。

当矩阵 X 中的变量间存在一定程度的线性相关时，数据矩阵 X 的变化将主要体现在最前面的几个负荷向量方向上，数据矩阵 X 在最后面的几个负荷向量上的投影将会很小，它们主要是由于测量噪声引起的。这样就可以将矩阵 X 进行主元分解后写成下式

$$X = t_1 p_1^T + t_2 p_2^T + \cdots + t_k p_k^T + E \tag{7-33}$$

式中：E 为误差矩阵，代表 X 在 p_{k+1} 到 p_m 等负荷向量方向上的变化，在很多实际应用中，k 往往要比 m 小很多。

由于误差矩阵 E 主要是由于测量噪声引起的，将 E 忽略掉往往会起到清除测量噪声的效果，不会引起数据中有用信息的明显损失。因而数据矩阵 X 可以近似地表示为

$$X \approx t_1 p_1^T + t_2 p_2^T + \cdots + t_k p_k^T \tag{7-34}$$

主元分析可以通过非线性迭代部分最小二乘算法（nonlinear iteration partial least square，NIPALS）来计算。NIPALS算法计算步骤如下：

（1）首先将数据进行标准化处理，处理过程为

$$\bar{x}_{ij} = \frac{x_{ij} - \bar{x}_j}{s_j}, i = 1, 2, \cdots, n; j = 1, 2, \cdots, p \tag{7-35}$$

式中：$\bar{x}_j$ 为 x_j 的样本均值；s_j 是 x_j 的样本标准差。

（2）从 X 中任选一列 X_j，并记为 t_1，即 $t_1 = X_j$。

（3）计算 p_1：$p_1 = X^T t_1 / t_1^T t_1$。

（4）将 p_1 的长度归一化：$p_1^T = p_1^T / \|p_1\|$。

（5）计算 t_1：$t_1 = Xp_1 / p_1^T p_1$。

（6）将步骤（2）中的 t_1 与步骤（5）中的 t_1 做比较，如果一样，则算法已收敛，计算停止；如果不一样，回到步骤（2）。

上述算法只是对计算第一个主元而言的。对于计算其他主元，算法是一样的，只要将上面算法中的 X 矩阵变换为相应的误差矩阵即可。

因为 X 的前 k 个主元代表了 X 中数据的绝大多数变化，因此可以用 X 的前 k 个主元来代替那些原始输入变量进行回归分析，这样便得到主元回归模型，表示为

$$y = b_1 t_1 + b_2 t_2 + \cdots + b_k t_k = T_k b \tag{7-36}$$

式中：b 为主元回归模型参数，$b = [b_1 \ b_2 \cdots b_k]^T$。

可利用最小二乘方法通过式（7-37）计算而得到 b

$$b = (T_k^T T_k)^{-1} T_k^T y \qquad (7\text{-}37)$$

由于主元之间是正交的，所以式（7-37）中的计算不会出现由于矩阵奇异而引起的问题。

由于 $T_k = XP_k$，式（7-36）还可以写成

$$y = T_k b = XP_k b \qquad (7\text{-}38)$$

从式（7-38）可以看到，$P_k b$ 相当于 $y = X\theta + e$ 中的模型参数 θ。它是采用原始变量作为输入变量的模型参数。利用式（7-37），θ 可以写为

$$\theta = P_k b = P_k (T_k^T T_k)^{-1} T_k^T y \qquad (7\text{-}39)$$

式（7-39）即为通过主元回归分析得到的模型参数的计算式。主元回归分析解决了由于输入变量间的线性相关而引起的计算问题。同时，由于忽略了那些次要的主元，还起到了抑制测量噪声对模型系数影响的作用。

在主元回归分析模型中，通常可以采用交叉检验的办法来选取主元个数。把用来建立主元回归分析模型的数据分为两部分：一部分用来建立主元回归分析模型，另外一部分用来检验所建立的主元回归分析模型。通过保留不同数目的主元，建立若干个主元回归分析模型，然后在检验数据中测试这些模型，并从中选取在检验数据中测试误差最小的那个主元回归分析模型。

4. 部分最小二乘方法

部分最小二乘（PLS）方法是将高维数据空间投影到低维特征空间，得到相互正交的特征向量，再建立特征向量间的一元线性回归关系。此方法与普通多元回归分析方法在思路上的主要区别是它在回归建模过程中采用了信息综合与筛选技术，此外它不再直接考虑因变量集合与自变量集合的回归建模，而是在变量系统中提取出若干对系统具有最佳解释能力的新综合变量。与主元回归相比，PLS 方法在选取特征向量时强调输入对输出的预测作用，去除了对回归无益的噪声，使模型包含最少的变量数，因此 PLS 方法具有更好的鲁棒性和预测稳定性。

在实际计算中，PLS 模型可以通过非线性迭代部分最小二乘算法（NIPALS）来建立，也可以用特征向量奇异值分解（SVD）方法来建立 PLS 模型。下面介绍用特征向量奇异值分解（SVD）方法建立 PLS 模型的步骤，具体步骤如下：

（1）对输入输出变量 X 和 Y 进行归一化处理，即减去各自的均值并除以各自的标准差得到的数据。

（2）令 $E_0 = X$，$F_0 = Y$，$h = 1$。

（3）对 $E_{h-1}^T F_{h-1}$ 进行奇异值分解：$E_{h-1}^T F_{h-1} = \sum e_j f_j g_j^T$，并令 $w_h = f_1$，$c_h = g_1$。

（4）令 $u_h = y_j$，y_j 为 F_{h-1} 中任一列向量，或者取方差最大的列向量。

（5）计算特征向量：$t_h = E_{h-1} W_h$；$u_h = F_{h-1} c_h$。

（6）计算输入和输出负荷向量：$p_h^T = t_h^T E_{h-1}/(t_h^T t_h)$，$q_h^T = u_h^T F_{h-1}/(u_h^T u_h)$。

（7）计算内部模型回归系数 b_h：$b_h = u_h^T t_h/(t_h^T t_h)$。

（8）按 $X = TP^T + E_A$ 和式 $Y = TBQ^T + F_A$ 对 E_{h-1} 和 F_{h-1} 进行缩减，得到残差矩阵 E_h 和 F_h。

（9）令 $h = h + 1$，转至步骤（2），直至计算出所有的特征向量。

以上介绍了多元线性回归的一些方法。比较常用的方法为主元分析法（PCR）和部分最小二乘法回归（PLS）。对于线性系统，采用 PCR 和 PLS 的效果完全一样；对于非线性系统，PLS 效果稍好。回归分析法算法简单，是建立软测量模型的最常用方法之一。但它同样存在局限性，如需要较多的数据样本，对测量误差比较敏感，而只能得到变量间的稳态关系是它存在的最大问题。

7.2.3 基于人工神经网络方法

基于人工神经网络的软测量建模方法是发展很快和应用范围很广的一种方法，由于其能适用于高度非线性和严重不确定性系统，因此为解决复杂系统过程参数的软测量问题提供了一条有效途径。采用人工神经网络进行软测量建模有两种形式：一种是利用人工神经网络直接建模，用神经网络来代替常规的数学模型描述辅助变量和主导变量间的关系，完成由可测信息空间到主导变量的映射；另一种是与常规模型相结合，用神经网络来估计常规模型的模型参数，进而实现软测量。

基于人工神经网络的软测量技术，不需要过多地了解被测对象的工作机理，只需将其等效为一个黑箱，根据被测对象的输入输出数据直接建模。它是将辅助变量作为人工神经网络的输入，主导变量作为其输出，通过网络的学习来解决不可测变量的软测量问题，并且具有较强的鲁棒性。

在软测量技术应用领域里，大多数被测对象都属于非线性、复杂性的系统，要建立较高精度的估计模型十分困难，且工业过程的时变性要求估计模型有较好的自适应性。基于人工神经网络的软测量技术正好可以解决上述问题，基于神经网络的软测量技术包括数据预处理、训练样本的选取、网络训练等步骤。数据预处理包括数据采集、滤波、格式化（如归一化等）、降维等。经过预处理的数据作为输入样本来训练神经网络，通过对样本数据的学习建立起软测量模型，便可以完成对不可测变量的实时估计。测量效果好坏直接和神经元网络的训练相关，如何构造训练样本是其关键。此外，采用更多的训练样本会改善系统模型的精确性和扩大其应用范围。

典型的神经元结构如图 7-3 所示，它是一个多输入单输出的非线性阈值器件。假定 x_1、x_2、$\cdots$、x_n 表示某一神经元的 n 个输入；w_{ji} 表示前一层第 i 个神经元到该层第 j 个神经元的连接强度，称为连接权值；net_i 表示第 i 个神经元的输入总和，称为激活值；O_i 表示神经元的输出；θ_i 表示神经元的阈值。那么，神经元的输出为

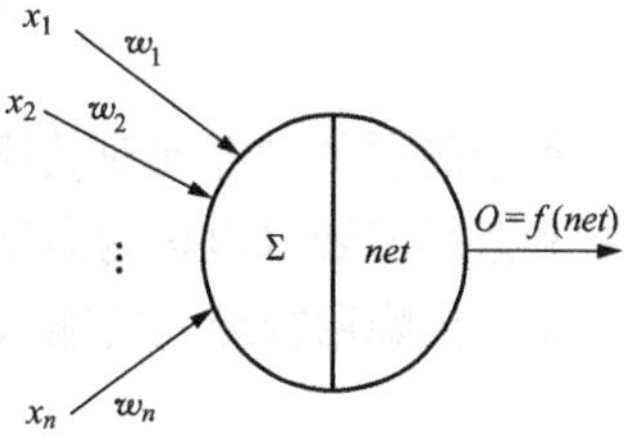

$$O_i = f(net_i) \qquad (7-40)$$

$$net_i = \sum_{j=1}^{n} w_{ji}x_j - \theta_i \qquad (7-41)$$

图 7-3 典型的神经元结构

式中：f 为激励函数，有阶跃函数、分段线性函数、S 形函数、双曲正切、径向基等，常取为 S 形函数，如 Sigmoid 函数。Sigmoid 函数表示为

$$f(x) = \frac{1}{1 + e^{-x}} \qquad (7-42)$$

神经网络系统主要由网络（拓扑）结构和学习算法构成。网络结构指神经网络各神经

元之间的连接方式。神经网络的结构类型主要有前向网络和反馈网络等。学习算法用于调节和确定各神经元之间的连接权值。

常用的软测量神经网络一般采用三层结构、两次映射实现工况的非线性拟合。理论上已证明，两次映射对任意的非线性映射具有万能逼近能力。神经网络的各种算法，如最小二乘法、遗传算法、聚类算法等都是从大量的输入、输出数据中训练出最佳的模型结构，这就要求这些数据必须能如实有效地反映真实工况，从而使模型的适应性能较强，并能够适用于各种生产工况和装置。需要指出的是，神经网络类型和结构、训练样本的空间分布和训练方法对人工神经网络的性能有极大的影响。目前，在软测量建模中广泛应用的人工神经网络结构有反向传播（back propagation，BP）网络、径向基函数（radial basis function，RBF）和循环神经网络（recurrent neural network，RNN）等。

反向传播（BP）神经网络属于多层前向网络（multilayer feedforward networks，MFN），含有一个隐层的 BP 网络示意图如图 7-4 所示，它由输入层、一个隐层（隐含层）和输出层组成。隐层只接收内部输入，并且也只产生内部输出。BP 网络的工作信号沿正向传播，输入信号从输入层经过隐层，传向输出层，在输出端产生输出信号。在信号向前传递过程中网络的权值是固定不变的，如果在输出层不能得到期望的输出，则转入误差信号反向传播。误差信号由输出端开始逐层向后传播，在误差信号反向传播的过程中，网络的权值由误差反馈进行调节，通过权值的不断修正使网络的实际输出更接近期望输出。

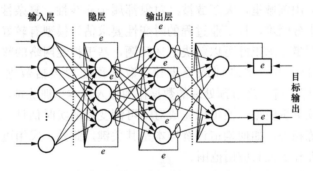

图 7-4 含有一个隐层的 BP 网络示意图

每个隐层的神经元对其输入信号的处理是根据相应的连接权值计算加权和，经过阈值限制和激励函数（也称为激活函数或基函数）转换，得到这个隐层神经元的输出。如前所述，第 i 个隐层神经元的输入输出关系可表示为

$$y_j = f\left(\sum_i w_{ji}x_i - \theta_j\right) \tag{7-43}$$

式中：x_i 为第 j 个隐层神经元的第 i 个输入值；w_{ji} 为第 i 个输入到 j 个隐层神经元的连接权值；θ_j 为阈值；y_j 为第 j 个隐层神经元的输出值；f 为激励函数。

输出层神经元所进行的运算处理与隐层神经元类似。神经网络系统误差函数一般为均方差（mean-squared error，MSE）函数，表示为

$$E = \frac{1}{N}\sum_{k=1}^{N}\left[\frac{1}{2}\sum_j (\widetilde{y}_{kj} - y_{kj})^2\right] \tag{7-44}$$

式中：$\widetilde{y}_{kj}$ 和 y_{kj} 分别为第 k 个训练样本作用下网络的目标和实际输出；N 为训练样本总数。

相应的误差评价准则为

$$E < \varepsilon \tag{7-45}$$

式中：ε 为误差允许度的设定值。

神经元 i 到 j 的连接权值为 w_{ji}，对其修正的量值 Δw_{ji} 为

$$\Delta w_{ji} = \eta \delta_j x_i \tag{7-46}$$

式中：η 为学习率；δ_j 为误差项，其定义取决于神经元 j 处于输出层还是隐层。

对于输出层神经元，δ_j 表示为

$$\delta_j = \frac{\partial f}{\partial net_j} \times (\tilde{y}_j - y_j) \tag{7-47}$$

对于隐层神经元，δ_j 表示为

$$\delta_j = \frac{\partial f}{\partial net_j} \sum_q w_{qj} \delta_q \tag{7-48}$$

式中：n_j 是神经元 j 各输入信号的加权和；w_{qj} 为神经元 j 到神经元 q 的权值；δ_q 为神经元 q 的误差项。

从输出层开始，反向地逐层对各层神经元先计算其误差，然后基于该误差项根据式（7-46）确定各连接权的修正量，并完成对权值的修正。如此迭代进行，直至误差达到要求。

BP 算法的实现步骤如下：

（1）初始化，用小的随机数给各权值和阈值赋初值。注意不能使网络中各初始权值和阈值完全相等，否则网络不可能从这样的结构运行到一种非等权值结构。

（2）读取网络参数和训练样本集。

（3）归一化处理。

（4）对训练集中每一样本进行计算。具体过程如下：

1）前向计算隐层、输出层各神经元的输出。

2）计算期望输出与网络输出的误差。

3）反向计算修正网络权值和阈值。

（5）若满足精度要求或其他退出条件则结束训练，否则转（4）继续。

（6）结果分析与输出。

BP 算法充分利用了多层前向网络的结构优势，在正反向传播过程中每一层的计算都是并行的，算法在理论上比较成熟，且已有许多商用软件可供使用。但 BP 算法存在以下几个问题：①对一些复杂的问题，训练时间很长，收敛速度太慢；②当输入一个新样本进行权值调整时，可能破坏网络权值对已学习样本的匹配情况；③BP 算法实质上是对目标函数进行负梯度搜索寻优，因此可能陷入局部极小。为克服上述缺点，出现了动量反向传播（momentum back propagation，MOBP）、可变学习速度反向传播（variable learning rate back propagation，VLBP），以及引入 levenberg-marquart 技术的反向传播等多种改进算法。

近年来，随着人们对人工神经网络研究的深入，其他类型的神经网络也逐渐应用于软测量技术。其中，出现比较多的有模糊神经网络、支持向量机、小波神经网络和小脑模型神经网络等。但目前为止，实际中使用的人工神经网络基本上都是稳态的，难以迅速适应不可测变量的变化，其准确性依赖于样本的数量和质量。

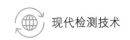

7.2.4 基于支持向量回归的方法

支持向量机（support vector machine，SVM）最初是用于二分类问题的线性模型，后来通过核技巧扩展到非线性模型。SVM 从几何角度出发，寻找特征空间上间隔最大的分类器，将 SVM 的思想应用到回归任务，得到了支持向量回归（support vector regression，SVR）。由于 SVR 极好的函数拟合能力和逼近能力，使其在非线性控制系统建模及预测领域得到广泛应用。

SVR 的理论基础严密，与其他学习方法相比，其有更好的非线性处理能力和推广能力，特别是结构风险最小化原则，避免了神经网络容易出现的局部极小、过拟和问题，而且 SVR 的拓扑结构可由支持向量机决定，避免了神经网络拓扑结构需要经验试凑的局限性，被认为目前针对小样本分类和回归问题的最佳理论，是在解决小样本分类和回归问题时优先考虑的一种方法。下面对基于支持向量回归的建模方法做一简单介绍。

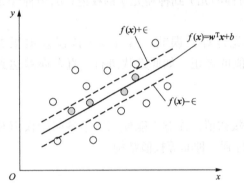

图 7-5　SVR 的回归模型 $f(\boldsymbol{x})$

已知训练样本 $D = \{(x_1, y_1), (x_2, y_2), \cdots, (x_m, y_m)\}, y_i \in \boldsymbol{R}$，基于训练样本估计一个回归模型 $f(\boldsymbol{x}) = \boldsymbol{w}^{\mathrm{T}} \boldsymbol{x} + b$，使 $f(x)$ 与 y 尽可能接近，能容忍的 $f(\boldsymbol{x})$ 与 y 之间的偏差不大于 $\in$，即仅当 $f(\boldsymbol{x})$ 与 y 之间差的绝对值大于 $\in$ 时才计算损失，由此确定出模型参数 $\boldsymbol{w}$ 和 b。SVR 的回归模型 $f(\boldsymbol{x})$ 如图 7-5 所示。

针对二分类问题，如果训练数据集是线性可分的，那么可以找到一个超平面将训练数据集严格地划分为两类。给定训练样本集 $D = \{(x_1, y_1), (x_2, y_2), \cdots, (x_m, y_m)\}, y_i \in \{-1, +1\}$，决策面（超平面）的方程可以写成 $\boldsymbol{w}^{\mathrm{T}} \boldsymbol{x} + b = 0$，其中，$\boldsymbol{w}$ 为决策面的法向量，决定了决策面的方向；b 决定了决策面的位置。假设超平面能将训练样本正确分类，即对于 $(x_i, y_i) \in D$，若 $y_i = +1$，则 $\boldsymbol{w}^{\mathrm{T}} \boldsymbol{x}_i + b > 0$；若 $y_i = -1$，则 $\boldsymbol{w}^{\mathrm{T}} \boldsymbol{x}_i + b < 0$。为了便于计算和提高泛化能力，将样本和划分线之间的最小距离定为 1，表示为

$$\begin{cases} \boldsymbol{w}^{\mathrm{T}} \boldsymbol{x}_i + b \geqslant +1, y_i = +1 \\ \boldsymbol{w}^{\mathrm{T}} \boldsymbol{x}_i + b \leqslant -1, y_i = -1 \end{cases} \tag{7-49}$$

超平面如图 7-6 所示。图 7-6 中，两条虚线为互相平行且距离最大的超平面，定义这两个超平面间的区域为硬间隔（hard margin），表示为

$$\gamma = \frac{2}{\|\boldsymbol{w}\|} \tag{7-50}$$

确定最大硬间隔，等价于估计参数 $\boldsymbol{w}$ 和 b，使得 γ 最小，即

$$\max_{\boldsymbol{w}, b} \frac{2}{\|\boldsymbol{w}\|}$$

$$\text{s.t. } y_i(\boldsymbol{w}^{\mathrm{T}} \boldsymbol{x}_i + b) \geqslant 1, i = 1、2、\cdots、m \tag{7-51}$$

也可表示为

$$\min_{\boldsymbol{w},b} \frac{1}{2}\|\boldsymbol{w}\|^2 \tag{7-52}$$

$$\text{s. t. } y_i(\boldsymbol{w}^{\mathrm{T}}\boldsymbol{x}_i+b)\geqslant 1, i=1、2、\cdots、m$$

在实际工程中，很难确定一个超平面将不同类的样本完全划分开。解决该问题的一个办法是允许其在一些样本上出错，为此引入软间隔（soft margin）。软间隔不需要满足所有样本都划分正确的条件，但在最大化间隔的时候，不满足约束条件的样本应尽可能少。于是，优化目标可表示为

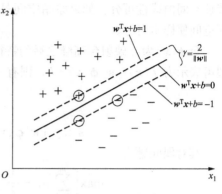

图 7-6　超平面划分

$$\min_{\boldsymbol{w},b} \frac{1}{2}\|\boldsymbol{w}\|^2 + loss \tag{7-53}$$

为了求解到最优的超平面，可把优化目标[式（7-53）]作为一种凸二次规划问题，利用拉格朗日乘子法得到其对偶问题，对每条约束添加拉格朗日乘子 $\alpha_i\geqslant 0$，式（7-53）可改写为

$$L(\boldsymbol{w},b,\boldsymbol{\alpha}) = \frac{1}{2}\|\boldsymbol{w}\|^2 + \sum_{i=1}^{m}\alpha_i[1-y_i(\boldsymbol{w}^{\mathrm{T}}\boldsymbol{x}+b)], \boldsymbol{\alpha}=[\alpha_1,\alpha_2,\cdots,\alpha_m]^{\mathrm{T}} \tag{7-54}$$

令 $L(\boldsymbol{w},b,\alpha)$ 对和的偏导为零，可得

$$\boldsymbol{w} = \sum_{i=1}^{m}\alpha_i y_i \boldsymbol{x}_i \tag{7-55}$$

$$\sum_{i=1}^{m}\alpha_i y_i = 0 \tag{7-56}$$

将式（7-55）、式（7-56）代入拉格朗日乘子式中，可以得到

$$\max_{\alpha}\left(\sum_{i=1}^{m}\alpha_i - \frac{1}{2}\sum_{i=1}^{m}\sum_{j=1}^{m}\alpha_i\alpha_j y_i y_j \boldsymbol{x}_i^{\mathrm{T}}\boldsymbol{x}_j\right)$$

$$\text{s. t. } \sum_{i=1}^{m}\alpha_i y_i = 0$$

$$\alpha_i \geqslant 0, i=1、2、\cdots、m \tag{7-57}$$

对式（7-57）关于 α 求导，求出 $\boldsymbol{w}$ 和 b 就可以得到最终的模型，表示为

$$f(x) = \boldsymbol{w}^{\mathrm{T}}\boldsymbol{x} + b = \sum_{i=1}^{m}\alpha_i y_i \boldsymbol{x}_i^{\mathrm{T}}x + b \tag{7-58}$$

由于原始的优化问题是一个不等式约束的优化问题，因此需要满足卡卢什-库恩-塔克（Karush-Kuhn-Tucker，KKT）条件，KKT 条件表示为

$$\begin{cases} \alpha_i \geqslant 0 \\ y_i f(\boldsymbol{x}_i)-1\geqslant 0, i=1、2、\cdots、m \\ \alpha_i[y_i f(\boldsymbol{x}_i)-1]\geqslant 0, i=1、2、\cdots、m \end{cases} \tag{7-59}$$

对于任一训练样本 (x_i,y_i)，总有 $\alpha_i=0$ 或 $y_i f(\boldsymbol{x}_i)=1$。若 $\alpha_i=0$，则该样本不会出现，不会对 $f(\boldsymbol{x})$ 有任何影响；若 $\alpha_i>0$，则必有 $y_i f(\boldsymbol{x}_i)=1$，所对应的样本点位于最大间隔边界上。

这时还需要考虑一个问题，如果训练样本是线性可分的，超平面能将训练样本正确分类。然而在现实任务中，原始样本空间内也许并不存在一个能正确划分两类样本的超平面。对于这样的问题，可以将样本从原始空间映射到一个更高维的特征空间，使得样本在这个特征空间内线性可分。如果原始空间是有限维，即属性数有限，那么一定存在一个高维特征空间使样本可分。

令 $\boldsymbol{\phi}(\boldsymbol{x})$ 为 $\boldsymbol{x}$ 映射到高维之后的特征向量，于是，在特征空间中划分超平面所对应的模型可表示为 $f(\boldsymbol{x})=\boldsymbol{w}^{\mathrm{T}}\boldsymbol{\phi}(\boldsymbol{x})+b$，则有

$$\min_{\boldsymbol{w},b} \frac{1}{2}\|\boldsymbol{w}\|^2 \tag{7-60}$$

$$\text{s. t. } y_i\left[\boldsymbol{w}^{\mathrm{T}}\boldsymbol{\phi}(\boldsymbol{x}_i)+b\right]\geqslant 1, i=1,2,\cdots,m$$

其对偶问题为

$$\max_{\alpha}\left[\sum_{i=1}^{m}\alpha_i-\frac{1}{2}\sum_{i=1}^{m}\sum_{j=1}^{m}\alpha_i\alpha_j y_i y_j \boldsymbol{\phi}(\boldsymbol{x}_i)^{\mathrm{T}}\boldsymbol{\phi}(\boldsymbol{x}_j)\right]$$

$$\text{s. t. } \sum_{i=1}^{m}\alpha_i y_i=0$$

$$\alpha_i\geqslant 0, i=1,2,\cdots,m \tag{7-61}$$

求解上式需要计算 $\boldsymbol{\phi}(\boldsymbol{x}_i)^{\mathrm{T}}\boldsymbol{\phi}(\boldsymbol{x}_j)$，这是样本 $\boldsymbol{x}_i$ 和 $\boldsymbol{x}_j$ 映射到特征空间之后的内积。由于特征空间维数可能很高，甚至可能是无穷维，因此直接计算是困难的，可以构造一个函数，即核函数，表示为

$$\kappa(\boldsymbol{x}_i,\boldsymbol{x}_j)=\langle\boldsymbol{\phi}(\boldsymbol{x}_i),\boldsymbol{\phi}(\boldsymbol{x}_j)\rangle=\boldsymbol{\phi}(\boldsymbol{x}_i)^{\mathrm{T}}\boldsymbol{\phi}(\boldsymbol{x}_j) \tag{7-62}$$

由式（7-62）可知，$\boldsymbol{x}_i$ 和 $\boldsymbol{x}_j$ 在特征空间的内积等于它们在原始空间通过核函数 κ 计算的结果。因此式（7-61）变为

$$\max_{\alpha}\left[\sum_{i=1}^{m}\alpha_i-\frac{1}{2}\sum_{i=1}^{m}\sum_{j=1}^{m}\alpha_i\alpha_j y_i y_j \kappa(\boldsymbol{x}_i,\boldsymbol{x}_j)\right]$$

$$\text{s. t. } \sum_{i=1}^{m}\alpha_i y_i=0$$

$$\alpha_i\geqslant 0, i=1,2,\cdots,m \tag{7-63}$$

求解后得到

$$f(\boldsymbol{x})=\boldsymbol{w}^{\mathrm{T}}\boldsymbol{\phi}(\boldsymbol{x})+b=\sum_{i=1}^{m}\alpha_i y_i \boldsymbol{\phi}(\boldsymbol{x}_i)^{\mathrm{T}}\boldsymbol{\phi}(\boldsymbol{x})+b=\sum_{i=1}^{m}\alpha_i y_i \kappa(\boldsymbol{x},\boldsymbol{x}_i)+b \tag{7-64}$$

在此基础上 SVR 问题可表示为

$$\min_{\boldsymbol{w},b} \frac{1}{2}\|\boldsymbol{w}\|^2+C\sum_{i=1}^{m}l_\epsilon\left[f(\boldsymbol{x}_i)-y_i\right] \tag{7-65}$$

式中：C 为正则化函数；l_ϵ 为 ϵ-不敏感损失（ϵ-insensitive loss）函数，表示为

$$l_\epsilon(z)=\begin{cases} 0, & \text{if}|z|<\epsilon \\ |z|-\epsilon, & \text{otherwise} \end{cases} \tag{7-66}$$

引入松弛变量 ξ_i 和 $\hat{\xi}_i$，将上式重写为

$$\min_{w,b,\xi_i,\hat{\xi}_i} \frac{1}{2}\|w\|^2+C\sum_{i=1}^{m}(\xi_i+\hat{\xi}_i)$$

$$\text{s. t. } f(\boldsymbol{x}_i) - y_i \leqslant \in + \xi_i$$

$$y_i - f(\boldsymbol{x}_i) \leqslant \in + \xi_i$$

$$\xi_i \geqslant 0, \hat{\xi}_i \geqslant 0, i = 1, 2, \cdots, m \tag{7-67}$$

值得一提的是，因为希望样本映射到高维特征空间后是线性可分的，所以特征空间的好坏对支持向量回归的性能至关重要。在核方法中，核函数的选择对支持向量回归的性能很重要。核函数列举如下：

1）多项式核函数：$\kappa(\boldsymbol{x}_i, \boldsymbol{x}_j) = [\boldsymbol{x}_i^\mathrm{T} \boldsymbol{x}_j + c]^n$。

2）高斯径向基核函数：$\kappa(\boldsymbol{x}_i, \boldsymbol{x}_j) = \mathrm{e}^{(-\gamma \|\boldsymbol{x}_i - \boldsymbol{x}_j\|^2)}$。

3）Sigmoid 核函数：$\kappa(\boldsymbol{x}_i, \boldsymbol{x}_j) = \tanh(\gamma \boldsymbol{x}_i^\mathrm{T} \boldsymbol{x}_j + c)$。

4）线性核函数：$\kappa(\boldsymbol{x}_i, \boldsymbol{x}_j) = \boldsymbol{x}_i^\mathrm{T} \boldsymbol{x}_j$。

此外，核函数还可以通过函数组合得到。如果 k_1 和 k_2 是核函数，则下列函数也是核函数：①$\gamma_1 k_1 + \gamma_2 k_2$，其中 $\gamma_1 \geqslant 0$ 和 $\gamma_2 \geqslant 0$；②$k_1 k_2$；③$p(k_1)$，其中 p 为 k_1 的多项式；④e^{k_1}。

下面对具体的求解步骤加以说明。针对软间隔目标进行优化，引入拉格朗日乘子 $\mu_i \geqslant 0$，$\hat{\mu}_i \geqslant 0$，$\alpha \geqslant 0$，$\hat{\alpha} \geqslant 0$，得到下面的拉格朗日函数

$$L(\boldsymbol{w}, b, \alpha, \hat{\alpha}, \xi, \hat{\xi}, \mu, \hat{\mu}) = \frac{1}{2} \|\boldsymbol{w}\|^2 + C \sum_{i=1}^{m}(\xi_i + \hat{\xi}_i) - \sum_{i=1}^{m} \mu_i \xi_i - \sum_{i=1}^{m} \hat{\mu}_i \hat{\xi}_i$$

$$+ \sum_{i=1}^{m} \alpha_i [f(\boldsymbol{x}_i) - y_i - \in - \xi_i] + \sum_{i=1}^{m} \hat{\alpha}_i [y_i - f(\boldsymbol{x}_i) - \in - \hat{\xi}_i] \tag{7-68}$$

再令 $L(\boldsymbol{w}, b, \alpha, \hat{\alpha}, \xi, \hat{\xi}, \mu, \hat{\mu})$ 对 $\boldsymbol{w}, b, \xi_i, \hat{\xi}_i$ 的偏导都为零，可得

$$\boldsymbol{w} = \sum_{i=1}^{m}(\hat{\alpha}_i - \alpha_i)\boldsymbol{x}_i$$

$$0 = \sum_{i=1}^{m}(\hat{\alpha}_i - \alpha_i) \tag{7-69}$$

$$C = \alpha_i + \mu_i$$

$$C = \hat{\alpha}_i + \hat{\mu}_i$$

把式（7-69）代入式（7-68）得到 SVR 对偶问题，表示为

$$\max_{\alpha, \hat{\alpha}} \sum_{i=1}^{m} y_i(\hat{\alpha}_i - \alpha_i) - \in (\hat{\alpha}_i + \alpha_i) - \frac{1}{2} \sum_{i=1}^{m} \sum_{j=1}^{m}(\hat{\alpha}_i - \alpha_i)(\hat{\alpha}_j - \alpha_j)\boldsymbol{x}_i^\mathrm{T} \boldsymbol{x}_j$$

$$\text{s. t. } \sum_{i=1}^{m}(\hat{\alpha}_i - \alpha_i) = 0$$

$$0 \leqslant \hat{\alpha}_i, \alpha_i \leqslant C \tag{7-70}$$

上述过程满足的 KKT 条件为

$$\alpha_i[f(\boldsymbol{x}_i) - y_i - \in - \xi_i] = 0$$

$$\hat{\alpha}_i[y_i - f(\boldsymbol{x}_i) - \in - \hat{\xi}_i] = 0 \tag{7-71}$$

$$\alpha_i \hat{\alpha}_i = 0, \xi_i \hat{\xi}_i = 0$$

$$(C - \alpha_i)\xi_i = 0, (C - \hat{\alpha}_i)\hat{\xi}_i = 0$$

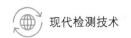

可以看出，当且仅当 $f(x_i)-y_i-\in-\xi_i=0$ 时，α_i 可以取非零值；当且仅当 $y_i-f(x_i)-\in-\hat{\xi}_i=0$ 时，$\hat{\alpha}_i$ 能取非零值。或者说，仅当样本不落入$\in$间的隔带中，响应的α_i和$\hat{\alpha}_i$才能取非零值。此外，约束 $f(x_i)-y_i-\in-\xi_i=0$ 和 $y_i-f(x_i)-\in-\hat{\xi}_i=0$ 不能同时成立，所以 α_i 和$\hat{\alpha}_i$ 至少一个为 0。

SVR 问题的解为

$$f(\boldsymbol{x})=\sum_{i=1}^{m}(\hat{\alpha}_i-\alpha_i)\boldsymbol{x}_i^{\mathrm{T}}\boldsymbol{x}+b \tag{7-72}$$

能使式（7-72）中的$(\hat{\alpha}_i-\alpha_i)\neq0$ 的样本即为 SVR 的支持向量，它们落在$\in$间的隔带之外。这时，SVR 的支持向量仅是训练样本的一部分，即其解仍具有稀疏性。

由 KKT 条件可看出，对每个样本都有$(C-\alpha_i)\xi_i=0$ 且$\alpha_i[f(x_i)-y_i-\in-\xi_i]=0$。于是，在得到$\alpha_i$ 后，若$0<\alpha_i<C$，则必有$\xi_i=0$，进而有

$$b=y_i+\in-\sum_{j=1}^{m}(\hat{\alpha}_j-\alpha_j)\boldsymbol{x}_j^{\mathrm{T}}\boldsymbol{x}_i \tag{7-73}$$

在实践中，采用更鲁棒的办法：选取多个或所有满足条件$0<\alpha_i<C$ 的样本求解b后取平均值。同样也可以引进核函数，则 SVR 的解可表示为

$$f(\boldsymbol{x})=\sum_{i=1}^{m}(\hat{\alpha}_i-\alpha_i)\kappa(\boldsymbol{x},\boldsymbol{x}_i)+b \tag{7-74}$$

7.3　软测量技术的应用

7.3.1　糖液过饱和度软测量

蔗糖厂制糖过程都必须先从甘蔗原料中提取蔗汁，然后经过澄清、蒸发、煮炼等工艺制成成品，其中煮炼工序的作用是使糖分从糖浆中结晶析出。而晶核的形成与晶体的生长对晶体的形态与数量均有密切的关系，将直接影响到产品的质量和数量。对蔗糖结晶过程有很大影响的是糖液的过饱和度和晶体含量。整个煮糖和助晶过程就是根据不同阶段的要求来控制过饱和系数。

传统的测量糖液过饱和系数的方法有三种：一种是利用特别的过饱和计算尺；第二种是利用电导仪测量糖膏的电导率；第三种是测量糖膏的折光率从而反映其过饱和度的变化规律。上述三种测量方法都具有一定的局限性。如果能用一些容易测量的变量（如温度、锤度等）估计出糖液的过饱和度，并且估计精度在一定的范围内，那么就可以用估计值来取代检测值。

锤度指的是糖液中固溶物的百分含量。通过分析发现，用折光计测量糖液的锤度可以间接地反映过饱和系数。温度对过饱和度的影响也不容忽视，但因为数据采集过程中，将温度固定在常规煮糖所用的温度，所以可以不将温度考虑进去。另外黏度、真空度等对过饱和度也有一定的影响，黏度在生产中很难测量，所以，根据软测量选择二次变量的原则，不适合作为二次变量。真空度在煮糖过程中一直保持在常值，并且真空度和温度不能同时控制。分析所有影响过饱和度的因素可知，锤度影响最大而且也容易测量。在建立软测量

272

模型的时候，把易测的量即锤度作为辅助变量。

实验中选用了 501 组数据，采用回归分析的方法，建立了过饱和度软测量模型，得到的过饱和度和锤度的关系为

$$\hat{y} = (0.4287x^5 - 1.6446x^4 + 2.5234x^3 - 1.9538x^2 + 0.7424x - 0.1139) \times 10^9$$

$$(7-75)$$

式中：$\hat{y}$ 为过饱和系数；x 为糖液的锤度。

7.3.2 火电厂烟气含氧量软测量

测量烟气含氧量的氧量分析仪使用寿命短、准确度不高，而且测量滞后较大，不利于过程的在线监视和提供在线闭环控制所需的反馈信号，从而直接影响经济燃烧。

对烟气含氧量软测量可以采用人工神经网络建立其软测量模型，软测量模型采用复合型前向神经网络（CFNN）结构。复合型前向神经网络模型如图 7-7 所示，该神经网络由一个具有隐层的三层前向网络 NN1 和一个不含隐层的线性前向网络 NN2 并联构成。不含隐层的前向网络在实现线性映射时非常快，多层前向网络则能实现非线性映射，因而 CFNN 具有快的收敛性和好的映射关系。NN1 隐节点的作用函数为 S 型函数 $f(x) =$

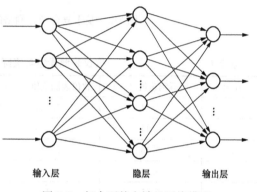

图 7-7 复合型前向神经网络模型

$\dfrac{1}{1+\mathrm{e}^{-x}}$，网络的权值 w_{ij}、h_j 和 c_i（$i = 1$、2、

…、n；$j = 1$，2，…、m）是根据线性样本集按照某种算法进行离线学习修正，以使误差函数最小而得到的。确定权值的过程即是神经网络的学习过程，一旦权值确定下来，则神经网络模型也就确定下来。

软测量模型中辅助变量的选择（即软测量模型的输入）应为能反映负荷、燃料、排烟、风量等对烟气含氧量有直接或隐含关系的可实时检测变量。因此，选择了主蒸汽流量、给水流量、燃料量、排烟温度、送风量、送风机电流、引风量、引风机电流等工艺参数作为软测量模型的输入，来估算出烟气含氧量。通过现场收集的数据作为训练样本以训练复合神经网络，训练目标函数为

$$\min_{w_{ij} \cdot h_j, c_i} E = \frac{1}{2N} \sum_{i=1}^{N} (y_i - \hat{y}_i)^2 \qquad (7-76)$$

式中：N 为训练样本数据组数；y_i 表示 O_2 测量值；$\hat{y}_i$ 表示软仪表输出值。

基于复合神经网络的烟气含氧量软测量系统结构如图 7-8 所示，TDL 表示带轴头的时间延迟线。利用某 20 万 kW 机组在 80% 负荷下连续采样实测的 100 组数据对神经网络模型进行训练和检验，训练好的网络即为软仪表模型。软仪表测量值与实际测量值的仿真结果比较见表 7-1。

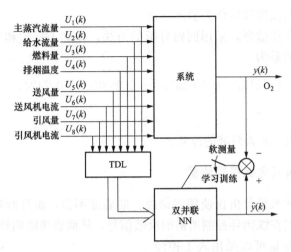

图 7-8　基于复合神经网络的烟气含氧量软测量系统结构

表 7-1　　　　　　　软仪表测量值与实际测量值的仿真结果比较

序号	实际测量值（%）	软仪表测量值（%）	序号	实际测量值（%）	软仪表测量值（%）
1	5.11	5.221	9	5.77	5.465
2	5.14	5.036	10	5.82	5.523
3	5.16	5.072	11	5.88	5.681
4	5.19	5.290	12	5.73	5.970
5	5.25	5.441	13	6.20	6.511
6	5.27	5.082	14	6.12	6.025
7	5.40	5.703	15	6.00	6.330
8	5.36	5.657	16	6.29	6.545

7.3.3　中速磨入炉煤量软测量

　　节能环保已成为当今社会最为关注的热点问题之一，降低煤炭的消耗量、提高能源的利用率是减少污染物排放量的一个重要途径。火电机组中直吹式的制粉系统在国内外的一些大型及中型的机组中应用广泛，其首要任务是在锅炉负荷发生变化时，保证磨煤机能够跟随它的变化连续均匀地给炉膛提供一定质量和数量的煤粉，以保障锅炉能够安全经济地燃烧。在直吹式制粉系统中，反映锅炉燃烧热效率的一个重要参数就是锅炉入炉煤量值。以前用于统计煤粉消耗量的常用方法是在原煤碾磨前，利用运输皮带上安装的电子秤对皮带上的煤粉进行称重。但由于磨煤机碾磨后会有一部分煤粉囤积在磨煤机内，所以皮带秤称得的质量并不能准确及时地反映锅炉的耗煤量。只有直接进入炉膛的煤粉量即入炉煤量才能最准确地反映锅炉的煤耗量及燃烧热效率，因此入炉煤量的准确及时测量非常必要。

　　对煤粉质量流量的测量有光学法、温度法、速度-压差法、煤粉流量计等，但是由于电站的锅炉机组运行过程中测量环境较复杂，装置的适应能力较弱等多种原因的影响，将上述方法实用化存在一定难度。针对中速磨制粉系统中的入炉煤量难以准确测量问题，可以采用基于支持向量机的软测量技术来实现入炉煤量的测量。基于支持向量机的入炉煤量软测量框架如图 7-9 所示。下面介绍其具体的实现过程。

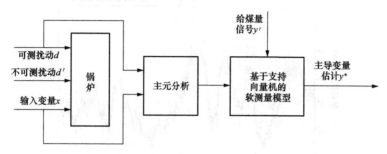

图 7-9 基于支持向量机的入炉煤量软测量框架

1. 辅助变量的选择

对入炉煤量软测量中选择辅助变量时，在不考虑煤质发生变化的情况下，主要考虑影响煤粉量流速和浓度的一些过程变量。

首先，基于机理分析初步确定辅助变量；然后，利用相关性分析，对各个辅助变量与瞬时给煤量的相关系数进行计算；最后，利用计算结果选定辅助变量。最终选定的辅助变量有给煤机转速、磨煤机的电流、磨煤机的进出口差压、磨碗上下压差、一次风量、一次冷风阀门开度、一次热风阀门开度、一次风压、磨煤机入口风温、磨煤机出口混合物温度。

2. 数据预处理

（1）误差处理及标准化处理。电厂采集的数据中的误差可以分为过失误差和随机误差两类。对过失误差处理选择的是拉依达准则（3σ 准则）。由于测量噪声的出现，测量数据曲线在不同时间段内会在某一值附近上下跳跃并且会呈现出锯齿状，这时采用滑动平均滤波法处理。具体做法：先限制每次滤波的个数为 N，当有新的需要滤波的数据进来时，把新值放在末尾，每一个数据向前移动一位并舍弃队首，保持每次滤波的样本个数为 N，每次只对更新后的 N 个数据进行求取平均值，这样可以保证每有新的样本加入时，就有新的滤波值，其数学表达式为

$$\overline{x}_n = \frac{1}{N}\sum_{i=0}^{N-1} x_{n-i} \qquad (7-77)$$

式中：$\overline{x}_n$ 是第 n 次采样滤波得到的输出值。

滑动平均滤波法的适合条件：被测信号带有随机干扰且被测信号在小范围内是存在一个均值的，而且该信号会在某一值上下波动。滑动均值滤波前后的磨煤机电流如图 7-10 所示，图中约有 1000 多个样本点，由图 7-10 可知经过随机误差处理后数据品质会得到明显地改善。

未经过处理的各个辅助变量之间单位不同，测量范围也不尽相同。为了避免不同的过程变量间由于量纲、量值大小对软测量结果的影响，需要对变量进行归一化处理。归一化计算如下

$$x' = \frac{x - \mu}{\sigma} \qquad (7-78)$$

式中：x' 为标准化后的新数据；x 为原始数据；μ 为均值；σ 为标准差。

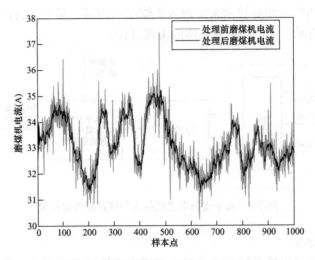

图 7-10   滑动均值滤波前后的磨煤机电流

归一化前后的部分数据如图 7-11 所示，图 7-11 中（b）的归一化通过利用样本的均值和标准差对原始样本进行变换，使其符合均值是 0、标准差是 1 的标准正态分布样本，这种标准化方法并不会使数据的分布特性发生变化。

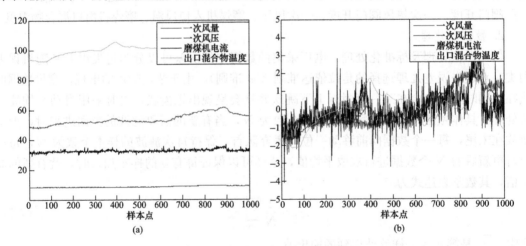

图 7-11   标准化前后的部分数据
(a) 归一化处理前；(b) 归一化处理后

（2）辅助变量的降维处理。由于选择的辅助变量数目较多，而且有些辅助变量间会有相关性，如一次风量和一次热风的阀门开度，为了降低建立软测量模型难度及多个辅助变量间信息的抽取，采用主元分析技术（PCA）对数据预处理后的辅助变量进行处理，具体做法见 7.2.2。

训练样本实现上述计算，得到经 PCA 运算后训练数据中各个主元的贡献率大小，PCA计算后每个主元的贡献率如图 7-12 所示。在预测前，只需要把原测试数据和变换矩阵 $P_{m \times k}$相乘即可得到降维后的测试数据。

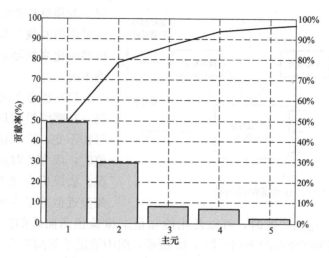

图 7-12 PCA 计算后每个主元的贡献率

3. 支持向量机建模

在入炉煤量的软测量过程中选取的是回归问题中最常用的 ε-SVR 模型，有线性核函数、多项式核函数、sigmoid 核函数和径向基核函数四种核函数可选。为确定合适的核函数，在磨煤机的稳态工况下，首先选取多组不同的训练数据和测试数据，对每组实验数据在不同的核函数下进行回归预测实验，并分析实验结果，将多次的实验结果进行取均值计算，不同核函数对应的预测结果的误差值见表 7-2。

表 7-2　　　　　　　　　不同核函数对应的预测结果的误差值

核函数	均方误差（t/h）	煤量平均误差量（t/h）
径向基核函数	0.038	0.614
线性核函数	0.043	0.838
Sigmoid 核函数	0.184	1.201
多项式核函数	0.206	1.026

经过实验验证并对比实验结果，最终选择径向基核函数。

当支持向量机解决回归问题时，参数选取的好坏会直接影响到建立的模型预测结果的好坏程度，故支持向量机中的参数优化有着至关重要的意义。这里的参数主要有参数 γ 与误差惩罚项 C，两者对支持向量机性能的好坏有重要影响，因此，为了得到高精度的预测回归模型，运算过程中对两参数的优化选择是十分必要且重要的。由于训练数据样本量比较大，首先利用实验法确定两参数的区间范围，其次利用网格法分别对网格中所有可能的组合进行预测回归实验并记录对应的均方误差值。经分析可知最好的参数组合为（2.828，0.707）。

4. 建模后的模型校正

对模型的校正采用模型的输出校正和参数校正相结合的方法，软测量模型的校正如图 7-13 所示。

5. 入炉煤量软测量结果及分析

实验中的数据来自某电厂 2×350MW 机组 DCS 历史数据库中的数据。预测分为稳态工

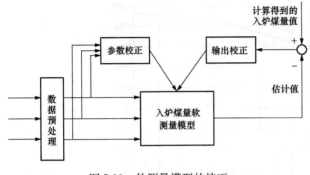

图 7-13　软测量模型的校正

况下的预测和非稳态工况下的预测，这里采用监视磨煤机出口混合物温度的变化来判断磨煤机是否处于稳态工况。

（1）稳态工况下入炉煤量的预测。在磨煤机出口混合物温度基本保持不变，给煤量也基本维持一定值时，认为此时磨煤机处于稳态工况。磨煤机在此工况下运行时，给煤量近似等于入炉煤量，磨煤机内部的存煤维持为一定值。此时，可以使用给煤量来检验预测曲线的好坏。60％、70％、80％稳态负荷下预测结果如图 7-14～图 7-16 所示，图中给出了不同稳态负荷下磨煤机入炉煤量的真实值和预测值，不同稳态负荷下的预测结果的误差值见表 7-3。

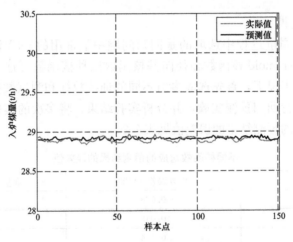

图 7-14　60％稳态负荷下预测结果

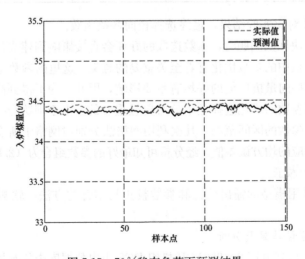

图 7-15　70％稳态负荷下预测结果

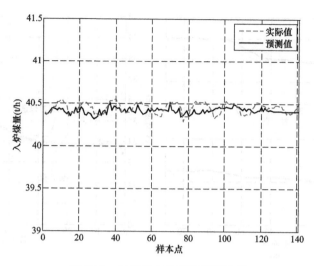

图 7-16　80％稳态负荷下预测结果

表 7-3　　　　　　　　　　　　不同稳态负荷下的预测结果的误差值

负荷	均方误差（t/h）	平均误差（%）	最大误差（%）	预测煤量误差均值（t/h）
60％稳态负荷	0.0011	0.03	0.26	0.09
70％稳态负荷	0.0025	0.04	0.33	0.12
80％稳态负荷	0.0046	0.05	0.36	0.14

由表 7-3 可以看出，磨煤机稳态运行时，采用支持向量机建立的软测量模型对磨煤机的稳态工况的入炉煤量预测精度较高，可以及时地跟踪入炉煤量的变化趋势，且拟合效果比较好。

（2）非稳态工况下入炉煤量的预测。磨煤机从一个稳态工况过渡到另一个稳态工况的过程中，在不考虑煤质的变化、煤粉细度的变化、磨受损情况及碾磨压力的变化的情况下，分析影响磨煤机工况变化（即入炉煤量发生变化）的主要因素有给煤量发生变化、一次风量发生变化、磨煤机的入口风温发生变化。其他变量的变化都可以直接或间接地反映到这三个变量的变化上。在给煤量、一次风量及磨煤机入口风温发生大幅度波动的情况下，做分析计算，并通过软测量模型得到相应情况下的入炉煤量的预测值。给煤量增大、减小时的预测结果如图 7-17 和图 7-18 所示，给煤量变化时预测结果的误差值见表 7-4。

表 7-4　　　　　　　　　　　　给煤量变化时预测结果的误差值

给煤量变化	均方误差（t/h）	平均误差（%）	最大误差（%）	预测煤量误差均值（t/h）
给煤量减少	0.155	0.97	4.31	0.28
给煤量增加	0.039	1.53	0.51	0.16

磨煤机在非稳态工况下运行时，软测量的估计值基本能够跟踪入炉煤量真实值的变化。预测的平均误差控制在 1％之内，最大的预测误差值为 4.31％，预测的入炉煤量误差平均值基本为 0.2t/h，能够满足工业控制要求。

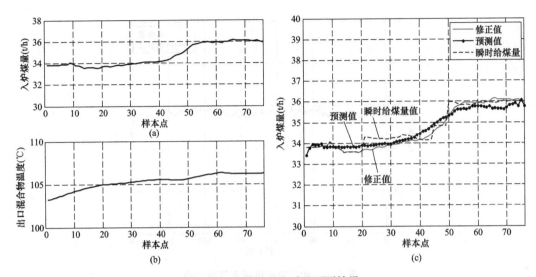

图 7-17　给煤量增大时的预测结果

（a）给煤量增大时的入炉煤量值变化；（b）给煤量增大时的出口混合物温度变化；

（c）给煤量增大时的入炉煤量的预测值和实际值变化

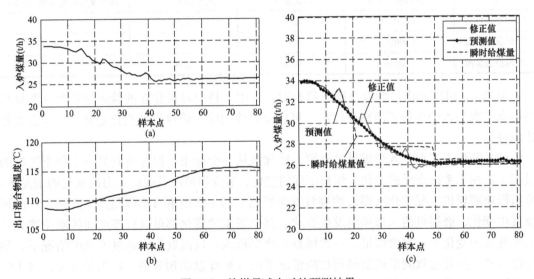

图 7-18　给煤量减小时的预测结果

（a）给煤量减小时的入炉煤量值变化；（b）给煤量减小时的出口混合物温度变化；

（c）给煤量减小时的入炉煤量的预测值和实际值变化

习　　题

1. 什么是软测量技术？有哪些优点？它主要包括哪几方面内容？

2. 名词解释：主导变量、辅助变量、软测量模型、软仪表。

3. 简述软仪表设计的一般方法。

4. 软仪表中辅助变量选取的基本原则是什么？

5. 软测量模型的建模方法有哪几种？简述基于回归分析的软测量技术原理，列举一个应用回归分析方法建立软测量模型的实例。

6. 简述基于人工神经网络的软测量技术原理，列举一个应用人工神经网络建立软测量模型的实例。

7. 简述基于支持向量回归的软测量技术原理，列举一个应用支持向量回归方法建立软测量模型的实例。

8. 对软测量模型进行在线校正的方法有哪些？

第8章 量子传感技术

在 1963 年第 11 届国际计量大会上，国际计量局（BIPM）提出用光波波长取代实物基准米原器，使米的计量准确度提高到 10^{-9} 量级，从此，基本计量单位进入了量子计量基准的时代。量子计量基准的核心是量子传感技术。目前，在 7 个国际计量单位（米、千克、秒、安培、开尔文、坎德拉、摩尔）中，具有最高准确度的量子计量基准是时间频率基准，已达 1×10^{-16} 量级。

8.1 概　　述

8.1.1 量子传感技术的优势

从某种意义上讲，人类社会的发展进程就是测量技术不断进步的过程，而测量技术的核心就是追求更高的精度。当前，最精密的测量仪器是激光干涉仪引力波天文台（LIGO），利用它人类首次观测到了引力波事件，代表了人类当前最高的测量本领。如何进一步提高测量精度，科学家们不约而同地把目光聚向基于量子力学的量子精密测量技术。一般情况下可以通过两种方式来提高测量精度：第一种是制备和利用分辨率更高的"尺子"，例如从早期的用手或者脚等的长度作为尺子，到目前通常使用的游标卡尺甚至是激光尺子等，人类对空间尺度的测量精度得到了大大的提高；第二种方式是通过多次重复测量减少测量误差，提高测量精度。根据数学上的中心极限定理可知，重复 N 次（N 远大于 1）独立的测量，其测量的结果满足正态分布，而其测量的误差就可以达到单次测量的 $1/N$。因此，测量精度也就提高到单次测量的 N 倍，这也就是我们经常说的经典力学框架下的测量极限——散粒噪声极限。

近年来，人们发现利用量子力学的基本属性，例如量子相干、量子纠缠、量子统计等特性，可以实现突破经典散粒噪声极限限制的高精度测量。因此，基于量子力学特性实现对物理量的高精度测量称为量子精密测量或者量子传感。在量子传感中，电磁场、温度、压力等外界环境直接与电子、光子、声子等体系发生相互作用并改变它们的量子状态，最终通过对这些变化后的量子态进行检测，实现外界环境的高灵敏度测量。而利用当前成熟的量子态操控技术，可以进一步提高测量的灵敏度和精度。因此，这些电子、光子、声子等量子体系就是一把高灵敏度的量子"尺子"——量子传感器。更重要的是，量子纠缠还可以进一步提高测量灵敏度。如果让 N 个量子"尺子"的量子态处于一种纠缠态上，外界

环境对这 N 个量子"尺子"的作用将相干叠加，使得最终的测量精度达到单个量子"尺"的 $1/N$。该精度突破了经典力学的散粒噪声极限，并提高了 N 倍，是量子力学理论范畴内所能达到的最高精度——海森伯极限。现阶段已经在光子、离子阱和超导等物理系统中构造该最大纠缠态，实现了对相位测量等物理量测量的实验演示，突破了经典测量极限，逼近或达到海森伯极限。而在数年前，激光干涉仪引力波天文台就利用光子的压缩态实现了噪声的压制，完成了突破经典极限的相位测量，该方案也是下一代激光干涉仪引力波天文台的重要测量方式。

8.1.2　量子传感的原理及实现过程

量子传感（quantum sensing）并无统一的严格定义，一般来说，通过量子系统、量子性质（如叠加态和纠缠态）或量子现象来实现或增强物理量灵敏测量都可称为量子传感。实现量子传感的典型物理系统包括超导量子干涉器件、原子系统（冷原子、热原子、里德伯原子）、离子、自旋、光子，以及光力复合系统等。

量子传感器是以量子力学为指导，以光子、原子等量子系统作为传感介质，利用量子效应设计的传感器件。例如，一些量子传感器使用原子感知变化，这是因为原子可以被精确地控制和测量。在量子理论中，诸如原子一类的粒子的波状运动特性，使其可以进行空间扩展，量子在叠加状态下会变得对周围环境十分敏感，这一特征是其被用作精密传感器的关键。

量子传感技术的发展，一方面得益于量子信息处理的快速发展，这些物理系统的量子态相干调控理论和实验技术已相对成熟；另一方面这些系统量子态对特定的物理量极其敏感，提供了实现灵敏物性测量的机制。

典型的量子传感过程可分解为 3 个部分。首先是量子态制备，即需要初始化量子传感器的状态，将其确定地制备到初始量子态上，如量子叠加态 $\frac{1}{\sqrt{2}}(|\uparrow\rangle+|\downarrow\rangle)$。随后是与待测对象的相互作用，这个阶段待测系统的存在会影响传感器的量子态演化，形成一个包含待测信息的末态。例如，一个自旋叠加态在磁场下演化时间 t 得到的末态 $\frac{1}{\sqrt{2}}(|\uparrow\rangle+\mathrm{e}^{i\varphi}|\downarrow\rangle)$ 中，其相位信息 $\varphi=\omega t=\gamma Bt$ 由外磁场 γ 和演化时间 t 决定。最后，还需要将量子态进行读出和分析，以得到待测物理量。对于上面的例子，已知 t 和测量所得的 φ 就能算出磁场 B。需要注意的是，实现量子传感的这 3 个部分可以顺序执行，也可以并行地执行。

量子传感需要量子态与待测对象的相互作用来获取待测信息。在充分利用量子叠加、量子纠缠的基础上，量子传感可实现极高的信息感知灵敏度，能实现一些经典探测方案无法完成的测量任务，展现出显著的量子优越性。量子传感器的组成及原理框架如图 8-1 所示，它主要由产生信号的敏感元件和信号处理部分组成。其中敏感元件是传感器的核心，其利用的是量子效应。

8.1.3　量子传感器的应用场合

作为新兴的研究领域，量子传感是量子信息技术中除了量子计算、量子通信以外的重

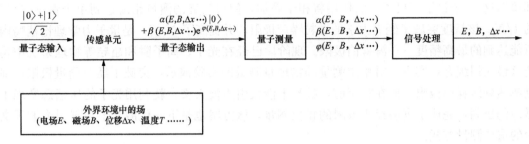

图 8-1　量子传感器的组成及原理框架

要组成部分。量子传感除了可以突破经典力学极限的超高测量精度，还可以利用量子关联来抵抗一些特定噪声的干扰。当前，利用电子、光子、声子等量子体系已经可以实现对时间（频率）、电磁场、温度、压力、惯性等物理量的高精度量子测量，实验演示了量子超分辨显微镜、量子磁力计、量子陀螺等，并应用在化学材料、生物医学等相关学科研究中。随着相关技术的逐渐成熟，未来几年即将实用化的量子传感技术将在国计民生方面得到广泛应用。

　　目前，国内外相关研究的主要实验体系可分为以下 4 种：①冷原子传感器；②金刚石氮-空位（NV）色心传感器；③超导量子干涉器件（SQUID）；④无线量子传感器。各种类又可以进一步划分为不同形式的装置，量子传感器的分类如图 8-2 所示。

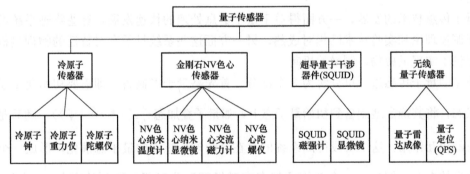

图 8-2　量子传感器的分类

8.2　超导量子干涉器件

　　超导量子干涉器件（superconducting quantum interference device，SQUID）是 20 世纪 60 年代中期发展起来的一种磁敏传感器。它是以约瑟夫森效应为理论基础，用超导材料制成的在超导状态下检测外磁场变化的一种新型磁测装置。就其功能而言，SQUID 是一种磁通传感器，可用来测量磁通及可转变成磁通的其他物理量，如电流、电压、电阻、电感、磁感应强度、磁场梯度、磁化率、温度及位移等。由于 SQUID 的灵敏度取决于其内在的超导量子干涉机理，它可以测量到其他仪器无法感知的微弱电磁信号。目前，低温 SQUID 的磁场灵敏度达到 1×10^{-15} T（地磁场强度约为 5×10^{-5} T），高温 SQUID 达到 1×10^{-14} T。

8.2.1 SQUID 磁传感器的物理基础

由固体物理学知识可知，某些物质（如锡、铅等 27 种元素）和许多合金（如铌、钛等），在温度降到一定数值以下时，其电阻率不是按一定规律均匀地减小而趋近于零，而是骤降到零。导体从具有一定电阻值的正常态转变为电阻值突然为零时所对应的温度，称作临界温度，其值一般为 3.4～18K。近几年出现的钡钇铜氧等高温超导材料，临界温度高达 100K 以上。

由于电子等微观粒子具有波粒二象性，当两块金属被一层厚度为几十至几百埃的绝缘介质隔开时，电子等都可穿越势垒而运动。加电压后，可形成隧道电流，这种现象称为隧道效应。

超导体中存在两类电子，即正常电子和超导电子对。超导体中没有电阻，电子流动将不产生电压。如果在两个超导体中间夹一个很厚的绝缘层（大于几百纳米）时，无论超导电子还是正常电子均不能通过绝缘层，此时所连接的电路中没有电流。如果绝缘层的厚度减小到几百埃以下时，在绝缘层两端施加电压，则正常电子将穿过绝缘层，电路中出现电流，这种电流称为正常电子的隧道效应。正常电子的隧道效应除了可以用于放大、振荡、检波、混频外，还可用于微波、压毫米波辐射的量子探测等。

当超导隧道结的绝缘层很薄（约为 1nm）时，超导电子也能通过绝缘层，宏观上表现为电流能够无阻地流通。当通过隧道的电流小于某一临界值（一般在几十微安至几十毫安）时，在结上没有压降。若超过该临界值，在结上出现压降，这时正常电子也能参与导电。在隧道结中有电流流过而不产生压降的现象称为直流约瑟夫森效应，这种电流称为直流约瑟森电流。若在超导隧道结两端加一直流电压，在隧道结与超导体之间将有高频交流电流通过，其频率与所加直流电压成正比，比例常数为 483.6MHz/μV。这种高频电流能向外辐射电磁波或吸收电磁波，这种特性称为交流约瑟夫森效应。

由于发生约瑟夫森效应的约瑟夫森结（也称为隧道结）能而且只能让较小的超导电流通过，结两侧的超导体具有某种弱耦合，所以称为弱连接超导体。

超导弱连结示意图如图 8-3 所示。它是两块超导体中间隔着一厚度仅 10～30Å（埃）的绝缘介质层而形成的"超导体-绝缘层-超导体"的结构，通常称这种结构为超导弱连结，也称约瑟夫森结，中间的薄层区域称为结区。这种超导隧道结具有特殊而有用的性质。

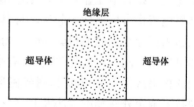

图 8-3 超导弱连结示意图

对直流约瑟夫森效应，只要该超导电流小于某一临界电流 I_c，就始终保持此零电压现象，I_c 称为约瑟夫森临界电流。I_c 对外磁场十分敏感，甚至地磁场可明显地影响 I_c。

超导结的典型 I_c-H 关系曲线如图 8-4 所示，临界电流 I_c 随外磁场 H 的逐渐加大而周期地起伏变小。没有磁场时，超导结的临界电流 I_c 最大，随着外磁场的增加，超导结的临界电流下降到零；以后又随磁场 H 增大，临界电流又恢复到极大值（小于 $H=0$ 时的 I_c 极大值）。磁场 H 再增大时，I_c 又下降到零值。如此依次下去，磁场 H 越大，I_c 起伏的次数越多，I_c 的幅值也越来越小。

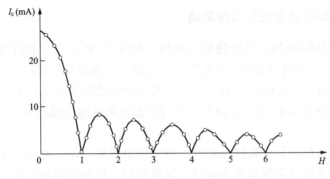

图 8-4 超导结的典型 I_c-H 关系曲线

根据量子力学理论分析得到，在外磁场作用下，超导结允许通过的最大超导电流 I_{max} 与 Φ 的关系式为

$$I_c(\Phi) = I_c(0) \left| \frac{\sin \frac{\Phi}{\Phi_0}\pi}{\frac{\Phi}{\Phi_0}\pi} \right| \tag{8-1}$$

式中：Φ 为沿介质层及其两侧超导体边缘透入超导结的磁通量；Φ_0 为磁通量子；$I_c(0)$ 为没有外磁场作用时，超导结的临界电流。

式（8-1）说明，临界电流 $I_c(\Phi)$ 是透入超导结的磁通量 Φ 的周期函数，周期是磁通量量子 Φ_0。当 $\Phi = 0$、$\frac{3}{2}\Phi_0$、$\frac{5}{2}\Phi_0$、$\cdots$、$\frac{2n+1}{2}\Phi_0$ 时，临界电流达到的最大值逐渐减小；当 $\Phi = \Phi_0$、$2\Phi_0$、$3\Phi_0$、$\cdots$、$n\Phi_0$ 时，临界电流等于零。这种情况非常类似于光的干涉，由此可表明超导电流与相位相关，具有相干性。

超导结临界电流随外加磁场而周期起伏变化的原理，可以用于测量磁场中。例如，图 8-3 中，若在超导结的两端接上电源，电压表无显示时，电流表所显示的电流为超导电流；电压表开始有电压显示时，则电流表所显示的电流为临界电流 I_c，此时，加入外磁场后，临界电流将有周期性的起伏，且其极大值逐渐衰减；振荡的次数 n 乘以磁通量子 Φ_0，可得到透入超导结的磁通量 $\Phi = \Phi_0$。而磁通量 Φ 和磁场 H 成正比关系，如果能求出 Φ，磁场 H 即可求出。同理，若外磁场 H 有变化，则磁通量 Φ 亦随之变化，在此变化过程中，临界电流的振荡次数 n 乘以 Φ_0 即得到磁通量 Φ，亦即反映了外磁场变化的大小。因而，可利用超导技术测定外磁场的大小及其变化。

测量外磁场的灵敏度与测定振荡的次数 n 的精度及 Φ 的大小有关。设 n 可测准至一个周期的 $1/100$，则测得 Φ 最小的变化量应为 $\Phi_0/100 = 2 \times 10^{-11}$ T·cm²。

若假设磁场在超导结上的透入面积为 Ld（L 是超导结的宽度，一般约为 0.1mm；d 是磁场在介质层及其两侧超导体中透入的深度），如对 Sn-SnO-Sn 结来说，锡的穿透深度 $\lambda = 500$Å，则 $d = 2\lambda = 1000$，于是，$Ld = 0.01 \times 1 \times 10^{-5} = 1 \times 10^{-7}$（cm²）。这里临界电流的起伏周期是磁通量子 Φ_0，$\Phi_0 = 2 \times 10^{-11}$ T·cm²，对于透入面积 Ld 为 1×10^{-7} cm² 的锡结而言，临界电流的起伏周期为 $\frac{\Phi_0}{Ld} = \frac{2 \times 10^{-11}}{1 \times 10^{-7}} = 2 \times 10^{-4}$（T）。

想办法准确测量到一个周期的 1/100，也只能达到 0.02×10^{-4} T 的灵敏度。很明显，测量磁场灵敏度太低，没有实用价值，灵敏度不高的原因是磁场透入超导结的有效面积 Ld 太小，只检测了很小一部分磁通量，要使磁测灵敏度提高，必须设法扩大磁场透入超导结的有效面积。

目前使用的超导量子干涉器件（SQUID），能够用来扩大磁场的有效面积，并使测磁灵敏度高达 10^{-15} T 量级，使超导技术得到实际应用。

8.2.2 SQUID 磁传感器的工作原理

超导量子干涉器件（SQUID）是指由超导弱连结和超导体组成的闭合环路，其临界电流是环路中外磁通量的周期函数，周期为磁通量子 Φ_0，它具有宏观干涉现象。量子干涉器件有射频超导量子干涉器件（RF SQUID）和直流超导量子干涉器件（DC SQUID）两种类型。

1. RF SQUID

RF SQUID 是含有一个弱连结的超导环，当超导环被适当大小的射频电流偏置后，会呈现一种宏观量子干涉效应。RF SQUID 传感器结构示意图如图 8-5 所示。超导环工作时，需要一个谐振电路通过互感向其提供能量，同时反映外部磁通变化的电压信号也通过该谐振电路输出。

超导环不发生磁通量跃迁时，不消耗能量，处于稳定状态，谐振电路不向超导环提供能量，谐振

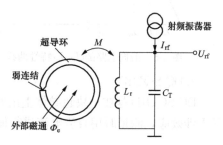

图 8-5 RF SQUID 传感器结构示意图

电路两端的电压幅度随着电流幅度的增大而增大。若超导环发生磁通量跃迁，谐振电路则向超导环提供其消耗的能量，此时，谐振电路两端电压幅度不随电流幅度的增大而增大，基本保持一水平状态。谐振电路的 U_{rf}-I_{rf} 特性曲线如图 8-6 所示，设射频电流幅度 I_{rf} 从 0 开始增大，超导环内射频磁通量幅度为 $\Phi_{rf} = MQI_{rf}$，射频电压幅度 $U_{rf} = Q\omega L_T I_{rf}$ 也从 0 开始增大，这时超导环中感应电流 I_s 产生的感应磁通量 $L_s I_s$ 起到抵消作用，使得总磁通量 Φ 缓慢增大，在感应电流小于超导环临界电流 I_c 之前，超导环不发生磁通量跃迁，谐振电路处于稳定状态，U_{rf} 随着 I_{rf} 线性增大，如图 8-6 中的 OA 段。在 A 点处，I_{rf} 继续增加，超导环因发生磁通量跃迁而消耗能量，消耗的能量通过互感从谐振电路获得，此时 U_{rf} 和 I_{rf} 发生振荡，但振荡的幅度很小，U_{rf} 基本维持为一个常数，表现为图 8-6 中的 AC 段。在 C 点处，谐振电路能量得到补充，U_{rf} 将继续上升，重复 OA 段的步骤。以此类推，U_{rf}-I_{rf} 特性曲线就会形成一个个台阶。如果 $\Phi_e = (n+1/2)\Phi_0$，发生第一次跃迁时，所需的射频偏置电流 I_{rf} 就会减小，台阶提前出现，表现为图 8-6 中的 $OA'B'C'E'$ 段。

若选择一射频电流的幅值 I_{rf}，使其在 I_A 和 I'_B 之间，则当 Φ_e 发生变化时，U_{rf} 便在 U_A 和 U'_A 之间变化，出现一周期性变化的三角波曲线，三角波周期为一个磁通量子 Φ_0，谐振电路的 U_{rf}-Φ_e 特性曲线如图 8-7 所示。RF SQUID 工作时，选择合适的射频偏置电流，将待测的外界磁场信号变化为电压信号，并以适当的方式读出该电压信号，从而计算出被测磁场值。

U_{rf}-Φ_e 三角波振幅称为电压调制深度，表示为

$$\Delta U = U_A - U_{A'} = \frac{\omega L_T}{M} \times \frac{\Phi_0}{2} \qquad (8\text{-}2)$$

U_{rf}-Φ_e 三角波斜率即磁通量灵敏度，表示为

$$\frac{\Delta U_{rf}}{\Delta \Phi_e} = \frac{\pm \Delta U}{\Phi_0/2} = \pm \frac{\omega L_T}{M} = \pm \frac{\omega}{k} \sqrt{\frac{L_T}{L_s}} \qquad (8\text{-}3)$$

式中：k 为谐振电路线圈和超导环之间的耦合系数。

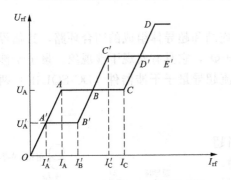

图 8-6　谐振电路的 U_{rf}-I_{rf} 特性曲线

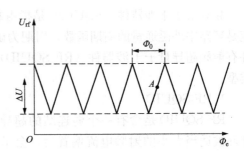

图 8-7　谐振电路的 U_{rf}-Φ_e 特性曲线

2. DC SQUID

DC SQUID 是在一块超导体上由两个超导隧道结构成的超导环。超导环中存在超导量子干涉效应，测量时用直流电流进行偏置。

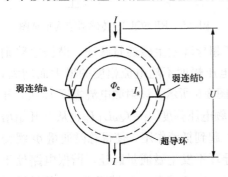

图 8-8　DC SQUID 结构示意图

DC SQUID 结构示意图如图 8-8 所示，在超导环中含有两个弱连结 a 和 b，设穿过超导环的外磁通量 Φ_e 为一个定值，当超导环被适当大小的直流电流 I 偏置后，会呈现宏观量子干涉效应，使得通过超导环的电流 I 和结两端的电压 U 呈现如图 8-9（a）所示的关系曲线，称为 I-U 特性曲线。当外加磁通 $\Phi_e = n\Phi_0$（n 为整数）时，I-U 特性曲线为上限位置，此时临界电流为最大 $I_{c(max)}$。当外加磁通 $\Phi_e = (n+1/2)\Phi_0$ 时，I-U 特性曲线为下限位置，对应的临界电流为最小 $I_{c(min)}$。当外加磁通 Φ_e 为其他值时，I-U 特性曲线为上、下限之间的某一位置。如果选择某一固定的偏置电流 I_b，则超导结两端的电压 U 随着外磁场呈周期性变化，周期为一个磁通量子 Φ_0，其关系曲线如图 8-9（b）所示，该曲线称为 U-Φ 特性曲线。周期性变化的电压 U 的幅度 $\Delta U = U_{max} - U_{min}$，为 DC SQUID 的电压调制深度，与偏置电流 I_b 的选取密切相关。DC SQUID 工作时，选择合适的偏置电流 I_b，将待测的外界磁场信号变化为电压信号，并以适当的方式读出该电压信号，从而计算出被测磁场值。

8.2.3　SQUID 磁传感器的检测方法

为了提高磁测灵敏度和输出信号的线性度，SQUID 磁传感器一般都采用磁通锁定环技

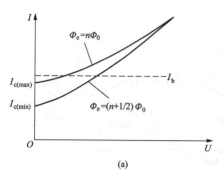
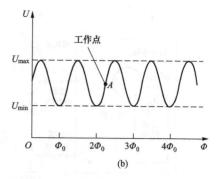

图 8-9　DC SQUID 的 I-U 特性曲线及 U-Φ 特性曲线

（a）DC SQUID 的 I-U 特性曲线；（b）DC SQUID 的 U-Φ 特性曲线

术（flux-locked loop，FLL）。

1. RF SQUID 读出电路

RF SQUID 读出电路结构框图如图 8-10 所示。射频信号发生器和可调衰减器在 RF SQUID 谐振电路线圈中产生用于其工作的射频偏置电流，当 RF SQUID 检测到外磁通量变化时，加在与其耦合谐振电路线圈上的射频信号被调制，被调制的信号经过定向耦合器，经由射频放大器放大后进入混频器，与射频信号发生器产生的本振信号进行相敏检波，检波后得到解调后的低频信号，经过低频放大器进一步放大后进入积分器，积分后输出一个与外磁通变化量成比例的电压信号。该电压经过反馈电路后形成反馈电流通入到 RF SQUID 谐振电路耦合线圈上，在 RF SQUID 内产生一个与外磁通变化量大小相等、方向相反的磁场，以抵消超导环内的外磁通变化，使得 RF SQUID 始终处于零磁通锁定状态。这样，积分器输出的电压值经过标定即可得到 RF SQUID 测定的磁场值。

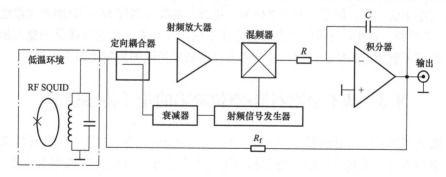

图 8-10　RF SQUID 读出电路结构框图

2. DC SQUID 读出电路

DC SQUID 读出电路结构框图如图 8-11 所示。电流源产生一恒定电流作为 SQUID 的偏置电流。当有外界磁场变化时，SQUID 输出电压信号，该电压信号经过放大后由积分器进行积分，并经过反馈电阻形成反馈电流通入到与 SQUID 耦合的一个反馈线圈中，反馈线圈产生的磁场用于补偿 SQUID 中外磁场的变化，使得 SQUID 中的总磁通量变化为零，这样外磁场变化即可通过积分器输出的电压信号经过标定来获得。

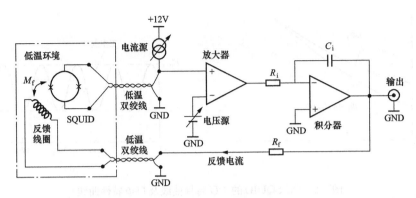

图 8-11　DC SQUID 读出电路结构框图

8.2.4　SQUID 磁传感器的应用

SQUID 磁敏传感器灵敏度极高，可达 T 量级；测量范围宽，可以从零场测量到数千特斯拉；响应频率可从零响应到几千兆赫兹。以上这些特性均是其他磁测传感器所望尘莫及的。因此，SQUID 在地球物理、固体物理、生物医学、生物物理、电流计、电压标准、超导输电、超导磁流体发电、超导磁悬浮列车等方面均得到广泛应用。以生物医学应用为例，心磁的本底噪声在 T 量级，峰-峰值在 T 量级，所以，SQUID 的灵敏度足够用于生物磁场的测量，而且也只有 SQUID 才能满足生物磁场的测量要求。

SQUID 磁测仪器要求在低温条件下工作，需要昂贵的液氦和制冷设备，这大大限制了 SQUID 的推广和使用。20 世纪 80 年代末以来，在研究高温超导材料热的推动下，出现了钡钇铜氧等高温超导材料，其转变温度已经超过 100K，使 SQUID 磁敏传感器在比较容易获得的液氮中正常工作。但是，由于工作温度提高，高临界温度 SQUID 的灵敏度略低于低临界温度 SQUID。另外，与低临界温度超导体不同，高临界温度超导体是陶瓷性的，延展性差，目前还不宜加工为线、带材，使高临界温度超导线圈的使用受到了限制。

8.3　基于金刚石氮-空位缺陷的量子传感技术

在固态量子体系中，金刚石氮-空位（nitrogen-vacancy，NV）色心是最有代表性的体系，由于其具有优越的光学性质、光学初始化能力及基于荧光的自旋探测等特点，NV 色心在量子计算、量子通信和量子传感领域都有广泛的应用。基于金刚石 NV 色心的量子精密测量是利用单自旋的量子干涉和量子跃迁现象对物理量进行精密测量的技术，可以在室温大气环境下实现极高的检测精度和纳米级的空间分辨能力，是一个蓬勃发展的新兴领域。该领域在近二十年的发展历程中，涌现了大量开创性的研究成果，比如纳米尺度的磁场探测、温度探测、电场探测和单自旋磁共振检测等。

8.3.1　金刚石 NV 色心性质简介

金刚石是由碳元素组成的单质，是碳元素的同素异形体之一（石墨烯、富勒烯、碳纳米管、朗斯代尔石等），是目前自然界存在的最坚硬的物质。根据金刚石中的氮杂质含量及光学、热、电性质的差异，通常可以将金刚石分为Ⅰ型和Ⅱ型金刚石，并可以进一步细分为Ⅰa、Ⅰb、Ⅱa、Ⅱb四种类型。Ⅰ型金刚石均含有一定数量的氮杂质（氮浓度约为0.1%），具有较好的热导率，电导率很低。天然金刚石中的98%都是Ⅰa型的（氮浓度约为0.3%），人工合成的金刚石大部分属于Ⅰb型（氮浓度约为0.05%）。Ⅱ型金刚石极少或几乎不含氮，天然金刚石中的1%~2%属于Ⅱa型。Ⅱb型金刚石虽然氮杂质含量非常低，但是含有较多的硼杂质，这使得Ⅱb型金刚石具有半导电性，可以作为半导体材料。

纯净的金刚石是无色透明的，然而自然界中的金刚石具有各种绚丽的色彩，这主要是由金刚石中含有的各种杂质和缺陷引起的。目前人们已知的金刚石中的发光缺陷有上百种，其中 NE8 色心、SiV 色心、NV 色心是常见的几种发光缺陷。

NE8 色心是在金刚石中一个碳原子被一个镍原子代替，并且在其邻近位置有 4 个氮原子。NE8 色心的荧光波长约为 800nm，在室温下其荧光线宽约为 1.2nm，荧光的绝大部分集中于零声子线，这主要是因为 NE8 色心的电子与声子的相互作用很弱。NE8 色心的荧光寿命大约为 11ns，这使得 NE8 成为一种优异的单光子源。然而由于可控备 NE8 色心的方法还不成熟，导致其应用受到了很大的限制。

SiV 色心是金刚石中的一个碳原子被一个硅原子代替，并且在其临近位置有两个空位。SiV 色心在室温下的零声子线在 738nm 左右。零声子线的半高宽大约 5nm，约有 70% 的荧光都集中在零声子线内。SiV 色心的激发态寿命只有 1.2ns 左右，因而有较高的荧光发射效率。在单光子源方面具备良好的潜力。

氮-空位（nitrogen-vacancy，NV）色心是金刚石中的一个碳原子被一个氮原子代替，并且在其邻近处有一个空位，NV 色心在金刚石晶格中的结构如图 8-12 所示。根据 NV 色心所带电子的不同，通常我们将 NV 色心分为 NV^0 和 NV^- 两种电荷态。NV^0 整体是呈现电中性的，而 NV^- 相对于 NV^0 多带一个电子，因而呈现负电性。因为对 NV^0 操控能力较弱，因此多数研究的色心指的是 NV^-。未做特殊说明后面讨论的都是 NV^- 的性质。NV 色心是顺磁杂质缺陷，NV^- 色心的荧光光谱的零声子线（zero phonon line，ZPL）为 1.945eV（637nm），同时在红外波段有一个红外 ZPL（1.190eV，1042nm）。由于 NV 色心与声子的

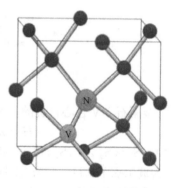

图 8-12　NV 色心在金刚石晶格中的结构

相互作用会导致其荧光有大约 100nm 的展宽。NV^0 色心的荧光光谱的零声子线 ZPL 为 2.156eV（575nm）。通过荧光光谱测量，我们可以用来确定发光体是否是 NV 色心，并通过零声子线来确定 NV^0 和 NV^-。由于 NV^0 和 NV^- 的荧光光谱在波长上的差异，使得我们可以利用不同的滤波片来收集不同电荷态的 NV 色心。利用不同波长的激光激发 NV 色心可以使得 NV 色心的电荷态转换。通常利用 532nm 激光激发后，NV 色心大约有 70% 的概率处于 NV^-；利用 637nm 激光激发后，NV 色心大约有 95% 的概率处于 NV^0。由于 NV 色心不完全保持在一个特定的电荷态，这影响了其在量子模拟和量子测量方面的应用，但是人们利用 NV 色心的电荷态转换的特性实现了超分辨成像。

8.3.2 金刚石 NV 色心实现量子传感的基本原理

NV 色心的能级结构如图 8-13 所示，常用的是三能级结构模型。NV 色心具有自旋三重态的基态，$m_s = \pm 1$ 之间有 1.42GHz 的零场劈裂。此外，NV 色心还有至少两个自旋单重态的亚稳态。当利用激光泵浦 NV 色心后，处于基态的电子会跃迁到激发态，并且保持自旋守恒。此外，还有一种被称作系统交叉跃迁（intersystem crossing，ISC）的跃迁过程，处于激发态的电子除了跃迁到基态外还有一定概率跃迁到亚稳态，其中处于 $m_s = \pm 1$ 的激发态相对于处于 $m_s = 0$ 的激发态有更大概率跃迁到亚稳态，处于亚稳态的电子在向基态的跃迁过程中有更大的概率跃迁到 $m_s = 0$ 的基态。因此，当电子布局数平衡的时候，NV 色心的电子有更大的概率处于 $m_s = 0$ 的基态。电子由激发态到基态的跃迁会产生光子，而电子经过亚稳态的跃迁是非辐射过程，不会产生光子。故 $m_s = 0$ 被看作"亮态"，$m_s = \pm 1$ 被看作"暗态"。于是，可以通过测量 NV 色心的荧光强度来反映 NV 色心的跃迁过程，得到 NV 色心的电子自旋状态。

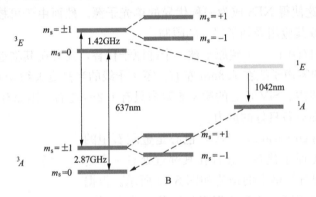

图 8-13　NV 色心的能级结构

金刚石 NV 色心自旋的基态可用如下哈密顿量来描述：

$$H = hDS_z^2 + hE(S_x^2 - S_y^2) + g\mu_B B \cdot S \qquad (8\text{-}4)$$

式中：$S = (S_x, S_y, S_z)$ 代表 NV 电子自旋；B 为外加磁场磁感应强度；h 为普朗克常数；μ_B 为玻尔磁子；D、E 为金刚石晶格场决定的零场劈裂参数，室温常压下 $D = 2.87$GHz。

需要注意的是，式（8-4）的哈密顿量中没有考虑核自旋带来的超精细相互作用。作为一个电子自旋，NV 色心对外加磁场的响应体现在 $B \cdot S$ 上，即塞曼效应；对其他调控参数，包括电场、压强、温度的响应，都体现在 D、E 上。在室温常压附近 NV 色心自旋基态能级对于磁场、温度、压强有着近似线性的响应。

由此可见，NV 色心作为探针受磁场、电场、温度等多个物理量的影响，因此可以根据 NV 色心能级受各物理量的扰动情况反推出这些物理量的变化，从而实现对诸多物理量进行测量的目的。

8.3.3 金刚石 NV 色心传感技术应用的方向

1. 温度传感

金刚石量子测温法是一种利用 NV 色心的光学特性和电子自旋特性的量子传感测温方

法，与热响应分子探针、量子点、拉曼光谱等纳米级测温技术相比，金刚石量子测温法具有很多优点，包括荧光稳定性强、更大的操作范围和超高的测温灵敏度等。金刚石量子测温技术发展迅速，目前可以应用到更实际的情况，例如电子设备的表征及细胞和小型动物的精确温度探测。

2. 电场传感

NV 色心传感器可用于原子级精度的电场传感。对于纳米尺度的电子设备，如半导体晶体管和量子芯片，进行电场特性的表征非常重要。单电子晶体管（single electron transistor，SET）、单电子静电力显微镜（single electron electrostatic force microscopy，SEEFM）和扫描隧道显微镜（scanning tunneling microscope，STM）仅限于低温下的电场检测，而基于 NV 色心的电场传感器可以在室温下工作，且可以获得原子级别的空间分辨率。使用原子尺度的量子传感器可以将探针更贴近待测电荷，这为室温下研究单个电荷成像提供了重要的技术手段。使用 NV 色心探测电场主要依赖于斯塔克效应（Stark effect），由于 NV 色心对磁信号极其敏感，所以在进行电场探测时，对磁信号的控制尤为重要。

3. 热导率的测量

热导率是物质导热能力的度量，材料的热导率往往决定着电子设备的散热能力，进而限制了电子设备的小型化和性能。除了电子设备，对生物体的热导率的研究可以帮助生命科学家更好地了解生物体的热源位置。探测纳米尺度材料的热流动需要很高的空间分辨率，可以通过把色心黏贴到原子力显微镜的针尖上，通过加热针尖测量热的变化来推算被测物体的热导率。由于金刚石热导率高、响应时间短、对被测物体的影响小，可以用来测量相变和化学反应。将金刚石色心黏在硅悬臂梁上，硅与电极相互连接，通过施加电流对金刚石加热实现测量。

基于 NV 色心的量子传感器，突破了一般量子传感器严苛的实验条件，如低温、高压、强磁场等，不仅在室温大气环境下能够完成对力、热、电、磁等众多物理量的高灵敏度精密测量，也能在低温高压环境下完成对压力、磁场等的探测。在迈向实用化的道路上，金刚石量子传感器依然存在着很多障碍，不过这一领域发展迅猛，新的技术和方法不断涌现，诸多障碍在可预见的未来都有望得以克服。

习　题

1. 什么是量子传感器？说明量子传感器的组成及应用场合。
2. 什么是约瑟夫森效应？什么是弱连接超导体？
3. SQUID 磁传感器的工作原理是什么？它有哪些应用？
4. SQUID 的结构有哪些？
5. 简述利用金刚石 NV 色心实现量子传感的基本原理。
6. 金刚石 NV 色心传感技术可以用于哪些参数的测量？

参 考 文 献

[1] 莫然 . 高精度红外测温系统设计 [D] . 电子科技大学，2020.

[2] 王海晏 . 红外辐射及应用 [M] . 西安：西安电子科技大学出版社，2014.

[3] 金辉，王晓岚，孙健 . 红外测温仪测量准确度的影响因素分析及修正方法 [J] . 上海计量测试，2019 (05)：34-38.

[4] 李晓刚，付冬梅 . 红外热像检测与诊断技术 [M] . 北京：中国电力出版社，2006.

[5] 丁盛伟 . 无可动部件的多波长近红外水分检测研究 [D] . 东北大学，2015.

[6] 李新光，张华，孙岩，等 . 过程检测技术 [M] . 北京：机械工业出版社，2004.

[7] 彭伟 . 相位差式红外测距传感器的研究与设计 [D] . 湖南师范大学，2017.

[8] 张凯 . 基于激光扫描红外无损检测技术的裂纹缺陷检测 [D] . 电子科技大学，2020.

[9] 刘颖韬，郭广平，曾智，等 . 红外热像无损检测技术的发展历程、现状和趋势 [J] . 无损检测，2017，39 (08)：8.

[10] 党敬民，付丽，闫紫徽，等 . 基于红外光谱技术的混合气体检测系统概述 [J] . 光谱学与光谱分析，2014，34 (10)：2851-2857.

[11] 王强 . 近红外光纤水气传感器的关键技术研究 [D] . 山东大学，2016.

[12] 金庆江 . 智能交通雷达测速系统关键技术与应用研究 [D] . 上海大学，2016.

[13] 赵仲郎 . 交通测速雷达系统设计与实现 [D] . 南京理工大学，2012.

[14] 谢宜生 . 基于微波雷达的高速公路测距测速系统研究 [D] . 浙江大学，2011.

[15] 胡涛 . 固定式雷达测速仪在道路交通应用中存在的问题 [J] . 中国新通讯，2015，17 (3)：86.

[16] 陈力 . 机动车雷达测速仪检测的现状及测速误差分析 [J] . 计量与测试技术，2016，43 (5)：42-44.

[17] 周在杞，周克印，许会 . 微波检测技术 [M] . 北京：化学工业出版社，2008.

[18] 罗秉铎，刘重光 . 微波测湿实用技术 [M] . 北京：电子工业出版社，1990.

[19] 田松峰，韩中合，杨昆 . 流动湿蒸汽湿度谐振腔微扰法测量的实验研究 [J] . 中国动力工程学报，2016，25 (2)：254-256.

[20] 韩中合，张淑娥，田松峰，等 . 汽轮机排汽湿度谐振腔微扰测量法的研究 [J] . 中国电机工程学报，2003，23 (12)：199-202.

[21] 王玉曼 . 基于微波透射法的煤水分测量机理和方法 [D] . 华北电力大学，2016.

[22] 杨雪霞 . 微波技术基础 [M] . 2 版 . 北京：清华大学出版社，2015.

[23] 陈阿辉 . FMCW 雷达物位测量系统的研究与设计 [D] . 福州大学，2017.

[24] 李竞武 . 微波（雷达）物位计讲座 [J] . 仪器仪表用户，2016，23 (6)：94-100.

[25] 张德保 . 微波雷达物位测量的研究与设计 [D] . 重庆邮电大学大学，2020.

[26] 高红博 . 浅析雷达物位计的应用 [J] . 中国仪器仪表，2016 (9)：4.

[27] 张俊哲 . 无损检测技术及其应用 [M] . 2 版 . 北京：科学出版社，2010.

[28] 张朝晖 . 检测技术及应用 [M] . 北京：中国质检出版社，2015.

[29] 刘贵民，马丽丽 . 无损检测技术 [M] . 北京：国防工业出版社，2010.

[30] 王秋萍 . 超声检测 [M] . 西安：西北工业大学，2018.

[31] 丁守宝，刘富君 . 无损检测新技术及应用 [M] . 北京：高等教育出版社，2012.

[32] 姬保平 . 激光超声管道检测系统关键技术研究 [D] . 北京石油化工学院，2016.

[33] 薛凡 . 基于 MSP430 的一体式超声波物位计的设计与实现 [D] . 华东理工大学，2014.

[34] 刘泽忠，徐英，张涛．超声波流量计自适应双门限触发法研究［J］．化工自动化及仪表，2015，42（03）：282-286.

[35] 杨智斌．基于 DSP 的高精度双声道气体超声流量计的研制［D］．天津大学，2018.

[36] 周连杰．超声测厚中的声时信号处理技术研究［D］．大连理工大学，2018.

[37] 顾明亮．基于 FPGA 的便携式超声测厚仪设计［D］．西南交通大学，2012.

[38] 张兴红，邱磊，陈鑫，等．高精度多声道超声波密度计［J］．仪表技术与传感器，2015（02）：21-22，28.

[39] 牟海荣．超声波测距仪的设计［D］．华南理工大学，2011.

[40] 蔡伟．精密超声波温度测量仪的研究［D］．重庆理工大学，2012.

[41] 占志鹏．井周超声成像仪主控系统设计［D］．电子科技大学，2020.

[42] 刘宇．光纤传感原理与检测技术［M］．北京：电子工业出版社，2011.

[43] 王友钊，黄静著．光纤传感技术［M］．西安：西安电子科技大学出版社，2015.

[44] 黎敏，廖延彪．光纤传感器及其应用技术［M］．武昌：武汉大学出版社，2012.

[45] 何妍，陈江波，许晶，等．光纤光栅温度传感器在变压器油温测量中的应用研究［J］．变压器，2017，53（03）：60-63.

[46] 张林林，王玉宝，樊晓宇，等．光纤光栅传感器复用新技术［J］．光通信技术，2008，09.

[47] 李宝树，钟小江，全卫国．基于磁致伸缩效应的 FBG 电流传感器［J］．电工技术学报，2009，24（01）：95-100.

[48] 贾亚楠．光纤光栅温度压力传感系统研究［D］．华北电力大学，2020.

[49] 韩笑笑，荆雅洁，杨濠琨，等．GMM-FBG 光纤电流传感器温度补偿研究［J］．光电子激光，2020，31（08）：787-793.

[50] 叶雯．分布式光纤传感器的研究进展［J］．移动通信，2017（16）：32-36.

[51] 冯飞，秦丽．分布式以及准分布式光纤传感器研究进展［J］．光通信技术，2021，45（3）：10-14.

[52] 张昕，申雅峰，薛景峰．基于瑞利散射的分布式光纤传感器的研究现状［J］．光学仪器，2015，37（2）：184-188.

[53] 林介东，胡平，马庆增，等．500kV 增城变电站变压器局部放电的声发射检测［J］．广东电力，2006，19（5）：53-56.

[54] 徐贵，刘洋，周亦军，等．电网设备局部放电带电检测技术综合应用及案例分析［M］．赤峰：内蒙古科学技术出版社，2020.

[55] 沈功田．声发射检测技术及应用［M］．北京：科学出版社，2015.

[56] 李国华，吴淼．现代无损检测与评价［M］．北京：化学工业出版社，2009.

[57] 张俊哲．无损检测技术及其应用［M］．北京：科学出版社，2010.

[58] 袁俊，沈功田，吴占稳，等．轴承故障诊断中的声发射检测技术［J］．无损检测，2011，33（4）：5-11.

[59] 朱静，邓艾东，钱丹阳，等．基于振动和声发射技术的滚动轴承故障分析［J］．自动化仪表，2018，39（1）：53-57.

[60] 李孟源，尚振东，蔡海潮，等．声发射检测及信号处理［M］．北京：科学出版社，2010.

[61] 李梦天．基于红外图像的变电设备热故障诊断方法研究［D］．重庆理工大学，2021.

[62] 潘立登，李大字，马俊英．软测量技术原理与应用［M］．北京：中国电力出版社，2009.

[63] 李海青，黄志尧．软测量技术原理及应用［M］．北京：化学工业出版社，2000.

[64] 韩荦，夏滑，董凤忠，等．腔增强吸收光谱技术研究进展及其应用［J］．中国激光，2018，45（9）：12.

［65］ 张立峰 . 电学层析成像激励测量模式及图像重建算法研究 ［D］. 天津大学，2010.

［66］ Oh T I，Woo E J，Holder D. Multi-frequency EIT system with radially symmetric architecture：KHU Mark1 ［J］. Physiological Measurement，2007，28（7）：S183.

［67］ Kim Y S，Lee S H，Ijaz U Z，et al. Sensitivity map generation in electrical capacitance tomography using mixed normalization models ［J］. Measurement Science & Technology，2007，18（7）：2092.

［68］ 刘刚钦 . 极端条件下的金刚石自旋量子传感 ［J］. 物理学报，2022，71（6）：13.

［69］ 程德福，王君，凌振宝，等 . 传感器原理及应用 ［M］. 北京：机械工业出版社，2019.

［70］ 郭光灿 . 量子十问之九量子传感刷新测量技术极限 ［J］. 物理，2019，48（6）：2.

［71］ 刘畅，杨硕，吴昊，等 . 基于金刚石氮-空位缺陷的量子传感技术 ［J］. 生命科学仪器，2022，20（3）：11.

［72］ 吴德伟，苗强，何思璇，等 . 量子传感的导航应用研究现状与展望 ［J］. 空军工程大学学报，2021，22（6）：1009-3516.